Prof. Dr. Dieter Georg Herbst ist Honorarprofessor für Strategisches Kommunikationsmanagement und Gastprofessor im Masterstudiengang „Leadership in Digitaler Kommunikation“ der Universität der Künste Berlin (Deutschland) und im Zertifikatskurs „Digital Brand Management around the world“. Er ist Gastprofessor für „eCommerce in China“ an der Jiao-Tong-Universität in Shanghai (China) und Hauptdozent für Unternehmenskommunikation und Social Media in zwei EBMA-Programmen an der Universität St. Gallen (Schweiz). Er forscht und lehrt regelmäßig in den USA, in Indien und Brasilien. Herbst ist außerdem Geschäftsführer der source1 networks GmbH und weltweit als Berater für Unternehmen, Organisationen und Personen tätig. 2011 wurde er von der Zeitschrift „Unicum Beruf“ zum „Professor des Jahres“ gewählt. Er ist Mitglied im „Rat der Internetweisen“. Herbst hat 16 Bücher über Marketing und Unternehmenskommunikation geschrieben. Seine Homepage findet sich unter: www.dieter-herbst.de

Dieter Georg Herbst

Rede mit mir

Warum interne Kommunikation für Mitarbeitende so wichtig ist und wie sie funktionieren kann

2. überarbeitete und erweiterte Auflage

[SCM] School for Communication and Management

Weichselstraße 6
10247 Berlin
Tel. 030 47989789
Fax 030 47989800
www.scmonline.de

Redaktion: Nicole Gatz, Theresa Schulz
Lektorat: Bernd Stadelmann
Satz und Layout: Corinna Brosig, Madlen Jähnig
Druck: D + S Druck & Service GmbH, 17034 Neubrandenburg

2. überarbeitete und erweiterte Auflage, September 2014
ISBN 978-3-940543-40-0

Inhaltsverzeichnis

Vorwort

Eigentlich ist zur internen Kommunikation schon (fast) alles gesagt: Es gibt Dutzende Bücher, Hunderte Fachartikel und Forschungsstudien. Sie alle kommen zum Fazit: Interne Kommunikation ist wichtig. Hierin scheinen sich Firmenleitungen, Führungskräfte, Mitarbeiter und Interessenvertretungen einig zu sein. Ernüchternd ist dagegen der Blick in die Praxis: Viele Mitarbeitende sind nur wenig mit der internen Kommunikation, wie sie sie erleben, zufrieden. Sie fühlen sich von Informationslawinen überrollt, doch sie vermissen jene Informationen, die sie sich wünschen und die sie brauchen, um ihre Tätigkeit so auszuführen, dass sie die Unternehmensziele unterstützen und sich selbst wohlfühlen. Offensichtlich führen mehr Informationen, Kanäle, Mittel und Maßnahmen nicht zu mehr, sondern zu weniger Wissen, das die Mitarbeiter für ihre Tätigkeit einsetzen können.

Oft fühlen sie sich bevormundet, weil sie nicht mitentscheiden, über was in ihrem Unternehmen gesprochen wird, auf welchen Wegen und wann und wie dies geschieht. Sie fühlen sich nicht ernst genommen und beklagen, dass die interne Kommunikation ihre Wünsche und Bedürfnisse nicht berücksichtigt, sondern häufig ausschließlich so verläuft, wie es die Vertreter der Kommunikationsabteilung, die Manager und nicht zuletzt die Firmenleitung für richtig halten.

Die Frage lautet, wie es zu dieser Kluft zwischen der allenorten beteuerten Bedeutung der internen Kommunikation und der gelebten Wirklichkeit kommt. Dieses Buch will dieser Frage nachgehen und einige Antworten liefern. Auf den folgenden Seiten wird erläutert, warum interne Kommunikation wichtig ist, was sie ist und kann, wie sie wirkt und wie sie professionell gestaltet werden kann.

Das Augenmerk liegt darauf, die wirtschaftlichen Interessen des Unternehmens und die persönlichen Interessen der Mitarbeiter stärker in Einklang zu bringen. Jeder Handwerksmeister, jeder Anwalt und jeder mittelständische Unternehmer sollte mit seinen Mitarbeitern reden und ihnen erklären, welche Bedeutung sie und ihre Arbeit für das Unternehmen haben und wie sie zum Unternehmenserfolg beitragen können. Sie sollten aber auch schon deshalb mit den Mitarbeitern reden, weil dies das Betriebsklima und das Wohlgefühl im Unternehmen steigert. Wohlgemerkt: Ich verstehe interne Kommunikation nicht als soziales Lagerfeuer. Stattdessen dient sie den grundlegenden Bedürfnissen der Menschen. Es geht um die Beziehungen zu anderen und den Austausch mit ihnen. Sie dient dazu, die eigene Arbeit als sinnvoll zu erleben. Sie sollte darüber hinaus die Zusammenarbeit im Unternehmen fördern, Konflikte beseitigen und Prozesse schneller und günstiger machen, um damit die Leistung des Unternehmens zu erhöhen. Gesunde Kommunikation sorgt für gesunde Unternehmen. Fehlt eine solche Kommunikation, wird das auf Dauer dem Unternehmen schaden.

Interne Kommunikation muss nicht teuer sein: Was kostet schon ein Gespräch? Wichtig ist, dass die Beteiligten von der Bedeutung der internen Kommunikation überzeugt sind und dass sie mit ihr zufrieden sind. Kleinere Unternehmen können hierbei den größeren leicht eine Nasenlänge voraus sein, denn sie können schneller entscheiden und leichter neue Wege in der Kommunikation gehen. Nur: Tun sollten sie es in jedem Fall. Auch die Menschen in Parteien, Behörden, Vereinen und Verbänden sollten miteinander sprechen und die Potenziale nutzen, die eine gelungene interne Kommunikation bietet.

Persönliche Anmerkung

Ich habe lange gezweifelt, ob ich dieses Buch schreiben und damit mein 10 Jahre altes Buch aktualisieren soll. Warum? Seit vielen Jahren berate ich Unternehmen in Marketing und Kommunikationsfragen. Die vielen Gespräche, die ich mit Mitarbeitern und Führungskräften führe, zeigen mir immer wieder eine enorme Unzufriedenheit bis hin zu tiefem Frust mit der internen Kommunikation in Unternehmen und Organisationen - auch international.

Zwar ist viel darüber zu lesen, wie die Unternehmen lernen und sich entwickeln: Sie gruppieren sich um, sie professionalisieren sich und steigern die Leistung; doch eines haben sie weit weniger gelernt: Die Belegschaft in eine gelungene Kommunikation einzubeziehen. Oft fehlt auch einfach der Wille dazu. Die Folge: In vielen Unternehmen ist es stumm. Eine andere Folge: Unternehmen bleiben trotz ihrer vielen Experten dumm.

Die Bekenntnisse der Unternehmensleitungen zu einer funktionierenden internen Kommunikation erscheinen mitunter als Phrasen, die keiner ernst nimmt - nicht einmal die Unternehmensleitungen. Andere Unternehmen verfügen nicht über das Wissen, ihre interne Kommunikation so zu gestalten, dass alle mit ihr zufrieden sind. Ignoranz hier, fehlendes Wissen dort: So bleiben viele Firmen weit hinter ihren Möglichkeiten zurück, auch den wirtschaftlichen, weil die Menschen nicht miteinander reden.

Aus folgendem Grund habe ich das Buch trotzdem geschrieben: Wenn ich schon enorme Defizite und Potenziale sehe, dann möchte ich durch meine Erfahrungen aus Forschung und Praxis dazu beitragen, die Wissensdefizite zumindest ein wenig zu beseitigen und dazu ermutigen, die enormen Potenziale der internen Kommunikation zu nutzen. Auf wichtige Entwicklungen, die in diesem Buch aufgezeigt werden, sollen sich die Verantwortlichen in Unternehmen heute schon einstellen und in ihrer internen Kommunikation berücksichtigen.

Hinweise

Interne Kommunikation steht in diesem Buch für die gesamte Kommunikation zwischen Menschen in Unternehmen: jene von Mitarbeitern, Vorgesetzten und der Firmenleitung zueinander, die öffentliche und nicht-öffentliche Kommunikation, die persönliche Kommunikation und jene über Mittel und Maßnahmen, die Individualkommunikation und die Massenkommunikation. Um die für die Kommunikation der Firmenleitung verantwortliche Unternehmensfunktion zu kennzeichnen, verwende ich für sie den Begriff „Interne Kommunikation“ mit einem groß geschriebenen I.

Das Thema ist sehr breit und vielschichtig, sodass ich mich auf wichtige Aspekte konzentriere:
So oft wie möglich verweise ich auf die vorhandenen wertvollen Grundlagenwerke, um unnötige Wiederholungen von Bekanntem und an anderen Stellen Nachlesbarem zu vermeiden. Stattdessen möchte ich Aspekte herausgreifen, die in diesen Grundlagenwerken noch nicht oder nicht ausreichend behandelt sind, wie das Storytelling, den Einsatz von Bildern und die Rolle von Social Media in der internen Kommunikation. Ich hoffe, dass es mir gelungen ist, eine Balance zwischen jenen Inhalten herzustellen, die bekannt sind und aufgefrischt werden und jenen, die neu sind. Der ausführliche Serviceteil bietet weiterführende Adressen, Tipps und Hinweise.

Das Buch greift auf aktuelle wissenschaftliche Erkenntnisse zurück und stellt diese anwendungsnah vor. Aufgrund der besseren, flüssigen Lesbarkeit habe ich auf das Zitieren der wissenschaftlichen Quellen verzichtet. Sie finden die zitierte Literatur in den Buchtipps im Serviceteil.

Aus Gründen der besseren Lesbarkeit verwende ich in diesem Buch den Begriff „Mitarbeitende“, mit dem Frauen und Männer gleichermaßen gemeint sind, und ansonsten die männliche Sprachform.

Danksagung und Widmung

Ich danke Manuela Stier für ihren Beitrag mit einem Praxisbeispiel für gelungene interne Kommunikation. Ich danke Norbert Deutschmann für seinen Beitrag zu den Rechtsapekten der internen Kommunikation. Ich danke Iris und Ralf-Rüdiger Fassbender für ihre Unterstützung beim Kapitel über die Transaktionanalyse.

Ich widme dieses Buch Christian Adlmaier.

Kapitel 1

Warum interne Kommunikation für Mitarbeitende bedeutend ist

Die Bedeutung der internen Kommunikation in Unternehmen ist besser zu verstehen, wenn wir einen Blick auf die Situation in den Märkten und in den Unternehmen werfen.

1.1 Aktuelle Entwicklungen

Gelungene interne Kommunikation für Mitarbeiter und Unternehmen ist heute so wichtig wie noch nie. Hier nur einige aktuelle Entwicklungen:

→ **Zunehmender Wettbewerb:** Der Wettbewerb nimmt auf allen Märkten zu, auf jenen für klassische Konsumgüter wie auch auf jenen für Dienstleistungen und Investitionsgüter. Viele Märkte sind weitgehend gesättigt. Vielen Anbietern stehen weniger Nachfrager gegenüber. Diese können Unternehmen und Produkte auswählen, die am besten zu ihnen passen. Die eigene Position kann oft nur verbessern, wer seinen Konkurrenten Marktanteile abringt.

→ **Austauschbare Produkte und Leistungen:** Den Wettbewerb verschärft, dass die meisten Produkte austauschbar sind: Nicht einmal Kenner schmecken Unterschiede zwischen den vielen Biersorten und Zigarettenmarken. In vielen Autos und Elektrogeräten befinden sich gleiche Bauteile, weil die Unternehmen beim gleichen Zulieferer einkaufen. Qualität ist selbstverständlich geworden und macht es schwer, sich im Wettbewerb zu unterscheiden. Die Stiftung Warentest bescheinigt etwa 90 Prozent aller Testprodukte eine gute Qualität. Für Mitarbeitende ist umso wichtiger, zu wissen, was die Produkte des eigenen Unternehmens einzigartig macht.

→ **Firmenfusionen und Akquisitionen:** Unternehmen reagieren auf den zunehmenden Wettbewerb, indem sie komplexer, schneller und internationaler werden. Nie hat es so viele Firmenzusammenschlüsse und Kooperationen gegeben wie in den vergangenen Jahren. Ein Beispiel: 1989 verschmelzen SmithKline Beckman und die Beecham-Gruppe zu SmithKline Beecham. 1995 fusionieren Glaxo und Wellcome zu Glaxo Wellcome. 2000 gehen Glaxo Wellcome und SmithKline Beecham zusammen zu GlaxoSmithKline. Welche Herausforderung für die interne Kommunikation, die Mitarbeiter für diese Veränderungen zu gewinnen! Mit jeder Erweiterung, die es in manchen Firmen sogar jährlich gibt, wird es für die Mitarbeiter schwieriger, das Unternehmen zu überblicken und den Unternehmenssinn zu erkennen. Siemens ist mittlerweile auf so vielen Gebieten tätig, dass die Firmenleitung kaum noch verständlich und anschaulich erklären kann, wofür das Unternehmen steht und was die vielen Konzernbereiche miteinander verbindet.

→ **Internationalisierung:** Eine weitere Entwicklung ist die zunehmende Internationalisierung von Unternehmen, vor allem im Mittelstand: In einer Studie der Technischen Universität München und der Freien Universität Berlin im Jahr 2004 gab ein Viertel von 255 antwortenden PR-Profis an, für die weltweite Kommunikation ihres Unternehmens zuständig zu sein. Weitere 20 Prozent waren europaweit zuständig, davon 70 Prozent in westeuropäischen Staaten. Fast die Hälfte der international arbeitenden PR-Profis war für Unternehmen mit weniger als 200 Mitarbeitern tätig, bei den nur für Europa tätigen waren es sogar mehr als zwei Drittel. Probleme mit den Mitarbeitern im Heimatland entstehen dadurch, dass sich über lange Zeit das Selbstverständnis als deutsches Unternehmen gefestigt hatte („Made in Germany"), das nun um die internationale Perspektive erweitert werden muss. Die Internationalisierung verängstigt die Mitarbeiter tief, weil sie ein wichtiges Element ihres gemeinsamen Selbstverständnisses (Corporate Identity) verlieren. Sie wollen und brauchen eine klare, lebendige Vorstellung davon, wohin das Unternehmen steuert und was dies für sie selbst bedeutet. In einem Unternehmen mit räumlich überschaubaren Zielen ist ihnen dies noch gelungen, aber welche Bedeutung sie in einem internationalen Unternehmen haben, wissen sie meist nicht (siehe ausführlich Kapitel 20).

→ **Viele interne Programme:** Diese Entwicklungen sind verbunden mit vielen, oft gleichzeitig ablaufenden Programmen, Projekten und Prozessen, um das Unternehmen noch besser, schneller, günstiger zu machen: Gemeinkosten senken, Fertigung rationalisieren, Investitionen zurückfahren, Einkaufspreise drosseln und den Personalbestand anpassen. Überall werden Unternehmen umgekrempelt, jahrzehntealte Strukturen glatt geschleift und Hierarchien abgebaut. Die vielfach in Bürokratie erstarrten Firmen wollen beweglicher werden, flexibel am Markt operieren, Kundenwünsche schnellstens und einzigartig bedienen und alles abschaffen, was dies verhindert. Kundenorientierung, Lean Management, Cost Cutting, Reengineering, Umstrukturierung, Konzernfusionen, TQM – die Welt der Unternehmen wandelt sich schneller und tiefgreifender denn je. Ständig ändert sich etwas, dauernd gibt es etwas Neues – diese Dynamik wird nie mehr nachlassen. Wirtschaftsexperten gehen davon aus, dass sich Unternehmen in Zyklen von nur drei Jahren immer neu bestimmen müssen. Selbst vor drastischen Einschnitten macht der Reformdruck nicht mehr Halt: Er stellt Privilegien in Frage, spürt sorgsam geschützte Schwachstellen auf und leitet sogar Radikalkuren ein wie den Umbau ganzer Konzerne.

Vieles wird komplizierter: Vernetzte Kommunikation, vernetzte Arbeitsformen und vernetzte Organisationen; mehr Daten, mehr Informationen, mehr Projekte und Prozesse müssen bewältigt werden. Alles wird schneller: Schneller kommen Innovationen auf den Markt; schneller verschwinden Produkte aus den Regalen, schneller finden Aktionen und Transaktionen statt. Anfragen müssen schleunigst beantwortet werden, Entscheidungen zügiger fallen. Und der Druck auf die Unternehmen, sich diesen Bedingungen anzupassen, steigt.

Mitarbeitende als Ressource

In dieser Situation richtet sich die Aufmerksamkeit immer stärker auf die Mitarbeitenden. Sie gelten als größte Produktivitätsreserve von Unternehmen – nachdem alle Prozesse gestrafft, Strukturen abgeflacht und andere Potenziale ausgeschöpft sind. Hinweise auf die Bedeutung der Mitarbeitenden für den Unternehmenserfolg lieferten zum Beispiel Untersuchungen in den 70er und 80er Jahren, bei denen man herausfand, warum japanische Unternehmen erfolgreicher waren als amerikanische und europäische, obwohl sie keinen technologischen Vorsprung hatten. Ergebnis: Die Zusammenarbeit im Unternehmen war es, die den Erfolg japanischer Firmen beflügelte.

Seither gilt es auch hierzulande als notwendig, die Belegschaft zu pflegen, Gruppenarbeit auszuweiten, stärker auf kooperative Führung zu setzen und die Mitarbeiter stärker einzubeziehen. Die größte Produktivitätsreserve steckt nicht in neuen Maschinen, sondern in der Motivation der Menschen.

Solche viel beschworenen Leistungsreserven sind in schwierigen Zeiten fast ein Zauberwort. Der Griff ans Eingemachte soll helfen, die Wettbewerbsfähigkeit wieder herzustellen und aus roten Zahlen schwarze zu machen. In diesem Umfeld wird auch die gelungene interne Kommunikation im Unternehmen immer wichtiger. Die Manager richten ihre Augen auf die Abteilung für Interne Kommunikation und fordern, den Mitarbeitern die neue Unternehmenswelt mit ihren neuen Techniken und veränderten Arbeitsstrukturen nahe zu bringen, sie aktiv an den Entwicklungen und Veränderungen zu beteiligen und zum Mitmachen zu motivieren. Das Handeln der Mitarbeiter an die Unternehmensziele anzugleichen – darum geht es. Das ist weit mehr als Information.

1.2 Gründe für eine interne Kommunikation

Es gibt viele Gründe, die für eine funktionierende interne Kommunikation sprechen:

→ **Kommunikation gibt Halt und Orientierung:** Je dynamischer, komplexer und undurchsichtiger das Umfeld wird und je schneller Entscheidungen fallen, desto stärker sollten die Mitarbeiter einbezogen werden. Sie müssen darüber informieren seinn, wie sich das Unternehmen entwickelt und welche Rolle sie selbst dabei spielen. Sie wollen, sollen und müssen die Unternehmensziele kennen und verstehen, um zu deren Erreichen beitragen zu können. Die Kommunikation der Menschen im Unternehmen wird Grundlage für das Zusammenwirken und damit zum Erfolgsfaktor im härter werdenden Wettbewerb. Mehr noch: Nur der informierte Mitarbeiter identifiziert sich mit seinem Unternehmen, setzt sich für dessen Ziele ein. Interne Kommunikation bedeutet, dass die Mitarbeiter alle für sie wichtigen Informationen über ihre Tätigkeit, ihren Arbeitsplatz und das Unternehmen kennen, über Veränderungen informiert sind und sie verstehen. Durch Interne Kommunikation nehmen sie teil am formalen und informellen Leben und identifizieren sich im Idealfall sowohl mit ihren Aufgaben als auch mit ihrem Unternehmen.

→ **Tätigkeiten korrekt ausführen:** Information ist die Basis für eine korrekte Arbeitsweise im Unternehmen. Dies kann sogar eingeklagt werden: Das Betriebsverfassungsgesetz sichert den Mitarbeitern zu, dass sie über ihre Aufgaben, deren Erledigung und wichtige betriebliche Belange ausreichend informiert werden müssen (siehe Kapitel 22). Kommunikation ist die Voraussetzung, dass Prozesse und Strukturen deutlich werden. Die Beteiligten erfahren, was von ihnen erwartet wird und können ihr Verhalten anpassen. Der Mitarbeiter erkennt, dass seine Arbeit für das Unternehmen wichtig ist, warum er sie erfüllen soll und wie sie zum Gesamtergebnis beiträgt. Dies stärkt die Mitverantwortung und das Engagement im Unternehmen. Je besser jemand informiert ist, desto besser kann er entscheiden – Planungen und Entscheidungen sind nur auf der Basis von Informationen möglich. Der Mitarbeiter, der seine Aufgaben versteht, muss nicht dauernd fragen, sondern kann selbständig arbeiten. Interne Kommunikation zeigt darüber hinaus dem Mitarbeiter, wie er weiter nach oben kommt.

→ **Koordination fördern:** Fast kein Mitarbeiter in einem Unternehmen kann eine Gesamtaufgabe allein bewältigen. Immer ist die Zusammenarbeit mit Kollegen nötig. Die Grundlage für die Zusammenarbeit ist Kommunikation. Aufgaben und Verantwortlichkeiten müssen koordiniert werden und auf ein gemeinsames Ziel gerichtet sein. Funktioniert die Kommunikation nicht, entsteht Doppelarbeit. Oder wichtige Aufgaben bleiben unerledigt, weil sich niemand zuständig fühlt. Kennen Mitarbeiter die Probleme dam eigenen Arbeitsplatz und die der anderen, entsteht Verständnis füreinander und der Zusammenhalt wird gefördert, was wiederum die Unternehmensführung verbessert. Kommunikation ist das Schmieröl im Getriebe eines Unternehmens.

→ **Soziale Unterstützung:** Soziale Unterstützung beeinflusst die Einstellung zur Arbeit und verringert Stress: Personen, die sich von anderen unterstützt fühlen, fühlen sich weniger belastet. Schon das Angebot reicht für das Puffern von Belastungen aus, ohne dass es genutzt werden müsste. Einem Kollegen kann also schon dadurch geholfen werden, dass man ihm soziale Unterstützung signalisiert (siehe Kapitel 7.1).

→ **Wohlbefinden steigern:** Von der Mitarbeiterkommunikation hängt das persönliche Wohlbefinden ab. Wissenschaftler haben herausgefunden, dass Mitarbeiter, die mit der Kommunikation unzufrieden sind, auch unzufriedener mit dem Arbeitsplatz und mit dem Unternehmen sind.

→ **Zufriedenheit und Motivation erhöhen:** Durch funktionierende Interne Kommunikation soll eine allgemeine positive Einstellung zum Unternehmen und zur eigenen Arbeit entstehen – und damit Zufriedenheit, Motivation und Leistungsbereitschaft. Das Betriebsklima ist der Zustand von Zufriedenheit oder Unzufriedenheit der Mitarbeiter, der durch die betriebliche Situation verursacht wird und nicht etwa durch zufällige außerbetriebliche Ereignisse, hat der Psychologieprofessor Lutz von Rosenstiel festgestellt. Betriebsklima steht in der Rangfolge der Entscheidungskriterien für eine Tätigkeit ganz oben. Studien zeigen: Je stärker in einer Abteilung kommuniziert wird, desto höher ist die Zufriedenheit der Mitarbeiter mit ihrer Führungskraft, ihrem Gehalt, ihrer Arbeit und mit dem Unternehmen insgesamt. Die Arbeit wird angenehmer erlebt, wenn man mit Kollegen sprechen kann.

→ **Konflikte regeln:** In jedem Unternehmen gibt es Konflikte – offene und verdeckte. Sie entstehen, wenn Menschen ihre unterschiedlichen Interessen nicht offen legen oder versuchen, ihre Ziele anzunähern. Ein Grundkonflikt in Unternehmen ist, dass die Beschäftigten eine interessante und befriedigende Tätigkeit wollen, die in angenehmer Atmosphäre eine leistungsgerechte Bezahlung bietet; die Unternehmensleitung hingegen ist an einem angemessenen Gewinn im Sinn der Aktionäre interessiert und damit an einer möglichst intensiven Ausschöpfung der Mitarbeiterleistung. Die vielbeschworene „Partnerschaft" im Betrieb und das Bild vom Mitarbeiter als „Unternehmer im Unternehmen" sind daher sicher zukunftsweisende Ideen, aber aus heutiger Sicht verleugnen sie die unterschiedlichen Interessen. Eine Partnerschaft zwischen Unternehmensleitung und Mitarbeitern gibt es noch nicht. Kommunikation ist eine Voraussetzung dafür, dass Konflikte angesprochen und gelöst werden. Wer nicht kommuniziert, löst keine Konflikte, sondern sorgt dafür, dass sie auf anderen Wegen ausgetragen werden – und belastet die Konfliktkultur des Unternehmens beträchtlich. Ein Weg zur Konfliktlösung ist der systematische, persönliche Austausch von Argumenten. Das Ziel ist eine Verständigung durch Information, Diskussion und kritische Auseinandersetzung. Überredung und Manipulation sind zum Lösen von Konflikten nicht geeignet.

Meinungen, Erwartungen und Ansichten gelangen von der Firmenspitze zu den Mitarbeitern – und umgekehrt. Ein echter Austausch – und nicht das bloße einseitige Weitergeben von Informationen – kann Spannungen begrenzen, Konflikte mindern oder vermeiden. Die Beteiligten reden miteinander statt gegeneinander. Das setzt allerdings eine gewisse Grundhaltung voraus, die alle Beteiligten erlernen müssen. Doch dieses Lernen zahlt sich aus. Wenn das Polster an Vertrauen und Akzeptanz wächst, profitiert das Unternehmen.

Manager	⟷	Mitarbeiter
Verwaltungsrat	⟷	Geschäftsführung
Gesellschafter	⟷	Nichtgesellschafter
Einkommensmaximierer	⟷	Lebensqualitätsapostel
Erfolgreiche	⟷	Erfolgslose
Expansionisten	⟷	Expansionsscheue
Risikobereite	⟷	Risikoscheue
Leistungsträger	⟷	Der Rest
Alte Hasen	⟷	Junge Mitarbeiter
Regionale Gruppe A	⟷	Regionale Gruppe B

Abb. 1| Konfliktherde im Unternehmen.

→ **Kommunikation ist essenziell für die Weitergabe von Wissen:** Unternehmen verfügen über Wissen. Träger sind die Mitarbeiter: Mit ihren Einsichten, Erfahrungen und ihrem bewährtem Handeln erkennen sie auftauchende Probleme und entwickeln gezielt Lösungen. Wissen ist eine faszinierende Quelle für den Erfolg eines Unternehmens: Mitarbeiter können Aufgaben besser bearbeiten, gezielter entscheiden und neue Ideen schneller umsetzen. Mit Wissen können sie Prozesse beschleunigen, Leistungen optimieren und Kosten senken. Wissen schärft die Wahrnehmung von Angebotslücken, sodass neue Märkte erschlossen werden können. Das Unternehmen ist dabei mehr als die Summe dessen, was die Einzelnen wissen: Indem die Mitarbeiter ihre Kenntnisse zusammenbringen, neu vernetzen, ungewöhnliche Entscheidungen ableiten, kann völlig neues, zusätzliches Wissen entstehen. Dies kann ein Unternehmen als einzigartigen Vorteil nutzen und ausbauen. Jedes Unternehmen hat also sein eigenes Wissen. Wissen erhält Wert, indem es zweckorientiert eingesetzt wird. Diese Handlungsorientierung ist es, die Wissen so wertvoll macht: Wissen besteht aus Informationen mit Wert; es führt zu Entscheidungen und Handlungen. Unternehmenswissen ist gesammeltes Wissen mit Wert für das Unternehmen, indem es zu Unternehmensentscheidungen und -handlungen führt. Diese Transformation von Wissen in Handlungen vollzieht sich in Schritten: Als Ergebnis von Wissen entsteht Können. Wird Können tatsächlich angewendet, entsteht Kompetenz. Klaus North: „Die Kompetenz, Wissen zweckorientiert in Handlungen umzusetzen, unterscheidet den Lehrling vom Meister, den Geigenschüler vom Virtuosen, die erfolgreiche Sportmannschaft vom brillanten Einzelspieler." Man könnte auch sagen: Wenn jemand weiß, wie man ein Fahrrad fährt, heißt das noch nicht, dass er das auch kann und gut kann.

Wissen, Probleme und Lösungen hängen eng zusammen: Will ein Mitarbeiter ein Ziel erreichen, kann ein Problem dadurch entstehen, dass ihm erforderliches Wissen fehlt. Kann er sich dieses fehlende Wissen aneignen, kann er sein Problem lösen. Das Aneignen von Wissen heißt Lernen, das Abbauen heißt Verlernen.

Lernen kann Einzelne, Gruppen und sogar das gesamte Unternehmen betreffen:

→ Ein Mitarbeiter schließt seine Wissenslücken durch das Sammeln von Erfahrung im Arbeitsalltag, durch interne Kommunikation und durch Weiterbildung.
  Er kann einen Kollegen fragen und von dessen Wissen profitieren. Er vernetzt Informationen neu, trifft andere Entscheidungen und prüft sie in der Praxis.
→ Sein Wissen kann er weitergeben, damit auch andere die beabsichtigten Handlungen ausführen können – seine Kollegen müssen lernen. Beide können ihr Wissen kombinieren, um zu einer völlig neuen Lösung zu gelangen.
→ Es gibt Wissen, das die gesamte Organisation benötigt, wie zum Beispiel gemeinsame Verhaltensregeln, die jeder anwenden muss. Deshalb muss auch die gesamte Organisation lernen.

Durch das Lösen von Problemen steigt der Wissensstand – ein Problem kann dann nicht ein zweites Mal auftreten, es sei denn, die Lösung wurde verlernt oder vergessen. Im Lauf der Jahre findet ein Mitarbeiter an seiner Maschine die beste Lösung und kann deutlich mehr Teile herstellen als früher – aus Erfahrung weiß er, wie alles funktioniert; ein Unternehmen hat bestimmte Prozesse perfektioniert und behauptet sich am Markt, weil sie besser funktionieren als in jedem anderen Unternehmen.

Mitunter kann es sein, dass eine Entwicklung nicht wie erwartet eintritt oder eine Aufgabe nicht mehr so gelöst werden kann wie bisher. Die gravierenden und dynamischen Veränderungen der Märkte zwingen die Firmen immer wieder dazu, ihr gewohntes bisheriges Verhalten zu ändern, um am Markt erfolgreich sein zu können; sie müssen ihr Wissen prüfen, ändern und neue Entscheidungen ableiten. Lernen wird zur Daueraufgabe eines Unternehmens und seiner Mitarbeiter. Dass es sich um einen dynamischen Prozess handeln muss und nicht um einen Zustand, zeigt der zyklische Verlauf von Wissensprozessen: Neues Wissen entsteht, es wächst, reift, verliert an Wert, zerfällt und stirbt ab, weil Entwicklungen voranschreiten und altes Wissen ablösen. Ein Unternehmen muss altes Wissen loslassen können, denn sonst hortet es nutzloses Wissen, das die Entwicklung des Unternehmens bremst. Je besser es Mitarbeitern und Unternehmen gelingt, sich durch schnelles Lernen an neue Situationen anzupassen, desto schneller können sie neue Aufgaben lösen und neue Herausforderungen meistern.

→ **Wandel unterstützen:** Die Mitarbeiter spielen für den Unternehmenswandel die zentrale Rolle. Niko Mohr hat sich in seiner Doktorarbeit über die Bedeutung von Kommunikation bei organisatorischem Wandel viele Studien zu diesem Thema angesehen: Alle kommen zu dem Ergebnis, dass die Kommunikation mit den Mitarbeitern ein Erfolgsfaktor ist und als wirksamstes Mittel gegen das Scheitern von Veränderungen gesehen wird. Henry Mintzberg schreibt: „Schlanke Organisationen setzen auf die Kompetenz und Wachsamkeit aller Mitarbeiter, die strategische Chancen und Bedrohungen im täglichen Handlungsvollzug erkennen und bearbeiten müssen." Und Doppler schreibt: „Es gibt keine erfolgreiche Veränderung in der Unternehmung, es sei denn, begleitet durch eine offene und lebendige Kommunikationspolitik." (Siehe ausführlich Kapitel 19).

→ **Nach außen wirken:** Die Mitarbeiter tragen ihre Meinung über das Unternehmen nach außen. Sie werden sich aber nur dann positiv bei Freunden und Bekannten äußern, wenn sie ernst genommen werden und in die Kommunikation eingebunden sind. Erfahren sie vom guten Ruf ihres Unternehmens nur aus der Presse, merken aber selbst nichts davon, kann die Firmenspitze ihre Glaubwürdigkeit verspielen – Mitarbeiter sind dann unzufriedener, sie wechseln häufiger den Arbeitsplatz, der Ausschuss im Unternehmen nimmt zu und die Krankheitsquote steigt (siehe auch Kapitel 14).

→ **Kunden zufrieden stellen:** Der amerikanische Handelsriese Sears hat – ausgehend von der eigenen Unternehmensvision – konkrete Kommunikationsziele für Kunden, Mitarbeiter und die Finanzwelt entwickelt. Mehrjährige interne Messungen bei Sears zeigten, dass eine 5 Prozent höhere Mitarbeiterzufriedenheit zu einer 1.5 Prozent höheren Kundenzufriedenheit führt, was wiederum eine 0.5-prozentige Steigerung der Finanzleistung des Unternehmens nach sich zieht.

Mitarbeiterkommunikation dient dem Austausch über:

- die Unternehmensziele
- ein Ereignis (wie z.B. eine Umstrukturierung)
- eine Idee, den Arbeitsplatz zu verbessern
- eine Abteilung (wie z.B. das neue Rechenzentrum)
- ein Projekt (wie z.B. wie eine anstehende Rationalisierung)
- eine neue Aufgabe
- Fehlentwicklungen am Markt und im Unternehmen
- Pläne der Geschäftsleitung
- neue Anforderungen am Markt
- die Entwicklung der Arbeitsplätze

Abb. 2 | Mögliche Kommunikationsthemen

Gute Kommunikation zahlt sich aus

Viele gute Gründe sprechen für eine funktionierende interne Kommunikation. Dies lässt sich sogar in Heller und Pfennig ausdrücken: Höhere Zufriedenheit bringt mehr Engagement und damit auch besseres, schnelleres und günstigeres Arbeiten; Mitarbeiter arbeiten besser zusammen, Reibungsverluste, Missverständnisse, Leerlauf und Doppelarbeit nehmen ab.

Wie Untersuchungen zeigen, hängen das Informationsniveau der Mitarbeiter und das Betriebsklima augenscheinlich zusammen: Mitarbeiter, die sich gut oder sehr gut informiert fühlen, bescheinigen der Firma fast immer ein sehr gutes oder gutes Betriebsklima in ihrem Arbeitsbereich – und ein weniger gutes, wenn es an Informationen fehlt. Fazit: Das Betriebsklima ist so gut oder so schlecht wie die Kommunikation.

Schlechte Kommunikation macht krank: In den Betrieben mit gutem und sehr gutem Informationsniveau der Mitarbeiter liegt die Krankheitsquote durchschnittlich bei 3,6 Prozent. In den Betrieben mit unzureichendem Informationsniveau ist der Krankenstand mit 11,1 Prozent im Schnitt dreimal so hoch. Bei den gewerblichen Mitarbeitern haben die allgemeinen schlechten Arbeitsbedingungen zur Folge, dass sie das Betriebsklima deutlich schlechter bewerten und der Krankenstand deutlich über dem Durchschnitt liegt. Ein erheblicher Teil der Krankheitsfälle ließe sich also vermeiden, wenn die Manager in ihren Betrieben für ein erträgliches Sozialklima sorgten.

Die Studie des Marktforschungsunternehmens Gallup zeigt für 2004, dass lediglich 13 Prozent der Mitarbeiter sich eng an das Unternehmen gebunden fühlen, 69 Prozent nur gering und 18 Prozent überhaupt nicht. Welche Konsequenzen sich aus diesen Zahlen mutmaßlich ergeben, zeigt der Zusammenhang mit den Fehlzeiten:

Hohe Bindung	▷	9 Fehltage
Geringe Bindung	▷	11 Fehltage
Keine Bindung	▷	13 Fehltage

Abb. 3 | Zusammenhang zwischen Bindung an das Unternehmen und Fehltagen | Quelle: Gallup

Gallup untersucht viele weitere Zusammenhänge, zum Beispiel die Absicht, im derzeitigen Unternehmen auch in einem und in drei Jahren beschäftigt zu sein und die Bereitschaft, das Unternehmen Dritten zu empfehlen. Es überrascht nicht, dass bei fehlender Bindung der Mitarbeitenden an das Unternehmen die Bereitschaft, sich positiv zu äußern, nur schwach entwickelt ist.

Der Deutschen Wirtschaft entsteht so jedes Jahr ein Schaden von bis zu 230 Milliarden Euro, schätzen Experten. Der Grund: Mitarbeiter, die vor ihrem Vorgesetzten zittern und ständig um ihren Arbeitsplatz bangen, würden zwar kurzfristig mit mehr Einsatz arbeiten, langfristig führten die physischen und psychischen Auswirkungen der Angst aber zu Fehlzeiten, innerer Kündigung, Drogenmissbrauch und hoher Fluktuation. All dies sei mit erheblichen Folgekosten verbunden.

Ist der Mitarbeiter von Information und Kommunikation im Unternehmen abgeschnitten, können Unlust, Gefühle von sozialer Isolation und Motivationslosigkeit entstehen. Der Mitarbeiter „funktioniert" zwar formal, ist aber weder motiviert noch kreativ. Dagegen bringt eine funktionierende interne Kommunikation eine geringere Fluktuation, sinkenden Ausschuss sowie die Senkung der Krankheitsquote, die wegen geringer Arbeitslust oder geringer Identifikation mit dem Betrieb überhöht ist.

Solche Argumente lassen Unternehmer aufhorchen, die in der Regel Krankenstände zwischen 5 und 11 Prozent zu beklagen haben. Gründe wie das Verringern des Krankenstandes und der Fehlzeiten, eine Erhöhung der Produktqualität und das Verringern des Ausschusses sind es, die der internen Kommunikation erhebliche Aufmerksamkeit zukommen lassen. Zwar wissen wir, dass die Engpässe am Arbeitsmarkt immer wieder dazu führen, dass Mitarbeiter trotz Erkrankung zur Arbeit gehen und eher mit Kritik hinter dem Berg halten – doch ist das kein Ausgleich für die Folgen innerbetrieblicher Missstände. Auf lange Sicht schadet die Unzufriedenheit der Mitarbeiter dem Unternehmen doch.

Stand in der Praxis: Manager fürchten dieses Parkett

So sehr sich inzwischen herumgesprochen hat, dass ohne gezielte Kommunikation das Potenzial des Unternehmenspersonals weithin brach liegt: Noch machen viele Manager einen großen Bogen um das Thema Kommunikation – zu glatt ist ihnen dieses Parkett. Hinter der fehlenden Umsetzung stehen häufig Vorurteile, Ängste vor Kritik durch die

Mitarbeiter und deren Forderung nach mehr Rechten und Entgelt. Die Folge: Fast alle Unternehmen fallen weit hinter ihre eigentlichen Möglichkeiten zurück.

Interessant ist, dass Kommunikation nicht als Wert an sich gilt. Wo es die Unternehmensfunktion Interne Kommunikation gibt, müssen die Angehörigen der entsprechenden Abteilung so wie jede andere Unternehmensfunktion auch ihren Beitrag zur Wertschöpfung des Unternehmens nachweisen. Interne Kommunikation wird lediglich als betriebswirtschaftlicher Faktor gesehen. Gelingt es nicht, die betriebswirtschaftliche Bedeutung aufzuzeigen, steht kein Budget bereit oder nur ein sehr kleines. Aber wann hätten Menschen jemals darauf geachtet, welche Wertschöpfung ihre Gespräche haben?

Solange das Betriebsergebnis einigermaßen stimmte, ging es meist irgendwie auch ohne eine Funktion Interne Kommunikation. Doch seit Sprachlosigkeit die Substanz der Unternehmen bedroht und der Leidensdruck groß genug geworden ist, geraten Führungskräfte in Bewegung: Sie richten Kommunikationsabteilungen ein, suchen den Rat von Kommunikationsexperten und schulen sich in Weiterbildungskursen. Zu hoffen bleibt, dass dies ernsthaft und nachhaltig geschieht. Die Erfahrung zeigt nämlich: In guten Zeiten geht die Sensibilität für die Notwendigkeit einer offensiven Kommunikationspolitik zurück, um in schlechten Zeiten, wenn sich Krisen, Probleme und Misserfolge ankündigen, mit überhöhten Erwartungen zurückzukehren.

Ist interne Kommunikation bedrohlich?

Überzeugen heißt Gegenargumente aufnehmen. Und da dieses Buch von der Bedeutung der internen Kommunikation überzeugen will, sollen Gegenmeinungen und Vorbehalte von Firmenchefs und Führungskräften einfließen:

Einwände	Antworten
„Die Mitarbeiter sind an Informationen nicht interessiert."	Alle aktuellen Untersuchungen und Gespräche mit Mitarbeitern in Firmen zeigen, dass sie grundsätzlich einen Bedarf an Informationen haben. Sie interessieren sich für ihren Arbeitsplatz und das Unternehmen.
„Die Mitarbeiter können die angebotenen Informationen nicht verstehen und verarbeiten."	Wenn Mitarbeiter Informationen nicht verstehen, wie können sie überhaupt ihre Arbeit gezielt erledigen? Und: Informationen den Führungskräften und Mitarbeitern so darzubieten, dass diese sie verstehen und verarbeiten können, ist Aufgabe von geschulten Führungskräften und von Fachleuten.
„Informationen sind aus Konkurrenzgründen geheim."	Das ist okay und jeder versteht das: Ein Unternehmen muss nicht alles preisgeben – schon gar keine Rezepte und geheimen Produktionsver-

Einwände	Antworten
	fahren. Darum geht es in der internen Kommunikation aber auch nicht, sondern um grundlegende Informationen über den eigenen Arbeitsplatz und das Unternehmen – und die sind grundsätzlich nicht geheim, oder?
„Die Informationen können die vorgefasste Meinung ohnehin nicht ändern."	Informationen können sehr wohl Meinungen ändern. Voraussetzung hierfür sind glaubwürdige, überzeugende Argumente und ein faires Gespräch.
„Wenn die Mitarbeiter zu viel wissen, verlieren sie das Vertrauen in das Unternehmen."	Nachteilige Informationen, die dazu Anlass geben können, werden ohnehin früher oder später bekannt. Lieber frühzeitig Farbe bekennen und erklären, wie die Lage verbessert werden soll.
„Mir fehlt einfach der Mut."	Wem der Mut zur internen Kommunikation fehlt, der kann klein anfangen und erst einmal in regelmäßigen Abständen einen kleinen Rundbrief herausgeben. Gewinnt er Sicherheit, kann der Info-Dienst häufiger erscheinen oder er kann durch weiteren Medien ergänzt werden (siehe hierzu das Kapitel 15). Sucht der Chef den Austausch mit seinen Mitarbeitern, kann ein erfahrener Fachmann (zum Beispiel ein Trainer) Tipps geben.
„In meiner Branche sind alle informationsscheu."	Um so besser: Hier kann sich das Unternehmen einen entscheidenden Wettbewerbsvorsprung sichern. Wer will schon genauso schlecht sein wie seine Konkurrenten? Außerdem wird es sich kaum noch eine Branche in der Zukunft erlauben können, die interne Kommunikation nicht zu verbessern.

Abb. 4 | Gründe für und gegen Kommunikation

1.3 Wandel der internen Kommunikation bis heute

Die Interne Kommunikation als Funktion im Unternehmen hat sich in den vergangenen Jahren erheblich gewandelt. Diese Veränderungen haben zu einer riesigen Kluft zwischen jenen Unternehmen geführt, die stehen geblieben sind und jenen, die diesen Bereich professionalisiert haben. Vor allem Großunternehmen wären hier zu nennen. Dementsprechend gibt es viele kleine und mittelständische Betriebe, an denen diese Entwicklungen bisher vorbei gegangen sind.

Klassisches Verständnis

Wie sieht das klassische Verständnis aus, das in den Unternehmen vor allem in den 80er und 90er Jahren zu finden war und das teilweise noch heute gilt, vor allem in Betrieben überschaubarer Größe?

→ Die interne Kommunikation erfolgt als Information über Entscheidungen. Nur wenn eine Entscheidung getroffen ist und umfangreiche Informationen hierüber feststehen, erfolgt die Weitergabe an die Mitarbeiter.
→ Sie ist auf Mittel und Maßnahmen konzentriert, lebt jedoch nicht von den Beschäftigten. Es gibt: Mitarbeiterzeitung, Intranet, Info-Dienste etc.
→ Die Mitarbeiter bleiben passiv: Die Firmenleitung und die Verantwortlichen in der Abteilung für Interne Kommunikation bestimmen, über was gesprochen wird, in welchen Kanälen, in welchem Umfang, wann und mit welchen Argumenten.
→ Die interne Kommunikation erfolgt weitgehend durch Fachleute, also die Abteilung für Interne Kommunikation.

Durch den Wandel von Märkten und Unternehmen (siehe Kapitel 1) hat sich dieses Verständnis seit einigen Jahren tiefgreifend geändert und wird mehr und mehr abgelöst.

Modernes Verständnis

Das zeitgemäße Verständnis von Interner Kommunikation lässt sich so charakterisieren:

→ Die Interne Kommunikation entwickelt sich von einem einzig instrumentell und operativ geprägten Verständnis hin zu einer Managementaufgabe (siehe ausführlich Kapitel 12).
→ Die Interne Kommunikation kann ihren Beitrag für die Unternehmensziele sowie zur Wertschöpfung des Unternehmens nachweisen, sodass sie die erforderlichen Ressourcen (Personal, Geld etc.) erhält (siehe ausführliches Kapitel 21).
→ Ergebniskommunikation entwickelt sich zur Prozesskommunikation: Bislang haben Unternehmen vor allem Entscheidungen und andere Ergebnisse kommuniziert (Ergebniskommunikation); doch diese Form der Kommunikation ist aufgrund der schnellen Entwicklungen nicht mehr zeitgemäß. Stattdessen wünschen sich die Mitarbeiter, auf dem Laufenden gehalten zu werden, um sich eine lebendige Vorstellung vom Unternehmen und seiner Entwicklung zu machen.
Dies bedeutet für die Interne Kommunikation, schon sehr früh die Mitarbeiter einzubeziehen und sich zu erklären, selbst wenn erst wenige Informationen vorliegen. Die Interne Kommunikation sollte darüber informieren, was ein Unternehmen zu diesem Zeitpunkt weiß, aber auch, was es noch nicht weiß (Prozesskommunikation); und es sollte sagen, wann es weiß, was es heute noch nicht

weiß. Eine solche Kommunikation setzt einen Kulturwandel voraus, denn die Verantwortlichen müssen lernen, Unsicherheiten zuzulassen.
- → Neue interne Bezugsgruppen sind für die Funktion Interne Kommunikation hinzugekommen, vor allem die Führungskräfte des Unternehmens.
- → Neue Rollen: Die Experten für Interne Kommunikation entwickeln sich zu Beratern für Führungskräfte.
- → Neue Themen sind hinzugekommen, wie zum Beispiel die internationale Interne Kommunikation (siehe ausführlich Kapitel 20) und der Einsatz im Wissensmanagement.
- → Die Interne Kommunikation ändert sich durch neue Mittel und Maßnahmen, vor allem durch Social Media (siehe ausführlich Kapitel 16).
- → Die Interne Kommunikation ändert sich durch neue Techniken wie das Storytelling (siehe ausführlich Kapitel 16).
- → Neue Erkenntnisse der Psychologie, der Neurowissenschaften und der Kulturwissenschaften ermöglichen die weitere Professionalisierung (siehe Kapitel 8).

Bei alledem muss auch bedacht werden: Die Interne Kommunikation verfügt über erhebliche Potenziale, die bislang noch nicht erkannt oder nicht ausgeschöpft sind. Zu diesen Potenzialen gehört nicht zuletzt der wirkungsvolle Einsatz von Bildern (Kapitel 18) und das Storytelling (Kapitel 19).

Zukunft der internen Kommunikation

Die Zukunft hat viele Namen: Für die Schwachen ist sie das Unerreichbare. Für die Furchtsamen ist sie das Unbekannte. Für die Tapferen ist sie die Chance (Victor Hugo). Welche wichtigen Trends wird es in der internen Kommunikation geben?

→ **Zunehmender Wettbewerb:** Der Wettbewerb wird auf allen Märkten zunehmen. Für die interne Kommunikation bedeutet das die Herausforderung zur stetigen Verbesserung: Noch nachhaltiger und überzeugender muss den Mitarbeitern erklärt werden, wofür das Unternehmen steht und welche einzigartige Belohnung es den Beschäftigten, seinen Kunden und anderen wichtigen Bezugsgruppen bietet.

→ **Professionalisierung:** Interne Kommunikation wird aufgrund dieser Rahmenbedingungen professioneller werden müssen, um die eingesetzten Mittel zu rechtfertigen. Es gibt noch viele unausgeschöpfte Potenziale für die Kommunikationsgestaltung, darunter auch die Nutzung unterschiedlicher Wissenschaftsdisziplinen, die bisher noch unzureichend ist.

→ **Eine integrierte Gestaltung der internen und externen Kommunikation:** Künftig werden interne und externe Kommunikation wesentlich stärker in ihrem Zusammenspiel gestaltet werden, um Synergien zu nutzen und Widersprüche zu vermeiden.

→ **Vertrauen entwickeln:** Vertrauen wird zum zentralen Konstrukt, um die langfristige Beziehung der Mitarbeitenden zu erklären. Es geht darum, zu verstehen, was

Vertrauen ist, wie es entsteht und wie es systematisch gestaltet werden kann. Leider gibt es hierzu erst wenige Erkenntnisse.

→ **Emotionale Ansprache:** Hat sich die interne Kommunikation in den vergangenen Jahren vor allem auf das Vermitteln von Informationen konzentriert, zeigen neuere wissenschaftliche Erkenntnisse, welche wichtige Rolle die Gefühlswelt der Mitarbeiter spielt (siehe Kapitel 6.2). Daher wird es erforderlich sein, jene Gefühle zu bestimmen, die mit einem Unternehmen verbunden sein sollen – auch in Abgrenzung vom Wettbewerb. Zum anderen müssen hieraus operative Entscheidungen abgeleitet werden wie der gezielte Einsatz von Events (siehe Kapitel 15.1.5) und der Einsatz von Bildern und Geschichten (siehe Kapitel 17).

→ **Systematische Weitsicht:** Zu wenige Unternehmen planen ihre interne Kommunikation systematisch und langfristig. Kommunikationskonzepte sind jedoch essenziell für erfolgreiche und professionell geführte Unternehmen, denn sie verringern das Risiko von Fehlentscheidungen, regeln das Zusammenspiel aller Beteiligten im Unternehmen und erlauben eine größtmögliche Eigenständigkeit aller Beteiligten unter Beibehaltung gemeinsamer Ziele (siehe Kapitel 12).

→ **Konzepte:** Um eine festgelegte Vorstellung bei den Mitarbeitenden aufzubauen und langfristig zu entwickeln, ist ein Kommunikationskonzept unerlässlich, also ein schriftlich fixierter Verhaltensplan (siehe Kapitel 12).

Kapitel 2

Was interne Kommunikation ist

Wer beschreibt, wie die interne Kommunikation in Unternehmen besser funktionieren könnte, sollte zunächst grundlegende Begriffe klären. In der Praxis zeigt sich nämlich, dass Begriffe unterschiedlich verwendet werden oder unklar ist, was sich dahinter verbirgt.

Information

Informationen sind Daten, die in einem Kontext stehen. Wird die Zahl 90 in den Kontext des Umsatzes gestellt, entsteht zum Beispiel die Information von 90 Millionen Euro Umsatz.

Der Begriff Information besagt nichts darüber, ob Mitarbeitenden diese Information auffällt, ob sie sie aufnehmen, wie sie sie verarbeiten, deuten, interpretieren, bewerten und speichern. Dieser Prozess der Aufmerksamkeit, der Aufnahme, der Verarbeitung und der Speicherung wird als Wahrnehmung bezeichnet. Das Wort Informieren ist also getrennt von der Wahrnehmung der Mitarbeitenden zu sehen.

Entscheidend für die Wirkung der internen Kommunikation ist aber die Bewertung des Mitarbeitenden, ob eine Information für ihn wichtig ist oder nicht und welche emotionale Bedeutung sie für ihn hat, ob sie also schadet oder nutzt (siehe Kapitel 6).

Austausch

Kommunikation ist mehr als das technische Hin und Her von Informationen zwischen Sender und Empfänger, oft auch als Austausch bezeichnet; denn Kommunikation wäre sonst auch auf zwei Mitarbeiter anzuwenden, die aneinander vorbeireden: Ein deutscher Mitarbeiter telefoniert mit seinem japanischen Kollegen, beide tauschen Informationen aus, die sie aber aufgrund der unterschiedlichen Sprachen nicht verstehen und bewerten können. Kommunikation bedeutet, dass die Beteiligten die Aussagen des Gegenübers aufnehmen und verarbeiten, damit Verständigung entsteht.

Diese Beziehung zueinander und die Verarbeitung der Botschaften ist essenziell für die Kommunikation. Es kommt nicht nur darauf an, welche Informationen gegeben werden und wie: Entscheidend für den Kommunikationserfolg ist, wie der Gesprächspartner diese Informationen aufnimmt und bewertet. Wer sicher gehen will, dass seine Botschaften akzeptiert werden, sollte dies berücksichtigen.

Dialog

Manager reden gern vom Dialog. Mitarbeiter verwenden in ihrer Sprache diesen Begriff nicht. Oder haben Sie schon einmal einen Kollegen erlebt, der zu Ihnen sagt: „Wir hatten gerade in der Kantine einen guten Dialog“? Der Begriff gehört also nicht zur Umgangssprache unter Mitarbeitern. Er sollte daher vom Management – wenn überhaupt – nur selten eingesetzt werden.

Der Begriff Dialog meint eigentlich den gleichberechtigten Austausch mit offenem Ausgang. Jeder weiß, dass dies in einem Unternehmen zwischen Mitarbeitenden und Führungskräften kaum möglich ist:

- → Der Mitarbeiter verfügt nicht über die gleichen Informationen wie sein Vorgesetzter und die Firmenleitung, er kennt weniger Argumente und Gegenargumente.
- → Er hat nicht die gleiche Macht, denn er steht in einem Abhängigkeits- (und Arbeits-) verhältnis zu seinem Gesprächspartner.
- → Das Ende des Gesprächs ist nicht offen, denn in der Regel geht die Unternehmensleitung mit einem vorgefassten Ergebnis in ein Gespräch und will überzeugen und ihren Standpunkt durchsetzen.

Meist verwenden Führungskräfte den Begriff Dialog lediglich für Austausch oder für das Gespräch. Ich rate also weitgehend davon ab, diesen Begriff in der internen Kommunikation zwischen Führungskräften und Mitarbeitenden weiter zu verwenden: Er ist abgenutzt, nichtssagend, er wird falsch eingesetzt und er ist uns nicht vertraut, weil er nicht zu unserer Alltagssprache gehört.

Kommunikation

Der Begriff Kommunikation stammt aus der lateinischen Sprache (communis) und bedeutet Mitteilung, Verbindung, Verkehr. Angemessen für die interne Kommunikation scheint mir das Verständnis von Kommunikation als Austausch und Verständigung zwischen Menschen im Unternehmen: Sie teilen sich mit und versuchen, den Anderen zu verstehen, aber auch dessen Wahrnehmungen, Meinungen und Absichten zu beeinflussen. Kommunikation ist zweiseitig und damit interaktiv: Mitteilen und Verstehen müssen zusammentreffen und und die Beteiligten müssen sich aneinander orientieren.

Diese Orientierung verläuft in den Stufen der Wahrnehmung:

- → Ist mein Gegenüber auf die Information aufmerksam geworden?
- → Hat er sie aufgenommen? Konnte er sie aufnehmen, weil die Information wichtig für ihn ist?
- → Konnte er sie verarbeiten? Hat er sie in meinem Sinn verstanden und bewertet?
- → Hat er sie gespeichert?

Dieser für die interne Kommunikation essenzielle Unterschied hält Praktiker in den Unternehmen nicht davon ab, von „Interner Kommunikation" zu sprechen, obwohl sie doch eigentlich die „Interne Information" meinen und praktizieren. Interne Kommunikation ist daher meist nur interne Information, denn sonst würden sich die Beteiligten aufeinander beziehen, sie würden verstehen und sich kontinuierlich austauschen.

- ▷ Aufmerksamkeit
- ▷ Aufnahme
- ▷ Verarbeitung
- ▷ Speicherung

Abb. 5 | Wahrnehmung des Menschen

Gegenseitigkeit bedeutet auch, dass alle Beteiligten darüber entscheiden, ob Kommunikation zustande kommt oder nicht. Wenn ein Beteiligter nicht kann, darf oder will, kann keine Kommunikation entstehen: Der Mitarbeiter liest die Mitarbeiterzeitung nicht mehr, die Mitarbeiter nutzen das Intranet nicht mehr. Verweigert ein Mitarbeiter die Kommunikation mit der Firmenleitung, kann keine noch so künstlerisch gestalteten Broschüre, kein noch so perfektes Event Kommunikation herstellen.

Kommunikation bedeutet nicht, dass jeder alles kennt und alles weiß. Mitarbeitende wollen und können nicht alles wissen. Sie möchten und müssen aber das wissen, was für sie wichtig ist – entweder weil sie es für die Arbeitstätigkeit oder das Miteinander im Unternehmen brauchen. Dies ist nur ein geringer Teil dessen, was im Unternehmen täglich an Informationen verfügbar wäre. Mitarbeitende wollen nicht ständig über alles reden, sondern nur über das, was sie betrifft und interessiert. Hierin unterscheiden sich die Beschäftigten allerdings erheblich: Bildung, Wissen, Tätigkeit, Perspektiven und auch nationale Unterschiede driften deutlich auseinander. Dies führt zu unterschiedlichen Wünschen und Erwartungen an die interne Kommunikation, an Medien, Inhalte und Form: Gewerbliche Mitarbeiter haben andere Vorstellungen als Angestellte, Führungskräfte andere als Auszubildende und Pensionäre andere als Vorstand und Betriebsrat.

Die Herausforderung bei einer alle zufrieden stellenden internen Kommunikation liegt darin, genau für jene Kommunikation zu sorgen, die aus Sicht der Beteiligten sinnvoll und möglich ist. Informationen breit und massenhaft zu streuen, erzeugt Informationsmüll und erzeugt Überlastung – abgesehen davon, dass dies extrem ineffizient und teuer ist. Sehr viel sinnvoller erscheint es daher, Gruppen nach ihren unterschiedlichen Wünschen und Erwartungen an die interne Kommunikation zu bilden. Ich bezeichne sie als Bezugsgruppen der internen Kommunikation. Der Begriff „Zielgruppen“ scheint mir nicht mehr zeitgemäß, weil er von der Kommunikation als einer Technik ausgeht, die einseitig Informationen an ein Publikum richtet. Kommunikation ist aber die Gestaltung von Beziehungen zwischen Menschen und sollte auch so verstanden werden.

Die Mitarbeitenden in einem Unternehmen unterscheiden sich in ihren Wünschen und Erwartungen beträchtlich voneinander, was die Form oder den Inhalt der Kommunikation betrifft: Form bedeutet zum Beispiel die Zeit, in der die Kommunikation stattfindet (etwa rund um die Uhr im Intranet) oder die eingesetzten Medien (Schwarzes Brett, Mitarbeiterzeitung, Intranet, persönliches Gespräch). Inhalt umfasst jene Themen und konkreten Informationen, die sich die Mitarbeiter wünschen.

Das klingt naheliegend, doch die Praxis sieht anders aus: Unternehmen geben Broschüren für alle Mitarbeitenden heraus. Die Empfänger sollen sich dann aus den angebotenen Informationen jene Botschaften heraussuchen, die für sie wichtig sind. Ob die internen Bezugsgruppen diese Informationen aufnehmen wollen und können, ob sie sie verstehen und akzeptieren, wird kaum geprüft. Ein solches

Vorgehen funktioniert jedoch nicht und produziert nur Informationsüberflutung und Reizüberlastung. Die ausbleibende Wirkung aller Maßnahmen wird sodann fälschlich als Beweis dafür interpretiert, dass die interne Kommunikation nichts oder viel zu wenig bewirkt, was wiederum zur Folge hat, dass die Investitionen zurückgefahren werden. Vielfach setzt sich daraufhin eine Spirale in Gang, an deren Ende das Aus für die Interne Kommunikation stehen kann.

Vertrauen

Vertrauen ist ein grundlegender Begriff, der auch auf die Bindungen von Mitarbeitenden im Unternehmen angewendet werden kann. Vertrauen steht für die Erwartung, sich auf das Wort, die Aussagen, die Versprechen Anderer im Unternehmen verlassen zu können. Das Entstehen von Vertrauen setzt voraus, dass sich diese Menschen kennen und meist positive Erfahrungen untereinander gemacht haben (siehe ausführlich Kapitel 6.3). Nur solche Menschen schenken sich Vertrauen: Man vertraut nur dem, den man kennt. Ob wir jemandem vertrauen, ist also unsere eigene persönliche Bewertung. Ein Mitarbeitender vertraut der Firmenleitung, der andere nicht. Vertrauen lässt sich nicht kommunizieren, wie viele Führungskräfte glauben, sondern die Beteiligten müssen sich die Bewertung, vertrauenswürdig zu sein, erarbeiten. Und: Dieses Vertrauen müssen sie sich immer neu verdienen.

Vertrauen ist die Grundlage dauerhafter Beziehungen. Vertrauen zum Unternehmen ist für die Mitarbeiter deshalb so wichtig, weil sich daran die Zuverlässigkeit der Firma bemisst und damit auch das Risiko, vom Unternehmen enttäuscht zu werden. Haben wir Vertrauen in andere Mitarbeiter und in Führungskräfte, verlassen wir uns auf deren Aussagen und Versprechen. Zuverlässig und berechenbar sind sie für uns dann und das Risiko, dass sie uns enttäuschen, nehmen wir als gering wahr. Kann ich mich auf meinen Vorgesetzten verlassen, fühle ich mich sicher, meine Unsicherheit und meine Angst nehmen ab. Das Vertrauen, das wir in den Firmenchef haben, übertragen wir auch auf seine Leistung und auf das Unternehmen, das er führt.

Ein solches Vertrauen kann aber nur der von den Mitarbeitenden erwarten, der konstant ein klares, widerspruchsfreies Bild von sich bietet. Der bekannte Soziologe Niklas Luhmann spricht von „Sicherheit der sozialen Selbstdarstellung" und meint damit, wie gut es Personen oder Unternehmen gelingt, „ein konsistentes Bild von sich selbst zu entwerfen und zu sozialer Geltung zu bringen". Vertrauen kann nur entstehen, wenn Worte und Taten übereinstimmen: Fordert die Firmenleitung mehr Offenheit, lebt dies aber selbst nicht vor, wird sie unglaubwürdig. Wenn die Verantwortlichen in der Mitarbeiterzeitung das Unternehmen und seine Arbeit schönreden, der Mitarbeiter in seiner täglichen Arbeit aber etwas ganz anderes erlebt, wird er sich in ihr nicht wiederfinden.

Vertrauen hat auch eine ökonomische Seite: Durch Vertrauen sparen wir jene Kosten, die wir für das Verringern des Risikos ausgegeben hätten, zum Beispiel den Aufwand für die Informationssuche oder das Abschließen einer Versicherung. Haben wir eine lebendige Vorstellung vom Unternehmen, wird es als glaubwürdig erachtet („unseres Glaubens würdig“) und vertrauenswürdig („unseres Vertrauens würdig“), können wir entscheiden, ohne lange zu überlegen und vergleichen zu müssen.

Zuverlässige Unternehmen sind für uns wie Versicherungen: Sie nehmen uns Risiko ab. Wolf Lotter schreibt im Wirtschaftsmagazin „brand eins“ vom Februar 2005: „Vertrauen ist eine Methode, die unser Leben leichter macht, weil das Unbekannte nicht für immer gefährlich bleibt, sondern mit der Zeit zu einer vertrauten Sache wird. Das ist die Grundlage einer guten Beziehung oder für das, was in der Wirtschaft ein gutes Geschäft genannt wird.“ Wir vertrauen aber nur jenem Unternehmen, das wir kennen. Das Vertrauen in das Unternehmen soll den Grundstein für eine langfristige Beziehung legen, denn wir bleiben nur dem treu, dem wir vertrauen.

Authentische Kommunikation

Authentische Kommunikation wird als eine der wichtigsten Voraussetzungen für das Entstehen von Vertrauen und das Funktionieren von Beziehungen angesehen. Ich stimme hier grundsätzlich zu, möchte aber dennoch einen etwas differenzierteren Blick auf diesen Begriff werfen.

Authentische Kommunikation wird meist als echte und wahrhaftige Kommunikation verstanden. Ich stelle mir jedoch folgende Situation vor: Ein Firmenchef wird seit Wochen zerfressen von den Sorgen um sein Unternehmen. Nachts kann er nicht mehr schlafen, weil er weiß, dass er eventuell Insolvenz anmelden oder vielen Mitarbeitern betriebsbedingt kündigen muss. Wäre es dann nicht authentisch, wenn er sich vor seine Mitarbeiter stellt und ihnen seine inneren Kämpfe, seine Zweifel und seine Verzweifelung darstellt? Dies würde ja immerhin seinem inneren Gefühlszustand entsprechen. Erwarten die Mitarbeiter nicht aber von einer Führungskraft, dass sie bis zur letzten Minute zupackend handelt, zuversichtlich ist und aus Gründen der Fürsorge zumindest begrenzte Hoffnung verbreitet? Wie immer Sie zu diesen Fragen stehen – ich hoffe, es wird deutlich, dass der Begriff Authentische Kommunikation nicht ohne Weiteres auf alle Situationen anzuwenden ist.

Kapitel 3

Welche Aufgaben die interne Kommunikation hat

Interne Kommunikation kann drei Aufgaben erfüllen. Sie kann:

1. **Kontaktieren**, zum Beispiel Mitarbeitende und Führungskräfte
2. **Informieren**, zum Beispiel über das Geschehen im Unternehmen
3. **Argumentieren**, um die Mitarbeiter zu überzeugen.

3.1 Kontakt aufnehmen

Damit die Interne Kommunikation wirken kann, muss zunächst einmal der Kontakt zwischen Menschen entstehen. Wer keinen Kontakt zu Mails und zur Mitarbeiterzeitung hat, kann die darin enthaltenen Informationen nicht aufnehmen, verarbeiten und speichern:

→ **Kontakt aufbauen:** Gibt es ein neues Projekt im Unternehmen, wird der Kontakt zu den Mitarbeitern hergestellt und danach Wissen aufgebaut.

→ **Kontakt ausbauen:** Der Kontakt hat nicht alle Mitarbeiter erreicht, zum Beispiel, weil einige im Urlaub waren oder in der Nachtschicht arbeiten, oder aber der Kontakt erfolgte nicht häufig genug, um Gedächtnisspuren zu hinterlassen.

→ **Kontakt halten:** Das Gedächtnis über das Unternehmen muss immer wieder aktiviert werden. Geschieht dies nicht, kann es verschwinden. Umgangssprachlich würden wir sagen, dass wir nicht spontan an etwas gedacht oder etwas vergessen haben. Dinge müssen sich also in lebendiger Erinnerung halten, um im Gehirn zu wirken. Wer nur einmal darauf hinweist, dass Qualität im Unternehmen wichtig ist, verankert sich nicht stark genug im Gedächtnis der Mitarbeiter.

→ **Kontakt abbauen:** Die Mitarbeiter sollen etwas vergessen, indem die Kontakte verringert werden. Beispiel: Ein Produkt soll nicht weiter verkauft werden, es wird nicht mehr erwähnt, die Mitarbeiter sollen es nach und nach vergessen.

Für die Gestaltung von Kontakten sind zwei Begriffe wichtig:

1. **Reichweite:** Sie bezeichnet, wie viele Mitarbeiter durch Mittel und Maßnahmen der internen Kommunikation erreicht werden sollen und erreicht wurden. Die Mitarbeiterzeitung erreicht 80 Prozent der Belegschaft, der Rest liest sie nicht. Sollen 100 Prozent der Mitarbeiter erreicht werden, also alle, dann sind weitere Maßnahmen erforderlich, um dies zu erreichen. Die Bruttoreichweite gibt an, wie viele Kontakte zu den Mitarbeitern insgesamt entstanden sind, auch Mehrfachkontakte werden gezählt. Die Nettoreichweite gibt an, wie viele Mitarbeiter mindestens ein Mal erreicht wurden. Die Bruttoreichweite kann also hoch sein, die Nettoreichweite dagegen gering, weil wenige Mitarbeiter sehr oft erreicht wurden.

2. **Kontakte:** Kontakt meint, wie oft ein Mitarbeiter Kontakt mit einer Information hatte. Beispiel: Jemand hat etwas dreimal erfahren – von seinem Kollegen, seinem Vorgesetzten und vom Schwarzen Brett. Es sind also drei Kontakte mit der Information zustande gekommen. Sollen Informationen bei den Mitarbeitern nachhaltig verankert werden, sind mitunter 30-50 Kontakte erforderlich.

Wichtig ist also zum einen, alle Mitarbeiter zu erreichen, die man erreichen will; zum anderen sollte eine Information oft genug wiederholt werden, damit sie sich festigt und gedanklich präsent bleibt (siehe auch Kapitel 8).

3.2 Informieren

Die Interne Kommunikation sorgt dafür, dass die Mitarbeiter alle für sie wichtigen Informationen über ihre Tätigkeit, ihren Arbeitsplatz und das Unternehmen kennen und über Veränderungen informiert werden. Durch interne Information nehmen sie teil am formalen und informellen Leben und identifizieren sich im Idealfall sowohl mit ihren Aufgaben als auch mit den Unternehmenszielen. Unterschiedliche Standpunkte und Meinungen zu einem Thema können offengelegt und ausgetauscht werden.

In der Kommunikation werden Informationen vermittelt über:

- Unternehmensziele
- Markt und die Positionierung des Unternehmens im Markt
- Konkurrenz
- Ereignisse (wie z.B. eine Umstrukturierung)
- Ideen, die den Arbeitsplatz verbessern helfen
- Abteilungen (wie z.B. das neue Rechenzentrum)
- Projekte (wie z.B. eine anstehende Rationalisierung)

- Neue Aufgaben
- Fehlentwicklungen am Markt und im Unternehmen
- Pläne der Geschäftsleitung
- Neue Anforderungen am Markt
- Entwicklung der Arbeitsplätze

Abb. 6 | Beispiele für wichtige Informationen in der internen Kommunikation

3.3 Argumentieren

Mitarbeiter bewerten die Informationen nach ihrer Bedeutung, und zwar nach der Bedeutung für sie selbst. Es entstehen Meinungen und – in verfestigter Form – Einstellungen. Es reicht daher meist nicht aus, nur zu informieren, sondern die Mitarbeiter sollten mit Argumenten von einer Idee oder einem Anliegen überzeugt werden.

Was ist das Ziel dieser Aufgaben, oder anders ausgedrückt: Welche Wirkung wird erwartet? Das sollte immer in der Mitarbeiterzeitung und dem Intranet kommuniziert werden, denn darum geht es dem Firmenchef, das muss im Unternehmen bekannt werden. Die Interne Kommunikation muss mithin nicht nur formal eine Aufgabe erfüllen, sie muss immer auch das gewünschte Ergebnis formulieren, das bei den Mitarbeitern als Wirkung entstehen soll.

Kapitel 4

Welche Ziele die Interne Kommunikation hat

Die drei Aufgaben der internen Kommunikation, Kontakt aufnehmen, informieren und argumentieren, können zu vier Zielen führen:

1. Bekanntheit
2. Wissen
3. Meinen
4. Bereitschaft und Handeln

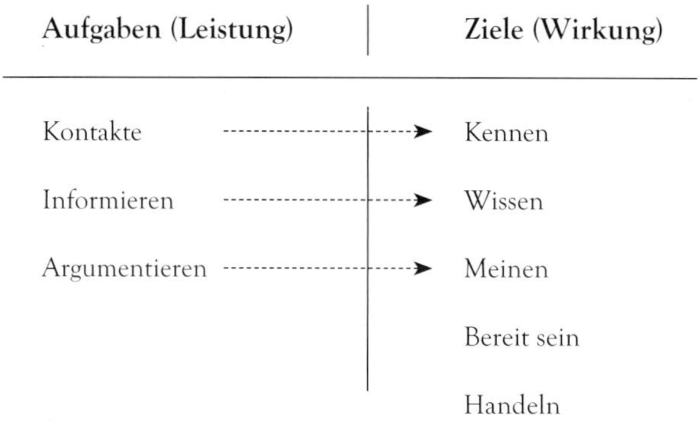

Abb. 7 | Zusammenhang von Aufgaben und Zielen

Ich schreibe bewusst, die Aufgaben „können zu vier Zielen führen", denn zwangsläufig muss sich die gewünschte Wirkung nicht ergeben. Beispiel: Der Firmenchef kann informieren, doch vielleicht verstehen ihn die Mitarbeiter nicht oder sie wissen nicht, wie sie die Informationen auf die eigene Tätigkeit anwenden sollen. Noch ein Beispiel: Der Firmenchef nennt viele Argumente für einen tiefgreifenden Wandel des Unternehmens, doch diese Argumente überzeugen die Mitarbeiter nicht (weitere Beispiele siehe unten).

Ebenfalls gilt es zu beachten: Das unmittelbare Handeln ist oft kein direktes Ziel der internen Kommunikation. Gewiss: Kennen, wissen, meinen und bereit sein kann zum Handeln führen – muss es aber nicht. Diese Zwecke können alle erfüllt sein, doch wenn der Mitarbeiter nicht handeln kann, weil ihm Voraussetzungen fehlen, oder er nicht handeln darf, weil dies sein Vorgesetzter verhindert, dann kann die Interne Kommunikation erfolgreich gewesen sein, aber doch keine Wirkung entfalten. Ich empfehle daher, Handlungsziele nur dann zu formulieren, wenn aktuellen Handlungsdefiziten ein Kommunikationsproblem zugrunde liegt, das die Interne Kommunikation lösen kann. Führungsprobleme kann sie nicht lösen. Zumindest nicht allein.

Ich betone das an dieser Stelle deshalb so sehr, weil ich oft Konzepte lese, in denen Handlungsziele wie „Leistung steigern" formuliert sind, aber die Probleme, die dies verhindern, nicht durch Interne Kommunikation lösbar sind.

4.1 Bekanntheit

Wenn Menschen miteinander reden, geben sie sich Dinge bekannt – zum Beispiel ist ihnen bekannt, dass es eine Firmenstrategie gibt, sie haben davon gehört, dass eine neue Qualitätsoffensive gestartet wird. Sie WISSEN VON Ereignissen, die am Arbeitsplatz geschehen sind – im Gegensatz zum WISSEN ÜBER, das durch Information entsteht.

Bekannt sein bedeutet, in den Köpfen der Mitarbeiter präsent zu sein. Bekanntheit bedeutet nicht, dass sie etwas wissen und meinen. Beispiel: Den Mitarbeitern ist bekannt, dass es eine Unternehmensstrategie gibt. Dies muss nicht bedeuten, dass sie etwas darüber wissen. Sie würden sagen: „Ich habe davon gehört, aber ich weiß nichts darüber". Warum diese Unterscheidung? Sie ist sinnvoll, um jede Aufgabe richtig zu planen und zu kontrollieren: Bekanntheit wird anders gesteuert und kontrolliert als das Entstehen von Wissen.

Stufen der Bekanntheit

Die gedankliche Präsenz lässt sich in Stufen unterscheiden:

- → *Keine Bekanntheit:* Die Person kennt Dinge nicht, sie hat noch nie von ihnen gehört.
- → *Passive Bekanntheit:* Die Person kennt etwas, nachdem es ein Stichwort dazu gehört hat, wie zum Beispiel den Namen eines neuen Projektes. Diese Form wird auch als „gestützte Bekanntheit" bezeichnet.
- → *Aktive Bekanntheit:* Eine Person kann etwas aktiv aus dem Gedächtnis abrufen, sie benötigt dafür keine Gedächtnisstütze wie im Fall der gestützten Bekanntheit. Diese Form wird als „ungestützte Bekanntheit" bezeichnet.
- → *Intensive aktive Bekanntheit:* Etwas ist einer Person spontan als erstes gedanklich präsent, wie zum Beispiel ein Projekt, das ihr aus allen Projekten des Unternehmens als erstes einfällt. Diese Form wird auch als „top of mind" bezeichnet.
- → *Exklusive Bekanntheit:* Den Mitarbeitern ist nur ein einziges Projekt im Unternehmen zur Umsetzung der Firmenstrategie bekannt.

Sämtliche Formen der Bekanntheit lassen sich systematisch und sorgfältig planen, steuern und kontrollieren. Grundlage hierfür ist das Konzept für die Interne Kommunikation, das Sie in Kapitel 12 kennen lernen werden.

Wichtig zu wissen ist: Es gibt einen Zusammenhang zwischen Bekanntheit und Sympathie. Tendenziell gilt: Je bekannter etwas ist, desto sympathischer ist es uns. Wissenschaftler sprechen vom Mere-Exposure-Effekt. Dinge, die uns bekannt und vertraut sind, weil sie uns ständig umgeben, sind uns sympathischer.

Kontaktaufnahme muss nicht zu Bekanntheit führen

Hier einige Beispiele, wie die Kontaktaufnahme nicht zur Bekanntheit bei den Mitarbeitern führen muss:

1. Das Unternehmen versucht, auf unterschiedlichen Wegen Kontakt zu den Mitarbeitern aufzunehmen, zum Beispiel über das Intranet und die Mitarbeiterzeitung. Die Beschäftigten nutzen jedoch jene Medien nicht oder sie lesen gerade den Beitrag nicht, in dem wichtige Informationen vermittelt werden sollten.

2. Das Unternehmen nimmt einmal Kontakt auf, aber die Mitarbeiter vergessen die Information schnell wieder und werden nicht mehrfach daran erinnert (siehe ausführlich Kapitel 8).

4.2 Wissen

Als Ergebnis von Kommunikation entstehen Vorstellungsbilder von einem Meinungsgegenstand. Solche Vorstellungsbilder heißen in der Fachsprache „Images". Interne Kommunikation kann solche Vorstellungsbilder aufbauen.

Vorstellungsbilder sind demnach das Ergebnis von allem, was Mitarbeiter von etwas wissen. Diese Vorstellungsbilder werden jedoch immer auch bewertet. Eine solche Bewertung kann eine Meinung sein, die sich – wenn auch in Grenzen – von außen gestalten lässt, sie kann des Weiteren eine Überzeugung oder eine Einstellung sein (die sich allerdings schwerer beeinflussen lassen, weil sie gefestigter sind). Siehe hierzu ausführlich den nächsten Punkt.

Die Mitarbeiter wollen und müssen sich ein lebendiges Vorstellungsbild vom Unternehmen und von den Vorgänge in ihm machen, damit sie entscheiden können, ob sie bereit sind (motiviert), sich dem Unternehmen gegenüber positiv zu verhalten. Niemand kann von etwas ergriffen werden, ohne zugleich eine Vorstellung davon in sich zu tragen, schreiben die beiden Autoren Geißlinger und Raab (2007) in ihrem Buch „Strategische Inszenierung: Story-Dealing für Marketing und Management".

In ihrer Internen Kommunikation nutzen Unternehmen viele abstrakte Begriffe wie zum Beispiel innovativ, kompetent, kundenfreundlich. Viele Mitarbeiter können mit solchen Begriffen nicht umgehen. Sie wissen nicht, was sie bedeuten und demzufolge auch nicht, wie sie diese Begriffe für sich und ihr Handeln bewerten sollen. Jedoch sind Entscheidungen und Handlungen der Mitarbeiter daran gebunden, welche Bedeutung Dinge für sie haben und was sie erwarten können, wenn sie sich im gewünschten Sinn verhalten: „Da die Seele nur ihre eigene Sprache versteht, gibt es für sie ohne Imagination auch kein Erkennen", schreiben Geißlinger und Raab. Handeln heißt auch immer voraussehen.

Die Interne Kommunikation sollte das berücksichtigen und ein Vorstellungsbild davon ermöglichen, was die Mitarbeitenden zum Beispiel von einer strategischen Entscheidung zu erwarten haben. Auf diese Weise wird maßgeblich entschieden, ob sie ein Anliegen unterstützen – oder eben nicht.

Wissen bedeutet lernen

Genau genommen ist Kommunikation ein Lernprozess, also die Gestaltung von Wissen: Die Mitarbeiter sollten lernen, was das Unternehmen kennzeichnet, was es kann und worin es sich von anderen Unternehmen unterscheidet. Die Mitarbeiter sollen frühere, negative Erfahrungen verlernen, wenn sich das Unternehmen ändert.

Wissen soll hier als Netz aus Kenntnissen, Fähigkeiten und Fertigkeiten verstanden werden, die man zum Lösen einer Aufgabe einsetzt. Fehlt einer Person das Wissen, um eine Aufgabe zu lösen, muss sie sich Informationen beschaffen. Diese Informationen sucht sie gezielt, zum Beispiel im Intranet. Den Wert der gefundenen Informationen bemisst die Person daran, ob sie sein Problem lösen oder zumindest dazu beitragen können.

Allerdings ist es auch denkbar, dass die Informationen zwar vorhanden sind, die Person diese Informationen aber nicht findet, sie nicht versteht oder deren Bedeutung nicht erkennt. Wer hat nicht schon gehört: „Aber das stand doch schon alles in meinem Brief!" Informationen müssen also bemerkt, aufgenommen, verarbeitet und gespeichert werden, damit sie langfristig als handlungsorientiertes Wissen abrufbar sind.

Diese Erkenntnisse sind sehr wichtig für die Gestaltung der Internen Kommunikation:

Erkenntnis	Konsequenz für die Interne Kommunikation
Wissen ist individuell: Eine Information kann bei zwei Mitarbeitern unterschiedliches Wissen erzeugen und damit unterschiedliche Problemlösungen.	Berücksichtigen Sie die unterschiedlichen Kommunikationsinteressen Ihrer internen Bezugsgruppen. Prüfen Sie, über welchen Hintergrund und welche Kenntnisse sie verfügen. Prüfen Sie, wie sie Ihr Kommunikationspartner aufnimmt, bewertet und interpretiert.
Wissen ist selektiv: Ein Mensch benötigt eine konkrete Information, um sie vernetzen und ein Problem lösen zu können.	Ermöglichen Sie den Mitarbeitern Zugang zu den benötigten Informationen. Hierzu ist es erforderlich, die Wünsche und Erwartungen der unterschiedlichen internen Bezugsgruppen genau zu kennen.

Erkenntnis	Konsequenz für die Interne Kommunikation
Wissen muss Probleme lösen.	Ein Mensch ist nur dann bereit zu lernen, wenn ihm dieses Wissen nützt. Erklären Sie daher, welchen Nutzen und welche Konsequenzen die Informationen für ihn haben.
Wissen entsteht langsam.	Kommunikation muss langfristig angelegt sein, denn Ihre internen Bezugsgruppen müssen lernen – und das dauert. Das Gelernte vertiefen Sie durch Wiederholung und Erfahrungen, die die Mitarbeiter mit Ihrem Unternehmen sammeln.

Abb. 8 | Wissen und interne Kommunikation

Informieren muss nicht zu Wissen führen

Zur Wirkung der Internen Kommunikation ist die Beachtung von Verständigungsprozessen essenziell. Meist steht sie nur für Information und Austausch. Doch – um das Beispiel noch einmal aufzugreifen – Austausch wäre auch, wenn der deutsche Kollege mit seinem asiatischen Kollegen telefoniert, aber keiner den anderen versteht, weil jeder in seiner Sprache redet.

Wichtig für die Kommunikation ist daher der Prozess der Verständigung, was bedeutet, dass alle Beteiligten das gleiche Verständnis von den Begriffen haben. Gleiches Verständnis könnte man auch so beschreiben, dass sie Begriffe gleichartig dekodieren und ihnen die gleiche Bedeutung zuweisen.

Zwei Beispiele sollen zeigen, wie wichtig Verständigung ist:

1. Der Vorgesetzte nutzt einen der vielen aus der englischen Sprache stammenden Managementbegriffe. Sein Mitarbeiter kennt die Bedeutung dieses Begriffs nicht. Um sich keine Blöße zu geben, antwortet er jedoch seinem Vorgesetzten, als ob er ihn verstünde.
2. Der Vorgesetzte verwendet einen Begriff, in den der Mitarbeiter eine andere Bedeutung legt. Ein typisches Beispiel ist die Bedeutung des Begriffes „kundenfreundlich“: Der eine meint damit 24-Stunden-Service, der andere die intensive Beratung vor dem Kauf.

Dieses Prinzip des Bewertens und Vernetzens beantwortet viele Fragen. Es erklärt,

→ warum sich zwei Mitarbeiter unterschiedlich entscheiden, obwohl sie über die gleichen Informationen verfügen: Sie bewerten und kombinieren die Informationen unterschiedlich;

- → warum trotz gleicher Informationen bei einem Mitarbeiter neues Wissen entsteht, bei einem anderen nicht: Die Informationen werden anders vernetzt;
- → warum das Weitergeben von Wissen häufig persönlich erfolgen muss: Jemand muss erklären, durch welche spezielle Bewertung und Vernetzung jemand zu Wissen gelangt ist;
- → warum jemand bestimmtes Wissen nicht hat: Er verfügt nicht über die geeigneten Informationen, die er vernetzen kann;
- → warum jemand keine Informationen aufnimmt: Er bewertet sie als nutzlos, weil er weiß, dass er sie nicht auf seine Aufgaben beziehen kann;
- → warum es einem Unternehmen immer wieder gelingen kann, besser und schneller zu sein als die Konkurrenz, obwohl es über die gleichen Rahmenbedingungen verfügt (Maschinen, Computer etc.): Es gelingt dem Unternehmen, den Prozess der Wissensentstehung erfolgreicher zu gestalten;
- → warum eine Firma trotz hervorragend qualifizierter Mitarbeiter nicht schlauer ist als andere Unternehmen: Sie wissen dieses Potential nicht zu nutzen.

Grund für das Scheitern der Internen Kommunikation: Mitarbeiter verstehen ihre Chefs nicht

Kommunikation bedeutet Verständigung: Die Begriffe, die ein Mensch verwendet, bezeichnen etwas, was dieser Mensch damit verbindet. Sie sind also nicht die Sache selbst, sondern sie stehen stellvertretend für sie. Soll ein Mitarbeiter seinen Vorgesetzten verstehen, ist es also erforderlich, dass dieser Begriffe verwendet, deren Bedeutung der Mitarbeiter kennt. Wie sieht die Realität aus?

Wenn Mitarbeiter ihre Chefs nicht verstehen, hat dies gravierende Auswirkungen auf deren Handeln. Unser Gehirn kann besonders schnell und gezielt Entscheidungen treffen, wenn wir ein lebendiges Vorstellungsbild von dem haben, um das es geht. Eine Entscheidung setzt voraus, eine Wahl zwischen unterschiedlichen Alternative zu haben. Sind alle Alternativen gleich (oder unser Bild von ihnen), ist es egal, für was wir uns entscheiden, oder wir brauchen länger für die Entscheidung. Haben wir ein lebendiges Vorstellungsbild von allen Alternativen und unterscheiden sich diese, dann können wir schnell und gezielt entscheiden. Dieses Vorstellungsbild ist auch damit verbunden, ob wir es positiv und angenehm oder negativ und unangenehm empfinden.

Die Mitarbeitenden sollten also ein lebendiges Vorstellungsbild haben, damit sie entscheiden können, wie sie sich dem Unternehmen, einem Projekt oder anderen Mitarbeitenden gegenüber verhalten. Stellen Sie sich vor diesem Hintergrund die Situation in einem typischen Unternehmen vor, das Ziele und Strategien als Vorgaben an seine Beschäftigten herausgibt wie „Deckungsbeitrag erhöhen“, „Rentabilität steigern“, „Marktführerschaft halten“ und „Internationale Märkte erobern“. Diese Begriffe allein sind nicht geeignet, Vorstellungsbilder entstehen zu lassen, anhand derer die Beschäftigten entscheiden und handeln können. In den Unternehmen kursieren viele Begriffe, von denen meist noch nicht einmal die Manager, die sie verwenden, wissen, was sie bedeuten. Nehmen wir das Beispiel „Innovation". Fragen Sie zehn Manager im gleichen Unternehmen, erhalten Sie oft zehn Antworten. Sie reichen von „vorhandene Produkte weiter entwickeln" bis hin zu „völlig neuartigen Produkten". Meist ist nur von Produkten die Rede, manchmal auch von sozialen Innovationen wie etwa Gruppenarbeit.

4.3 Meinungen und Überzeugungen

Wissen entsteht durch die Bewertung von Informationen. Es kommt also nicht nur darauf an, welche Informationen gegeben werden, sondern auch, wie sie gegeben und wie sie von den Adressaten bewertet werden. Dies klingt plausibel – doch die tägliche Praxis ist, dass die Vorgesetzten ihre Mitarbeiter einseitig „unterrichten" über Dinge, die sie für richtig und wichtig halten, weil sie es so aus verstaubten Personalbüchern gelernt haben. Ob die Mitarbeiter die Nachricht aufnehmen wollen und können, ob sie sie verstehen, prüfen sie kaum. Auch nicht, ob sie akzeptiert wird. Viele Konzepte wie Corporate Identity, Business Reengineering oder Change Management bleiben deshalb in ihren Ergebnissen weit hinter den Erwartungen zurück.

Wissen muss nicht zum Meinen führen

Der Grund ist meist, dass sich die Mitarbeiter nicht mit den Zielen – Rationalisierung und Erhöhung der Geschwindigkeit von Abläufen – identifizieren können, sie im Gegenteil sogar ablehnen und sich weigern, diese Projekte und Prozesse zu unterstützen. Das ist nicht verwunderlich, denn solche tiefgreifenden Veränderungen lösen Ängste aus: Verlustängste, die Furcht zu versagen, neue Aufgaben nicht bewältigen zu können, überfordert zu sein, oder die Sorge, dass Fehler und Versäumnisse aus der Vergangenheit sichtbar werden.

Der Umgang mit solchen Ängsten verlangt von den Führungskräften Einfühlungsvermögen. Behauptet ein Firmensprecher platt: „Rationalisierung ist für uns alle wichtig!", dann entsteht Widerstand, denn er ignoriert die Gefühle und Interessen der Beschäftigten.

Sicht der Unternehmensleitung	Sicht der Mitarbeiter
Veränderungen sind gut. Sie ermöglichen die Anpassung an Veränderungen auf dem Markt und in der Gesellschaft.	Veränderungen sind schlecht. Sie bringen Unruhe. Orientierung und Halt gehen verloren.
Sparen erhöht die Gewinne.	Sparen kürzt das Einkommen.
Rationalisierung ist langfristig gut für sichere Arbeitsplätze.	Rationalisierung bringt den schnellen Verlust von Arbeitsplätzen.
Durch Einsparungen steigt die Rentabilität.	Durch Einsparungen sinkt die Qualität.
Optimierung erhöht die Produktivität.	Optimierung erhöht den Arbeitsdruck.
Stillstand bedeutet Bedrohung.	Stillstand bedeutet Schutz und Sicherheit.

Abb. 9 | Unterschiedliche Bewertung durch Firmenleitung und Mitarbeiter

Nur durch Information, Diskussion und kritische Auseinandersetzung können unterschiedliche Positionen angenähert, Gemeinsamkeiten erreicht und Konflikte gelöst werden. Wer also sichergehen will, dass seine Botschaft akzeptiert wird, muss bei der Rückmeldung Meinungen und Interessen seines Gegenübers berücksichtigen. Einzig angemessen ist hier der aktive Austausch. Der Kommunikationsexperte Hill bringt es auf den Punkt: „Es sind nicht die Modelle wie Lean Management oder Total Quality Management, die die Welt verändern, es sind auch bei aller Notwendigkeit zum Reengineering nicht die Prozesse, die die Arbeit machen, sondern es sind die Menschen, die den Erfolg einer Organisation garantieren. In allen Organisationen arbeiten Menschen – mit und für Menschen... Deshalb ist Kommunikation so wichtig."

Befürchtungen und Ängste bei Veränderungen

- → Was bedeuten die Veränderungen für mich und meinen Arbeitsplatz?
- → Ist meine Position gefährdet?
- → Wie sehr werden sich meine Aufgaben ändern?
- → Werde ich dem Neuen gewachsen sein?
- → Bringen mir die neuen Aufgaben auch Vorteile?
- → Muss ich mich auf einen neuen Chef, auf neue Kollegen, auf eine neue Arbeitsumgebung einstellen?

... die Verarbeitung

- → Der Betroffene hat die Ziele, Hintergründe und Motive einer Maßnahme nicht verstanden.
- → Er hat verstanden, um was es geht, aber er glaubt nicht daran.
- → Er hat verstanden und glaubt auch daran, kann für sich aber keine positiven Folgen dieser Maßnahmen erwarten.

... die Reaktionen

- → Wird das Projekt als destruktiv empfunden, erfolgt eine totale Ablehnung.
- → Wird das Projekt als bedrohlich empfunden, werden Widerstände aufgebaut.
- → Erscheinen die Auswirkungen unklar, wird das Projekt toleriert.
- → Wird „positive Unsicherheit" empfunden, wird das Projekt akzeptiert.
- → Wird das Projekt uneingeschränkt positiv empfunden, wird es unterstützt; es wird mitgemacht.

... die Folgen schlecht kommunizerter Veränderungen

- → Die Arbeit kommt nur mühsam und zähflüssig voran. Sitzungen werden lustlos geführt. Entscheidungen stocken.
- → Es wird geblödelt, es findet keine vernünftige Diskussion statt, der rote Faden fehlt.
- → Es gibt peinliche Schweigepausen, selbst engagierte Mitarbeiter halten sich zurück, es herrscht Ratlosigkeit.
- → Auf klare Fragen kommen unklare Antworten.
- → Hoher Krankenstand, hohe Fehlzeiten und Fluktuation.
- → Unruhe, Intrigen, Gerüchtebildung.
- → Papierkrieg.
- → Hoher Ausschuss, Reibungsverluste, Pannen.

Abb. 10 | Bewertungen und deren Folgen für das Handeln

Noch etwas ist also neben der Verständigung, der gleichen Deutung von Begriffen, unbedingt zu beachten: die emotionale Bewertung von Begriffen. Meist gehen die Vertreter der Internen Kommunikation davon aus, dass die eigene emotionale Bewertung (zum Beispiel eine Meinung) von den Mitarbeitern so übernommen wird. Dies trifft aber nicht zu: Bewertet der Firmenchef den Stillstand als bedrohlich und den Wandel als positiv, kann dies bei seinen Mitarbeitern genau anders herum sein: Sie möchten den Stillstand bewahren und den Wandel verhindern. Wenn der Firmenchef das nicht erkennt, läuft er Gefahr, die Mitarbeiter, die hinter ihm stehen, für den Wandel zu verlieren.

Meinen muss nicht zum Handeln führen

Selbst wenn der Mitarbeiter etwas kennt, genug darüber weiß und eine positive Meinung hat, muss dies nicht zum Handeln führen. Zum Beispiel könnte sein Vorgesetzter verhindern, dass er handelt, weil ihm Verbesserungsvorschläge zugemutet werden, die er wegen Mehrarbeit ablehnt.

4.4 Handeln

Aufgabe der Internen Kommunikation ist also letztlich, jemanden zu einem Verhalten zu veranlassen, das den eigenen Zielen dient.

Wenn wir kommunizieren – ob als Mitarbeiter oder als Vorgesetzte oder als Menschen im Alltag – möchten wir das Handeln von anderen Menschen derart beeinflussen, dass wir daraus einen Vorteil ziehen. Die Frage ist daher, was das Verhalten eines Menschen auslöst und wie sich sein Verhalten dauerhaft ändern lässt.

Wie lässt sich der Zusammenhang zwischen der Internen Kommunikation und dem Handeln von Mitarbeitern definieren?

1. Wissen von: Bekanntheit
2. Wissen über
3. Meinen/überzeugt sein
4. Bereit sein zum Handeln
5. Handeln

Die Bewertung des Wissens als Vorstellungsbild vom Unternehmen entscheidet über das Verhalten der Mitarbeiter. Haben sie ein eher negatives Vorstellungsbild vom Unternehmen, sind sie zurückhaltend und unterstützen dieses Unternehmen weniger in seinen Zielsetzungen; dagegen führt ein positives Image eher dazu, dass sich die Mitarbeiter positiv verhalten. Der Zusammenhang von Vorstellungsbild und Verhalten stellt sich in folgenden Stufen dar:

→ **Bekanntheit:** Den Mitarbeitern muss etwas bekannt sein – was sie nicht kennen, von dem können sie sich kein Vorstellungsbild machen.

→ **Vorstellungsbild und dessen Bewertung**: Die Mitarbeiter bewerten ihr Unternehmen anhand des Vorstellungsbildes, das sie von ihm haben.

→ **Bereitschaft (Motivation):** Aufgrund dieser Bewertung können sie bereit sein, sich eher positiv oder eher negativ zu verhalten.

→ **Handeln:** Diese Einstellung, positiv oder negativ, kann ihr Handeln auslösen – sie muss es aber nicht, zum Beispiel dann, wenn die Situation dies nicht zulässt oder jemand das Handeln verhindert.

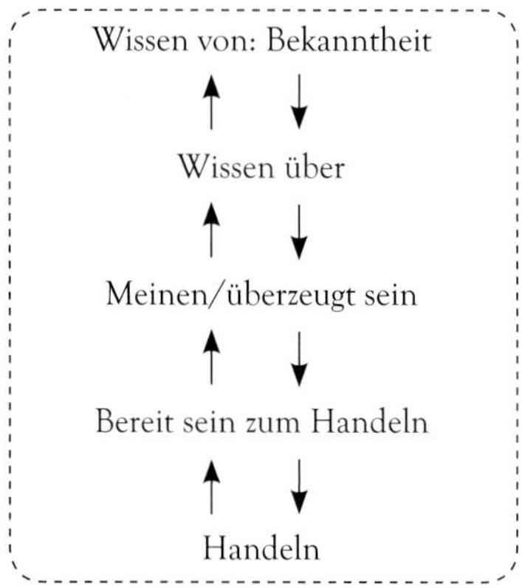

Abb. 11 | Von der Bekanntheit zum Handeln

Interessant ist, dass unser Gehirn die Bereitschaft und das tatsächliche Handeln mit unterschiedlichen Systemen steuert, dem prämotorischen Kortex, der Handlungen vorbereitet, und dem motorischen Kortex, der Handlungen ausführt. Images beeinflussen also die Wahrnehmung der Bezugsgruppen und steuern deren Verhalten. Essenziell für die Wirkung der Internen Kommunikation ist daher, dass sie ein angemessenes Vorstellungsbild erzeugt und systematisch entwickelt.

Diese Kette von der Information, der Einstellung und dem Handeln ist nicht statisch zu verstehen, sondern sie funktioniert auch in umgekehrter Richtung: Hat uns eine bis dahin unbekannte Person in unserer Arbeit unterstützt, kann sich dies entscheidend auf unser Vorstellungsbild von dieser Person auswirken – und auf unser Handeln ihr gegenüber.

Zur Wirkung der Internen Kommunikation können wir auch die Zusammenhänge dieser Wirkungskette heranziehen: Warum finden wir das Unternehmen sympathisch, wollen es aber nicht in seinen Plänen unterstützen? Warum sind wir zwar bereit, tun es aber nicht? Vielleicht können, wollen oder dürfen wir es nicht. Interessanterweise liegen in unserem Gehirn die Vorbereitung einer Handlung und deren Durchführung in zwei unterschiedlichen Hirnsystemen. Das Gehirn scheint also beides zu trennen und uns somit die Wahl zu lassen, dass wir zwar einem Unternehmen gegenüber grundsätzlich in einer bestimmten Art und Weise handeln würden, es tatsächlich aber nicht tun.

Kapitel 5

Wer an der internen Kommunikation beteiligt ist

Kommunikation ist die Sache aller im Unternehmen. Unterschiedlich sind dabei Rollen, Zuständigkeiten und Verantwortlichkeiten:

→ **Firmenchef:** Interne Kommunikation ist immer auch Chefsache und damit Anliegen des Geschäftsführers beziehungsweise des Vorstands: Er selbst kommuniziert mit seinen Führungskräften, er beauftragt sie, mit ihren Mitarbeitern und Kollegen zu sprechen. Er richtet eine Unternehmensfunktion für Interne Kommunikation ein, am besten als Stabsstelle (siehe Kapitel 13.4). Der Geschäftsführer sollte diese Personen und Stellen zur kontinuierlichen Kommunikation motivieren.

→ **Die Führungskräfte** planen, steuern und koordinieren die interne Kommunikation; sie reden mit ihren Mitarbeitern, informieren sie über ihren Arbeitsplatz und das Unternehmen – auch entsprechend den gesetzlichen Bestimmungen (siehe Kapitel 22). Sie erläutern ihren Mitarbeitern die Unternehmensziele und ihren Beitrag dazu. Führungskräfte gestalten die Kommunikation, die sie brauchen und die sich die Mitarbeiter wünschen. Führungskräfte lassen sich – vor allem in mittleren und größeren Unternehmen – zunehmend von einem Vertreter der Internen Kommunikation unterstützen. Diese Funktion war früher nur mit der Kommunikation über das Unternehmen beauftragt, weil ihr die Kenntnisse über die einzelnen Arbeitsplätze fehlen. Heute beraten die dortigen Spezialisten jedoch zunehmend die Führungskräfte bei der Konzeption und der Umsetzung (zum Beispiel Redaktion) von bereichsbezogenen Kommunikationsmaßnahmen.

→ **Die Mitarbeiter** möchten sich an der Kommunikation beteiligen oder dies zumindest können. Studien zeigen aber, dass sie sich häufig über ihren Arbeitsplatz hinaus nicht aktiv für interne Kommunikation engagieren wollen. Dies überlassen sie vor allem Führungskräften oder irgend einer dafür eingerichteten Abteilung im Unternehmen. Durch Social Media in der internen Kommunikation kann sich dies ändern (siehe Kapitel 16). Mitarbeiter bewerten lieber Angebote des Unternehmens, prüfen sie auf ihren Nutzen für sich und entscheiden sich dann für die am besten empfundene Kommunikationsform.

→ **Die Interessenvertretungen** informieren die Mitarbeiter selbst, zum Beispiel durch schriftliche Informationsdienste („Betriebsrat informiert“) oder auf Betriebsversammlungen, die allerdings häufiger Rechenschaftsberichte über die Arbeit des Betriebsrates sind.

5.1 Führungskräfte

Führungskräfte sollen, so will es dieses Buch, für jene Menschen im Unternehmen stehen, die nicht nur für sich selbst Verantwortung tragen, sondern auch für andere Menschen. Eine wichtige Frage hierbei ist, ob sie dies tun, um Macht auszuüben oder ob sie ihren Mitarbeitern helfen wollen, erfolgreich zu arbeiten.

Spüren Sie, welcher grundsätzliche Unterschied dies ist und wie sich dies auf die Kommunikation zwischen Führungskraft und Mitarbeiter auswirken wird? Studien zeigen, dass die wichtigsten Motive von Führungskräften Ehrgeiz, Leistungswille und persönliche Weiterentwicklung sind – Motive, die sich nur auf sie selbst beziehen. Erst an dritter Stelle folgt der Wunsch, mit anderen etwas zu bewegen. Auf den nächsten Plätzen folgen Einfluss, Macht, Ansehen, Prestige, Status, materielle Motive wie Geld und geldwerte Vorteile. Hirnforscher Elger schreibt: „Die egoistische Befriedigung eigener Bedürfnisse und das Erringen von Vorteilen überwiegen gegenüber Zielen, die nur gemeinschaftlich zu erreichen sind. Kein Wunder also, dass Verlustangst und das Vertuschen dieser Angst bei vielen Führungskräfte ausgeprägte Gefühle sind."

Fragt man Mitarbeiter, für welche Themen sie sich interessieren, zeigen die Antworten, grob gesagt, zwei Bereiche:

1. **Unternehmen:** Sie wollen wissen, wofür das Unternehmen steht und welchen Weg es in Zukunft nimmt, nach dem Motto: „Ich steige nur auf ein Schiff, von dem ich weiß, wohin es fährt."
2. **Arbeitsplatz:** Sie brauchen Informationen, die ihnen eine sinnvolle Ausführung ihrer Tätigkeiten erlaubt. Sie wollen auch wissen, welche Rolle sie im Unternehmen spielen und was sie tun können, um die Unternehmensziele zu unterstützen.

Wer kann ihnen diese Informationen geben? Wen wünschen sich die Mitarbeiter dafür als Gesprächspartner? Richtig: Die eigene Führungskraft! Nur sie kann ihnen die Information über den Zusammenhang zwischen der Entwicklung des Unternehmens und der eigenen Tätigkeit bieten. Daher: Kommunikation ist eine Führungsaufgabe, die sich nicht delegieren lässt.

→ Die Vorgesetzten müssen die Mitarbeiter über alles informieren, was sie für ihre Aufgaben brauchen – exakt so, wie es das Betriebsverfassungsgesetz vorschreibt (Kapitel 21).
→ Sie müssen ihre Mitarbeiter über Entscheidungen der Geschäftsführung informieren und mit ihnen darüber diskutieren, denn nicht alle Mitarbeiter können an Entscheidungen in gleicher Weise beteiligt werden.
→ Sie müssen die Meinungen und Hinweise der Mitarbeiten nach oben weitergeben – an ihre Vorgesetzten und die eventuell weiter nach oben bis zur Unternehmensspitze.

Fragt man nun Mitarbeiter, wie zufrieden sie mit ihrem Vorgesetzten und seiner Kommunikation sind, landet dieser meist auf den Plätzen 3-5, hinter den Flurgesprächen mit Kollegen und mitunter sogar hinter der Tageszeitung! Informiert der eigene Vorgesetzte nicht ausreichend, greifen die Mitarbeitenden auf andere Quellen zurück, zum Beispiel den Betriebsrat oder die Gerüchteküche in der Kantine. Wo Informationen fehlen, füllen Gerüchte die Lücken aus.

Viele Untersuchungen, die sich mit Schwachstellen in der Kommunikation beschäftigen, stoßen immer wieder auf den gelcihen Knoten in der Leitung: Er findet sich bei den Führungskräften, vor allem in der mittleren Führungsebene. Der vorherrschende Führungsstil ist die Demonstration von Macht und Autorität: Der Vorgesetzte ist Alleinherrscher, der meint, dass seine Mitarbeiter nur jene Informationen erhalten sollten, die zum Erfüllen ihrer Aufgaben unerlässlich sind. Wissen ist Macht, das exekutiert er. Diskussionen gelten als zeitraubend und überflüssig. Kreativität, Verständnis oder Initiative sind nicht gefragt. Entsprechend einseitig ist auf dieser Organisationsebene die interne Kommunikation strukturiert: Entlang der Kommunikationswege fließen von oben nach unten Anweisungen, von unten nach oben Vollzugsmeldungen.

Was Zufriedenheit mit dem Vorgesetzten ausmacht

- Fachkenntnis
- Organisatorische Fähigkeiten
- Umgang mit Menschen
- Verhältnis zum Vorgesetzten
- Beachtung der Meinung des Mitarbeiters
- Ungezwungen reden mit dem Vorgesetzten
- Unterstützung durch den Vorgesetzten
- Interesse für die Arbeit des Mitarbeiters
- Hilfe bei Schwierigkeiten
- Anerkennung guter Leistung
- Art der Kritik durch Vorgesetzte
- Beurteilung durch Vorgesetzte

Abb. 12 | Faktoren für die Zufriedenheit mit dem Vorgesetzten

Die veränderte Arbeitswelt erfordert einen grundsätzlich anderen Führungsstil als früher: weniger autoritär, dafür stärker beteiligend – und das auf den Mitarbeiter und die Situation zugeschnitten. Jeder Mitarbeiter soll Einfluss ausüben können, wobei der Vorgesetzte für die getroffenen Entscheidungen weiter verantwortlich bleibt. Offene Kommunikation muss nicht den Verlust von Führung bedeuten.

Gerade den Führungskräften verlangt dieser Prozess einiges ab: Sie müssten sich von lieb gewonnenen Statussymbolen verabschieden, mit anderen Abteilungen zusammenarbeiten und Verantwortung delegieren. Sie müssen lernen, Fehler zu tolerieren und die Mitarbeiter ermutigen, aus seinen und ihren Fehlern zu lernen. Kein Titel schützt mehr davor, dass Mitarbeiter kritisch fragen. Aber woher sollen Manager offen führen und streiten können, wenn sie es nie gelernt haben? Außerdem ist schlechte Kommunikation bequem: Wer nur knapp anweist, erspart sich lästige Diskussionen.

Viele Großunternehmen beurteilen ihre Führungskräfte inzwischen auch danach, wie sie ihre Mitarbeiter informieren und mit ihnen reden. Die Führungskraft wird nicht mehr nur an steigenden Produktionszahlen, an Umsatz und Qualität der erbrachten Leistungen gemessen, sondern auch an der Zufriedenheit und der Identifikation der Mitarbeiter mit ihrer Firma. „Eine Führungskraft, die diese Rolle nicht wahrnimmt oder der die Mitarbeiter die Kommunikationsfähigkeit absprechen, ist keine“, heißt es aus einem Konzern.

Für die Mitarbeiter bedeutet diese Entwicklung, dass sie lernen müssen, aktiv an der Kommunikation teilzunehmen, mehr Verantwortung zu tragen und eigene Entscheidungen zu treffen. In der japanischen Autoindustrie kann jeder Mitarbeiter die Arbeit stoppen, wenn er einen Fehler entdeckt, den er nicht schnell selbst beheben kann. Die gesamte Arbeit seiner Gruppe kommt zum Stehen, bis die Fehlerquelle ein für allemal behoben ist. Diese Verzögerung erweist sich als äußerst produktiv: Durch diese stärkere Einbeziehung jedes Beschäftigten wird die Leistung transparenter und alle sind stärker gefordert. Die Mitarbeiter sollen in Teams arbeiten und sich qualifizieren. Das geht nicht von heute auf morgen, es muss trainiert werden. Aber systematisches und dauerhaftes Training von Führungskräften und Mitarbeitern ist jedem Unternehmen dienlich.

5.2 Kommunikationsmanager

Vor allem in größeren Unternehmen gibt es oft Funktionen, die die Führungskräfte in der Kommunikation unterstützen. Diese Funktionen heißen „Interne PR“, „Innerbetriebliche Öffentlichkeitsarbeit“ und „Interne Kommunikation“. Manchmal ist es auch die Redaktion der Mitarbeiterzeitung, die diese Aufgabe übernimmt. Früher bestand diese Funktion meist aus einem Redakteur, doch die Aufgaben sind mittlerweile so anspruchsvoll geworden, dass ihnen meist nur noch ein Fachmann für Interne Kommunikation gerecht werden kann.

Dieser Fachmann ist nicht nur Redakteur, sondern auch Berater, strategischer Planer und enger Begleiter der Führungskräfte. Er entwickelt ganzheitliche Konzepte und besitzt nicht nur Kenntnisse über Kommunikation und Medien, sondern auch aus der Betriebswirtschaft, dem Marketing und dem Personalwesen. Seine Funktion ist eng in die Entscheidungen des Unternehmens eingebunden und nahe der Geschäftsführung verankert oder sogar in ihr. Der Kommunikationsmanager ist natürlich auch Macher. Hierfür holt er sich oft Unterstützung von außen, zum Beispiel von Freien Fotografen, Design-Agenturen, Kommunikationsberatern und freien Journalisten.

Damit dieser Kommunikationsexperte verantwortlich und wirkungsvoll handeln kann, braucht er das klare Bekenntnis der Geschäftsleitung zur Kommunikation, er benötigt frühzeitige und umfassende Informationen sowie einen ausreichenden Etat. In der Praxis dagegen haben diese Fachleute oft einen schweren Stand: Viele Manager sind mit ihrer Internen Kommunikation unzufrieden oder halten sie für überflüssig. Nur teilweise nimmt der Kommunikationsverantwortliche an Vorstandssitzungen teil und hat damit direkten Zugriff auf wichtige Informationen. Häufig wird die Mitarbeiterzeitung beiläufig von Mitarbeitern gemacht, die eigentlich andere Aufgabe haben.

5.3 Mitarbeitende

Die Rolle des Mitarbeiters hat sich im Lauf der Zeit erheblich gewandelt: Galt er einst als Maschine, die angetrieben und durch Geld „geschmiert" werden musste, gilt er heute zunehmend als ernst zu nehmender Beteiligter im Kommunikationsprozess. Wie ist es zu diesem Wandel gekommen?

Kommunikation ist durch das Bild vom Mitarbeitenden bestimmt

Das Management von Unternehmen und das Gestalten von Strukturen und Abläufen ist auch heute noch wesentlich geprägt von Frederic W. Taylor (1856 - 1915), der ein Managementkonzept entwickelte, um die Arbeitsleistung der Beschäftigten optimal auszuschöpfen: Er zerlegte die Arbeit in viele kleine Einheiten. Jeder Arbeiter sollte möglichst schnell die immer gleichen Handgriffe erledigen. Die gesamte Arbeit im Unternehmen, nicht nur in der Produktion, wurden so zerteilt. Das Steuern und Kontrollieren der hochspezialisierten Funktionen erfolgte über die Hierarchie, mit dem Ergebnis, dass nur die Firmenspitze und deren Stab das gesamte Unternehmen überblicken konnten.

Konsequent umgesetzt wurden Taylors Erkenntnisse von Henry Ford in der Fließbandfertigung seiner Autofabriken: Für den Arbeiter wurde der Job immer stupider, aber große Mengen gleicher Produkte konnten nun kostengünstig wie nie gefertigt werden – angeblich.

Die Gestaltung der Arbeit war damals eng verknüpft mit dem Bild, das die Verantwortlichen von den Mitarbeitern hatten: Für Taylor waren die Beschäftigten arbeitsscheu, nur durch Geld zu motivieren und direkt zu kontrollieren. Dass dieses Menschenbild auch heute noch besteht, zeigen die Versuche von Unternehmensleitungen, die Mitarbeiter durch Zulagen und andere Geldköder zu noch besseren Leistungen anzuspornen. Der Mensch scheint in den Augen vieler eine Maschine zu sein, die angetrieben, kontrolliert und motiviert werden muss oder als Wesen, das „an der kurzen Leine geführt werden muss" (wie ich es selbst oft von Führungskräften gehört habe). Aber wie kann ein Mitarbeiter an seinem Arbeitsplatz unselbständig, desinteressiert und faul sein, obwohl er in seiner Freizeit politische, soziale und sportliche Aktivitäten entwickelt und durch den Gang zur Wahlurne sogar die Demokratie und unser Gesellschaftssystem mitgestaltet?

Erfahrung und Forschungsergebnisse sprechen eine klare Sprache: Die Annahmen von Taylor treffen heute nicht mehr zu. Sein Managementkonzept bewirkt lediglich eines: nämlich viele Kosten.

→ **Grund 1:** Weil den Mitarbeitern mit Misstrauen begegnet wird, muss ständig kontrolliert, abgestimmt und gegengezeichnet werden – ein enorm kostspieliger Prozess. „Wenn Sie Ihren Mitarbeitern nicht vertrauen, dann haben Sie keine" (Sprenger).

→ **Grund 2:** Durch das Aufteilen der Arbeit auf klar umrissene Handgriffe und das Isolieren der Arbeitsprozesse verlieren die Beschäftigten den Überblick über den Gesamtprozess, sodass sie ihre Tätigkeit kaum noch in das betriebliche Geschehen einordnen können – was sie auf Dauer unzufrieden und krank macht.

Schon in den 30er Jahren hat Elton Mayo in den Werken der Western Electric herausgefunden, dass Mitarbeiter mehr Leistung zeigten und produktiver waren, wenn man sich ihnen zugewandt hat und wenn sie mit Kollegen kommunizieren konnten. Mayo forderte daher, den Mitarbeiter nicht nur als Werkzeug zu sehen, der eine Leistung erfüllt, sondern als fühlendes Wesen, das Wünsche und Bedürfnisse in die Arbeit einbringt.

Bis sich diese Erkenntnis durchsetzte, dauerte es einige Zeit. Aber nachdem der gesamte Betrieb bis auf den letzten Handgriff durchrationalisiert worden war, kam die beunruhigende Vermutung auf, das eigentliche Leistungshemmnis könnte ganz woanders liegen: nämlich in den betrieblichen Beziehungen. Dies war die Geburtsstunde der „Human Relations". Erinnert Sie diese Erkenntnis nicht auch an die heutige Zeit?

In den 70er Jahren fand das Aktionsprogramm zur „Humanisierung der Arbeit" heraus, dass die Zufriedenheit und Motivation der Mitarbeiter erheblich steigt, wenn sie sich in das betriebliche Geschehen einbezogen fühlen, wenn sie das Gefühl haben, ernst genommen zu werden und ihre Fähigkeiten und Kenntnisse stärker einbringen können. Zu den Forderungen gehörten deshalb größere Handlungsspielräume, mehr Mitsprache, eine bessere Kommunikation und mehr Gruppenarbeit. Menschen sind keine Maschinen, auch wenn sie im betrieblichen Ablauf funktionieren müssen.

→ **Grund 3:** Als Ammenmärchen stellte sich heraus, dass der Mitarbeiter allein durch Geld zu höheren Leistungen motiviert werden kann. Heute steht fest: Leistungsbereitschaft, Arbeitsfreude und Arbeitsmoral steigen auch, wenn Mitarbeitende selbständig arbeiten können, wenn sie sich persönlich entwickeln können und wenn ihre Leistung gewertschätzt wird. Mitarbeitende möchten wissen, wohin die Reise ihres Unternehmens geht, die auch ihre Reise ist. Sie wollen beurteilen können, ob sie mit ihrer Tätigkeit einen sinnvollen Beitrag für das Unternehmensganze leisten. Außerdem wollen sie über Probleme informiert sein und verstehen, was das Unternehmen tut, um mit ihnen fertig zu werden. Studenten in Deutschland geben in Umfragen an, dass bei der Erstanstellung nicht die Bezahlung entscheidend sei; wichtiger seien Spaß an der Arbeit, ein gutes Betriebsklima, sinnvolle Tätigkeiten, die Möglichkeit, entscheiden zu können, sich zu qualifizieren und eigenes Engagement zeigen zu können.

→ **Grund 4:** Eine beliebte, aber trotzdem falsche Behauptung ist, dass sich Mitarbeiter nicht für ihr Unternehmen interessieren. Erfahrungen und Umfragen beweisen das Gegenteil. Klar, es gibt auch Desinteressierte, aber das ist die Minderheit. Grundsätzlich zeigen wissenschaftliche Studien, dass von einem Interesse der Mitarbeitenden am Unternehmen und an der internen Kommunikation ausgegangen werden kann. Die Beschäftigten sind im Prinzip aktiv und suchen gezielt Information und Austausch, um ihre Zufriedenheit im Unternehmen zu verbessern.

Vieles hat sich verändert – nur nicht die Kommunikation:
Vieles hat sich seit Taylors Zeiten verändert, die Kommunikation jedoch kaum. Das ist fatal:

→ **Tätigkeiten haben sich verändert:** Wo Spezialisierung durch Flexibilität ersetzt wird, muss sich auch der Kommunikationsstil ändern, denn es ist ein Unterschied, ob jemand sein Leben lang den gleichen Handgriff ausführt oder komplexe und häufig neue Projekte bearbeiten soll.

→ **Die Menschen, ihre Qualifikation, Wünsche und Bedürfnisse haben sich verändert:** Zu Taylors Zeiten kamen die Menschen vom Land in die Stadt und waren froh, einen Arbeitsplatz zu finden und ihre Grundbedürfnisse abzudecken. Heutzutage sind die Zeiten durch Wohlstand, Erlebnisgesellschaft und Selbstverwirklichung gekennzeichnet.

→ **Wissen hat sich verändert:** Kannte der Vorgesetzte zu Taylors Zeiten genau jeden der Handgriffe, den seine Mitarbeiter ausführen mussten, sind die ihm heute im Wissen über Arbeitsplatz und Tätigkeiten häufig überlegen.

→ **Firmen haben sich verändert:** Wir befinden uns im Wandel von einer Produktions- zu einer Dienstleistungsgesellschaft. Hier sind in den Unternehmen Weiterbildung, kreative Potenziale und die Beteiligung an Entscheidungen gefragt. Seelische Gesundheit und Kräfte wie Kreativität, Lern- und Kooperationsbereitschaft bestimmen über Erfolg und Misserfolg.

→ **Der Führungsstil hat sich verändert:** Anweisungen von oben nach unten und Vollzugsmeldungen von unten nach oben führen ins wettbewerbliche Abseits! Branchen, die auf qualifizierte Newcomer angewiesen sind, wie zum Beispiel die Softwareentwicklung, können sich schon jetzt eine schlechte Kommunikation nicht mehr erlauben, denn Stellenanwärter sind nur dann bereit, einen Job anzutreten, wenn er ihnen Selbständigkeit, eine interessante Tätigkeit und ein gutes Betriebsklima bietet – und dazu gehört immer eine funktionierende interne Kommunikation.

Der Mitarbeiter – das neu entdeckte Wesen

Wie lassen sich die aktuellen Erkenntnisse für die Interne Kommunikation zusammenfassen:

Erkenntnis	Was das bedeutet
Die Mitarbeiter sind grundsätzlich aktiv und suchen gezielt Information und Austausch, um damit Bedürfnisse zu befriedigen.	Mitarbeiter haben prinzipiell Interesse am Arbeitsplatz und am Unternehmen. Sie wollen darüber informiert sein und suchen sich gezielt aus, woher sie die benötigten Informationen bekommen und wie sie die Informationen einschätzen. Die Bedürfnisse, die jeder Kommunikation zugrunde liegen, können vielfältig sein: Information, Zerstreuung und Zeitvertreib, Unterhaltung, Gewohnheit, Entspannung, Fluchttendenzen, Bedürfnis nach persönlicher Identität, Bedürfnis nach Geselligkeit und sozialer Interaktion, Kontrolle der Umwelt.
Die Mitarbeiter bestimmen, ob eine Kommunikation mit anderen Mitarbeitern, mit Vorgesetzten oder der Firmenleitung zustande kommt oder nicht.	Mitarbeiter entscheiden, ob sie mit dem Chef reden wollen, ob sie das Intranet nutzen und die Mitarbeiterzeitung lesen (oder nicht), ob sie die Zeitschrift für glaubwürdig halten (oder nicht) oder stattdessen an Gerüchte glauben (oder nicht).
Quellen der Information und Kommunikation konkurrieren in einem Unternehmen miteinander.	Ein Mitarbeiter kann auswählen, woher er Informationen beziehen will: vom Betriebsrat, von Kollegen, aus dem Firmenblog, der Mitarbeiterzeitung, oder sogar aus Berichten in Tageszeitungen und Fernsehen.
Befragt man Mitarbeiter, was sie sich von der Kommunikation wünschen und versprechen, können sie dies formulieren.	Mitarbeiter sagen, was sie interessiert, welche Wünsche und Erwartungen sie an die Interne Kommunikation haben und was verbessert werden kann.

Abb. 13 | Erkenntnisse und Konsequenzen für die interne Kommunikation

Kapitel 6

Wie interne Kommunikation wirkt

Um Kommunikation zu verstehen, ist es wichtig, Wirkprinzipien des Gehirns zu verstehen. Aktuelle Forschungsergebnisse kommen vor allem aus den Neurowissenschaften, der Psychologie und den Kulturwissenschaften. Sie zeigen die unbewussten Prozesse beim Aufnehmen, Deuten, Interpretieren von Informationen sowie die emotionalen Bewertungen dieser Informationen durch die Mitarbeiter. Die Erkenntnisse tragen dazu bei, die Interne Kommunikation stärker entsprechend den Anforderungen des Gehirns zu gestalten und hierdurch das Verstehen und Lernen zu fördern.

Zwei Beispiele: Zu den gängigen Vorstellungen gehörte bislang, das Gehirn der Mitarbeiter wäre eine Art Festplatte, auf die sich Informationen der Geschäftsleitung aufspielen und bei Bedarf abrufen lassen; außerdem reichte es aus, Meinungen und Bewertungen der Geschäftsleitung weiterzugeben, um die Mitarbeiter dazu zu bewegen, diese Impulse ohne großes eigenes Verarbeiten in Handeln umzusetzen. Stattdessen entdeckt die moderne Neurowissenschaft das Gehirn der Mitarbeiter als dynamisches, selbst organisierendes System, das Informationen aktiv und sehr selektiv auswählt und sie in einem hochkomplexen Prozess verarbeitet und bewertet.

In unserem Gehirn gibt es keine Kommandozentrale, die für Wahrnehmung und Handeln zuständig ist, und es gibt keine unabhängig voneinander arbeitenden Zentren, die einzelne Fähigkeiten steuern. Stattdessen ist unser Gehirn eng vernetzt. Der weltberühmte Hirnforscher Antonio Damasio fasst den Stand der Forschung so zusammen: „Heute können wir mit Gewissheit sagen, dass keine einzelnen Zentren für Sehen oder Sprache oder auch Vernunft und Sozialverhalten existieren. Vielmehr gibt es „Systeme“, die aus mehreren untereinander verbundenen Gehirnabschnitten bestehen.“ Das Gehirn ist für ihn ein „Supersystem von Systemen“.

Eine andere Vorstellung war, dass die beiden Gehirnhälften getrennt voneinander funktionieren – eine sei für den Verstand, die andere für unser Fühlen zuständig. Tatsächlich bilden beide Hälften eine Einheit und keine Gegensätze. Schauen wir uns anhand ausgewählter Beispiele an, wie aktuelle Forschungsergebnisse die Interne Kommunikation bereichern können. Diese Erkenntnisse haben meine Sicht auf die Kommunikation und meine praktische Beratungstätigkeit für Unternehmen stark beeinflusst. Ich hoffe, dass Ihnen dieses Kapitel den Anstoß gibt, sich weiterführend mit diesem Thema zu beschäftigen. Meine Überzeugung: Diese Erkenntnisse können und werden die Interne Kommunikation tiefgreifend verändern.

6.1 Interne Kommunikation wirkt stark unbewusst

Zahlen, Daten, Fakten: Im Mittelpunkt der internen Kommunikation steht die Verständigung zwischen Menschen im Unternehmen. In der Praxis wird dies meist aus Sicht der bewussten Wahrnehmung diskutiert. Jedoch weisen Wissenschaftler wie Harvard-Professor Gerald Zaltman darauf hin, dass wir die meisten Informationen – bis zu 95 Prozent! – unbewusst verarbeiten. Nur der geringste Teil dringt in unser Bewusstsein.

Zu den Prinzipien der Arbeit unseres Gehirns und damit für die Wirkung von interner Kommunikation gehört, dass wir hiervon fast nichts mitbekommen. Wir reagieren stark unbewusst auf andere Menschen, unser Verhalten wird in großem Maße durch Impulse auf unser Unterbewusstsein bestimmt. Die Frage lautet daher, welche Rolle das Unbewusste in der Kommunikation spielt und welche Konsequenzen dies für die Interne Kommunikation hat.

Unter Bewusstsein versteht die Psychologin Maja Storch „alle geistigen Tätigkeiten, die ein Mensch bei sich selbst wahrnimmt und über die er Auskunft geben kann, wenn er danach gefragt wird." Das Unbewusste wird nicht wahrgenommen, auch wenn es uns steuert. Ihr Beispiel: Fragt man einen Einkäufer in einem Unternehmen, warum er eine bestimmte Rechenmaschine gekauft hat, könnte er zwar das günstige Preis-Leistungs-Verhältnis angeben; tatsächlich jedoch hat er die Maschine deshalb gekauft, weil ein Kollege sie besitzt, den er sehr schätzt. Ein anderes Beispiel: Der Personalchef begründet die Einstellung der neuen Buchhalterin damit, dass sie die besten Zeugnisse hat. Tatsächlich jedoch hat sie ihm von allen Bewerbern das vertrauenvollste Gefühl vermittelt.

Im Berufsleben erledigen wir viele Arbeiten, ohne über sie nachzudenken: Wir schalten den Computer ein, faxen einen Brief und surfen durch das Internet. Wir weichen einem Kollegen aus, der mit Ordnern vollbepackt direkt auf uns zukommt. Klingelt das Telefon, nehmen wir den Hörer ab, ohne groß darüber nachzudenken. Wie wir dies tun, darüber machen wir uns keine Gedanken.

Das implizite System übernimmt das Steuer im Kopf, wenn Menschen unter Zeitdruck stehen, wenn sie mit Informationen überlastet, wenig interessiert und unsicher hinsichtlich einer Entscheidung sind, zum Beispiel, weil sich Handlungsalternativen stark ähneln oder die Entscheidung sehr komplex ist und damit die begrenzten Kapazitäten des expliziten Systems, also des unbewussten Handelns, nicht ausreichen.

Warum arbeitet unser Gehirn so? Hierfür gibt es vor allem drei Gründe:

→ **Bewusstsein kostet den Körper viel Energie:** Unser Gehirn nimmt zwar nur etwa zwei Prozent unserer Körpermasse ein, verbraucht aber bei intensivem Denken bis zu 20 Prozent Körperenergie. Doch wenn es unbewusst arbeitet, verbraucht es nur noch 5 Prozent. Da wir zum Fortpflanzen und zum Überleben auf Energie angewiesen ist, sparen wir so viel Energie wie nur möglich. Bewusstsein ist daher für das Gehirn ein Zustand, der tunlichst zu vermeiden und nur im Notfall einzusetzen ist, sagt Hirnforscher Gerhard Roth. Zum Energiesparen arbeitet unser Gehirn mit Prinzipien, mit denen es sich seine Arbeit erleichtert. Zum Beispiel trennt unser Gehirn jene Aktivitäten, die bewusst ablaufen, Zeit und Energie kosten, von jenen Aktivitäten, die unbewusst ablaufen, schnell sind und wenig Energie verbrauchen. Hirnforscher Wilson schreibt, dass unser Geist ein hervorragend konstruiertes System ist, das viele Arbeitsvorgänge parallel ausführen kann, indem es die Welt außerhalb unseres Bewusstseins analysiert und erfasst, während es bewusst an etwas anderes denkt. Fazit: Wenn wir im Arbeitsleben anderen Menschen begegnen, laufen wesentlich mehr unbewusste Prozesse ab als bewusste. Wir verarbeiten, interpretieren und bewerten, ohne dass wir hiervon etwas bewusst mitbekommen. Prozesse, die wir immer wieder durchführen, legt unser Gehirn in unserem Langzeitgedächtnis ab – dazu gehören Tätigkeiten wie Radfahren, Klavierspielen und der Umgang mit unserem PC am Arbeitsplatz. Solche Tätigkeiten üben wir zunächst bewusst aus, dann automatisieren wir sie, bis sie unbewusst ablaufen und wir uns nach einiger Zeit nicht mehr überlegen müssen, was zu tun ist, um sie zu verrichten. Um Energie zu sparen, versucht das Gehirn, möglichst viele Handlungen und Erfahrungen zu automatisieren, die für uns schon einmal positive Konsequenzen hatten oder mit denen wir negative Folgen vermieden haben.

→ **Reaktionen laufen wesentlich schneller ab:** Wir können schnellstens reagieren, wenn wir eingehende Reize direkt in Handeln umsetzen, statt sie bewusst zu prüfen. Fährt ein Lastwagen auf uns zu, springen wir spontan zur Seite, ohne die Situation gründlich zu analysieren, Handlungsoptionen zu entwickeln, diese abzuwägen und dann zu entscheiden.

→ **Unbewusstes ruft leicht und schnell früher bewertete Erfahrungen ab:** Alle Erlebnisse speichern wir danach ab, ob sie gut oder schlecht für uns waren. Müssen wir uns entscheiden, können wir auf dieses Wissen zurückgreifen. Warum sollte unser Gehirn nachdenken, wenn es auf bewährte Lösungen schnell und einfach zugreifen kann?

Wie mächtig das Unbewusste in unserem Gehirn ist, beschreibt Timothy Wilson so: „Wenn Freud sagt, das Bewusstsein sei die Spitze des geistigen Eisbergs, war dies eine gewaltige Untertreibung – es handelt sich wohl eher um einen winzigen Schneeball auf der Spitze dieses Eisbergs. Unser Geist arbeitet am wirksamsten, indem er einen Großteil komplexer Denkarbeit höherer Ordnung an das Unbewusste delegiert, so wie ein modernes Verkehrsflugzeug in der Lage ist, mit Autopilot und wenig oder gar keinem Input durch den „bewussten" menschlichen Piloten zu fliegen. Die enorme Leistung unseres Unbewussten veranschaulichen folgende Zahlen, die Neuroinformatiker ermittelt haben: Bewusst kann unser Gehirn etwa 40-50 Bit Informationen verarbeiten. Dies entspricht etwa acht Buchstaben. Unbewusst verarbeiten wir ein Vielfaches, genau gesagt 11.000.000 Bit."

Und weiter: „Das adaptive Unbewusste leistet ausgezeichnete Arbeit, indem es die Welt taxiert, den Menschen vor Gefahr warnt, Ziele setzt und komplexe, effiziente Handlungen vorbereitet. Es ist ein notwendiger und umfangreicher Teil eines äußerst leistungsfähigen Geistes..."

Sinnesorgan	Unbewusst in Bit/Sekunde	Bewusst in Bit/Sekunde
Auge	10.000.000	40
Ohr	1.000.000	30
Haut	100.000	5

Abb. 14 | Beispiele für die bewusste und unbewusste Informationsverarbeitung (nach Scheier/Held 2006)

Wir dürfen uns das Unbewusste jedoch nicht ähnlich einer zentralen Schaltstelle im Gehirn vorstellen; vielmehr entspricht es einem System aus Systemen mit speziellen Aufgaben. Wir besitzen beispielsweise, so Wilson, einen unbewussten Sprachprozessor, der es uns ermöglicht, eine Sprache mühelos zu lernen und zu verwenden Doch dieses geistige Modul ist relativ unabhängig von unserer Fähigkeit, Gesichter rasch und wirksam zu erkennen, oder von unserer Fähigkeit, augenblicklich zu beurteilen, ob eine Situation angenehm oder bedrohlich für uns ist. „Am besten stellen wir uns das adaptive Unbewusste als eine Anzahl von Stadtstaaten im menschlichen Geist vor und nicht als einen einzigen Homunkulus wie den Zauberer von Oz, der hinter dem Vorhang des Bewusstseins die Fäden zieht."

Grundprinzip: Energie sparen

Wie können Sie sich die Arbeit des Unbewussten vorstellen? Beim Energiesparen arbeitet unser Gehirn mit Prinzipien, mit denen es sich seine Arbeit erleichtert: Zum Beispiel trennt unser Gehirn jene Aktivitäten, die bewusst ablaufen, Zeit und Energie kosten, von jenen Aktivitäten, die unbewusst ablaufen, schnell sind und wenig Energie verbrauchen. Durch diese Trennung kann unser Gehirn viele Arbeitsvorgänge parallel ausführen.

Unser Gehirn ist ständig aktiv und verarbeitet riesige Datenmengen über die Menschen im Arbeitsleben und der Kommunikation mit ihnen: ihrem Händedruck, dem Geruch, den Bewegungen der Gesichtsmuskulatur oder dem Verhalten gegenüber der Sekretärin, und an nichts davon erinnern wir uns hinterher noch. Selbst wenn wir hellwach sind, ist uns nur ein winziger Bruchteil dessen bewusst, was wir denken. Denn das Denken ist in erster Linie ein unbewusster Prozess, der entscheidet, welche eingehenden Informationen wichtig sind und welche nicht.

Diese Prüfung übernimmt unser limbisches System, der Sitz unserer Emotionen. Dieses System funktioniert wie eine sortierende Bibliothekarin: Als wichtig erkannte Informationen reicht sie an das Bewusstsein weiter, und zwar als Fakteninformation und oft auch als Gefühl, weil das Unbewusste solche sehr kleinen Informationseinheiten nicht immer für den Verstand vorhalten kann. Das Bauchgefühl reagiert aufgrund der langen Erfahrung, ohne dass das Be-

wusstsein dies erklären kann.
Das implizite System übernimmt das Steuer im Kopf und entscheidet, wenn Menschen unter Zeitdruck stehen, überlastet sind, wenig interessiert und unsicher, sodass eine Entscheidung über das Bewusstsein nicht möglich ist.

Wie stark unbewusste Bewertungen und Entscheidungen unser Arbeitsleben beeinflussen, zeigt sich zum Beispiel daran, dass das bloße Erscheinen des Firmenchefs auf dem Podium starke Gefühle in uns auslösen kann, ohne dass dieser auch nur ein Wort gesprochen hätte. Ein anderes Beispiel: Der Inhalt einer Rede war gut, aber den Redner finden wir unsympathisch, er passt uns nicht. Die Folge: Wir sind nicht in der Lage, den Vortrag in guter Erinnerung zu behalten. Beziehungsebene rangiert vor der Sachebene – ein alter Lehrsatz der Kommunikation.

Die unbewusste Reaktion kann so massiv sein, dass sie unsere Entscheidungen weit stärker beeinflusst als uns bewusst ist und wir uns zugestehen wollen, weil wir unsere Entscheidungen – unserem Selbstverständnis gemäß – überlegt treffen. Viele weitere unbewusste Bewertungen von Menschen im Arbeitsleben habe ich in meinem Buch „Charisma ist keine Lampe“ beschrieben.

Wie unbewusste Entscheidungen fallen

Steht der Mitarbeiter vor einer Entscheidung, zum Beispiel, ob er einen Unternehmensprozess unterstützt oder nicht, muss er nicht lange überlegen und wertvolle Energie investieren. Stattdessen ruft er Erfahrungen und die damit gespeicherten Gefühle ab, um zu einer ersten, spontanen Einschätzung zu gelangen.

Unbewusste Programme laufen also automatisch ab, ohne unser Bewusstsein zu informieren. Attackiert uns eine Führungskraft, aktiviert unser Gehirn das Stresssystem und wirft die alten, einfachen Notfallprogramme an: Angriff, Flucht, Erstarrung. In der wahrgenommenen Gefahr verringert unser Gehirn die Menge an Informationen, die es zu verarbeiten hat. Wichtig ist vor allem das, was sich direkt vor unseren Augen abspielt. Weniger wichtig ist das Hören oder das situative Verständnis für andere Menschen. Wir können dies erkennen an der außergewöhnlich klaren Sicht, am konzentrierten Tunnelblick und am eingeschränkten Gehör. Wir haben das Gefühl, dass die Zeit langsamer vergeht. Der Tunneleffekt erlaubt uns die konzentrierte Reaktion auf die Bedrohung. Unsere Anspannung wächst, was sich sogar messen lässt, denn der elektrische Hautwiderstand ändert sich deutlich. Durch die Anspannung steigt unsere Leistung; das weiß jeder Wettkämpfer oder Redner, der eine gewisse Erregung vor seinem Beitrag braucht, um sich zu konzentrieren. Wir sind in Sekundenbruchteilen bereit, uns zu verteidigen, noch lange bevor unser Bewusstsein dies ahnt.

Ist unsere Erregung zu stark, filtert unser Gehirn so viele Informationen heraus, dass wir uns wie gelähmt fühlen und keine komplexen Bewegungen mehr machen können. Zum Beispiel ist es dann nicht mehr möglich, mit jeder Hand eine andere Tätigkeit auszuführen. Ab Puls 175 schaltet unser Großhirn ab und das Mittelhirn nimmt die Zügel in die Hand. Haben Sie je versucht, mit einem wütenden oder verängstigten Menschen zu diskutieren? Das missrät uns Hirnforscher Spitzer und erklärt uns warum: Das Gehirn will der Gefahr entkommen und hält sich möglichst an die simpelsten, irgendwie funktionierenden Schemata.

Schon minimale Signale können ausreichen, um solche unbewussten Verhaltensprogramme in Gang zu setzen, wie die Haltung des Kopfes bei einer anderen Person (siehe Kapitel 18.4) oder deren Geruch (siehe Kapitel 8.5). Dieser gesamte Prozess verläuft an unserem Bewusstsein vorbei – vom Wahrnehmen über das Entschlüsseln der Bedeutung bis hin zum Aktivieren unseres Verhaltens. Ein Beispiel: Die Hilfe von Menschen können wir in geeigneten Situationen reflexartig abrufen, wenn wir Unterstützung benötigen. Wir können auf diesen Speicher schnell zugreifen und müssen nicht lange überlegen, wenn entsprechende positive Erfahrungen vorliegen.

Wann das Bewusstsein aktiv wird

Unser Bewusstsein wird aktiv, wenn wir mit Neuem und Unbekanntem konfrontiert sind, wenn wir langfristig planen oder wenn Entscheidungskonflikte auftreten. Benjamin Libet, inzwischen emeritierter Professor für Neurophysiologie an der University of California in San Francisco, hat Folgendes nachgewiesen: Soll eine Handlung ausgeführt werden, so vergeht fast eine halbe Sekunde nach dem Moment, da das Gehirn mit dem Vorbereiten des Entschlusses begonnen hat, bis zum bewussten Wahrnehmen dessen, was wir tun wollen. Unsere Handlungen setzen also unbewusst ein. Libet kam zu dem Schluss, dass unser Bewusstsein lediglich eine Art Vetorecht hat, um eine vorbereitete Handlung abzubrechen, dass es diese Handlung aber nicht auslöst. Hirnforscher Roth vergleicht unser Ich mit einem Regierungssprecher, „der Entscheidungen interpretieren und legitimieren muss, deren Gründe und Hintergründe er gar nicht kennt und an deren Zustandekommen er zudem nicht beteiligt war." Alles Denken hat demzufolge einen Vorlauf im Unbewussten.

Interessant zu wissen, wie sich Bewusstes und Unbewusstes in die Quere kommen können: „Eingeübte motorische Fähigkeiten werden von unbewussten Teilen unseres Gehirns ausgeführt, und bewusstes Nachdenken über die Verhaltenssequenz wirkt sich störend und nachteilig auf die Ausführung aus." Hierauf weist Gerd Gigerenzer, Direktor des Max-Planck-Institut für Bildungsforschung in Berlin, in seinem lesenswerten Buch „Bauchentscheidungen" hin. Sollen wir beim automatischen Ausführen einer Handlung erklären, warum wir zu einem solchen Ergebnis gekommen sind, kann dies unser Handeln behindern. Ein Beispiel aus dem Arbeitsalltag: Bewerten wir eine Person spontan und müssen dann überlegen, warum wir sie so bewertet haben, kann dies zu einem anderen Urteil führen. Das neue Urteil muss aber nicht zutreffender sein als das Spontanurteil. So kann ein Stellenbewerber im ersten Moment Bedenken auslösen (wir haben ein komisches Bauchgefühl) und uns doch anhand seiner Zeugnisse überzeugen, sodass wir ihn einstellen. Wir folgen damit unserem Verstand, unserem Bewusstsein. Später kann sich gleichwohl herausstellen, dass dieser Mensch ein Ekelpaket ist, sodass wir bereuen, dass wir nicht bei dem geblieben sind, was wir auf den ersten Blick gespürt haben.

Wie effizient das Unbewusste arbeitet, zeigt sich auch darin, dass Urteile nicht besser werden müssen, wenn wir mehr Zeit für sie haben. Unser Unbewusstsein ist Weltmeister in Sachen Geschwindigkeit. Wichtiger sind dem Unbewussten die Erfahrungen, die wir gemacht haben. Gigerenzer: „Es scheint so zu sein, dass, je erfahrener ein Mensch ist, desto weniger Zeit und Informationen benötigt er, um eine gute Entscheidung zu treffen." Steht mehr Zeit zur Verfügung, prüfen wir zwar weitere Handlungsalternativen, doch zeigen Studien immer wieder, dass die Qualität unserer Entscheidungen darunter leidet. Gigerenzer resümiert: „Wie gesehen, gilt der Grundsatz ‚Mehr (Zeit, Nachdenken, Aufmerksamkeit) ist besser' nicht für die geübten Fähigkeiten. In vielen Fällen kann zu viel Nachdenken dazu führen, Handlungen langsamer zu machen und sie sogar zu stören (überlegen Sie einmal, wie Sie Ihre Schuhe zubinden). Solche immer wiederkehrenden Prozesse laufen am reibungslosesten außerhalb unseres Bewusstseins ab. Lass das Denken, wenn Du geübt bist – diese Lektion kann man getrost beherzigen."

Auch Eindrücke von Menschen im Unternehmen verarbeiten wir unbewusst und rasend schnell: Wir brauchen etwa 100 Millisekunden, um einen anderen Menschen grob einzuschätzen. Dies entspricht der Zeit eines Wimpernschlags. Studien zeigen, dass Probanden anhand eines Fotos in Sekundenbruchteilen sagen können, ob sie sich diese Person als Kollegen oder Chef wünschen oder nicht. Dieses Urteil ändert sich übrigens auch dann nicht, wenn sie das Foto mehrere Minuten lang betrachten. Studien wie die von Siegfried Frey werden Sie noch ausführlicher kennen lernen. An dieser Stelle ist wichtig zu bemerken, dass es für die Geschwindigkeit unseres Urteils unerheblich ist, ob wir bereits eine Meinung über eine Person haben, die wir nur aus dem Gedächtnis abrufen, oder ob wir uns diese Meinung erst bilden müssen. Offenbar entscheidet sich beim Anblick einer Person buchstäblich in Sekundenschnelle, was wir von dieser Person halten, welche Eigenschaften wir ihr zuschreiben, ob wir sie sympathisch finden, langweilig, arrogant, unehrlich, intelligent oder fair. Und ganz anders als bei einer rationalen Abwägung unseres Urteils bilden wir uns unsere Meinung so mühelos, dass wir hierfür kaum Energie aufwenden müssen. Dies vereinfacht unserem Bewusstsein die Arbeit, wir müssen nicht mehr nachdenken. Wir tun es aus dem Bauch heraus, wie wir umgangssprachlich sagen.

Gigerenzer setzt die Begriffe Intuition und Ahnung gleich. Hierbei handelt es sich um „ein Urteil, 1. das rasch im Bewusstsein auftaucht, 2. dessen tiefere Gründe uns nicht ganz bewusst sind und 3. das stark genug ist, um danach zu handeln". Unser Bauchgefühl entsteht aus einfachen Faustregeln. Eine Faustregel versucht nicht, Pro und Kontra abzuwägen, sondern die wichtigsten Informationen herauszugreifen und den Rest außer acht zu lassen, um schnell zu einem Urteil zu kommen. Dazu sind wir in der Lage durch Natur, Kultur und Erfahrung und damit durch längere Übung.

Die Intelligenz des Unbewussten liegt darin, dass es, ohne zu denken, weiß, welche Regeln in welcher Situation wahrscheinlich funktionieren. Nicht die Menge an Informationen oder deren sorgfältige Abwägung führen zu unserem Urteil, sondern Schlüsselinformationen. Aufgrund solcher Schlüsselinformationen machen wir uns ein Bild von den weiteren Eigenschaften einer Person: Wenn wir bereits von positiven Eigenschaften wissen, dann neigen wir eher dazu, weitere positive Eigenschaften zu unterstellen als negative: Wenn ein Mitarbeiter als fleißig gilt, dann halte ich ihn auch eher für gewissenhaft und intelligent. Vergleichbares gilt für schlechte Eigenschaften. Der erste dominante Eindruck ist so stark, dass er in den meisten Situationen die späteren Urteile über die betreffende Person beeinflusst. Am Beispiel, wie wir es mit attraktiven Menschen halten, wird es vielleicht klar: Ihnen schreiben wir positivere Eigenschaften zu als den weniger attraktiven Menschen (siehe Kapitel 8.2).

Wie das Unbewusste arbeitet, wird in jeder Krise deutlich, beispielsweise bei einem angekündigten Stellenabbau: Fühlen sich Menschen bedroht, aktiviert das Gehirn wieder sein Stresssystem und wirft die alten, einfachen Notfallprogramme an: Angriff, Flucht, Erstarrung. In der wahrgenommenen Gefahr verringert das Gehirn – wie schon beschrieben – die Informationsmenge, die es zu verarbeiten hat. Das Gehirn will der Gefahr entkommen und hält sich möglichst an die einfachsten Muster wie

→ Flucht: „Ich gehe sofort woanders hin“;
→ Konfrontation: „Ich werde es schon schaffen“, „Da müssen wir durch“;
→ Verleugnung: „Mich wird es schon nicht treffen“.

Schon minimale Signale können ausreichen, um solche unbewussten Verhaltensprogramme in Gang zu setzen. Dieser gesamte Prozess verläuft an unserem Bewusstsein vorbei – vom Wahrnehmen über das Entschlüsseln der Bedeutung bis hin zum Aktivieren unseres Verhaltens. Die Konsequenz für die Interne Kommunikation ist, dass man Menschen, die in einer Krise oder einem tiefgreifenden Veränderungsprozess im Unternehmen stehen und folglich sehr ängstlich und unsicher sind, mit einfühlsamer persönlicher Kommunikation beruhigen und implizit ansprechen sollte, zum Beispiel durch Bilder und Geschichten (siehe Kapitel 16 und 18).

Die Kommunikation von der Unternehmensleitung zu den Mitarbeitenden ist meist nüchtern und mit Überlegung gesteuert, das heißt, sie erfolgt „über den Piloten“: Die Firma will überzeugen und argumentiert mit Zahlen, Daten und Fakten. Doch nur, wenn auch der Autopilot überzeugt ist, entsteht dauerhafter Wandel. Ein Spitzenmanager von Bertelsmann sagte: „Es war offenbar ein Fehler, den Menschen in Gütersloh nicht ausreichend die Konzernstrategie, die Notwendigkeit, dass mit großer Geschwindigkeit viel passieren muss, zu verdeutlichen.“

Konsequenzen für die Interne Kommunikation

Die Interne Kommunikation sollte unbewussten Prozessen künftig deutlich mehr Aufmerksamkeit schenken: Sie sind es, die maßgeblich beteiligt sind an der Auswahl, Interpretation und Bewertung von Informationen in der betrieblichen Kommunikation. Sie entscheiden letztlich auch über das Handeln von Mitarbeitern. Würden wir einen Mitarbeiter nach diesen Prozessen fragen, könnte er uns keine Auskunft darüber geben. Zwar hätte er immer eine Antwort parat, doch würde sie nicht dem entsprechen, was tatsächlich im Unbewussten vorgegangen ist. Was der Mitarbeiter bewusst abrufen könnte, wären Informationen wie Umsatzzahlen und Produktnamen Er könnte auch sagen, ob er das Unternehmen sympathisch findet oder nicht. Schwierig wird es, wenn er begründen soll, warum dies so ist.

Für die Kommunikation mit dem Unbewussten eignen sich hervorragend Bilder und das Erzählen von Geschichten (Storytelling; siehe Kapitel 16).

Die Interne Kommunikation muss mithin ihre Methoden und Instrumente erweitern, um die Prozesse der Aufnahme, Verarbeitung und emotionalen Bewertung der Mitarbeitenden aufzudecken. Nur so ist eine Erfolgskontrolle möglich. Dazu gehören auch reaktionszeitbasierte Befragungstechniken, Methoden und Instrumente, bei denen die Mitarbeiter spontan antworten müssen, bevor sich der Verstand einschaltet (siehe Kapitel 21.5).

6.2 Interne Kommunikation kann Gefühle auslösen

Noch immer gehen viele Menschen davon aus, dass Gefühl und Verstand streng getrennt sind. Diesem Irrtum entspricht die Vorstellung, dass die linke Hirnhälfte für das Denken zuständig ist, die rechte für das Fühlen. Eine solche strenge Trennung gibt es so jedoch nicht – tatsächlich bilden beide Systeme eine Einheit.

Besonders im Wirtschaftsleben gilt die Devise, Entscheidungen streng rational zu treffen und mit triftigen Argumenten zu begründen: „Durchdenken Sie das noch einmal!“, „Haben Sie die Zahlen gründlich geprüft?“. Die Psychologin Maja Storch schreibt: „Gute Entscheidungen fallen emotions- und leidenschaftslos: Diese Vorstellung hat sich in unserem Alltagsverständnis so sehr festgesetzt, dass sie oftmals gar nicht mehr hinterfragt wird. Für viele Menschen aus dem Management zum Beispiel ist sie so selbstverständlich wie die Tatsache, dass sie Luft zum Atmen brauchen. Sie versuchen, ihre Gefühle in den Griff zu kriegen und üben sich im Pokerface. ... Das Ideal, das viele Führungskräfte anstreben, ist der so genannte homo oeconomicus, ein Mensch, der sich in seinen Entscheidungen wie eine Rechenmaschine verhält.“

Doch schon ein kurzer Blick hinter die rationale Fassade offenbart ein völlig anderes Bild: Tatsächlich investieren Manager Jahre in ihre Ausbildung, lernen hart und lassen sich von der Erwartung antreiben, noch mehr Macht und Kontrolle auszuüben. Sie haben ein gutes Gefühl dabei. Neuropsychologe Häusel schreibt: „Logik, Präzision, Funktionalität, Effizienz und Leistung ... Der Wunsch, der hinter dieser Art der Rationalität steckt, nämlich unsere Welt, unsere Umgebung, aber auch Produkte beherrschbar und berechenbar zu machen, ist demnach zutiefst emotional! ... „Rationalität“ kann nicht das Gegenteil von Emotionalität sein.“ Hirnforscher Christian Elger schreibt: „Deutlich schwieriger wird es jedoch bei Managern, die ihre Alltagssituationen selbst nur durch Rationalität definieren und Emotionalität weitgehend nicht ins Kalkül ziehen. Oft versuchen sie zum Beispiel auf Hauptversammlungen jede emotionale Regung zu unterdrücken. Dabei vergessen sie, dass das Prinzip „Man kann nicht nicht kommunizieren“ auch für alle Arten mimischer oder stimmlicher Mikrosignale gilt. Entweder senden sie ständig sich widersprechende Signale aus, was die Zuschauer verwirren wird. Oder ihre versteinerten Minen werden in einer Art und Weise gedeutet, die nicht zu den von ihnen angestrebten Zielen passt.“

Schon in der Zeit bis 200 Millisekunden findet eine erste emotionale, vorbewusste Bewertung statt. Nach 200-500 Millisekunden beginnt die eigentliche Bildverarbeitung. Alle „bewusst" erlebten Kognitionen werden also vorbewusst emotional eingefärbt und bewertet. Der Motor der Vernunft ist die Emotion. Die Emotionen entscheiden, wann und wie der Mensch etwas wahrnimmt. Die erste Bewertung erfolgt dabei nach den Kriterien interessant/uninteressant und sympathisch/unsympathisch.

Die Interne Kommunikation ist in den meisten Unternehmen vor allem darauf gerichtet, Informationen zu vermitteln („Informieren Sie mal die Mitarbeiter darüber!“). Was die meisten Verantwortlichen nicht beachten ist, dass unser Gehirn diese Informationen nach emotionalen Gesichtspunkten bewertet.

Diese Bewertung übernimmt das limbische System, der Sitz der emotionalen Intelligenz. Das limbische System besteht aus einem Netzwerk von Bahnen und Kerngebieten in der Tiefe unseres Gehirns, zu denen neben der Amygdala (Mandelkern) noch andere Zellgruppen im Zwischenhirn gehören, die wiederum mit Teilen der Großhirnrinde verbunden sind. Die Kommunikation zwischen den einzelnen Teilen des Belohnungssystems läuft über den Botenstoff Dopamin, einen der so genannten Neurotransmitter, die Signale zwischen den Nervenzellen übermitteln. Die Ausschüttung des Glücksboten Dopamin nehmen wir als positives Gefühl wahr, das uns zum Handeln anleiten kann. Im limbischen System sitzen auch die Wünsche, Motive und Emotionen eines Menschen. Die allgemeine Funktion des limbischen Systems besteht darin, das zu bewerten, was das Gehirn tut. Das Wirken des limbischen Systems erleben die Mitarbeiter als begleitende Gefühle, die sie entweder vor bestimmten Handlungen warnen oder die Handlungsplanung in eine bestimmte Richtung lenken.

Viele aktuelle Forschungsergebnisse bestätigen, dass Entscheidungen vor allem emotional fallen. Dass Emotionen sogar Voraussetzung für rationale Entscheidungen sind, belegen die Arbeiten des weltbekannten Neurologen Antonio Damasio: Einige Patienten, die aufgrund von geschädigten Hirnregionen keine Emotionen mehr hatten, konnten nicht mehr rational entscheiden. Fazit: Emotionen sind eine notwendige Grundlage für vernünftiges Handeln, oder anders gesagt: Wer nicht fühlt, kann auch nicht vernünftig entscheiden oder handeln. Emotionen sind keine Störungen des vernünftigen Denkens, sondern eine Überlebenshilfe, wie dies Maja Storch ausdrückt.

Wie arbeitet das limbische System? Das limbische System bewertet alle in das Gehirn eines Mitarbeiters einströmenden Informationen danach, ob sie emotional bedeutend für ihn sind. Haften bleibt im Gedächtnis, was das limbische System positiv oder negativ berührt. Alles andere rauscht durch das Gehirn hindurch. Besonders schnell sprechen das limbische System Geschichten, Bilder und emotionale Worte wie „Sicherheit“ und „Erfolg“ an. Langweilige und unbedeutende Informationen aktivieren das limbische System nur wenig. Ergebnis: An Informationen, die keine Gefühle ansprechen, erinnern sich die Mitarbeiter kaum. Beispiele sind Begriffe wie „Rentabilität“ und „Deckungsbeitrag“, die, wenn überhaupt, nur ein paar Führungskräfte anspricht, nicht aber die Belegschaft.

Auf die Bedeutung von Emotionen für die Kommunikation weist auch Thomas Knieper hin: „Auch wenn man Botschaften hundertmal wiederholt, werden sie nicht beachtet, sofern sie nicht in der Lage sind, einen emotionalen Eindruck zu hinterlassen. Dies gilt für alle Vorschriften, Hinweise, Lustquellen, Nachrichten – sie werden so lange ohne Wirkung bleiben, solange sie nicht gleichzeitig mit einem „affektiven Stempel“ oder „Imprint“ versehen werden.“

Je stärker die Mitarbeiter eine Information anspricht, weil sie emotional bedeutend für sie ist, desto besser lernen sie diese Informationen. Gefühle werfen einen Lernturbo an, sagt Hirnforscher Manfred Spitzer (siehe ausführlich Kapitel 10.4). Studien bestätigen, dass Emotionen helfen, besser wahrzunehmen und effektiver zu lernen. Mitarbeitende können schneller und gezielter entscheiden, wenn die Informationen mit starken Gefühlen verbunden sind. Natürlich lernen die Mitarbeitenden auch durch schlechte Erfahrungen, wie jeder weiß, der eine unangenehme Begegnung mit seinem Vorgesetzten hatte. Dies sollte die Interne Kommunikation unbedingt berücksichtigen.

Diese Erkenntnisse haben für die Interne Kommunikation Konsequenzen:

→ Interne Kommunikation sollte darstellen, welche emotionale Bedeutung die Fakten für die Mitarbeiter haben: Welches gute Gefühl bringt die neue Qualitätsoffensive? Das gute Gefühl, beständige Produkte herzustellen, mit denen sich der Kunde sicher fühlt? Welches gute Gefühl geht vom neuesten Produkt aus: Faszination? Stärke? Sicherheit? Typische Aussagen wie: „Wir sind ein international tätiges Unternehmen“, sind aus Sicht der Mitarbeiter meist ziemlich bedeutungslos, denn sie hinterlassen keine Spuren im Gefühlssystem des Gehirns: Bringt der Hinweis Sicherheit, weil die Firma deshalb stärker erscheint? Überträgt der Satz etwas Neues auf Sie, weil das Unternehmen weltweit nach neuen Produkten sucht? Oder verbindet sich damit eine neu empfundene Stärke und Leistungsfähigkeit, weil das Unternehmen über Grenzen hinweg Experten in Stellung bringen kann, damit seine

Kunden noch erfolgreicher werden? Nichts davon emotionalisiert. Die Interne Kommunikation muss daher zuerst jene bedeutenden Gefühle aufdecken und berücksichtigen, die die Mitarbeitenden mit dem Unternehmen und seinen Leistungen verbinden. Nur auf diesem Weg können Botschaften entwickelt werden, die die Beschäftigten aufnehmen, verarbeiten und speichern.

→ Emotionen selbst dienen der Kommunikation mit anderen Menschen: Sie zeigen den Zustand, in dem sich ein Mensch befindet. Ein Firmenchef könnte daher über seine Gefühle zeigen, wie besorgt er über die Situation des Unternehmens ist oder wie optimistisch er dessen Zukunft einschätzt.

→ Interne Kommunikation sollte dazu beitragen, für das gesamte Unternehmen ein eigenständiges, langfristiges Erlebnisprofil aus einzigartigen positiven Gefühlen aufzubauen, um das limbische System der internen Bezugsgruppen anzuregen. Grundlage dafür ist das Belohnungsversprechen. Dieses Versprechen kann darin bestehen, dass das Unternehmen Sicherheit, Bindung und Fürsorge fördert, Anregung und Wandel oder Status und Überlegenheit. Übrigens können alle Unternehmen und Branchen ein solches Belohnungsversprechen höchst wirksam in der internen und externen Kommunikation einsetzen. So könnte ein Maschinenbauer Werte wie Präzision und Perfektion betonen (siehe Kapitel 6.5).

Was Emotionen sind

Wenn Emotionen in der Internen Kommunikation eine so große Rolle spielen, sollten wir uns anschauen, was Experten unter diesem Begriff verstehen: Emotionen sind, so die Psychologin Maja Storch, alle Prozesse, die mit Gefühlen verbunden sind, primäre und sekundäre, bewusste und unbewusste. Der Psychologe Philip Zimbardo sieht in Emotionen ein komplexes Muster von Veränderungen, das physiologische Erregung, Gefühle, gedankliche Prozesse und Verhaltensweisen einschließt, welche als Reaktion auf eine Situation auftreten, die ein Mensch als persönlich bedeutsam wahrgenommen hat.

Emotionen wirken sich auf unseren gesamten Organismus aus, so Damasio. „Bei einer typischen Emotion senden (...) bestimmte Gehirnregionen, die zu einem weitgehend vorprogrammierten System gehören, nicht nur Befehle an andere Hirngebiete, sondern an fast jeden Ort des übrigen Körpers. Die Befehle werden auf zwei Wegen übertragen. Der eine ist die Blutbahn, wo die Übertragung durch chemische Moleküle erfolgt, die auf die Rezeptoren von Zellen in Körpergeweben einwirken. Den anderen Weg bilden Nervenzellbahnen, und die Befehle auf dieser Route nehmen die Gestalt elektrochemischer Signale an, die auf andere Neuronen, Muskelfasern oder Organe (etwa die Nebenniere) einwirken, die ihrerseits chemische Stoffe in die Blutbahn abgeben können. Das Ergebnis dieser konzertierten chemischen und neuronalen Kommandos ist eine globale Veränderung im Zustand des Organismus."

Im limbischen System sitzen mit den Emotionen naturgemäß auch unser Wünsche und dort fallen letztlich viele Entscheidungen. Hirnforscher Roth erklärt die Bedeutung des limbischen Systems so: „Das Gefühl, etwas zu wollen, kommt erst, nachdem das limbische System schon längst entschieden hat, was getan werden soll. Die Quintessenz ist, dass dieses System die letzte Entscheidung darüber hat, ob wir etwas tun oder nicht." Die Motivforscherin Helene Karmasin schreibt: „Das wahre Motiv lautet: Du willst es, Du musst es haben, es ist wunderbar. Das legitimierende Motiv lautet: Du brauchst es, es ist notwendig und sinnvoll."

Viele aktuelle Forschungsergebnisse bestätigen, dass Entscheidungen vor allem emotional fallen. Antonio Damasio hat in seinen Studien festgestellt, dass an den meisten Entscheidungen, die wir in der Alltagssprache „vernünftig" nennen und von denen wir glauben, dass sie ohne Emotionen zustande kommen, Emotionen doch beteiligt sind. Sein Fazit: Wer nicht fühlt, kann auch nicht vernünftig entscheiden oder handeln. Und die Psychologin Maja Storch macht deutlich: Emotionen sind keine Störungen des vernünftigen Denkens, sondern Überlebenshilfe.

Vielen Führungskräften wird das nicht gefallen. Sie wollen sich nicht mit den Gefühlen anderer Menschen beschäftigen. Und wenn sich bei einigen die Erkenntnis über die Bedeutung von Emotionen durchsetzt, dann meist im Sinne eines Auftrags: „Wir müssen emotionaler werden." Die Frage ist nur: Von welchen Emotionen ist hier die Rede? Hierzu gleich die Antwort.

Warum wir den Verstand brauchen

Der Verstand ist für Entscheidungen natürlich auch wichtig, aber anders, als bislang gedacht: Es scheint oft so, als ob wir eine Entscheidung, die wir aus unserem Gefühl heraus getroffen haben, im Nachhinein mit Sachargumenten rechtfertigen. Hirnforscher Gerhard Roth vergleicht das Ich mit einem Regierungssprecher, der Entscheidungen interpretieren und legitimieren muss, deren Gründe und Hintergründe er gar nicht kennt und an deren Zustandekommen er nicht beteiligt war. Das Rechtfertigen von Entscheidungen ist Experten zufolge sogar die wesentliche Funktion der Sprache. Es sei ein Missverständnis, dass Sprache dem Austausch von Wissen und der Vermittlung von Einsichten diene. Sprache diene in erster Linie der Legitimation des überwiegend unbewusst gesteuerten Verhaltens anderen und uns gegenüber.

Der Vorgesetzte hat seine Entscheidung über die Beförderung eines Mitarbeiters stark unbewusst und emotional getroffen. Hinterher sucht er Gründe, um diese Entscheidung vor sich selbst und anderen zu rechtfertigen. Was würden wir als Mitarbeiter davon halten, wenn er uns erzählen würde, er hätte sich bei seiner Beförderung von seinem Bauchgefühl leiten lassen – auch wenn dies tatsächlich der Fall gewesen ist? Doch steht dieser Vorgesetzte in diesem Beispiel nicht allein. Wir alle wollen unser Handeln immer rational begründen, kennen den Grund aber oft überhaupt nicht, weil wir unbewusst entschieden haben: Antonio Damasio berichtet von einem Versuch, bei dem er die Denkprozesse der Probanden so manipuliert hat, dass sie zwangsläufig sinnlos handelten. Hinterher bemühten die Befragten alle möglichen Begründungen – nur um nicht zugeben zu müssen, dass sie ihr Handeln nicht erklären konnten.

Oft liegen wir mit unserem Gefühl richtig und mit dem Verstand falsch. Das oben erwähnte Beispiel vom Personalchef, der einen Mitarbeiter einstellt, obwohl er „gleich so ein ungutes Gefühl" hatte, ist im wirklichen Leben so selten nicht. Immer wieder bewahrheitet sich ein erster gefühlsmäßiger Eindruck, der sich aus dem herleitet, was wir früher erlebt haben – etwa dass sich hinter zu großer Freundlichkeit Unterwürfigkeit verbarg. Solche Beispiele zeigen, dass sich erst aus dem gelungenen Zusammenspiel beider Systeme – des emotionalen Erfahrungsgedächtnisses und des Verstandes – die besten Entscheidungen ergeben, so Maja Storch in ihrem Buch über gute Entscheidungen. Übrigens zeigt das gute Gefühl, das sich auch bei einer angeblich „rein rationalen Entscheidung" immer einstellt, wie massiv die emotionalen Anteile sind, die dabei eine Rolle gespielt haben.

Auch für den Verstand selbst spielen Emotionen eine wichtige Rolle: Vor allem der vordere Teil des Gehirns scheint Wege und Wahrscheinlichkeiten zu berechnen, wie wir möglichst viel Wohlbefinden mit möglichst geringem Aufwand erzielen können. Hieraus entsteht ein Plan, den unser Gehirn in Handeln umsetzt. Verstand und Emotionen sind demnach eng verknüpft.

Beide Auswertungssysteme sind jedoch unterschiedlich spezialisiert: Prüft der Verstand eine Handlung kritisch, dauert das zwar länger als ein Gegencheck im Unbewussten, aber die Resultate sind präzise und detailliert. Emotionale Bewertungen erfolgen schnell, aber die Ergebnisse sind diffus und detailarm. Der Mensch hat dann manchmal ein ungutes Gefühl, kann sich dies aber nicht erklären, weil auch diese Prozesse meist unbewusst ablaufen. Im Allgemeinen erfolgt eine erste Orientierung, bevor sich der Verstand zuschaltet und die Situation genauer unter die Lupe nimmt. Sind überhaupt noch keine Erfahrungen gespeichert, die man für eine Entscheidung heranziehen kann, ist eine verstandesmäßige Analyse natürlich besonders wichtig. Geht es im Unternehmen um grundlegend Neues, zu dem es noch keine Erfahrungen geben kann, sollten Sie mit Ihren Informationen gezielt den Verstand ansprechen.

Fazit: Gefühl, Verstand und Körper – so könnte das Prinzip lauten, nach dem viele Prozesse in unserem Gehirn funktionieren. Gute Entscheidungen entstehen im Zusammenspiel von Verstand, Emotionen und Körperempfindungen, wie das sprichwörtliche Bauchgefühl und der Herzenswunsch, so die Psychologin Maja Storch. Dies sollte die Interne Kommunikation berücksichtigen. Es ist immer klug, sowohl die Emotionen der Mitarbeitenden anzusprechen als auch Argumente für eine gute Entscheidung zu liefern.

6.3 Interne Kommunikation greift Erfahrungen auf

Unser Gehirn funktioniert nicht wie die Festplatte eines Computers, auf die wir Daten aufspielen. Stattdessen ist unser Gehirn aktiv, hochdynamisch und stark vernetzt. Es organisiert sich ständig neu. Grundlage für die selbst organisierenden Prozesse unseres Gehirns sind Erfahrungen.

Alle wichtigen Erfahrungen mit anderen Menschen haben wir in unserem Gedächtnis abgelegt. Unsere Psyche ist letztlich ein umfassender und reichhaltiger Speicher, der unsere Erfahrungen mit Menschen im Arbeitsleben enthält. Diese Erfahrungen soll unser Gehirn nutzen, damit es uns gut geht und wir uns wohlfühlen.

Das Gehirn bewältigt diese Aufgabe, indem es Erfahrungen mit einer Bewertung ablegt, ob uns etwas gut getan hat oder nicht - von Unlust und Lust bis hin zu Ärger und Vergnügen. In jedem Fall übernimmt unser limbisches System diese Bewertung. Außerdem legen wir in unsere Erinnerungen das Körpergefühl ab, das wir beim Erlebnis hatten. Auf diese Weise sammeln wir ein „emotionales Erfahrungsgedächtnis" an, wie es der Hirnforscher Gerhard Roth genannt hat. Stehen wir vor einer Entscheidung oder planen wir eine Handlung, ruft unser Gehirn dieses Wissen ab. Unsere Erfahrungen und unser Handeln sind eng verbunden.

Unser emotionales Erfahrungsgedächtnis ist ein Zusammenschluss von mehreren Teilgebieten unterhalb der Großhirnrinde, die für unsere Entscheidungen wesentlich sind. Es speichert Gefühle und Körperempfindungen. Das emotionale Erfahrungsgedächtnis entsteht schon im Mutterleib und begleitet uns unser gesamtes Leben lang. Wir können deshalb davon ausgehen, dass unser Gehirn auch ein emotionales Einnahmen- und Ausgabenbuch über das Unternehmen und die interne Kommunikation führt. Auf der Habenseite schlagen die positiven Erfahrungen zu Buche, auf der Soll-Seite die negativen Erlebnisse. Emotionen können uns vor Handlungen warnen und unser Handeln ausrichten.

Wie plant das Gehirn Handlungen auf Grundlage des emotionalen Erfahrungsgedächtnisses? Soll ein Mitarbeiter etwas entscheiden, erzeugt sein Gehirn Vorstellungsbilder, die wie innere Filme ablaufen. Diese inneren Filme laufen fast gleichzeitig und meist unbewusst ab. Mit dieser Methode vergleicht das Gehirn ähnliche Situationen aus dem emotionalen Erfahrungsgedächtnis. Findet es eine vergleichbare Situation, löst es automatisch die damit verbundene Bewertung aus. Das Ziel: Gute Erfahrungen zu wiederholen, schlechte zu vermeiden. An solche Erfahrungen der Mitarbeitenden sollte man in der Internen Kommunikation denken, zum Beispiel bei Neuerungen im Unternehmen und im Umgang mit dessen Führungskräften. Immer wieder gibt es neue Manager in einem Unternehmen, die anzuordnen versuchen, Vergangenes ab sofort zu vergessen. Welche Ignoranz angesichts der Arbeitsweise unseres Gehirns!

Ohne, dass wir es merken, entscheidet unser Gehirn, was wir tun. Wäre es anders, brauchten wir Stunden, um mit Kollegen einen passenden Termin zu vereinbaren oder um ein Essen in der Kantine auszusuchen – unser Alltag wäre extrem eingeschränkt. Und Emotionen sind es, die unser Handeln bestimmen. Hirnforscher Gerhard Roth sieht in Emotionen konzentrierte Erfahrungen, ohne die wir nicht vernünftig handeln könnten. Die Bedeutung all dessen, was wir erlebt haben, unserer Lebensgeschichte insgesamt ist so stark, dass der renommierte Gedächtnisforscher Daniel Schacter sagt: „Wir sind Vergangenheit". Erfahrungen weisen uns den Weg in die Zukunft – unser Gehirn organisiert das Leben auf der Grundlage unserer Biografie. Ein Leben lang sammeln wir. So entsteht ein enorm reichhaltiger Speicher an Lebenserfahrungen, ein Fundus von unschätzbarem Wert!

Vor diesem Hintergrund ist es kaum zu verstehen, dass Unternehmen vor allem auf Jüngere setzen, denen solche Erfahrungen noch fehlen und die diese Erfahrungen erst noch auf Kosten der Unternehmen sammeln müssen. Bei VW standen vor einigen Jahren plötzlich die Fließbänder still. Grund: Die Maschinerie war defekt und niemand hatte etwas bemerkt. Das kam in der Vergangenheit nicht vor. Früher hörten die erfahrenen Mitarbeiter oft schon beim kleinsten Anzeichen, dass ein Maschinenteil ausgetauscht werden musste. Den Neuen fehlte dieses Wissen und vor allem die Erfahrung; sie standen ratlos vor den Maschinen, die für sie überraschend versagten.

Erinnerungen mit Körpergefühl

Dem Hirnforscher Antonio Damasio verdanken wir die Erkenntnis, dass wir nicht nur die Gefühle mit unseren Erinnerungen speichern, sondern dass sich beim Abruf der Erinnerung auch ein dazugehöriges Körpergefühl einstellt wie Bauchkribbeln, Gänsehaut, Kniezittern. Was geschieht da? Ein Beispiel: Das Unternehmen, in dem wir arbeiten, steht vor weitreichenden Entscheidungen, berät aber noch darüber, wie wir reagieren könnten. Damasio schreibt, dass in solchen Fällen szenische Schlüsselbilder in uns aufblitzen. Wir sehen gleichzeitig Schlüsselelemente in Umrissen, ohne Einzelheiten erkennen zu können. Wenn nun das unerwünschte Ergebnis der Entscheidung in unserer Vorstellung auftaucht, erscheint gleichzeitig und kurz eine unangenehme Empfindung im Körper, zum Beispiel im Bauch. Antonio Damasio nennt diese Körperzustände „somatische Marker".

Der Begriff „soma" leitet sich aus dem Griechischen ab und bedeutet „Körper". Markierer hat Damasio sie deshalb genannt, weil wir bestimmte Szenen als gut oder schlecht markieren. Hervorzuheben ist dabei: Wir bewerten hier nicht mit unserer Vernunft, sondern biologisch mit somatischen Markern, die wir schnell abrufen können. Mitunter sind sie allerdings so schwach, dass wir sie nicht bewusst wahrnehmen. Training und gute Selbstbeobachtung können uns helfen, diese Zeichen früher, schneller und eindeutiger zu erkennen.

Anhand der somatischen Marker können wir uns also erinnern, ob etwas für uns angenehm oder unangenehm war. Wir können dies sogar spüren, weil wir Erinnerungen mit einem Körpergefühl markieren, beispielsweise einem gutem Bauchgefühl oder einem Kribbeln, das sich bei der Erinnerung einstellt. Damasio geht davon aus, dass wir jedes Objekt und jede Situation mit Emotionen und den begleitenden Körperzuständen unserer Erfahrung verknüpfen.

Dieser Mechanismus sorgt für automatische Signale, die es uns erlauben, aus vielen Unternehmen spontan jenes auszuwählen, das uns am meisten zusagt, weil es am besten zu uns passt. „Das automatische Signal schützt Sie ohne weitere Umstände vor künftigen Verlusten und gestattet Ihnen dann unter wenigen Alternativen zu wählen. Sie haben immer noch Gelegenheit, eine Kosten-Nutzen-Analyse durchzuführen und saubere Schlussfolgerungen zu ziehen, aber erst nachdem der automatische Schritt die Zahl der Wahlmöglichkeiten erheblich vermindert hat."

Somatische Marker weisen uns also aufgrund von früheren Erfahrungen darauf hin, dass eine geplante Handlung unangenehme Folgen für uns haben könnte. Genauso markieren wir positive Vorstellungen mit somatischen Markern, etwa, wenn uns eine Person in der Erinnerung wohlige Schauer über den Rücken laufen lässt. Unser Antrieb scheint aus neurologischer Sicht daraus zu bestehen, dass wir auf Menschen im Unternehmen emotional reagieren, dass wir sie positiv (oder negativ) bewerten und unser Körper das wahrnimmt. Sie selbst werden so etwas kennen: Wenn Sie unbedingt etwas für einen Kollegen tun wollen, ist dies mit einem starken Gefühl verbunden. Für die Interne Kommunikation kann es daher sinnvoll sein, auch die somatischen Marker von Menschen im Unternehmen zu beachten, denn die lügen nie. Wenn wir aufmerksam sind, können wir einige sogar sehen, wie im Fall des Errötens, dem plötzlichen Wechsel der Sitzhaltung und einem Lächeln.

Wichtig ist daher für die Interne Kommunikation, die Erfahrungen der Mitarbeiter zu beachten. Die Interne Kommunikation sollte immer an etwas uns Bekanntes anknüpfen, weil uns diese Inhalte geprägt haben.

Neue Informationen werden in die vorhandenen Erfahrungen eingeordnet. Wenige Informationen können ausreichen, eine erste Bewertung vorzunehmen, und zwar schnell, unkontrolliert und unbewusst. Was geschieht aber, wenn die Mitarbeiter noch keine Erfahrungen gemacht haben, die sie für ihre Bewertung heranziehen können? Hier stößt das emotionale Erfahrungsgedächtnis an seine Grenzen. Es weicht dann auf ähnliche Erfahrungen aus, indem es verallgemeinert und auf Muster zurückgreift: „Alle Führungskräfte sind autoritär und informieren schlecht." Probleme treten auf, wenn das verallgemeinernde Muster nicht passt. Die Bewertung durch die Mitarbeiter sollte daher sehr aufmerksam verfolgt und in der Internen Kommunikation berücksichtigt werden.

6.4 Interne Kommunikation erzeugt Erwartungen

Eng verbunden mit den Erfahrungen sind unsere Erwartungen, denn die Erfahrungen dienen dazu, Erwartungen vorherzusagen, auf deren Grundlage wir entscheiden. Hirnforscher Christian Elger: „Es ist für den Menschen wichtig, zu wissen, was war, um zu wissen, was ist und was im nächsten Moment, in einer Stunde oder zu irgendeinem anderen Zeitpunkt in der Zukunft sein wird. Deshalb wurde das Gehirn mit seinen Funktionen Wahrnehmen, Speichern, Erinnern und Entscheiden als Vorhersageinstrument in einer Weise optimiert und perfektioniert, wie wir es bei keinem anderen Lebewesen finden."

Wie gelingt es dem Mitarbeiter, auf Grundlage seiner Erfahrungen zu entscheiden? Wir nehmen auf der Grundlage unserer Erfahrungen das Ergebnis unseres Handelns vorweg und fragen uns, wie wir uns dann fühlen würden: Wie werde ich mich fühlen, wenn ich das neue Innovationsprogramm meines Unternehmens unterstütze? Da wir ein soziales Gehirn haben (siehe Kapitel 7.1), fragt es sich auch, wie wir auf andere wirken würden, wenn wir handeln. Der Psychoneurologe Joachim Bauer beschreibt diesen Prozess so: „Handlungsneurone (...) kodieren die Programme für das operative Vorgehen und für das Ziel einer Handlung. Die Nervenzellen für die Vorstellung von Empfindungen ergänzen dies durch Informationen darüber, wie sich die geplante Handlung für den handelnden Körper anfühlen würde. Erst die Kombination des handelnden und des empfindenden Systems ergibt die neuronale Basis für die Vorstellung, Planung und Ausführung von Aktionen." Das Gehirn prüft demnach auf der Grundlage von Erfahrungen alle eingehenden Informationen daraufhin, welche Konsequenzen sie haben, also was der Mitarbeiter erwarten kann.

Wie lässt sich angesichts dieser Erkenntnisse erklären, dass Mitarbeitende vielfach Wandlungsprozesse und neue Projekte in den Unternehmen nicht unterstützen? Im Bereich Wissensmanagement gibt es dafür viele Beispiele, auch wenn es sich im Prinzip um nützliche und überzeugende Konzepte handelt. Die Praxis zeigt aber, dass die Beschäftigten die Idee oft nicht unterstützen. Woran kann das liegen? Ein Grund ist, dass sich die Mitarbeiter vorstellen, was passiert, wenn sie ihr Wissen weitergeben. Als Folge befürchten sie Machtverlust, Bedeutungsverlust oder Austauschbarkeit. Konsequenz: Ihr Gehirn entscheidet, das Wissen nicht weiterzugeben.

Wie wichtig solche Vorhersagen und Erwartungen sind, beschreibt Elger: „Nichts ist dem Gehirn so verhasst, wie der schiere Zufall. Denn dort versagt die Fähigkeit zur Vorhersage. Deshalb sucht das Gehirn auch stets nach verborgenen Regeln und nach möglichen Zusammenhängen zwischen Wirkung und Ursache". Die Mitarbeiter versuchen also, Vorhersagen zu erstellen. Dies ist ihnen jedoch kaum möglich, wenn sie keine Informationen erhalten, die ihnen das erlauben. Die Gefahr liegt nun darin, dass sie – auch unbewusst – nach Regeln suchen und Erfahrungen heranziehen, die jedoch in diesem Fall gar nicht zutreffen müssen.

Die Interne Kommunikation sollte also darauf achten, auf der Basis der bisherigen Erfahrungen der Mitarbeiter klare Vorhersagen zu ermöglichen. Auch sollten konkrete Erwartungen auf Belohnungen geweckt werden, die der Wandel mit sich bringt. Was können die Mitarbeiter erwarten? Was nicht? Ein lebendiges Vorstellungsbild sollte von dem geschaffen werden, was die Mitarbeiter zu erwarten haben und welche Emotionen damit verbunden sein werden. Davon hängt maßgeblich ab, ob die Mitarbeiter das Anliegen des Unternehmens unterstützen oder nicht.

Die Interne Kommunikation sollte auf die positiven Konsequenzen einer Handlung gezielt aufmerksam machen. Frage: Lassen sich diese positiven Konsequenzen genauer beschreiben? Antwort: Ja. Diese positiven Konsequenzen haben mit unserem Motivsystem zu tun, also unseren Handlungsantrieben.

Begriffe lösen schlechte Erinnerungen aus

Wenn jemand eine Botschaft sendet, heißt das noch lange nicht, dass sie beim Empfänger auch so ankommt: Führungskräfte teilen ihren Mitarbeitern etwas mit und verbinden die Nachricht mit einer Bewertung. Beispiel: Wandel ist gut. Doch was passiert? Der Mitarbeiter nimmt die Information auf und beginnt mit dem Prozess der Verarbeitung:

- Kann ich das einordnen?
- Habe ich das schon mal erlebt?
- Wie habe ich mich gefühlt?
- Wie habe ich auf andere gewirkt?

Das Ergebnis der Verarbeitung: Ja, Wandel kann ich einordnen, habe ich schon mal erlebt, habe mich schrecklich unsicher und ängstlich gefühlt. Schlechte Erinnerungen also. Was kann ich aufgrund dieser Erfahrungen vom anstehenden Wandel erwarten? Erstmal nichts Gutes. Also lehne ich ihn ab, bis ich vielleicht weiß, was die Belohnung durch den Wandel für mich ist.

Abb. 15 | Bedeutung von Erfahrungen und Erwartungen

6.5 Interne Kommunikation verspricht Belohnungen

Interne Kommunikation kann Gefühle in den Bezugsgruppen auslösen, so dass diese Gruppen im Sinn des Unternehmens entscheiden und handeln. Werfen wir einen Blick in jene beiden Systeme, die hierbei grundsätzlich angesprochen werden; dabei lernen wir die Grundmotive des Menschen kennen, also jene Handlungsantriebe, die ihn durch sein Leben leiten und auf deren Grundlage ganz wesentlich Entscheidungen und Handlungen zustande kommen.

Das Angstsystem und das Belohnungssystem

Menschen handeln auf der Grundlage von zwei grundlegenden Systemen: dem Angstsystem und dem Belohnungssystem. Das Angst- und Fluchtsystem entscheidet, was wir meiden; hierdurch sollen wir Gefahren entgehen. Das Belohnungssystem entscheidet, was wir suchen; dies soll unser Wohlergehen steigern. Gefahren meiden und Wohlbefinden suchen – das sind die Leitmotive unseres Gehirns. Beide Systeme sind nicht gleichwertig, denn es ist für das Überleben wichtiger, Gefahren zu meiden, als sich um das Wohlergehen zu kümmern.

Das Angst- und Fluchtsystem ist sehr alt und bei Gefahren aktiv. Der Mensch soll schnell reagieren, um der Gefahr zu entkommen. Diese Reaktion erfolgt unbewusst, weil der Verstand eine zu lange Zeit brauchen würde und die Ergebnisse seiner Arbeit zu detailgenau wären, als sie die Situation erfordert. Angst ist also ein schlechter Lehrmeister für alles, was wir tun sollen.

Für das, was wir suchen und tun sollen, haben wir ein anderes System: Unser Belohnungssystem. Das Belohnungssystem soll das Handeln steuern, indem es den Menschen mit guten Gefühlen belohnt, wenn er so handelt, wie es ihm gut tut. Das Belohnungssystem ist Teil unseres limbischen Systems, dem Sitz unserer emotionalen Intelligenz (siehe Kapitel 6.2). „Gibt es weder einen Anreiz noch eine Belohnung, bleibt auch das Belohnungssystem inaktiv", bringt es Hirnforscher Christian Elger auf den Punkt.

Das Belohnungssystem sorgt dafür, dass wir Vorfreude empfinden, wenn wir an die Begegnungen mit angenehmen Menschen im Unternehmen oder eine befriedigende Tätigkeit denken. Besonders aktiv ist es, wenn unsere Erwartungen übertroffen werden. Umgekehrt fällt die Erregung ab, wenn die erwartete Belohnung ausausbleibt, wenn beispielsweise ein Unternehmen unsere Erwartungen enttäuscht – wenn es etwa Unterstützung oder Informationen versagt, um die wir gebeten haben. Was lernen wir daraus? Unser Gehirn ist gebaut zum Lernen. Glück ist der Mechanismus, über den wir lernen, was gut und wichtig für uns ist. Oder anders gesagt: Wir lernen nicht, um glücklich zu sein, sondern wir sind glücklich, damit wir lernen.

Das Belohnungssystem entscheidet, was wir suchen. Die Interne Kommunikation sollte daher das Belohnungssystem der Mitarbeiter ansprechen. Das bedeutet, dass sich Mitarbeiter solche Informationen wünschen, die ihnen erklären, wie das Unternehmen sie vor Angst und Unsicherheit bewahrt und wie es das Wohlbefinden steigert. Das Belohnungssystem wird auch angesprochen, wenn die Kommunikation fürsorglich ist und daher den Mitarbeitenden gut tut. Übertrifft die Interne Kommunikation die Erwartungen der Mitarbeitenden, zum Beispiel weil sie sehr schnell oder sehr einfühlsam erfolgt, lernen die Beschäftigten besonders gut und handeln positiver: Das Belohnungssystem und das Bewegungssystem liegen übrigens im Gehirn dicht beieinander.

Was belohnend sein kann

Mitarbeiter bewerten Informationen anhand der Bedeutung, die diese Informationen für ihr Wohlbefinden haben. Hirnforscher Ernst Pöppel von der Universität München sagt: „Dabei gilt für alle Lebewesen, dass nur solche Informationen aufgenommen werden, die für den Organismus bedeutsam sind. Die Sinnessysteme, die Informationen aufnehmen, sind also bereits Filter im Hinblick auf bedeutsame Informationen. Es findet eine (...) informatorische „Müllbeseitigung" statt. Es wird nur das zur Kenntnis genommen, was wichtig ist oder was wichtig sein könnte." Hirnforscher Christian Elger drückt das so aus: „Von all den Informationen, die in jedem Moment unseres Lebens in unserem Gehirn eingehen, werden die meisten als unwichtig sofort wieder verworfen, ohne dass sie auch nur die geringste Chance hätten, in das Bewusstsein weitergeleitet zu werden (...) Wir speichern nichts, was uns heute nicht interessiert und von dem wir nicht annehmen, dass es für uns in Zukunft einen Wert besitzt."

Die Frage für die Interne Kommunikation lautet, welche Bedeutung Informationen für Mitarbeitende haben und welche belohnenden Gefühle sie auslösen können, um das Handeln zu steuern. Welche Gefühle tragen dazu bei, dass die Mitarbeiter die Firmenziele unterstützen?

Von Norbert Bischof (1989) stammt das Zürcher Modell der sozialen Motivation. Der Psychologe nennt drei Grundmotive, die Menschen auf aller Welt durchs Leben leiten: Sicherheit, Erregung und Autonomie:

→ **Sicherheit**: Der Mensch trägt das Bedürfnis nach Beständigkeit, Stabilität, Sicherheit und Ausgleich in sich. Er sehnt sich nach Bindung und Fürsorge, Heimat und Tradition. Dieses Motiv ist angesprochen, wenn es um den Wunsch der Mitarbeiter nach einem sicheren Arbeitsplatz geht oder um den Wunsch nach einem guten Betriebsklima und gelungener Zusammenarbeit der Mitarbeiter.

→ **Erregung**: Der Mensch sucht neue Reize, er will einzigartig sein, aus dem Gewohnten ausbrechen und aktiv sein. Aus diesem Motiv heraus suchen Mitarbeiter neue Aufgaben und sie wollen Dinge anders tun als bisher.

→ **Autonomie**: Der Mensch will nach oben kommen, Leistung zeigen, Erfolg und Überlegenheit genießen, sich gegen andere durchsetzen, sein Territorium erweitern. Die interne Kommunikation kann dieses Motiv ansprechen durch Leistungsanreize, durch eine neue Maschine oder durch den Zukauf eines anderen Unternehmens, mit dem sich Karrieremöglichkeiten verbinden.

Die individuelle Stärke der drei Grundmotive entscheidet letztlich auch über den Beruf, den wir ergreifen, also ob wir Forscher (Erregung), Controller (Autonomie) oder Krankenpfleger (Sicherheit) werden. Die Stärke der Motive unterscheidet sich zudem nach Geschlechtern und nach dem Lebenslauf.

Die Motive bestimmen auch, wie wir denken: Sind wir eher ängstlich, suchen wir Sicherheit, wir sehen genauer hin, beachten Details. Unser Streben nach Autonomie und Überlegenheit führt dazu, dass wir stärker Regeln anwenden, regeln wollen, aber auch, dass wir Informationen für uns behalten, weil uns dies stärker und mächtiger macht. Unsere Erregung erweitert unseren Handlungsspielraum, indem wir ungewöhnlich und kreativ denken und neue Wege in der Kommunikation gehen wollen.

Jedes Motivsystem hat eine Seite, die wir suchen und eine, die wir meiden. Wir haben in diesem Kapitel bereits das Angst- und Fluchtsystem sowie das Belohnungssystem kennen gelernt. So steuert uns das limbische System durchs Leben. Wir meiden Angst und Unsicherheit und suchen stattdessen Sicherheit und Geborgenheit. Wir meiden Niederlagen, Ärger, Wut und Unzufriedenheit und suchen stattdessen Überlegenheit, Siegesgefühl, Lob. Statt Langeweile suchen wir Genuss, Prickeln, Spaß, Spannung und Abwechslung.

	Sicherheit	**Erregung**	**Autonomie**
Was wir suchen	Sicherheit, Bindung, Fürsorge	Prickeln, Genuss, Spaß, Spannung	Überlegenheit, Erfolg, Siegesgefühl
Was wir meiden	Unsicherheit, Angst, Isolation	Langeweile	Unterlegenheit, Wut

Abb. 16 | Das Motivsystem des Menschen

Die Art, wie wir Menschen einschätzen, bedarf vor diesem Hintergrund einer grundlegenden Revision: Menschen, die wir bisher als rational bezeichnet haben, sind hoch emotional. Für sie ist wichtig, dass sie die Kontrolle behalten und diszipliniert sind. Darauf verwenden sie die meiste Kraft, hierfür haben sie ihr ganzes Leben lang gearbeitet. Controller schreiben uns eine Rechnung über 50 Cent – nicht, weil dies sinnvoll wäre, sondern damit ihre Abrechnung präzise und lückenlos ist. Alles muss perfekt sein. Für diese Perfektion arbeiten die Controller nächtelang, sie wälzen Zahlen hin und her, sie sind verzweifelt und fangen immer wieder von vorn an, wenn es hinten beim Ergebnis nicht stimmt.

Ingenieure planen, eine Brücke von den beiden Seiten eines Flusses aus zu bauen und sie empfinden höchstes Glück, wenn sich später beide Brückenteile in der Mitte ohne auch nur einen Zentimeter Abstand treffen. Damit ihnen dies gelingt, studieren sie jahrelang, arbeiten und berechnen monatelang. Wie man sieht: Selbst rational handelnde Menschen sind hoch emotional. Ein Beispiel aus der internen Kommunikation: Der eine kontrolliert die Informationen, der andere freut sich, sie zu teilen und ein dritter findet immer neue Wege, sich mit seinen Kollegen auszutauschen.

Das Motivsystem zeigt, dass Mitarbeitende unterschiedlich bewerten. Das Urteil über einen Menschen hat deshalb oft mit dem Menschen selbst nichts zu tun, sondern mit der Bewertung unserer Beziehung zu ihm. Misslingt Kommunikation, liegt dies oft daran, dass die Beteiligten von unterschiedlich starken Instruktionen ihrer Motivsysteme getrieben sind. Wir können andere Menschen anhand ihrer Motive erkennen, sie von anderen unterscheiden und bewerten: „Diese Führungskraft ist besonders unkonventionell und deshalb gefällt sie mir so gut". Motive, aus denen sich die Werte eines Menschen ergeben, machen es uns leicht, uns mit dem Menschen zu identifizieren, weil er die gleichen Werte vertritt, die auch uns wichtig sind und die wir haben oder gern hätten. Die Werte von Menschen sind eine wichtige Vertrauensgrundlage, denn durch Werte werden wir berechenbar („Dies würde der nie tun, das passt nicht zu ihm"). Und: Wir können durch Motive auch auf das künftige Verhalten eines Menschen schließen.

Die Grundmotive Sicherheit, Erregung, Autonomie bestimmen auch in Ihrem Unternehmen, was wichtig ist und was das Denken und Handeln der Mitarbeitenden lenkt. Was herrscht vor: Beständigkeit oder Wandel? Einzelkämpfertum oder Kollegialität? Nähe oder Distanz? Gleichberechtigte oder einseitige Beziehungen? Innovation oder Kostenorientierung? Vergangenheit oder Zukunft? Von all dem hängt ab, wie die Menschen in Ihrem Unternehmen miteinander reden, ob sie gegenseitig auf ihre Wünsche und Erwartungen eingehen, ob sie sich rechtzeitig und umfassend informieren, wie sie mit Konflikten und Kritik umgehen.

Aufgrund der Bedeutung der drei Motivsysteme hier noch einige Erläuterungen:

Sicherheit, Geborgenheit, Fürsorge

Jeder Mensch trägt das Bedürfnis nach Beständigkeit, Stabilität, Sicherheit und Ausgleich in sich – allerdings unterschiedlich ausgeprägt. Wir sehnen uns nach Heimat und Tradition, nach Bindung und Fürsorge. Dieser Teil in uns will, dass alles so bleibt, wie es ist. Menschen macht diese Beständigkeit berechenbar und zuverlässig. Würde ein Mensch nur ständig nach Neuem streben, wäre dies zum einen riskant; zum anderen wüsste niemand mehr, wofür der Mensch steht, weil er sich ständig ändert.

Sicherheit, Bindung, Fürsorge und Nähe sind wichtig, um Gemeinschaften zu bilden und sich gegenseitig zu unterstützen. Mitarbeiter pflegen ein freundliches Miteinander, die Hierarchie ist flach und es gibt wenig Abstand zur Geschäftsleitung. Man duzt sich und arbeitet ähnlich wie in einer Familie zusammen. Das Gegenteil wäre Autonomie und Distanz: Hier ist der Abstand zwischen Geschäftsleitung und Mitarbeitern eher groß, es gibt viele Managementebenen, der Umgangsstil ist eher förmlich, man siezt sich und hält Distanz.

→ **Werte**, die mit Nähe verbunden sind: Freundschaft, Familie, Fürsorge, Bindung, Herzlichkeit, Geselligkeit, Heimat, Nostalgie, Treue, Sicherheit, Gesundheit, Verlässlichkeit.

→ **Unternehmen**, die das Bedürfnis nach Nähe aufgreifen: Disney, VW, Weleda, dm-Drogeriemarkt, Versicherungen, Finanzprodukte, Pharma-Unternehmen, Hersteller von Traditionsmarken.

→ **Typische Aussagen, wenn es um Nähe geht:** „Wir sind nah am Kunden" – „Ich arbeite gern im Team." – „Ich duze mich mit meinen Mitarbeitern." – „Mein Team ist eine kleine Familie." – „Austausch ist wichtig." – „Gemeinsam sind wir stärker." –

„Ich bin für meine Mitarbeiter da." - „Mich gibt es schon lange auf dem Markt." -„Ich habe viel Berufserfahrung." - „Ich habe eine grundsolide Ausbildung." - „Ich habe schon für viele Firmen erfolgreich gearbeitet." - „Mit mir gehen Sie auf Nummer sicher." - „Ich sorge für Stabilität." - „Ich vergeude keine Energie." - „Ich werde Ihren Erfolg sichern."- „Viele erfolgreiche Projekte sprechen für meine Beständigkeit." - „Bei mir brauchen Sie sich um nichts mehr zu kümmern."

Erregung

Der Mensch muss sich entwickeln, sonst bleibt er stehen. Wandel, Entwicklung, Entdeckung - jeder Mensch trägt diese Merkmale in sich, jedoch in unterschiedlich ausgeprägter Form. Führungskräfte, mit denen wir Wandel und Entdeckung verbinden, sind zum Beispiel Rolf Fehlbaum von Vitra Möbel und Steve Jobs von Apple.

→ **Werte**, die mit Wandel, Erregung und Stimulanz verbunden sind: Neugierde, Spaß, Kreativität, Individualismus, Abwechslung, Leichtigkeit, Fantasie, Genuss, Offenheit, Sinnlichkeit, Genuss, Humor.

→ **Unternehmen**, die das Bedürfnis nach Wandel aufgreifen: „Entdecke die Möglichkeiten" (IKEA), „Nichts ist unmöglich" (Toyota).

→ **Typische Aussagen, wenn es um Veränderungen geht**: „Ich biete Ihnen immer neue Reize." - „Ich zeige Ihnen Dinge, die Sie so noch nie gesehen haben." - „Ich führe Projekte gern auf eine neue Weise durch." - „Ich breche aus dem Gewohnten aus." - „Ich suche nach Abwechslung." - „Ich vermeide Langeweile." - „Ich sorge dafür, dass wir anders sind als andere." - „Ich entdecke und erforsche die Umwelt des Unternehmens."

Autonomie

Personen, die Autonomie, Distanz und Dominanz verkörpern, zeigen ihre Leistung, ihre Position, ihren Status und die Macht. Diese Menschen wollen sich durchsetzen, streben nach oben, wollen ihr Territorium erweitern. Sie bevorzugen teure Marken wie Schmuck von Cartier, Uhren von Rolex und Zigarren von Davidoff, sie fahren nach Möglichkeit Edelkarossen. Sie versuchen, ihre Leistung durch Fitness zu erhalten.

→ **Werte**, die mit Distanz und Dominanz verbunden sind: Sieg, Kampf, Elite, Macht, Leistung, Durchsetzung, Stolz, Ehre, Status, Ruhm, Freiheit, Ehrgeiz, Effizienz.

→ **Unternehmen**, die das Bedürfnis nach Distanz aufgreifen: Hersteller von Premium-Autos, Designerkleidung, leistungssteigernde Produkte.

→ **Typische Aussagen im Arbeitsleben:** „Ich verschaffe Ihnen einen uneinholbaren Vorsprung." - „Ich will besser sein als die anderen." - „Ich arbeite sehr hart." - „Macht ist mir wichtig." - „Ich lege Wert auf Respekt."- „Man muss zeigen, was man hat." – „Ich bin Experte auf meinem Gebiet." – „Menschen gegenüber bewahre ich Abstand."– „Ich kämpfe gern." – „Siege muss man genießen." – „Ich will nach oben." – „Ich kann Ihnen ein Exklusivrecht einräumen."

Die Dominanz einer Führungskraft ist für ein Unternehmen wichtig, denn sie verhilft zur Durchsetzungskraft am Markt – untergeht, wer nicht kämpft und sich nicht durchsetzt. Von Dominanz im guten Sinne sprechen wir bei einer Führungskraft, die selbst Höchstleistungen erbringt und andere zu mehr Leistung motiviert, die sich für die eigenen Interessen aber auch die der Mitarbeiter einsetzt. Führungskräften, die diese Eigenschaften nicht besitzen, fehlt eine wichtige Führungsgrundlage. Da die Fähigkeit zur Durchsetzung stark in der Persönlichkeit verankert ist, lässt sie sich nur schwer erlernen. Auf der anderen Seite ist bei starker Dominanz häufig die Bereitschaft eingeschränkt, auf die Mitarbeitenden einzugehen. Die Kommunikation mit ihnen ist in solchen Fällen nicht besonders ausgeprägt (um es vorsichtig auszudrücken). Vorgesetzte verstehen oft nicht einmal, warum es wichtig ist, miteinander zu reden, denn sie denken vor allem in Kategorien von Macht und Unterwerfung.

Die Bedeutung der Motive für die interne Kommunikation

Unterschiedliche Motive von Managern und Mitarbeitenden werden schnell zu Herausforderungen für die interne Kommunikation: Ein Unternehmen will seine Position auf den internationalen Märkten durch einen zügigen und tiefgreifenden Wandel ausbauen, sich beispielsweise schnell ausdehnen (Autonomie); jedoch suchen die Mitarbeiter Sicherheit. Die geplanten Veränderungen lösen bei ihnen Unsicherheit und Angst aus – wie es drastische Neuerungen immer tun. Die meisten Mitarbeiter sind deshalb nur dann für den Wandel zu einem internationalen Unternehmen zu gewinnen, wenn sie erst einmal erfahren, was unverändert bleibt, was ihnen weiter Halt und Orientierung gibt. Erst wenn die Mitarbeiter eine Vorstellung darüber haben, auf was sie künftig bauen können, sind sie bereit, sich auf Veränderungen einzulassen.

Für die interne Kommunikation haben diese Erkenntnisse Folgen. Unternehmen sollten bei der Vermittlung von Daten und Fakten wesentlich stärker darauf achten, wie die Bezugsgruppen diese Informationen emotional bewerten. Noch einmal das Beispiel: „International tätig sein" kann Sicherheit bringen, kann Anregung sein oder (furchtbesetzte) Dominanz.

Eine Information kann für mehrere Mitarbeiter unterschiedlich bedeutend sein. Führungskräfte sehen Veränderungsprozesse naturgemäß anders als Auszubildende. Auch innerhalb einer Abteilung kann eine Information ganz unterschiedlich bewerten werden: Kommt es zur Restrukturierung eines Unternehmens, ist das für den einen Mitarbeiter eine Bedrohung, für den anderen eine Karrierechance.

Als Aufgabe in einem Kommunikationskonzept zu formulieren: „Wir wollen den Mitarbeitern die Chancen des Wandels aufzeigen", wäre zu undifferenziert, weil dies die unterschiedlichen Motive und Emotionen nicht berücksichtigt. Ein Teil der Mitarbeiter wird den Wandel nicht als Chance, sondern als Bedrohung mit dem damit verbundenen Gefühl von Angst empfinden. Oder anders gesagt: Es ist praktisch nicht möglich, mit einer einzigen Broschüre die gesamte Belegschaft mit all ihren unterschiedlichen Motiven zu erreichen, auch wenn dies in der Praxis immer wieder versucht wird. Auf diese Weise wird es in der Regel nicht gelingen, die Bedeutung einer jeden Information darzustellen.

Am Beispiel Bindung und Unabhängigkeit lässt sich das verdeutlichen: Wir erfahren nur durch Nähe und Beziehungen zu anderen Menschen, was ihnen wichtig ist und was sie von uns erwarten. Nur durch Nähe können wir diesen Menschen auch erklären, was unsere Ziele sind und warum sich andere dafür einsetzen sollen. Studien haben herausgefunden: Je stärker wir uns mit anderen Menschen austauschen, desto besser verstehen wir uns, denn durch Austausch nähern wir uns an. Wir können unsere Wünsche, Bedürfnisse und Erwartungen erklären, was das gegenseitige Verständnis fördert. Auf der anderen Seite wollen wir auch unsere eigenen Motive befriedigt sehen, unsere eigenen Wünsche verwirklichen. Dafür müssen wir uns gegen andere durchsetzen. Das Ergebnis dieser Spannung können wir daran ablesen, wie sich die einzelnen Menschen am Arbeitsplatz verhalten, wie kooperativ und solidarisch sie sind, aber auch, wie unabhängig sie sein wollen und wie stark sie ihre eigenen Interessen durchsetzen wollen („Das betrifft mich doch nicht, das ist mir egal").

Die Spannungsfelder zeigen die Dynamik der Motive. Die in den Unternehmen oft verwendete Bedürfnispyramide von Maslow geht davon aus, dass sich die Bedürfnisse des Menschen durch Stufen kennzeichnen lassen. Jede Stufe muss erreicht sein, damit wir die nächste Stufe erklimmen können. Dieses Modell lässt sowohl die tatsächliche Dynamik außer Acht als auch bestimmte situative Dynamiken, wie etwa die, dass ein Mitarbeiter in einer speziellen Situation (Wandel, Rationalisierung) anders handelt, als es seiner Persönlichkeit entsprechen würde.

Was ich mir von der Internen Kommunikation in meinem Unternehmen wünsche:

1. Ich möchte ein lebendiges Bild von meinem Unternehmen haben: Warum und wie wurde es gegründet? Wie hat es sich entwickelt? Wo steht es heute? Und wie wird es sich entwickeln? Das zu wissen würde mir helfen, mich stärker mit dem Unternehmen verbunden zu fühlen: Ich vertraue nur dem, den ich kenne. Es würde mir auch helfen, meinem Unternehmen treu zu bleiben, denn nur dem bleibe ich treu, dem ich vertraue.
2. Ich möchte meine Rolle im Unternehmen kennen und wissen, was und wie ich zum Erfolg der Gemeinschaft beitragen kann. Dies würde meiner Arbeit Sinn geben und mich zufriedener machen.
3. Ich möchte die Sprache im Unternehmen verstehen, damit ich weiß, worüber die Menschen reden und welche Bedeutung das für mich hat.
4. Ich möchte schneller erkennen, was für mich wichtig ist, damit ich es leichter aufnehmen, verarbeiten und speichern kann. Ich erinnere mich am liebsten und besten an jene Dinge, die ich als Bilder und Erlebnisse aus meinem Gedächtnis abrufen kann.

Abb. 17 | Einige Wünsche eines Mitarbeiters an die interne Kommunikation

Kapitel 7

Wie Kommunikation gelungene Beziehungen ermöglicht

Interne Kommunikation besteht aus Inhalten und aus Beziehungen, über die diese Inhalte transportiert werden. Die Beziehung ist der wichtigere Teil, weil er festlegt, wie der Mitarbeiter den Inhalt deutet. Daher werde ich in diesem Kapitel wichtige Erkenntnisse über Beziehungen und deren Gestaltung vorstellen und zeigen, wie die Beziehung zwischen Menschen im Unternehmen vermittelt werden, zum Beispiel über Mimik, Gestik und Körperhaltung.

7.1 Die Bedeutung der Beziehungen zwischen Menschen

Gelungene Kommunikation ist die Grundlage von Beziehungen zwischen Menschen im Unternehmen. Wie wichtig sind Beziehungen für uns Menschen? In den Massenmedien lesen wir von Egoismus, Ellenbogendenken, Eigenbrötelei. Wir könnten den Eindruck gewinnen, als ob das Wirtschaftsleben vor allem aus Einzelkämpfern besteht, die nur an sich selbst denken und nur auf ihren eigenen Vorteil bedacht sind. Tatsächlich jedoch ist der Mensch ein soziales Wesen – unser Gehirn ist auf Beziehungen ausgelegt.

Menschen haben ein soziales Gehirn

Unser soziales Gehirn zeigt sich darin, dass wir uns in Gefühle, Bedürfnisse, Bewertungen, Erwartungen und Absichten anderer Menschen einfühlen können. Experten nennen dies „Theory of Mind". Wir verfügen über spezielle Gehirnareale, mit denen wir die Gesichter von Menschen erkennen und bewerten – so dass Mitarbeiter in der Zeit eines Wimpernschlags den Gesichtsausdruck ihres Vorgesetzten verarbeiten und beurteilen können. Noch ein Beispiel zu unserem Sozialempfinden: Möchten Sie 70.000 oder 80.000 Euro verdienen? „Natürlich 80.000 Euro!", werden Sie sagen. Aber stellen Sie sich vor, Sie verdienen 70.000 Euro und alle anderen nur 50.000 Euro. In diesem Fall würden Sie vielleicht ein wenig zögern, bevor Sie zugreifen – und ganz sicher mit schlechtem Gewissen. Jetzt stellen Sie sich vor, Sie würden 80.000 Euro verdienen, aber alle anderen bekommen 100.000 Euro. Ihre Einstellung zum 80 000-Euro-Angebot wäre radikal anders.

Wir brauchen andere Menschen, um von ihnen zu lernen, wie wir uns in der Welt zurecht finden. Wir brauchen andere Menschen, um glücklich und zufrieden zu sein. Wissenschaftliche Studien zeigen: Die Natur belohnt jene, die sich gemeinschaftlich verhalten und zum Überleben der Gruppe beitragen. Gene von Menschen, die in Gruppen leben, können sich eher durchsetzen als Gene von Einzelgängern. Unser Überleben hängt davon ab, wie gut wir uns sozial einordnen. Damit wir Beziehungen suchen und dauerhaft eingehen, verfügen wir über Nervenbotenstoffe und Hormone, die unsere Bindungen steuern: Enge und feste Beziehungen belohnt unser Gehirn mit Dopamin, das uns gute Gefühle verursacht. Das Gefühl der Bindung führt zu schnellem Ausstoß körpereigener Opioide. Sogar Schmerzen empfinden wir bei zwischenmenschlicher Zuwendung als erträglicher. Kurz: Neurobiologisch sind wir auf Bindung geeicht.

Beziehungen zwischen Vorgesetzen, Kollegen und Mitarbeitern im Unternehmen sind essenziell für uns: Wir orientieren uns aneinander, wir geben uns Sicherheit, gemeinsam schaffen wir herausragende Leistungen. Gelungene Beziehungen tun uns gut, sie fördern unsere körperliche und seelische Gesundheit. Keiner Arbeitsbeziehung bekommt es auf Dauer, dass sich jemand benachteiligt fühlt – Gegenseitigkeit ist das wesentliche Fundament funktionierender sozialer Beziehungen. Die beiden Hirnforscher Gerald M. Edelmann und Giulio Tononi betonen ausdrücklich, „...dass das Gehirn allein zur Entstehung von Bewusstsein nicht ausreicht, denn wir sind davon überzeugt, dass die höheren Hirnfunktionen Interaktionen sowohl mit der Welt als auch mit anderen Menschen unabdingbar voraussetzen."

Unser soziales Wesen erkennen wir daran, dass wir es mögen, wenn sich andere Menschen für uns interessieren. Interesse gehört zu den wichtigsten „Düngemitteln" von Beziehungen und ist das beste Aphrodisiakum, schreibt der Berliner Wissenschaftsjournalist Bas Kast. In der Gemeinschaft fühlen wir uns sicher: Wir können uns sehr gut an den anderen Mitgliedern der Gemeinschaft orientieren, machen nichts falsch und ecken nicht an. Die Orientierung an anderen Menschen verringert unsere Unsicherheit: Wir überlegen, wie wir an deren Stelle handeln würden. Im Laufe unseres Lebens haben wir immer neue Leitfiguren: in einer Familie, unter Freunden, im Kollegenkreis und manchmal sogar bei Führungskräften. Sie können unser Handeln bis in die Alltagsentscheidungen hinein beeinflussen. Es gibt Menschen, deren Art zu sprechen, deren äußere Erscheinung und deren Ansichten wir deshalb übernehmen, ohne dass uns dies bewusst wäre.

Doch richten wir uns zu stark nach anderen, bleiben unsere eigenen einzigartigen Wünsche unberücksichtigt. Dagegen wehren wir uns, denn auf Dauer könnte uns das krank machen. Fazit: Wir sind zwar Herdentiere, vergessen dabei aber nie unser Bedürfnis nach Einzigartigkeit. Wir wollen Teil einer Gruppe sein, in der uns die anderen in unserer einzigartigen Persönlichkeit erkennen, respektieren und wertschätzen.

Menschen im Unternehmen bilden Gruppen, deren Mitglieder sich stark ähneln und die sich gegen andere abgrenzen. Nehmen wir die Manager: Untereinander reden sie in einer eigenen Sprache mit Begriffen wie Rentabilität, Deckungsbeitrag, Shareholder-Value, die kaum ein Mitarbeiter versteht. Manche Begriffe verwenden sie sogar, auch wenn jeder etwas anderes darunter versteht, wie Innovation, Effizienz und Effektivität. Hauptsache ist, sie verwenden in der Gruppe gleiche Signale und zeigen hierdurch, dass sie zusammengehören. Sie tragen ähnliche Kleidung – mitunter sogar weltweit. Manager führen fast allesamt und gleichzeitig neue Managementmethoden ein, bis wieder neue kommen. Sie reden von „Benchmarks", wenn sie sich vergleichen. Sie beschäftigen die gleichen Unternehmensberater, die ein Gutteil ihres Geldes dadurch verdienen, dass sie Erfahrungen aus einem Unternehmen ins nächste tragen. In ihrer Freizeit organisieren sie sich im Lions Club oder bei Rotary.

Isolation macht krank

Wie sich Beziehungen und gelungene Kommunikation im Unternehmen auswirken, können wir daran sehen, dass wir krank werden, wenn sie fehlen: Sind wir in unserer Arbeitsgruppe isoliert, werden wir krank – häufig beobachtbar beim Mobbing. Wenn die Kommunikation mit Kollegen nicht stimmt und wir uns ausgegrenzt fühlen, werden wir unsicher, nervös, ängstlich und depressiv.

Soziale Ausgrenzung aktiviert sogar unser Schmerzsystem im Gehirn, wie Naomi Eisenberger in einem Experiment 2003 herausgefunden hat: Sie ließ eine Testperson auf dem Computerbildschirm mit Bällen spielen. Die Testperson lag dabei in einem Kernspintomografen, einem Gerät, das bestimmte Gehirnaktivitäten misst. Zwei Mitspieler, die an separaten Rechnern saßen und die anders, als vorgegeben, keine Probanden, sondern Mitarbeiter des Versuchslabors waren, begannen nun der Testperson via Computer Bälle zuzuspielen. Im ersten Teil des Experiments versorgten die beiden Mitarbeiter die Versuchsperson etwa genauso oft mit Bällen, wie sie das untereinander taten. Im zweiten Teil änderten sie ihr Verhalten: Jetzt spielten sie sich die Bälle nur noch gegenseitig zu und schlossen die Versuchsperson vom Spiel aus. Die Folge: Der Kernspintomograf registrierte eine Aktivierung der Schmerzzentren im Gehirn.

Gute Kommunikation steigert das Wohlbefinden: Von der Mitarbeiterkommunikation hängt das persönliche Wohlbefinden ab. Mitarbeiter, die mit der Kommunikation unzufrieden sind, sind auch unzufriedener mit dem Arbeitsplatz und dem Unternehmen.

Die wenigsten Konflikte entstehen, wenn sich die Menschen in einer Gruppe stark ähneln. Dann ist auch die Abgrenzung von anderen Gruppen besonders leicht, was das gute Gefühl der Selbstidentifikation auslöst. Mitarbeiter können nach außen hin zeigen – also in ihrem Umfeld – wie sie sich selbst sehen und zu welcher Gruppe sie gehören. Arbeitet man etwa bei Swarovski, Red Bull oder Apple, kann sich ein solches Gruppengefühl auch über den Arbeitgeber einstellen, weil das Unternehmen auf andere Menschen Glanz abstrahlt.

Welche Art von Beziehungen zwischen den Mitarbeitern ist nun aber für das Verständnis der Internen Kommunikation besonders wichtig? Interessant ist, dass zwar die meisten Bücher betonen, wie wichtig Beziehungen im Unternehmen sind. Doch beschreiben sie nicht, was unter dem Begriff „Beziehungen“ zu verstehen ist, welche Arten von Beziehungen es gibt oder wie sie sich entwickeln. Ich möchte in diesem Buch einige wichtige Aspekte der Beziehungen im Arbeitsleben aufgreifen und auf weiterführende Literatur verweisen.

7.2 Modell zur Beschreibung von Beziehungen

Ein Modell, das Beziehungsmuster erklären kann, ist die Transaktionsanalyse (kurz: TA) des kanadischen Psychiaters Eric Berne. Die Transaktionsanalyse beantwortet die Frage, aus welcher Haltung heraus Menschen miteinander reden - ob Mitarbeiter untereinander, Vorgesetzte mit ihren Mitarbeitern oder Führungskräfte untereinander. Der Begriff Transaktion steht für das Senden von Reizen wie Worte, Gesten, Blicke und Körperhaltungen, die zu einer Reaktion einladen. Er umfasst also mehr als das gesprochene oder geschriebene Wort.

Um die mannigfaltige Beziehungstypologie zu beschreiben, unterteilt die Transaktionsanalyse die Persönlichkeit in drei Ich-Zustände: das Eltern-Ich, das Kind-Ich und das Erwachsenen-Ich:

→ **Unser Eltern-Ich** umfasst alle Haltungen, Handlungen, Gedanken und Gefühle, die wir von Autoritäten erlernt haben, angefangen von den Eltern, über Kindergärtner und Lehrer bis hin zum Vorgesetzten und dem Firmenchef. Ge- und Verbote haben wir im Eltern-Ich genauso abgelegt wie Fürsorge und Trost. Daher unterscheidet die TA das kritische Eltern-Ich und das fürsorgliche Eltern-Ich. Das Eltern-Ich unseres Unternehmens wird durch dessen Gründer bestimmt, durch dessen Unternehmensziele und dessen Mission.

→ **Unser Kind-Ich** enthält alle unsere Erfahrungen, Gefühle, Empfindungen und Bedürfnisse, die ihre Wurzeln in der Kindheit haben und als „kindliche" Bedürfnisse auch noch in uns Erwachsenen vorhanden sind - zum Beispiel das Bedürfnis nach einem großen, schnellen und schicken Dienstwagen, einem riesigen Büro oder einem Computer mit viel Schnickschnack.

→ **Unser Erwachsenen-Ich** vermittelt als Moderator mit unserem Sachverstand und unserer Lebenserfahrung zwischen unserem Eltern-Ich und unserem Kind-Ich. In unserem Erwachsenen-Ich handeln wir im „Hier und Jetzt". Für unsere Handlungen und Entscheidungen ziehen wir früheren Erfahrungen heran.

Die Transaktionsanalyse ist eigentlich eine Therapieform, sie wird aber auch in der Organisationsentwicklung eingesetzt. Sie ist darüber hinaus für die Analyse von Beziehungen in der Internen Kommunikation hilfreich:

→ **Das Eltern-Ich** der Führungskraft umfasst zum einen dessen Ge- und Verbote für unser Miteinander, zum anderen die Art und Weise, wie sie mit uns als Mitarbeitern redet, wie sie uns fördert, damit wir uns entwickeln können. Die Führungskraft sollte sich um uns sorgen und uns vor Schaden schützen.

→ **Das Kind-Ich** des Unternehmens besteht aus kindlichen Anteilen, die leben, spielen, lernen oder spontan sein wollen - Anteile, die für Intuition, Kreativität und Innovation stehen. Dem Kind-Ich entspricht auch die Suche nach der eigenen Identität:

Kind-Ich gesteuerte Menschen, zum Beispiel Führungskräfte, suchen ständig neue Identitäten, „kreative Ansätze", sie sind nicht stabil, sondern stark an anderen Menschen, an ihrem sozialen Umfeld ausgerichtet. Solche Führungskräfte und Unternehmer führen nicht aus sich, aus dem eigenen Auftrag, den eigenen Grundsätzen heraus, sondern einzig mit Blick auf andere, zum Beispiel auf ihre eigenen Vorgesetzten oder den Kunden – Marktforschung und Mitarbeiterbefragungen spielen hier eine essenzielle Rolle. Sie wollen alles für den Kunden tun, aber wissen oft nicht, wer sie selbst eigentlich sind.

→ **Das ausgeprägte Erwachsenen-Ich** ist wichtig für eine gesunde Persönlichkeit: Es moderiert die beiden anderen Ich-Zustände und sorgt dafür, dass deren Transaktionen im Dienste klar prüfbarer Eigenschaften stehen. Handelt unser Vorgesetzter aus dem Erwachsenen-Ich, so informiert er sehr sachlich, sehr klar, aber nicht appellierend. Um so zu agieren, braucht er das Eltern-Ich ohne Kind-Ich. Der starke, vom Erwachsenen-Ich gesteuerte Vorgesetzte weiß, was er kann und was gut ist für seine Mitarbeiter, mit denen er in Beziehung steht. Er weiß, wie er unser Berufs- und Alltagsleben bereichern kann. Hierfür hat er einen Auftrag vom Unternehmen oder auch eine Vision, die er beharrlich verfolgt. Die starke Persönlichkeit des Vorgesetzten führt. Sie braucht ein gut entwickeltes Erwachsenen-Ich, das die beiden anderen Ich-Zustände im Sinne sachlicher, überprüfbarer Vorgaben steuert. Die starke Führungskraft weiß, was sie kann und was sie will.

Um diese Einsichten für die Interne Kommunikation gewinnbringend einzusetzen, ist es hilfreich, die Ich-Zustände weiter zu unterscheiden: Das Eltern-Ich ist unterteilbar in das kritisch-strukturierende und das fürsorgliche Eltern-Ich:

→ **Im kritischen Eltern-Ich** *des Vorgesetzten* finden sich sämtliche Ausdrucksformen von Kontrolle, wie Ver- und Gebote, Vorurteile, Zurechtweisungen, Normen, Verhaltensregeln. Dieser Zustand kennzeichnet die Haltung des strengen Firmenchefs, der vorgibt, was im Unternehmen erlaubt und was verboten ist.

→ **Das fürsorgliche Eltern-Ich** *des Vorgesetzten* steht für Unterstützung, Bestärkung, für Schutz, Lob und Hilfe. Ein Beispiel hierfür wäre Claus Hipp, Hersteller von Babynahrung, der beste Qualität zum Wohl des Kindes bietet.

Das Kind-Ich ist unterteilbar in das freie und das angepasste Kind:

→ **Das freie Kind** enthält den ursprünglichsten, natürlichsten Teil einer Persönlichkeit. Kreativität und Intuition sind zwei wesentliche Merkmale des Kind-Ich-Zustands.

→ **Das angepasste Kind** orientiert sich vornehmlich an Erwartungen anderer, stellt die Einhaltung von Regeln, Ge- und Verboten in den Vordergrund. Eine Abwandlung des angepassten Kindes ist das rebellische Kind, das sich ausdrückt über Ärger, Trotz, die Ablehnung gegen alles Vorgegebene („Ich werfe alles hin. Macht doch euern Kram alleine."). Da sich der Mensch dabei ausnahmslos an anderen orientiert, wie es das angepasste Kind auch tut, unterscheidet er sich zwar in seinem Auftreten von anderen, nicht jedoch in den Grundzügen seines Verhaltens.

Doch haben alle Ich-Zustände ihre positiven und negativen Ausprägungen: Ohne das Verbot des kritischen Eltern-Ich: - „Gehe nicht bei Rot über die Straße!" - wäre manches Kind nicht über das vierte oder fünfte Lebensjahr hinausgekommen.

Nach dem Blick auf die Ich-Zustände fällt die Antwort auf die Frage leichter: Aus welchem Ich-Zustand kommuniziert unser Vorgesetzter mit uns? Und was spricht er in uns an?

→ **Unser Eltern-Ich:** Der Vorgesetzte kann unser Eltern-Ich ansprechen, indem er an unser Gewissen appelliert, uns für das Wohl des Unternehmens einzusetzen.

→ **Unser Kind-Ich:** Der Vorgesetzte kann unser wildes, experimentierendes Kind ansprechen, wenn wir Forscher sind und nach Innovationen suchen.

→ **Unser Erwachsenen-Ich:** Der Vorgesetzte informiert uns über neue Produkte und deren sachlich-funktionale Leistungen.

Tatsächlich provozieren bestimmte Verhaltensmuster des Vorgesetzten Reaktionen unserer Ich-Zustände: Das kritische Eltern-Ich des Vorgesetzten provoziert beispielsweise Reaktionen unseres angepassten oder rebellischen Kindes. Der Firmenchef sagt in einer Mitarbeiterversammlung: „Arbeitet härter!", woraufhin manche Mitarbeiter einsichtsvoll reagieren („O.k., wenn er es sagt, dann hat es die Firma wahrscheinlich nötig, dann leisten wir eben mehr."), während andere sich verweigern: „Was denkt der sich? Jetzt mache ich erst recht Dienst nach Vorschrift".

Ob die Appelle unseres Vorgesetzten wirken, hängt davon ab, ob er aus dem richtigen Ich-Zustand heraus die passende Haltung in uns anspricht. Hinzu kommt die Art, in welcher Weise und in welchem Ton er seine Appelle vermittelt. Dieses Wechselspiel macht die Transaktionsanalyse so hilfreich für die Kommunikation zwischen uns und anderen Menschen im Unternehmen.

Die Transaktionsanalyse zeigt auch, wie wichtig Glaubwürdigkeit ist: Wie glaubwürdig wirkt beispielsweise ein Vorgesetzter, der ständig vorgibt, mit anderen aus dem freien Kind heraus zu kommunizieren, also betont locker und beschwingt auftritt, tatsächlich aber ständig aus dem kritischen Eltern-Ich redet? Wie lange kann jemand in der Rolle des Freien, Frechen bleiben, wenn er sein anderes, eigentliches Wesen immer unterdrücken muss? Der hochbezahlte Finanzvorstand, der mit dem Motto „Geiz ist geil" vor seine Mitarbeiter träte, hätte es sehr schwer, als glaubwürdig zu gelten.

Die Wahl des falschen Ich-Zustandes in der internen Kommunikation ist gleichwohl ein häufig zu beobachtender Fehler. Spricht unser Vorgesetzter aus dem Eltern-Ich heraus unser Kind-Ich an, fühlen wir uns bevormundet und versuchen, uns diesem Gespräch zu entziehen. Beispielsweise kann eine Kommunikation nicht zustande kommen, wenn der Vorgesetzte sagt: „Über unsere Firmenstrategie entscheiden wir. Sie dürfen danach nicht einmal fragen." Andererseits gibt es Mitarbeiter, die ein dominantes Auftreten der Führungskraft und klare Regeln geradezu einfordern.

Ein anderes Beispiel: Spricht eine Führungskraft zum eigenen Vorgesetzten aus dem Eltern-Ich, kann dies als Herausforderung begriffen werden. Spricht die Führungskraft aus dem Kind-Ich, besteht die Gefahr, dass sie vom Chef nicht ernst genommen wird.

Hilfreich kann die Transaktionsanalyse auch bei widerstreitenden Spannungen im Verhältnis von Unternehmensleitung und Mitarbeitern sein: Einerseits braucht die Firma kritische und kreative Mitarbeiter, die sich an der internen Kommunikation beteiligen (zum Beispiel durch Beiträge im Intranet); andererseits erleben diese Mitarbeiter die Firmenleitung häufig im kritischen Eltern-Ich, das nicht kritisiert werden will und am liebsten den Beschäftigtentypus des „angepassten Kindes" hätte.

Deutlich wird anhand der Transaktionsanalyse, dass interne Kommunikation höchst komplex abläuft, da die Beteiligten mit vielen Bezugsebenen und Wechselwirkungen zu tun haben. Unser Gegenüber nimmt uns wahr, er bewertet uns und reagiert darauf – bewusst und unbewusst. Wir deuten seine Reaktion, bewerten sie und reagieren unsererseits darauf. Und auch das geschieht weithin unbewusst (siehe ausführlich Kapitel 6.1).

Die entstehenden dynamischen Beziehungen sind durch die gegenseitigen Programme geprägt, die bei jedem Beteiligten automatisch ablaufen, und zwar ohne gedankliche Auseinandersetzung. Wie kommt es zu diesen individuellen Programmen? Bei Transaktionen ziehen wir Erfahrungen heran, die wir schon sehr früh im Umgang mit anderen Menschen gemacht haben. In der internen Kommunikation im Unternehmen greifen wir auf diese Erfahrungen samt den damit verbundenen Gefühlen und Körperzuständen zurück, wie dies Kapitel 8 ausführlich beschreibt.

Sie können sich das so vorstellen, dass eine Videokassette eingelegt und abgespielt wird, die schon sehr früh bespielt wurde und das gesamte Leben lang immer wieder hervorgeholt wird, wenn wir auf Menschen treffen, die jenen ähneln, die diese Kassetten in uns zusammengestellt haben. So haben wir vielleicht sehr früh gelernt, Schuldgefühle zu entwickeln. Der Vorgesetzte kann diese alten Muster aktivieren und an unser schlechtes Gewissen appellieren, damit wir in seinem Sinne handeln. Die verschiedenen Erfahrungen eines jeden führen auch dazu, dass wir auf die gleichen Botschaften und identischen Signale unseres Vorgesetzten anders reagieren als unsere Kollegen: Die Signale lösen in uns Programme aus, die wir schon sehr lange gespeichert haben und die unser Denken und Handeln bestimmen.

Wir reagieren auf Andere, und ebenso reagieren sie auch auf uns: Unsere Reaktionen lösen auch bei unserem Vorgesetzten Denk- und Verhaltensprogramme aus, die dieser schon sehr lange gespeichert hat. So entstehen dynamische Beziehungen, die durch die angelernte Programmierungen geprägt sind. Auch dieses Geschehen läuft oft unbewusst ab.

Diese Prozesse spielen sich nicht nacheinander ab, sondern geschehen parallel, zum Beispiel, wenn wir uns mit unserer Sprache auf das beziehen, was unser Gegenüber gesagt hat. Gleichzeitig nehmen wir eine bestimmte Körperhaltung ein, die zustimmend oder ablehnend ist. So senden wir viele Signale gleichzeitig, aus denen unser Gegenüber positive oder negative Schlüsse zieht.

Einige Effekte wiegen schwerer als andere. So dominiert die Körpersprache das Gesagte: Gibt unser Vorgesetzter zu verstehen, wie wertvoll er den Vorschlag von uns findet, sortiert aber währenddessen Papiere auf seinem Schreibtisch (wie es mir geschehen ist), schließen wir aus seinem Verhalten, dass unser Vorschlag wohl doch nicht so wertvoll sein kann, wenn es wichtiger ist, Papiere zu sortieren.

Sie können Ihren Programmen und denen Ihres Gegenübers besser auf die Spur kommen, wenn Sie die Kommunikation bewusst verfolgen: Wie sagt Ihr Gegenüber etwas und wie verhält er oder sie sich? Wie haben Sie darauf reagiert? Waren Sie wütend oder haben Sie sich verteidigt? Wie hat wiederum Ihr Gegenüber reagiert? Die bewusste Analyse solcher Muster kann Ihnen einen besseren Einblick in Ihre Verhaltensprogramme geben und darin, welche Wirkungen andere Menschen auf Sie ausüben und wie Sie die Kommunikation künftig besser gestalten können.

Fazit: Sie sollten bei der Gestaltung der internen Kommunikation die Frage der Beziehungen klären, die Menschen im Unternehmen eingehen. Sind diese Beziehungen geklärt, kann die Kommunikation nach Art der Haltung der Beteiligten erfolgen und wirkungsvoll gestaltet werden.

Die Transaktionsanalyse kann die grundsätzliche Haltung der Beteiligten in der internen Kommunikation bestimmen helfen: Ist der Vorgesetzte ein kritischer oder ein fürsorglicher Typus? Überdies erlaubt die Transaktionsanalyse, die Grundhaltungen der Mitarbeiter zu beschreiben und in der Internen Kommunikation zu berücksichtigen.

Kritisches Eltern-Ich	„Sie müssen..." – „Das macht man hier so" – „Das macht man nicht" – „Stopp!" – „So geht das nicht" – „Das macht man so..."
Fürsorgliches Eltern-Ich	„Ich unterstütze Sie..." – „Wir ermöglichen Ihnen...." – „Sie dürfen" – „Gönnen Sie sich..."
Angepasstes Kind	„Das darf ich nicht" – „Besser, ich lass das" – „Ich lass Dir/Ihnen den Vortritt..."
Freies Kind	„Ich will..." – „Das brauche ich!!" – „Jetzt bin ich dran!!" – „Das gönne ich mir."
Rebellisches Kind	„Ich schmeiß alles hin, macht doch euern Kram alleine."
Erwachsenen-Ich	„Wieso, weshalb, warum?" – „Folgende Fakten liegen unserer Entscheidung zugrunde..."

Abb. 18 | Ich-Zustände in der Kommunikation

7.3 Nervenzellen fühlen andere Menschen

Einfühlungsvermögen, auch Empathie genannt, sollen Führungskräfte gegenüber ihren Mitarbeitern zeigen und ihre Kommunikation darauf ausrichten. Das gehört zu den wichtigsten Forderungen überhaupt. Empathie wird als Fähigkeit bezeichnet, sich in den anderen hineinzuversetzen – seine Gedanken, Gefühle und Ansichten zu erkennen und ihn hieraus zu interpretieren. Wir bewerten also den anderen nicht aus der Sicht UNSERER, sondern SEINER Gedanken, Gefühle und Ansichten, um zu sehen, was sein Handeln bestimmt.

Einfühlungsvermögen und Verstehen sind essenziell die Beziehungen und eine gelungene Kommunikation am Arbeitsplatz. Wenn ein Vorgesetzter gut zuhören kann und auf seine Mitarbeiter einfühlsam eingeht, wird er von ihnen eher als Gesprächspartner respektiert. Umgekehrt gilt dies selbstverständlich auch für das Verhalten der Mitarbeiter.

Mangelnde Einfühlung zeigen zum Beispiel Führungskräfte, die ihre eigenen Interessen durch ihre Macht, ihren Status und die ihnen offiziell verliehene Führungsrolle durchsetzen: Sie arbeiten mit Befehlen und sanktionieren deren Ausführung mit den ihnen verfügbaren Belohnungen und Bestrafungen, statt sich in ihre Mitarbeiter hineinzuversetzen, sie zu verstehen, ihnen die Gründe zu erklären und sie von der gewünschten Handlung zu überzeugen.

Andere sehen sich als „Verstandesmenschen“, die ihr Selbstwertgefühl aus ihrem Fachwissen ziehen: Für Techniker zählen Fachkunde, Technikfortschritt und harte Fakten; sie sind überzeugt, „vernünftig“ zu handeln. Wir können dies daran erkennen, wie uns solche Menschen eine Maschine erklären oder wie sie Broschüren verfassen, die uns von einer technischen Anlage überzeugen sollen. In der internen Kommunikation zeigt sich das bei Forschern, Computerfachleuten, IT-Spezialisten in der Weise, dass Texte nicht verständlich sein DÜRFEN, weil sie befürchten, dass sie niemand ernst nimmt. Sie wollen nicht verstanden werden, sondern imponieren.

Das Gehirn spiegelt den anderen

Zu den spektakulärsten Entdeckungen der letzten Jahre gehören jene Nervenzellen, die dafür sorgen, dass der Mensch das Erleben anderer Menschen spiegeln kann – diese Nervenzellen heißen deshalb auch Spiegelneuronen. Sie sind die neurobiologischen Grundlagen dafür, dass wir die Gefühle eines anderen Menschen erkennen, aufnehmen und auf sie reagieren können. „Wir besitzen in unserem Gehirn Nervenzellen für das Mitleiden, und das sind die Nervenzellen für Empathie“, schreibt Joachim Bauer.

Sie sorgen dafür, dass andere Menschen so stark auf uns wirken, dass wir Schmetterlinge im Bauch haben oder dass uns vor Angst der Schweiß ausbricht. Sie sorgen dafür, dass wir von anderen Menschen lernen können, wenn wir diesen anderen

Menschen zuschauen oder sogar nur zuhören. Was genau fühlt unser Gegenüber und passt dies zu dem, was er sagt? Antworten liefern die Spiegelneuronen. Sie sind die Grundlage dafür, dass wir intuitiv spüren, was in einem anderen Mensch vorgeht. Durch die Spiegelneuronen können die Beschäftigten die Gefühle des Firmenchefs mitfühlen, dessen Begeisterung und Überzeugungen, aber auch dessen Zweifel. Spricht der Firmenchef von Bedauern, wenn er Mitarbeiter entlassen muss, dann können sie spiegeln, ob er dies auch tatsächlich so empfindet. Fazit: Die Mitarbeiter können die Glaubwürdigkeit der Internen Kommunikation fühlen und erleben.

Das bedeutet, dass wir nicht nur die Handlungen eines anderen Menschen verstehen, sondern auch dessen Gefühle miterleben. Sie können spiegelbildliche Empfindungen in uns wachrufen. Der bekannte Neuroforscher Vilayanur Ramachandran maß der Entdeckung der Spiegelneuronen die gleiche Bedeutung bei wie der Entschlüsselung der Erbsubstanz in der Biologie.

Schon in den 1990er-Jahren entdeckten Forscher die Spiegelneuronen bei Affen: Deren Nervenzellen feuerten nicht nur, wenn sie selbst zur Nuss griffen, sondern auch dann, wenn der Affe sah, wie der Forscher zur Nuss griff. Das erste, der auf die Spiegelneuronen beim Menschen aufmerksam wurde, war William Hutchison, Physiologe an der University of Toronto im Jahr 1999. Er hatte einer Patientin, die unter schweren Depressionen litt, feine Elektroden eingesetzt. In einem der Tests stach Hutchison seiner Patientin in den Finger. Die Folge: Ein Neurone fing an zu feuern. Hutchison stach sich danach vor den Augen der Frau selbst mit der Nadel in die Haut – wieder feuerte die Zelle. Wenn sich der Arzt mit der Nadel stach, wurde also ihr eigenes Schmerzsystem aktiv und die Patientin empfand selbst Schmerzen. Mehr noch: Studien fanden sogar heraus, dass unser eigenes Schmerzsystem schon aktiv wird, wenn wir nur eine Person hören, die Schmerzen empfindet.

Zu den bekanntesten Forschern auf diesem Gebiet gehören Giacomo Rizzolatti und Marco Jacobini, die lesenswerte Bücher über Spiegelneuronen geschrieben haben.

Eindrucksvoll ist auch die Studie von Tania Singer, die mit ihren Kollegen 16 Frauen testete, deren Partner Stromschläge erhielten. Ergebnis: Glaubten die Frauen, ihr Partner erhalte Stromschläge, aktivierte dies ihre eigenen Schmerzareale. Die Aktivierung war umso stärker, je empathischer die Testperson laut Fragebogentest war. Die Partner waren übrigens nicht zu sehen und zu hören; die Frauen konnten nur anhand von eingeblendeten Symbolen erahnen, ob ihr Partner einen Schlag bekam. Beobachten wir also jemanden, der sich in den Finger schneidet, entstehen in uns Gefühle, als ob wir uns selbst in den Finger geschnitten hätten. Wichtige Erkenntnis für uns: Die Gefühle eines anderen Menschen zu beobachten, kann unseren eigenen Zustand verändern. Umgeben uns Menschen am Arbeitsplatz, die ängstlich und unsicher sind, kann dies auch auf unser eigenes Empfinden wirken. Neuere Studien von Tanja Singer weisen darauf hin, dass die Spiegelneuronen vor allem dann aktiv sind, wenn uns Menschen sympathisch sind. Wenn eine Person, die der Proband zuvor als fair und hilfsbereit kennen lernte, gepiekst wird, erregt dies auch im Gehirn des Probanden die Schmerzareale. Wird dagegen ein uns unsympathischer Mensch gestochen, bleibt die Spiegelung aus.

Mit den Spiegelneuronen scheint die neuronale Grundlage für das Einfühlen und Mitgefühl entdeckt zu sein: Was wir bei anderen sehen oder auch nur hören, erleben wir selbst! Sehen wir einen leidenden Menschen oder ein leidendes Tier, ist es so, als ob wir selbst leiden. Sehen ist empfinden – darin beruht die starke Wirkung, die Menschen im Film auf uns ausüben. Im Wirtschaftsleben sorgen die Spiegelneuronen dafür, das Geschehen am Arbeitsplatz mitzuempfinden, die Gefühle des Firmenchefs zu fühlen, dessen Begeisterung und Überzeugung, aber auch dessen Zweifel.

Erst die Kombination aus handelndem und empfindenden System ergibt die neuronale Basis für die Vorstellung, Planung und Ausführung von Aktionen, schreibt Joachim Bauer. Weil das Gehirn sehr sozial ist, prüft es auch, wie man als Mitarbeiter auf andere wirken würde, wenn man die Handlung ausführt. Die interne Kommunikation kann dies nutzen, indem sie Bilder zeigt, die genau solche Gefühle transportieren. Wie wichtig das ist, zeigt Kapitel 18.

Die Spiegelsysteme sind auch die neurologische Erklärung dafür, dass sich Mitarbeiter an anderen orientieren und hierdurch Sicherheit erlangen können: Die Mitarbeiter beobachten Kollegen und Führungskräfte und prüfen, ob sie ihr Tun imitieren sollen. Die Handlung unseres Gegenübers vollziehen wir offenbar innerlich nach. Wenn wir Menschen zuschauen, sind dieselben Netzwerke aktiv, die auch tätig sind, wenn wir selbst etwas tun. Das geschieht zeitgleich, unwillkürlich und ohne unser Nachdenken. Es reicht sogar schon aus, uns zu sagen, dass wir uns die Handlung vorstellen sollen, damit unsere Handlungsneuronen aktiv werden. Zwischen der beobachteten Handlung und dem tatsächlichen eigenen Ausführen liegt allerdings noch ein anderer wichtiger Schritt, der dafür sorgt, dass wir nicht beliebig alle beobachteten Handlungen nachahmen. Letztlich können wir selbst entscheiden, ob wir etwas tun oder nicht.

Spiegelneuronen und nachahmenswertes Vorleben

Viele Manager beklagen sich über den zunehmenden Egoismus unter ihren Mitarbeitern. Was sie übersehen: Egoismus ist in jenen Unternehmen besonders ausgeprägt, in denen Vorstände und Führungskräfte dies vorleben. Wer also auf der einen Seite das Sparen predigt, aber sein eigenes Gehalt übermäßig steigert, ist nicht glaubwürdig. In der Mitarbeiterzeitung, den Firmen-Blogs und dem Intranet ist viel davon zu lesen, wie wichtig das Arbeiten in Teams ist, wie wertvoll das Weitergeben von Wissen und gute Kommunikation sein kann. Doch wie sieht die Alltagswirklichkeit im Gegensatz zu dieser Medienwirklichkeit aus? Oft völlig anders. Firmenchef und Führungskräfte müssen deshalb die Werte vorleben, wenn sie ihre Mitarbeiter überzeugen wollen. Ein wichtiger Wirkmechanismus, mit dem sich die Bedeutung des nachahmenswerten Vorlebens erklären lässt, sind die Spiegelneuronen.

Am stärksten feuern sie, wenn uns eine beobachtete Handlung so gut gefällt, dass wir sie sofort (zeitgleich) nachahmen möchten oder tatsächlich nachahmen. Wenn die oft geforderte Leitbildfunktion von Führungskräften funktioniert und sogar stark auf uns wirkt, so findet sie hier ihre neurologische Erklärung. Leben Sie mit Ihrem Verhalten glaubhaft vor, dass Ihnen Ihr Handeln Wohlbefinden bereitet, dann sind wesentliche Voraussetzungen dafür geschaffen, dass die Mitarbeiter dieses Verhalten übernehmen und beibehalten. Unser Verhalten wird also stark und für uns unbewusst auch durch Impulse von außen bestimmt.

Wir kennen die Arbeit der Spiegelneuronen auch aus dem Alltag: Sie sorgen dafür, dass wir gähnen, wenn wir andere gähnen sehen, und dass Lachen ansteckend ist. Daher nennen Fachleute dieses Phänomen auch „emotionale Ansteckung“ (emotional contagion). Uns steckt es an, wenn ein Mensch an die Decke sieht – und wir sehen auch dorthin. Unser Gegenüber nimmt eine bestimmte Körperhaltung ein – wir sind angesteckt und nehmen sie nach und nach ebenfalls ein. Unbehagen lösen Menschen in uns aus, die gequält zu uns kommen, die uns ungern bedienen und von denen wir spüren, wie verzweifelt sie sind.

Hören wir einen Vortrag, spüren unsere Spiegelneuronen, ob ein Redner seine Präsentation als Chance oder als Bedrohung empfindet, ob er uns mit Spaß und Zuversicht gegenüber tritt oder ob er sich quält und Angst hat, zu versagen. Bei erfolgreichen Rednern fühlen wir, welche Freude sie dabei empfinden, vor interessierten Menschen sprechen zu können. Dass die nächsten 45 Minuten ihnen gehören und aller Augen und Ohren auf sie gerichtet sind, macht sie glücklich – welch eine Chance, scheinen sie zu denken, und so wirken sie auch auf uns!

Spiegelneuronen führen nicht nur dazu, dass wir mit einer anderen Person buchstäblich mitfühlen: Durch das Spiegeln der anderen Person können wir auch das künftige Handeln einer Person einschätzen. Wir beobachten unser Gegenüber nicht nur, wir versuchen auch seine Absichten zu erkennen. Ein Kollege kommt auf uns zu und schleppt sich mit Aktenordnern ab. Welchen Weg wird er einschlagen? Wie können wir ihm ausweichen? Wir wollen herausfinden, wie sich der andere verhalten wird und suchen nach signifikanten Hinweisen, die wir auch sehr schnell finden. Denn Aufschluss liefern uns der Gesichtsausdruck, die Gesten und das sonstige Verhalten der Person. Joachim Bauer: „Ohne intuitive Gewissheiten darüber, was eine gegebene Situation unmittelbar nach sich ziehen wird, wäre das Zusammenleben von Menschen kaum denkbar. Wir sind im Alltag darauf angewiesen, dass beobachtetes Verhalten uns ein sofort verfügbares, intuitives Wissen über den weiteren Ablauf des Geschehens vermittelt. Intuitiv zu spüren, was zu erwarten ist, kann vor allem dann, wenn es auf eine Gefahrenlage hinausläuft, überlebenswichtig sein. (...) Besäßen wir nicht die Fähigkeit, aus der Beobachtung von Menschen ohne jegliches Nachdenken intuitive Gewissheiten über ihre Absichten und den weiteren Ablauf des Geschehens zu gewinnen, dann müssten wir uns in zwischenmenschlichen Belangen mit der Sehkraft eines Maulwurfs begnügen. Ohne ein intuitives Gefühl für die zu erwartenden Bewegungen anderer würden wir nicht ohne Kollisionen durch eine volle Fußgängerzone gelangen."

Die geplante Handlung unseres Gegenübers scheint bei uns innerlich bereits als beobachtete Aktion abzulaufen und fremdes Handeln übersetzen wir quasi automatisch in eigenes. Um aus den körperlichen Bewegungen anderer Menschen intuitiv richtige Schlüsse zu ziehen, reichen uns erstaunlich wenige Merkmale. Versuche zeigen, dass in völliger Dunkelheit nur einige Lichtpunkte an den Schultern, Ellenbogen, Handgelenken, Hüften, Knien und Fußgelenken eines Menschen ausreichen, um zu erkennen, ob es sich um einen Mann oder eine Frau handelt. Unseren eigenen Partner erkennen wir besonders schnell. Vor allem aber können wir aufgrund dieser wenigen Signale erraten, was die beobachtete Person gerade tut oder zu tun beabsichtigt. Ohne Spiegelneuronen wäre dies nicht möglich.

Für uns Menschen ist dabei besonders wichtig, eine Handlung auch dann bis zum Ende zu kennen und vorherzusagen, wenn wir nur einen Teil davon erleben. Zum Beispiel speichern wir typische Handlungsabläufe als so genannte Skripte. Dabei handelt es sich um Handlungsabläufe, die wir automatisch abrufen können, weil unser Gehirn sie als wiederkehrende Prozesse speichert (siehe Kapitel 6.1). Ein sehr kurzer Eindruck reicht schon aus, damit wir begreifen, was vor sich geht und was uns erwarten könnte. Das Aktivitätsmuster unserer Spiegelneuronen verrät, ob uns das Gegenüber die Hand zum Gruß ausstrecken will oder zum Faustschlag ausholt. Joachim Bauer: „Die Beobachtung von Teilen einer Handlungssequenz eines anderen reicht aus, um im Beobachter dazu passende Spiegelneuronen zu aktivieren, die ihrerseits aber die gesamte Handlungssequenz wissen – ... Auch wenn wir nur einen Teil einer Sequenz wahrgenommen haben, lassen Spiegelnervenzellen im Gehirn, und damit auch in der Psyche eines Beobachters, spontan und ohne unser willentliches Zutun den Gesamtablauf aufscheinen. Die Wahrnehmung kurzer Teilsequenzen kann genügen, um schon vor Beendigung des Gesamtablaufs intuitiv zu wissen, welcher Ausgang bei der beobachteten Handlung zu erwarten ist. Spiegelneuronen machen also, indem sie in Resonanz treten und mitschwingen, beobachtete Handlungen für unser eigenes Erleben nicht nur spontan verständlich. Spiegelneuronen können beobachtete Teile einer Szene zu einer wahrscheinlich zu erwartenden Gesamtsequenz ergänzen. Die Programme, die Handlungsneurone gespeichert haben, sind nicht frei erfunden, sondern typische Sequenzen, die auf der Gesamtheit aller bisher vom jeweiligen Individuum gemachten Erfahrungen basieren. Da die allermeisten dieser Sequenzen der Erfahrung aller Mitglieder einer sozialen Gemeinschaft entsprechen, bilden die Handlungsneurone einen gemeinsamen intersubjektiven Handlungs- und Bedeutungsraum."

Im Folgenden ein Beispiel für die Wirkung von Spiegelneuronen bei der ersten Begegnung mit einem Menschen im Unternehmen: Einem neuen Kollegen zeigen wir durch unwillkürliches Spiegeln seiner Mimik, dass wir ihn verstehen. Gleichzeitig erfassen wir so, was wir von ihm und vom weiteren Verlauf der Begegnung zu erwarten haben. Zusammen mit dem Gesprochenen basteln wir uns in Windeseile ein Bild vom anderen. Eine weitere Wirkung der Spiegelneuronen zeigt sich darin, dass sich im Gespräch die Körperhaltung der Gesprächspartner annähert – dies kann Minuten oder Stunden dauern. Wie auch immer, die Abfolge ist stets gleich: Erst wendet sich der Kopf, dann die Schultern, dann der Rumpf, bis sich schließlich der ganze Körper in die Richtung des Gegenübers dreht. Das Körperecho wiederholt sich. Die Phasen dauern immer länger, beide haben zunehmend die gleiche Wellenlänge: Der eine greift zum Mineralwasser, der andere auch. Der eine schlägt die Beine übereinander, der andere folgt kurz darauf. Die Intimität zwischen den Gesprächspartnern nimmt zu. Wird dagegen unser Blick nicht erwidert und folgt auf unsere Gesten keine Reaktion, leiden wir.

Das Geheimnis der sympathischen Ausstrahlung scheint ebenfalls mit den Spiegelneuronen zusammen zu hängen: nämlich die Fähigkeit, Empathie und Mitgefühl so auszudrücken, dass sie von anderen als angemessen empfunden wird. Studien bestätigen, dass uns jene Menschen sympathisch sind, die uns angemessen spiegeln. Hierbei bewerten wir unter anderem, ob wir Mimik und Körpersprache von Menschen passend zur Situation erleben. Personen, die ein trauriges Ereignis mit fröhlicher Miene nacherzählen, bewerten wir eher negativ; Menschen, die Anteil nehmen können und deren Körpersprache mit der Situation übereinstimmt, in der wir uns befinden, sammeln Sympathiepunkte. Bauer weist auf zwei sehr wichtige Einschränkungen hin: „Eine Sympathie erzeugende Übereinstimmung zwischen einer gegebenen Situation und der in dieser Situation gezeigten Körpersprache lässt sich nicht bewusst planen oder willentlich herstellen. Der Sympathieeffekt überträgt sich nur, wenn die Person spontan und authentisch ist, das heißt, wenn ihr Ausdruck in Einklang mit ihrer tatsächlichen inneren Stimmung steht. Der zweite, vielleicht noch interessantere Aspekt liegt darin, dass der Effekt der positiven Ausstrahlung zusammenbricht, wenn die anteilnehmende Person im Mitgefühl vollständig aufgeht. Wenn jede Distanz verloren geht, geht auch die Fähigkeit verloren, hilfreich zu sein."

Spiegelneuronen liefern also auch Erklärungen für zwischenmenschliche Missverständnisse und sie können Fehler erkennen: Unsere innere Simulation dessen, was der andere fühlt und plant, muss nicht zum richtigen Schluss führen. Unser Verstand ist hierbei ein wichtiges Korrektiv. Erst im Rückgriff auf Unbewusstes und Bewusstsein schöpfen wir unsere Empathiefähigkeit voll aus. Spiegelneuronen haben den Vorteil, dass sie schnell und spontan anschlagen. Das ist im Alltag oft wichtig, um auf unseren Nächsten richtig zu reagieren. Doch sollten wir auch darüber nachdenken, ob wir eine Handlung, zu der es uns drängt, wirklich ausführen können und ob wir ihr körperlich gewachsen sind. Nachdenken funktioniert nicht spontan, aber es erlaubt uns, vom Standard des Unmittelbaren abzuweichen. Wir handeln dann mit Überlegung. Beispiel: Obwohl wir wissen, was den anderen stört, müssen wir uns nicht darauf einstellen und tun das häufig auch nicht – wir ignorieren es einfach. Letzte Frage: Können wir die Arbeit unserer Spiegelneuronen kontrollieren? Dieses Problem ist noch nicht abschließend geklärt, aber fest steht, dass wir ihre Arbeit durch bewusste Aufmerksamkeit beeinflussen können: Wenden wir uns vom Gegenüber ab, reagieren die Spiegelneuronen deutlich schwächer.

Kapitel 8

Wie Kommunikation ohne Sprache erfolgt

8.1 Bedeutung

Ob Vorgesetze, Kollegen oder Freunde – andere Menschen sind von essenzieller Bedeutung für uns: Wir orientieren uns an ihnen, sie geben uns Sicherheit, gemeinsam leisten wir etwas. Gelungene Kommunikation tut uns gut, sie fördert unsere körperliche und psychische Gesundheit. Doch müssen wir dafür die Menschen erkennen, mit denen wir Umgang haben, erkennen und bewerten, damit wir unsere Kommunikation danach ausrichten.

Jede Nachricht besteht aus einem sprachlichen (verbalen) und einen nichtsprachlichen (nonverbalen) Teil. Beide Teile können sich ergänzen und unterstützen, aber sie können sich auch widersprechen. Ergänzen sich sprachliche und nichtsprachliche Aussagen, wird dies als kongruente Nachricht bezeichnet. Widersprechen sie sich, handelt es sich um eine inkongruente Nachricht. Beispiel: Wenn eine Führungskraft selbstbewusst erscheinen will, tatsächlich aber sehr nervös und unsicher wirkt, schwitzt und an der Krawatte nestelt, dann vermittelt sie eine inkongruente Nachricht, da sich Worte und Taten widersprechen.

Der Grund für inkongruente Nachrichten liegt meist in einer inneren Zerrissenheit, die Kommunikationsexperte Friedemann Schulz von Thun als „inneres Kuddelmuddel" bezeichnet. Zwei gegenläufige Nachrichten führen immer zu einem solchen Kuddelmuddel, jedenfalls wenn sie der Sender mischt und sie für sich noch nicht geklärt hat (zum Beispiel die Einschätzung über einen Schadensfall in der Krise). Der Empfänger steht bei solchen inkongruenten Nachrichten vor dem Problem, auf welche der beiden widersprüchlichen Botschaften er reagieren soll. Solche Konflikte hinterlassen oft Ratlosigkeit und Frust. Eine funktionierende interne Kommunikation muss deshalb darauf achten, dass im Unternehmen auch die Kommunikation ohne Sprache funktioniert. Schauen wir uns zunächst an, wie wir Menschen erkennen und bewerten.

Der gesamte Körper unseres Gegenübers spielt dabei eine Rolle. Er liefert uns eine Vielzahl von Informationen, die für unser Urteil von Bedeutung sind. Bewegungen, Haltung und sogar die Körpergröße lösen in uns Bewertungsprozesse aus, von denen wir nichts ahnen, die aber dennoch enorm wirken.

Schnelle Schüsse ins Gehirn

Das erste Erkennen und Bewerten von Menschen erfolgt im Bruchteil einer Sekunde: Die Zeit eines Wimpernschlags reicht aus, um uns ein erstes Urteil über unseren neuen Kollegen zu bilden – ein Augenblick, der entscheidet, ob und wie wir unserem neuen Vorgesetzten oder Mitarbeiter künftig begegnen. Und wir entscheiden auch so, wenn wir nur das Foto eines Menschen sehen, zum Beispiel das Bild des neuen Firmenchefs in der Mitarbeiterzeitung (siehe ausführlich Kapitel 18). Man sollte denken, dass solche Schnellschüsse viele Fehlurteile bergen, doch verraten Experimente etwas anderes. Offenbar ist unser Gehirn enorm leistungsfähig und da jedermann hoffnungslos überfordert wäre, wenn er alle Menschen, denen er im Lauf eines Tages oder gar eines Jahres begegnet, gründlich und differenziert bewerten müsste, verhelfen ihm seine Sinne zu einer außergewöhnlichen Begabung.

Ein Blick genügt, und das Urteil steht. Wie erstaunlich treffsicher das Gehirn bewertet, zeigt das Experiment der Psychologin Nalini Ambady von der Universität Harvard: Sie spielte Studierenden drei Videoclips eines Professors ohne Ton vor. In nur 10 Sekunden konnten diese Studenten über den Professor urteilen. Als Ambady die Clips auf fünf Sekunden kürzte, blieben die Ergebnisse dieselben. Zwei Sekunden – und wieder fast das gleiche Ergebnis. Damit nicht genug: Ambady verglich das Urteil der Testpersonen mit den Bewertungen der Studenten des Professors am Ende des Semesters. Ergebnis: Die Bewertungen stimmten fast überein. Erstaunlich: Personen, die nur zwei Sekunden lang das Video einer anderen Person gesehen haben, bewerten diese Person genauso wie Menschen, die mit ihr über einen viel längeren Zeitraum und sehr viel direkter zu tun hatten.

Beim Erkennen, Einordnen und Bewerten orientieren sich die Mitarbeitenden an den Schlüsselinformationen, die sie bei einer Person aufnehmen. Von diesen einzelnen, zentralen Reizen und Eigenschaften schließen sie auf den gesamten Mensche. Aber wie gelingt es dem Gehirn, sich ein Urteil in der Zeit eines Wimpernschlags zu bilden? Welche Informationen dienen dazu, eine andere Person offenbar sicher zu bewerten: Sein Aussehen? Seine Körperhaltung? Seine Bewegungen? Die äußere Erscheinung ist eine wichtige Informationsquelle bei der ersten Begegnung mit einem Menschen. Zu den Merkmalen zählen Körperbau und Hautfarbe, Eigenschaften also, die nur sehr bedingt bis gar nicht veränderbar sind. Zu den weiteren, aber gestaltbaren Merkmalen gehören Kleidung, Frisur, Schmuck.

Sehr interessant für unbewusste und emotionale Bewertungen von Menschen sind die Studien von Siegfried Frey: Er zeigte Studierenden aus Deutschland, Frankreich und den USA Filmclips von Politikern aus den TV-Nachrichten der drei Länder. Erstes Ergebnis: Nur wenige Sekunden waren nötig, dann hatten sich die Studierenden ein dezidiertes Urteil über die Politiker gebildet. Dabei war es für die Geschwindigkeit der Urteilsbildung völlig unerheblich, ob die Betrachter schon eine Meinung von dem jeweiligen Politiker hatten oder ob sie sich diese Meinung erst bilden mussten. Frey: „Offenbar entscheidet sich beim Anblick einer Person buchstäblich in Sekundenschnelle, was wir von dieser Person halten, welche Eigenschaften wir ihr zuschreiben oder absprechen, ob wir sie sympathisch finden, als langweilig erachten, als arrogant, unehrlich, intelligent, fair und anderes mehr einstufen."

Für das Urteil der Studierenden spielte interessanterweise die Kopfhaltung der Politiker die entscheidende Rolle: Schon eine leichte Neigung des Kopfes sendet einen so starken Reiz, dass wir die Person wesentlich sympathischer einschätzen. Noch etwas Bedeutsames zeigt die Studie von Frey: Manche Politiker lösten bei den Probanden starke, andere nur schwache Reaktionen aus. Ronald Reagan schnitt sehr gut ab, ein französischer Politiker ließ die Betrachter quasi kalt. Bilder von Reagan führten, so Frey, zu einer „ganz massiven Erregung des elektrodermalen Systems". Die Betrachter reagierten auf Reagan so überraschend gleichartig, „als seien ihre vegetativen Systeme innerlich gleichgeschaltet." Eine weitere für uns interessante Entdeckung von Frey: Wir können sehr stark auf Menschen reagieren, auch wenn wir sie vom Verstand her eher negativ bewerten. Die Zuschauer bei Frey reagierten auf den Filmclip von Ronald Reagan zwar sehr stark, doch geschah das auch dann, wenn sie ihn hinterher in der Befragung als Präsidenten mit „ziemlich bescheidenem politischen Sachverstand" beurteilten. Einerseits erschien Reagan den Versuchspersonen aus den drei Ländern übereinstimmend als gutgelaunt, sympathisch, andererseits aber auch als wenig intelligent, wenig kompetent und sogar wenig fair und wenig ehrlich. Dass sich die Berater Reagans in dessen Amtszeit stets bei den Journalisten bedankten, wenn nur die Bilder stimmten, verwundert daher nicht. Sie wussten schon damals, worauf es ankommt.

Jedenfalls zeigen die Studienergebnisse deutliche Unterschiede in den Urteilen über andere Menschen, je nach dem ob wir diese Urteile aus unserem Bewussten oder Unbewussten abrufen. Auch im Arbeitsleben gilt: Menschen können über Äußerlichkeiten sehr stark auf uns wirken, auch wenn wir beim Einschalten unseres Verstandes diese Person als unwichtig und mit eher durchschnittlichen Fähigkeiten beschreiben würden.

Eines der zentralen Merkmale, die wir für das Prüfen und Bewerten heranziehen, ist die Attraktivität der Person.

8.2 Superdimension Attraktivität

Wer attraktiv ist, hat bessere Chancen im Leben. Das hat die Wissenschaft in vielen Studien bestätigt. Nicht, dass die Attraktivität allein entscheidet – später spielen weitere Eigenschaften eine Rolle: der Charakter der Person, ihre Persönlichkeit und ihre Intelligenz. Doch am Anfang dominiert das Äußere. Schönheitsforscher Frank Naumann schreibt: „Schönheit fällt sofort auf, ein guter Charakter erst nach längerem Kontakt. Was von beiden setzt sich wohl schneller durch?"

Attraktivität hat also zunächst einmal den Vorteil, dass sie sofort zu erkennen ist. Mit den inneren Werten ist dies weitaus schwieriger und dauert länger: Ist die Person nett, klug, gefühlvoll – auf den ersten Blick ist dies nicht feststellbar. Attraktivität ist machtvoll, weil sie schnell und flüchtig wirkt, schreibt der Berliner Wissenschaftsjournalist Bas Kast in seinem Buch über die Liebe. Die Zeit eines Wimpernschlags reicht auch hier.

Aus der Attraktivität schließt der Mensch dann auf weitere Eigenschaften der betreffenden Person. Insgesamt gilt: „Wer schön ist, ist gut." Die Forschung nennt dies das „Stereotyp der physischen Attraktivität". Attraktive Menschen erhalten eine wahre Flut von positiven Zuschreibungen über ihre Intelligenz, ihren Charakter und ihre Fachkompetenz. Studien zufolge gelten attraktive Menschen als wärmer, sensibler, freundlicher, entgegenkommender, interessanter, stärker, ausgeglichener, bescheidener, geselliger, fähiger, sie haben einen besseren Charakter, verfügen über mehr Prestige, bekommen bessere Arbeitsstellen. Attraktive Personen gelten als vielschichtiger, aufnahmefähiger, umsichtiger, zuversichtlicher, selbstsicherer, glücklicher, aktiver, kooperativer, freimütiger, humorvoller, selbstbeherrschter und flexibler. Attraktivitätsexperte Frank Naumann schreibt in seinem Buch: „Schöne Menschen haben mehr vom Leben": „Wir loben Familie, Liebe, Intelligenz, Reife, Fleiß und selbstloses Handeln. In Wahrheit faszinieren uns aber Anmut, Stärke, Jugend, Statussymbole, lange blonde Haare, elegante Schuhe und ein bezauberndes Lächeln – kurz, der schöne Schein." Doch Attraktivität hat auch ihre Schattenseiten: Attraktive Menschen gelten als eher unbescheiden, als eitel und arrogant. Hinderlich kann Attraktivität sein, wenn es darum geht, jemanden um Hilfe zu bitten. An attraktive Menschen wenden wir uns dann meist nicht.

„Wie kommt es, dass wir Gutaussehenden so übereinstimmend positive Eigenschaften zuschreiben?", fragt Schönheitsexperte Hassebrauck. „Schon in unserer Kindheit erfahren wir, dass Charakter und Aussehen Hand in Hand gehen. Schneewittchen und Aschenputtel sind schön und gut, die Hexe und die Stiefmutter sind hässlich und böse. Das gute Mädchen, das bei Frau Holle geduldig seinen Dienst tut, wird mit Gold überschüttet – und ist schön, die faule Stiefschwester wird mit Pech übergossen – und ist hässlich. Diese Beispiele aus der Märchenwelt ließen sich beliebig fortsetzen, sodass es nicht verwundert, wenn ein kleines Mädchen folgendermaßen zu erklären versucht, was es bedeutet, hübsch zu sein: „Es ist, wie wenn man eine Prinzessin ist. Alle lieben dich." Menschen begegnen sich demnach im Arbeitsleben nicht vorurteilsfrei und neutral. Das Unbewusste und Emotionale überwiegt.

Welche Rolle spielt Attraktivität im Arbeitsleben und in der internen Kommunikation? Täglich sind viele tausend interne Bewerbungen in den Unternehmen unterwegs: Informationen über Schulbildung und Berufserfahrung durchlaufen energiereich und aufwendig die bewusste, kritische Prüfung; doch auf dem beiliegenden Foto kann der Personaler blitzschnell den Bewerber erkennen und einordnen. Die Attraktivität der Person ist hierbei ein Schlüsselsignal: Attraktivere Bewerber haben bessere Chancen, zeigen Forschungsstudien. Über 90 Prozent der 1.300 Personalchefs gaben in der Studie der US-amerikanischen Universität Syracuse an, dass attraktive Stellenbewerber eher den Zuschlag erhalten und leichter Karriere machen.

Attraktive Menschen verdienen mehr, so das Ergebnis einer Studie von Markus Möbius und Tanya Rosenblat. Attraktive erhalten fünf bis zehn Prozent mehr Gehalt als gleich qualifizierte Kollegen, die als weniger attraktiv gelten: Daniel Hamermesh von der University of Texas und Jeff Biddle von der Michigan State University fanden heraus, dass das attraktivste Drittel etwa fünf Prozent mehr verdiente als der Durchschnitt. Die Unattraktiven verdienten fünf bis zehn Prozent weniger. Andere Studien bestätigten grundsätzlich dieses Ergebnis und kamen sogar auf Gehaltsunterschiede von bis zu zehn Prozent. Umgerechnet ergibt sich daraus, dass attraktive Menschen rund 100 Milliarden Dollar mehr ausgeben können als weniger attraktive.

Im Berufsleben gelten Attraktive als fachkundiger und intelligenter. Sie kommen besser an bei Kollegen, Chefs und Kunden. Hamermesh hat in seiner Studie bei holländischen Werbeagenturen gezeigt, dass Firmen mit gut aussehender Führungsmannschaft höhere Umsätze erzielten. Eine andere Studie zeigte, dass die Rücklaufquote von Fragebogenaktionen und Kundenbefragungen steigt, je attraktiver die gezeigte Marketingleiterin ist. Je attraktiver der Verkäufer in einer Verkaufssimulation war, desto eher kauften die Kunden. Die Praxis zeigt: Attraktive Vertreter erzielen mehr Umsatz als weniger attraktive.

Die beiden Kommunikationsexperten Manfred Piwinger und Lars Rosumek haben einen Beitrag geschrieben mit dem Titel „Attraktivität als kommunikativer Werttreiber. Auch Kommunikation braucht Sex-Appeal“: Darin gehen sie davon aus, dass persönliche Attraktivität ein Karrierefaktor ist. Sie schreiben: „Der „Return-on-Investment“ ist hierbei das, was wir uns als Nutzen erhoffen: Eine bessere Stellung, ein zugeschriebenes Expertentum, erstklassige Beziehungen, Privilegien, Macht und Einfluss. Persönliche Attraktivität kann den Ausschlag für Einstellungen, Beförderungen oder Gehaltserhöhungen geben. Ob Person oder Organisation: Eine attraktive Ausstrahlung kann für einen höheren Goodwill der Kommunikationspartner sorgen und wie andere Merkmale des Ansehens in kritischen Situationen vor unangemessener Kritik schützen.“

Attraktiven Menschen vertrauen wir eher ein Geheimnis an – Attraktivität besitzt offenbar Vertrauenskapital. Hielten 1986 nur 5 Prozent der in einer Studie befragten Manager physische Attraktivität für entscheidend, waren es 1998 schon 22 Prozent. Welche Konsequenzen gutes Aussehen im Arbeitsleben hat, zeigt das Interview mit dem Schönheitschirurgen Prof. Mang, der in der Sat1-Sendung „Weck up" erzählte, dass immer mehr Manager zu ihm kämen. Jeder fünfte Patient sei ein Mann.

Bewerben sich allerdings Frauen für Führungspositionen scheint Attraktivität hinderlich zu sein, weil dies (vielleicht) mit dem Stereotyp: „Schön, aber doof“ kollidiert. Nach einer Studie der Mannheimer Soziologin Anke von Rennenkampff wurden besonders weiblich und attraktiv wirkende Bewerberinnen häufig ins Kreuzverhör genommen. Andererseits wirkt sich bei Frauen auch Fettleibigkeit negativer auf die Karriere aus als bei Männern.

Attraktivität ist für die Kommunikation im weitesten Sinne bedeutsam: Menschen, die attraktiv sind, werden von anderen Menschen als freundlicher wahrgenommen, wobei die Attraktiven diese Freundlichkeit meist erwidern, wie die US-amerikanische Beziehungsexpertin Ellen Berscheid in einem Experiment nachwies.

Was als physisch attraktiv gilt

Was empfinden wir als attraktiv? Die Erkenntnisse der Wissenschaft zeigen: Quer durch alle Schichten der Gesellschaft, durch alle Kulturen und Kontinente, unabhängig von Alter, Beruf oder Geschlecht – überall werden dieselben Kennzeichen als attraktiv wahrgenommen. Ulrich Renz fasst die Kriterien der aktuellen Attraktivitätsforschung zusammen:

→ **Durchschnittlichkeit**: Es gilt das Prinzip der Gleichförmigkeit – „Je durchschnittlicher, desto schöner." Ulrich Renz: „Die These, dass Durchschnittlichkeit schön macht, [ist] wissenschaftlich so gut abgesichert, dass man sie mit Fug und Recht als den ersten Hauptsatz der Schönheitsforschung bezeichnen kann."

→ **Symmetrie**: Ebenmäßige Gesichtszüge und wohlproportionierte, übereinstimmende Rechts-Links-Gestaltung schneiden in Tests besonders gut ab. Frauen bewerteten die Stimmen von Männern positiver, je symmetrischer deren Gesichtszüge waren. Größere Abweichungen beeinflussen die Attraktivität eines Gesichts negativ. Eine Erklärung, der die Forscher derzeit nachgehen, könnte sein, dass unsere Wahrnehmung besser auf symmetrische Strukturen anspricht: Wir lernen symmetrische Muster schneller. Ein aktuelles Experiment zeigt, dass Symmetrie offenbar das Wahrnehmen erleichtert.

→ Das **Kindchen-Schema und Aspekte der Reife**: Frauen gelten als attraktiv, wenn zum einen die untere Gesichtshälfte eher kindliche Proportionen aufweist und das Gesicht große Augen hat; zum anderen wirken Reifezeichen im oberen Gesichtsteil attraktiv, vor allem hervortretende Backenknochen und schmale Wangen. Bei den Männern scheinen hervorstehende Wangenknochen eine wichtige Rolle zu spielen. Die positive Bewertung dieser Attribute, zum Beispiel die Wirkung des Kindchen-Schemas, scheint angeboren zu sein.

→ **Makellose Haut**: sie gilt als Zeichen von Jugendlichkeit

Welche Bedeutung spielen die einzelnen Aspekte für die Attraktivität eines Menschen, so wie sie wahrgenommen wird? Attraktivität scheint nicht durch Einzelbereiche allein zu entstehen – Augen, Nase und Mund –, sondern durch deren Zusammenspiel als Ganzes, als Gestalt. Ulrich Renz: „Keine der Zutaten ist obligat. Und keine ist ausreichend. Eher handelt es sich um Bausteine für das Spiel der Natur, die aber jede Schönheit nach einem anderen Plan baut. Dem einen Gesicht tut eine größere Nase gut, dem anderen schadet sie. Auch wenn es universale ästhetische Prinzipien gibt, können schöne Menschen doch grundverschieden aussehen." Dies sieht auch Georg Felser so, der sich seit vielen Jahren mit den Erklärungen für Beziehungen und das Attraktivitätempfinden beschäftigt: „Eigenschaften wie Gesichtsausdruck, Form des Mundes, Blick, Pupillengröße, Länge des Blickkontakts, Position der Augenbrauen und so weiter weisen zwar Zusammenhänge mit der Wahrnehmung der physischen Attraktivität auf. Es ist aber problematisch, diese Einzelelemente über eine Formel zu verbinden und daraus vorherzusagen, wie attraktiv eine Person von anderen eingeschätzt wird. Hier – wie in vielen anderen Bereichen der Wahrnehmung – gilt in der Gestaltpsychologie: Das Ganze ist mehr als die Summe seiner Teile.

Was uns an einem Menschen anzieht, ist mehr als sein bloßes Aussehen: Mindestens genauso tragen Haltung, Gestik, Mimik, Stimme, Geruch, Lebendigkeit, Witz, Mitgefühl oder Intelligenz zur menschlichen Anziehungskraft bei. Ulrich Renz: „Manche Schönheit verflüchtigt sich in dem Moment, wo der oder die Schöne den Mund aufmacht." Vor allem eines fehlt in der Schönheitsliste: das Geheimnis. „Wunderschön ist Schönheit erst, wenn sie ein Geheimnis verbirgt – irgendeine Brechung, eine Abweichung von der allzu perfekten Form, eine Merkwürdigkeit, die den Betrachter zu einem zweiten und dritten und immer wieder neuen Blick zwingt. Schönheit muss „reizen". Deshalb kann es auch vorkommen, dass eine Schönheit, wenn man genau hinschaut, Teile enthält, die für sich genommen einen Makel darstellen..."

8.3 Das Gesicht als Spiegel der Seele

Das Gesicht liefert unserem Gehirn besonders viele Informationen. Sehen wir eine Person, beginnt unser Gehirn mit Höchstleistung, folgende Fragen zu beantworten: Ist das Gesicht bekannt oder unbekannt? Handelt es sich um einen Mann oder eine Frau? Ist das Gesicht jung oder alt? Vor allem aber: Ist der Mensch ein Freund oder ein Feind? Teile des Sehzentrums registrieren die Person und ihre sozialen Signale. Das limbische System verarbeitet die Mimik, und Teile des Belohnungssystems bewerten zusammen mit einem anderen Hirnareal die Attraktivität der Gesichtszüge.

Der Mandelkern im limbischen System (Amygdala) reagiert als Gefahrendetektor innerhalb von Millisekunden auf Gesichtsausdrücke, indem er Gefühle von Angst, Vertrauen, Hass und Zuneigung auslöst. Außerdem registriert das System sensibel die Blickrichtung und liefert so Informationen darüber, ob unser Gegenüber Interesse zeigt. Wie dessen Gesicht im Ganzen wahrgenommen wird, hängt außerdem von unserer Vertrautheit mit den Gesichtszügen ab, der momentanen Aufmerksamkeit und Gefühlslage. Dies alles geschieht in Sekundenbruchteilen und ohne dass man sich dessen bewusst sein muss: Menschen müssen Fremden nur eine zehntel Sekunde lang ins Gesicht blicken, um sich ein Bild von ihrem Charakter zu machen.

Siegfried Frey ließ in einer Versuchsreihe die Testpersonen für nur wenige Millisekunden eine Serie von Portätfotos ansehen. Schon die schemenhafte Wahrnehmung menschlicher Gesichtszüge genügte den Betrachtern, um sich eine differenzierte Meinung über die Person zu bilden. Der Gesichtsausdruck von Menschen aus anderen Kulturen wird sehr ähnlich wie bei uns gedeutet: Ist der Mundwinkel nach unten gezogen, wird dies als traurig interpretiert, der finstere Blick als wütend. Der Körperausdruck von Gefühlen wird also universell verstanden: Glück/Freude, Überraschung, Furcht/Angst, Ekel, Trauer, Wut und Verachtung. Forscher nehmen an, dass das Erkennen dieser Gefühle angeboren ist.

Die Mimik als Sender und Empfänger

Die Mimik eines Menschen ist Empfänger und Sender von Informationen in einem. 43 mimische Muskeln sprechen eine Sprache, die die Welt versteht: Trauer, Zorn, Angst, Ekel, Verachtung, Überraschung, Freude – rund um den Erdball kennen und zeigen Menschen diese Gefühle. Neben dieser universalen Sprache der Mimik gibt es auch lokale Dialekte.

Das Gesicht sagt sehr viel über die Gefühle aus. Maßgebender Forscher auf diesem Feld ist Paul Ekman, Experte für Gesichtersprache. Ekmann fand heraus, dass das Gesicht nicht nur so aussieht wie die Gefühle des Menschen, sondern es verkörpert die Gefühle des Menschen geradezu. In seinen Studien hat er 10.000 Gesichtsausdrücke ausgemacht, davon können Laien etwa 3.000 unterscheiden. Paul Ekman und sein Kollege Wallace Friesen untersuchten sieben Jahre lang alle Kombinationen der 43 Gesichtsmuskeln und filterten jene heraus, die für die Menschen bedeutend sind; hierunter waren 60 Varianten, sich zu ärgern und 18 Arten, freudig zu lächeln – aus Erleichterung, Verwunderung, Dankbarkeit, Schadenfreude, Vorfreude oder vor Aufregung. Ekman ist mittlerweile derart geübt im Deuten der Mimik, dass er mit einem kurzen Blick auf ein Gesicht anhand der Mimik die wahren Beweggründe eines Menschen herausfinden kann.

Auch normale Menschen können sehr gut unbewusst die Mimik anderer Menschen deuten: In Tests schätzten über 90 Prozent der Beobachter die Gefühle auf Gesichtern richtig ein, bei anderen Körpermerkmalen liegt die Quote niedriger. Jedoch kommen auch Fehler vor, wenn Menschen von einzelnen Gesichtszügen auf die Stimmung einer Person schließen. Experten empfehlen daher, den Gesichtsausdruck stets am Gesamteindruck der Person zu interpretieren.

Die Mimik führt ein Eigenleben

Das Mienenspiel führt ein Eigenleben, das Menschen nur bedingt kontrollieren können. „Es ist Ihnen bestimmt auch schon passiert," schreibt Ekman, „dass jemand einen Kommentar über Ihren Gesichtsausdruck abgegeben hat, von dem Sie gar nicht wussten, dass Sie dazu Anlass gegeben haben. Jemand fragt plötzlich: „Worüber ärgerst du dich denn?", oder: „Was grinst du denn so?" Ihre Stimme können Sie hören, aber Ihr Gesicht können Sie nicht sehen."

Einige Muskeln und Regungen lassen sich kontrollieren, weil sie dem Willen unterworfen sind; mit diesen Gesichtsmuskeln zeigen die Menschen bewusst ihre Gefühle. Doch das System, das nicht dem Willen unterliegt, ist wichtiger, denn mit diesem System hat uns die Evolution ausgestattet. Hier drücken sich die wahren Gefühle aus. Auch die wahren Gefühle und Meinungen eines Vorgesetzten im Unternehmen lassen sich so von den Mitarbeitern erkennen.

Der Gesichtsausdruck beeinflusst stark die Wirkung, die Menschen auf uns haben. Schaut jemand freundlich und fröhlich, gilt die Person eher als attraktiv; sie wirkt eher unattraktiv, wenn sie traurig oder missmutig dreinschaut. Eine wichtige Rolle beim Erkennen und Deuten der Mimik spielen die schon in Kapitel 6.2 erwähnten Spiegelneuronen.

Eine Studie des Psychologen Ulf Dimberg von der Universität in Uppsala besagt: Wir erwidern das Lächeln eines anderen Menschen, ohne dass uns dies bewusst sein muss. Dimberg hat Testpersonen eine halbe Sekunde lang die Gesichter von Menschen gezeigt. Die Anweisung an die Probanden lautete, dass sie beim Anblick der Gesichter möglichst neutral bleiben sollten. Eine Apparatur hielt selbst kleinste Bewegungen ihrer Gesichtsmuskeln fest. Die anfangs eingeblendeten Bilder zeigten zunächst die Gesichter von neutral blickenden Menschen – die Testpersonen reagierten mit unbewegtem Mienenspiel. Als dann das Foto eines lächelnden Menschen eingeblendet wurde, bewegten sich die Gesichtsmuskeln und die Testpersonen lächelten ebenfalls leicht. Ein anderes Foto zeigte einen ärgerlichen Gesichtsausdruck und auch hier reagierten die Testpersonen mit einem ärgerlichen Gesichtsausdruck. Mehr noch: Als die Fotos in sehr schneller Weise gezeigt und getauscht wurden, sodass sie gar nicht mehr bewusst wahrgenommen werden konnten, zeigten die Testpersonen immer noch eine Reaktion auf die Fotos. Wir scheinen automatisch auf die Stimmung von anderen Menschen zu reagieren, selbst wenn uns dies nicht bewusst ist.

Von Joachim Bauer stammt das Buch: „Warum ich fühle, was du fühlst. Intuitive Kommunikation und das Geheimnis der Spiegelneuronen". Er schreibt: „Die menschliche Psyche und ihr neurobiologisches Instrument, das Gehirn, nehmen unter Umgehung unseres Bewusstseins täglich unzählige Hinweise und Reize auf. Resonanz heißt: Diese Wahrnehmungen, egal ob bewusst oder unbewusst, werden nicht nur in uns abgespeichert, sondern können auch Reaktionen, Handlungsbereitschaften sowie seelische Reaktionen hervorrufen." Für die interne Kommunikation lernen wir daraus: Unbedachtes Mienenspiel kann zum Stimmungskiller werden. Ein grimmiger Gesichtsausdruck des Vorgesetzten kann das Arbeitsklima einer ganzen Konferenzrunde zum Kippen bringen. Alle Versuche machen deutlich, dass das Gehirn auch nebensächliche Eindrücke im Berufsleben dezidiert verarbeitet. Die Mitarbeitenden wissen oft selber nicht, wie sich durch diese unbewussten kleinen Botschaften unmerklich ihre Stimmung ändert.

Täuschende Mimik

Mimik dient natürlich auch dazu, andere zu täuschen. Folgendes fanden Ekman und sein Kollege Friesen heraus: Schon Babys im Alter von zehn Monaten können echte und falsche Mimik unterscheiden – doch erst im Alter von fünf Jahren wissen Kinder, was eine Lüge ist. Einen Fremden lächeln die Babys begütigend an, der Mund grinst, aber die Augen bleiben kühl. Dahinter steckt eine instinktive Überlebensstrategie: Stimme den überlegenen Fremden freundlich, aktiviere seinen Beschützerinstinkt.

Das sicherste Mittel gegen Fehleinschätzungen ist unsere Fähigkeit, viele Merkmale gleichzeitig zu berücksichtigen. Ein Merkmal mag von der Regel abweichen, doch je mehr Eigenschaften wir bei der Bewertung einbeziehen, desto zuverlässiger können wir urteilen.

Wie reagieren wir, wenn der Gesichtsausdruck und die Körperhaltung unseres Gegenübers nicht übereinstimmen? Die Körperhaltung trennen wir nicht von der Wahrnehmung des Gesichtsausdrucks: Der Gesamteindruck entscheidet, dies haben niederländische Forscher um Hanneke Meeren von der Universität in Tilburg herausgefunden. Sie zeigten ihren Versuchspersonen Bilder, auf denen Gesichtsausdruck und Körpersprache nicht zueinander passten. Schon in den ersten 115 Millisekunden erkennt das Gehirn diesen Widerspruch. Bei unpassender Kombination von Mimik und Gestik konnten sich die Testpersonen schwerer entscheiden. Die Messungen zeigten, dass das Gehirn beim Verarbeiten von Gesichtern schon nach sehr kurzer Zeit weitere Informationen für die Interpretation heranzieht.

Die Mimik beeinflusst unsere Gefühle

Die Mimik drückt unsere Gefühle aus. Soweit so gut. Jedoch fand Ekman in seiner Forschung Erstaunliches über die Kraft der Mimik heraus: Unsere Mimik wirkt umgekehrt auch auf unsere Gefühle und beeinflusst sie. Im Rahmen ihrer Studien versuchten Paul Ekman und Wally Friesen alle möglichen Gesichtsausdrücke originalgetreu herzustellen und dann auf Video aufzunehmen. Während dieser Arbeit bemerkten die beiden, dass sie sich besser oder schlechter fühlten, je nachdem, welchen Gesichtsausdruck sie herstellten. In den Folgejahren bestätigte Ekman diesen Effekt, den er als „facial feedback" bezeichnete: Die Gesichtsmuskulatur löst im Gehirn Gefühlsprozesse aus, die zur aktuellen Mimik passen. Lächeln Versuchspersonen, berichten sie über bessere Gefühle als Versuchspersonen, die ihre Stirn runzeln sollen. Im Arbeitsleben sollte man sich deshalb mit Menschen umgeben, die gerne lächeln. Das hebt das Arbeitsklima.

Lächeln

Lächeln gehört überhaupt zur bedeutendsten mimischen Leistung. Menschen kennen 50 verschiedene Arten des Lächelns, von denen einige hochspezialisiert sind und die wir zum Beispiel nur beim Flirten einsetzen. Ein Lächeln spiegelt Empfindungen wider. Es kann sekundenschnell geschehen, elektrische Sensoren können es messen. Das Lächeln ist unser ältester und natürlichster Ausdruck, und wie andere Gesichtsausdrücke entwickelte es sich zu einem ganz bestimmten Zweck: Wir reagieren damit auf die Menschen in unserer Umgebung und wollen ihr Verhalten beeinflussen. Als Menschen im Berufsleben wollen wir unsere Vorgesetzten mit unserem Lächeln entwaffnen und ihnen Vertrauen einflößen. Je schneller, desto besser: Fehlende Bedrohung ist für unser Überleben offenbar so wichtig, dass das Lächeln tief in die Struktur unseres Gesichts eingebaut ist. „Der Körper ist die Bühne der Gefühle", sagt der weltbekannte Hirnforscher Antonio Damasio. Freuen wir uns, zeigt sich dies in unserer Mimik.

Tatsächliches lässt sich übrigens gut von aufgesetztem Lächeln unterscheiden: Gute Laune hebt nicht nur die Muskeln um die Mundwinkel, sondern auch einen Teil des Ringmuskels, der die Augenhöhlen umschließt. Seine Kontraktion zieht die Wangen mit nach oben. Dadurch bilden sich in den Augenwinkeln kleine Krähenfüße. Beim künstlichen Lächeln fehlt die Bewegung des Augenringmuskels, weil er nicht dem Einfluss des Willens unterliegt. „Es gibt nur eine Möglichkeit, aufmerksame Beobachter zu täuschen", schreibt der Biologe Richard Conniff in seinem Buch „Was für ein Affentheater": „Denken Sie an etwas Lustiges, das Sie zum Lächeln bringt. Ihre humorvollen Erinnerungen erreichen mühelos, was Ihrem Willen unmöglich ist. Ihre Augen strahlen."

Augen und Mund als Stimmungsbarometer

Im Gesicht einer Person sind Augen und Mund zentrale Informationsanker: Durch den Blick in die Augen können wir einschätzen, wie unser Gegenüber gestimmt ist: Bist Du mein Freund und tust mir gut? Bist Du mein Feind und schadest mir? Schon die Umgangssprache sagt, dass wir beim Blick in die Augen eines Menschen in seine Seele blicken können. Boxer wissen: Der Blick in die Augen kurz vor dem Kampf entscheidet oft darüber, wer gewinnt. Wer kennt im Arbeitsleben nicht jene Situation im Aufzug, wenn wir unseren Blick nach oben, unten oder auf die Etagenknöpfe richten, um uns aus nächster Nähe nicht in die Augen schauen zu müssen. In solchen Situationen reagieren wir mitunter so, als ob ein Mensch in unsere Intimsphäre eindringt.

Offenbar sorgt die Amygdala im limbischen System dafür, dass wir reflexartig die Augen unseres Gegenübers untersuchen und auf Zeichen von Angst und anderen Emotionen achten. Darüber hinaus liefern die Augen weitere wichtige Informationen über unser Gegenüber: Speziell die Pupillen teilen uns mit, ob der andere erregt ist. In diesem Fall weiten sich nämlich dessen Pupillen. Gleichzeitig registriert unsere Amygdala die Blickrichtung unseres Gegenübers, wobei uns das klar abgesetzte Augenweiß hilft.

Neben den Augen achten wir auch auf den Mund, weil er uns ebenfalls Informationen über die Stimmungen und Pläne unseres Gegenübers liefert. Lächelt uns die Person an oder fletscht sie die Zähne? So klären wir zwei überlebenswichtige Fragen auf den ersten, kurzen Blick: Droht uns Gefahr? Und: Wo kommt sie her? All dies geschieht unbewusst – dennoch wirken diese Signale auf uns.

Beim Blick auf die Augen und den Mund und deren Bewertung setzen sich weitere Prozesse in Gang, die auch als Stereotypen bezeichnet werden: Die Farbe der Augen verknüpfen wir mit weiteren Eigenschaften, wie im Fall der dunkeläugigen Südländerin und des blauäugigen Nordischen, was wiederum die damit verbundenen neuronalen Netzwerke aktiviert. Sicher, dies sind Vorurteile, doch sie wirken unbewusst und sehr stark.

8.4 Haut und Haar: Hinweise auf Jugend und Gesundheit

Haut und Haar sind Merkmale, die über Jugend und Gesundheit des Gegenübers informieren: In Studien zur Attraktivität entdeckten die Forscher, dass die Testpersonen jene Fotos von Menschen als besonders attraktiv bewerteten, deren Haut möglichst makellos war.

Das Kopfhaar gibt wichtige Hinweise auf Gesundheit, Alter, Geschlecht, Kultur und Subkultur, Epoche und gesellschaftliche Position. Die Bedeutung der Haare hat die Journalistin, Literatur- und Kulturhistorikerin Nina Bolt untersucht. In ihrem Buch „Haare – Eine Kulturgeschichte der wichtigsten Hauptsache der Welt" schreibt sie: „Hängt es fettig und trocken herab oder strähnig wie welkes Gras, so deuten wir dies als Zeichen dafür, dass es uns weder physisch noch psychisch sonderlich gut geht." Dagegen sind glänzendes, volles, lebendiges und natürliches Haar die vier Schlüsselbegriffe, die zum Beispiel in der Werbung für Haarpflegemittel das heutige Schönheitsideal wiedergeben. Und was gesund aussieht, wirkt attraktiv. Stumpfes, kaputtes, ausgefranstes Haar prägt den ersten Eindruck so negativ, dass andere Merkmale des Aussehens das Bild kaum noch korrigieren können; zu diesem Ergebnis kommt der Forscher Reinhold Bergler in einer umfassenden Studie über die Wirkung von Frisuren.

Zeigt man Frauen die Köpfe von Männern einmal mit Haar und einmal ohne, empfinden sie die Glatzen bis zu sechsmal weniger attraktiv. Auch im Arbeitsleben bringt Haarmangel eher Nachteile: Der Kommunikationsforscher Bernd Tischer legte 98 Personalchefs Bewerbungsfotos vor und fragte, wen sie zu einem Bewerbungsgespräch einladen würden. Hierbei wandte er den Trick an, einige Männer doppelt auftauchen zu lassen, einmal mit Halbglatze und einmal mit vollem Haar. Ergebnis: Die Personalchefs bevorzugten jene Personen mit vollem Haar.

Unsere Haare gehören zu jenen äußeren Merkmalen, die sich am schnellsten ändern können: Wir können ihnen eine bestimmte Form geben, wir können sie färben. Ähnlich wie unsere Kleidung lassen sie sich in diversen Variationen von Farbe und Form tragen, obwohl sie zum Körper des Menschen gehören. Dies verleiht einer veränderten, neuen Frisur mehr Bedeutsamkeit als beispielsweise ein neuer Mantel. Stylingprodukte, Gels und Färbemittel erlauben Abwechslungsreichtum: Am Abend sind sie aufgestylt, morgens am Arbeitsplatz wieder streng gekämmt. Wie wichtig das Haar als Signal ist, zeigte die heftige Reaktion von Ex-Kanzler Gerhard Schröder, als Berichte umgingen, er töne sein Haar, weil es zu ergrauen beginnt. Der Niedersachse wehrte sich mit gerichtlicher Hilfe. Seither darf über die Farbechtheit des Politikerhauptes nicht mehr gemunkelt werden.

8.5 Geruch als Torwächter

„Den kann ich nicht riechen!" War dies nicht auch einmal ein Urteil von Ihnen über einen Kollegen? In der Tat ist der Geruch einer Person ein wichtiges Indiz für unsere erste Bewertung. Langsam setzt sich die Erkenntnis durch, dass das Augentier Mensch auch ein Nasentier ist: Gerüche erreichen und steuern unser Unbewusstes viel stärker als bisher angenommen. Der Riechnerv, der Geruchsreize verarbeitet, führt direkt ins Gefühlszentrum des Gehirns und löst dort sofort emotionale Reaktionen aus – keine Chance für die Großhirnrinde, steuernd einzugreifen. Für die emotionalen Reaktionen ist die Amygdala zuständig, die ursprünglich die Aufgabe hatte, Geruchssignale zu verarbeiten. Sie ist direkt mit unserer Nase verbunden.

Wie Gerüche wirken, zeigte folgendes Experiment: Probanden saßen in einem Raum und spielten Scrabble. Im Schrank befand sich ein Putzeimer mit Allzweckreiniger, der nach Zitrusduft roch. Den Zitrusduft des Allzweckreinigers bemerkte zwar keiner der Probanden bewusst, doch die Teilnehmer legten mehr Wörter, die mit Sauberkeit zu tun hatten als die Kontrollgruppe ohne Zitrusduft, und sie hinterließen den Versuchsraum ordentlicher. „Das Gehirn entschlüsselt automatisch die implizite Bedeutung des Zitrusdufts – „Saubermachen" , „Reinlichkeit" etc. – und setzt Verhaltensprogramme in Gang, ohne das Bewusstsein zu belästigen", so der Neuropsychologe Christian Scheier.

Auch bei der Kommunikation zwischen Menschen im Unternehmen müssen wir davon ausgehen, dass sie Gerüche aufnehmen, sie mit einer emotionalen Bewertung speichern und unbewusst Verhaltensprogramme auslösen. Nicht allein der starke Schweißgeruch eines Kollegen löst Wirkung aus. Viel subtilere Signale, an die wir uns gar nicht erinnern können, verbinden wir mit einem Kollegen oder Vorgesetzten, was sich widerum massiv auf unser Verhalten auswirken kann.

8.6 Bewegung als Superzeichen

Die Bewegung ist eines der Superzeichen eines Menschen. Dies hat unter anderem der Forscher Siegfried Frey herausgefunden. In seiner Studie, die wir in einigen Elementen schon oben vorgestellt haben, wollte er die Frage beantworten, wie deutsche, französische und US-amerikanische Zuschauer auf die in die TV-Nachrichten der drei Länder eingebundenen Bewegtbilder von Politikern reagieren. Dazu zeigte er Studenten 180 Videoclips mit 60 amerikanischen, 60 französischen und 60 deutschen Politikern. Die Clips dauerten 10 Sekunden. Als Versuchspersonen waren 55 amerikanische, 85 französische und 81 deutsche Studierende beteiligt. Seine Untersuchung hat er in drei Ländern jeweils im Einzelversuch durchgeführt.

Im Ergebnis zeigte sich, dass die Bilder erheblich wirkten: Obwohl die Bewegtbilder nur wenige Sekunden zu sehen waren, lösten sie dezidierte Urteile der Testpersonen aus. Hierbei war es für die Geschwindigkeit des Urteils völlig unerheblich, ob die Betrachter schon eine Meinung vom Politiker hatten oder ob sie sich diese Meinung erst bilden mussten. Frey: „Offenbar entscheidet sich beim Anblick einer Person buchstäblich in Sekundenschnelle, was wir von dieser Person halten, welche Eigenschaften wir ihr zuschreiben oder absprechen, ob wir sie sympathisch finden, als langweilig erachten, als arrogant, unehrlich, intelligent, fair und anderes mehr einstufen. Und ganz anders, als dies bei einer rationalen Abwägung unseres Urteils der Fall wäre, läuft die durch das nicht-sprachliche Verhalten ausgelöste Meinungsbildung so automatisch ab, dass der Betrachter (...) kaum mehr Mühe aufwenden muss, als nötig ist, um wach zu bleiben." Somit knüpfen diese Ergebnisse an Erkenntnisse an, die Sie bereits in den vorangegangenen Kapiteln kennen gelernt haben. Was Frey interessierte war, was diese Bewertungsprozesse auslöst.

Aus dem Tierreich wissen wir, dass nur wenige Merkmale eine Rolle spielen, wenn ein Tier auf ein anderes wirkt. Dies hat Tierforscher Konrad Lorenz schon vor vielen Jahren herausgefunden – manchmal ist es ein roter Schwanz, manchmal ein paar Federn oder eine Bewegung des Kopfes. Und obwohl die Sinnesorgane der

Tiere viel mehr wahrnehmen: Die Reaktion auf ein anderes Tier erfolgt anhand weniger und mitunter sehr simpler Reize, auch Superattrappen genannt.

Beim Menschen ist das selbstverständlich anders – immerhin sind wir die Krone der Schöpfung und hochintelligent! Tatsächlich? Was sagt die Forschung? Der Vergleich der Bewegungsmuster jener Politiker, die in der Studie von Frey besonders gut abgeschnitten hatten, mit jenen, die negativ bewertet wurden, überraschte: Sobald Politiker ihren Kopf seitlich kippten, schnitten sie deutlich besser ab. Unser Sehsystem misst dieser scheinbar kleinen Veränderung enormes Gewicht bei, sie entscheidet maßgeblich den Eindruck, den eine Person auf uns macht: „Dieselben Personen, die zunächst als „sympathisch, empfindsam, zärtlich, ehrlich, bescheiden" wahrgenommen wurden, galten den Beurteilern auf einmal als „unsympathisch, kalt, hinterlistig, arrogant, hart, abweisend" – bloß weil sie den Kopf ein bisschen anders hielten", so Frey. Dies stellte sich völlig spontan ein und war für die Betrachter absolut zwingend. Diese enorme Wirkung blieb auch dann bestehen, wenn die Versuchspersonen erkannten, welcher anscheinend unbedeutende Anlass sie dazu gebracht hatte, ihre Meinung über die Person grundlegend zu ändern. Schon die leichte Neigung des Kopfes sendet uns einen so starken Reiz, dass wir die Person wesentlich sympathischer einschätzen als ohne diese Neigung des Kopfes. Das Neigen des Kopfes ist bei Frauen übrigens eines der deutlichsten Flirtsignale! Jetzt wissen wir, warum!

Das Deuten von Bewegungsmustern scheint kulturübergreifend zu sein: Die Bewegungen von Politikern führten bei Zuschauern in unterschiedlichen Nationen zu sehr ähnlichen Ergebnissen. Frey schreibt: „Es deutet sich (...) an, dass die subjektiven „Übersetzungsregeln", die bei der spontanen Interpretation nonverbaler Stimuli zur Wirkung gelangen, zumindest innerhalb einer Kultur einander so ähnlich sind, als bestünde ein heimlicher Konsensus. Darüber hinaus bestätigte sich in unseren Analysen einmal mehr, dass die nonverbale Kommunikation ihre Wirkung auch über die Sprach- und Kulturgrenzen hinaus entfaltet."

Die Sprache unserer Bewegungen

Welche Körperteile ziehen wir zur nonverbalen Kommunikation heran?

- → Schultern heben und senken wir, wir schieben sie vor und zurück.
- → Der Kopf bietet viele Möglichkeiten: Wir können ihn heben oder senken, drehen und seitlich kippen – und dies zeitgleich.
- → Unvergleichlich sind unsere Hände: Wir können sie gleichzeitig drehen, öffnen, in drei Richtungen beugen, sowie durch Armbewegungen nach oben/unten, links/rechts und vorne/hinten verlagern. Welche Herausforderung für Forscher, die unsere Bewegungen untersuchen!

Eines der bekanntesten Erfassungssysteme für Bewegungen liefert seit den 1980er-Jahren das „Berner System zur Untersuchung nonverbaler Interaktion". Das System verfügt insgesamt über 55 Dimensionen, um Körperbewegungen zu kodieren. Berücksichtigen wir die Mimik, die laut Studien von Ekman rund 10.000 Ausdrucksmöglichkeiten kennt, kommen weitere 49 Kodierungsdimensionen hinzu, also insgesamt 104 Dimensionen. Wie auch bei den rund 10.000 Ausdrucksmöglichkeiten unserer Mimik gehen wir auch mit diesen vielen Bewegungsmöglichkeiten nicht bewusst um. Gerade daraus beziehen sie ihre Kraft, denn auf Gesten reagieren wir enorm feinfühlig.

Kein Wörterbuch für Bewegungen

Das Problem mit den Bewegungen: Schulterzucken und Kopfschütteln scheinen wir noch deuten zu können, aber für viele andere Reize gibt es kein Wörterbuch. Anders bei der Sprache: Durch Sprache können wir uns mit unserem Gegenüber über die Bedeutung eines bestimmten von uns verwendeten Wortes verständigen. Anders ist dies im Fall von Körperbewegungen: Für sie gibt es keine Bedeutung, die wir in einem Wörterbuch nachschlagen können. Wir bewerten demnach die Bewegungen eines anderen Menschen subjektiv und gefühlsmäßig, aber wir besprechen unser Urteil nicht mit ihm. So kann es sein, dass uns die andere Person durch ihre Bewegungen eine bestimmte Bedeutung vermitteln will, wir uns darum aber nicht kümmern. Auch lässt sich denken, dass wir die Bewegung anders deuten, als die Person es gern hätte. Und es kann geschehen, dass wir die Bewegungen der anderen Person bewerten, ohne dass die mit ihrer Körpersprache eine bestimmte Absicht oder eine bestimmte Bedeutung verbunden hätte. Es liegt an uns, welche Reize wir auswählen und wie wir diese Reize bewerten. Unser Gegenüber kommt auch nie auf die Idee, uns danach zu fragen, wie wir seine Bewegungen deuten.

8.7 Stimmungen in der Körperhaltung

Wie können sich Gefühle auf den Körper auswirken? Tatsache ist: Verstand, Gefühle und Körper hängen eng zusammen. „Wenn Menschen denken, fühlen und handeln, tun sie dies nicht wie körperlose Gespenster. Der Körper ist immer mit im Spiel“, schreibt Maja Storch im sehr lesenswerten Buch „Embodiment“. Der Neurologe Damasio spricht davon, dass der Körper die Bühne der Gefühle ist.

Gefühle können sich auf die Körperhaltung auswirken. Was man innerlich fühlt, hinterlässt Spuren in der Physis. Die Psychologen John A. Bargh, Mark Chen und Lara Burrows teilten Studenten eines Semesters in zwei Gruppen und verteilten sie auf zwei Hörsäle. Eine Gruppe sollte eine Arbeit über das Leben und die Einschränkungen in den Bewegungen älterer Menschen schreiben. Die andere Gruppe schrieb über Leben und Sport junger Menschen. Nachdem die Testpersonen den Hörsaal verlassen hatten, filmten die Forscher ihre Bewegungen. Das Erstaunliche: Jene Studierenden, die über ältere Menschen geschrieben hatten, bewegten sich ähnlich älterer Menschen, die andere Gruppe bewegte sich wie junge, gesunde Menschen. Keiner einzigen Testperson war bewusst, wie sich die Bewegungen durch den Test geändert hatten.

Die Körperhaltung kann die Stimmung der Menschen ausdrücken. Bei der Bekanntgabe von Noten in einer US-amerikanischen Highschool richteten die Guten ihren

Körper auf, die Schlechten gingen gebeugt, die Durchschnittlichen änderten ihre Haltung nicht. Interessant, aber doch nicht wirklich überraschend aufgrund der bisherigen Erkenntnisse in diesem Buch ist der Umstand, dass die Studierenden auch nach vielen Jahren diese Stimmung und sogar das Körpergefühl abrufen können, sobald man ihnen diese Situation erneut vor Augen führt. Auch die Körperhaltung scheint demnach ein Gedächtnis zu besitzen. Die stolze Körperhaltung kann manchen sogar ein ganzes Leben begleiten. Wir alle kennen ja Menschen, die aufrecht gehen oder sogar stolzieren, weil sie eine gehobene Stellung einzunehmen glauben.

Bei Menschen im Unternehmen kann die Körperhaltung Informationen über die momentane Verfassung einer Person liefern, aber auch über deren Persönlichkeit: Geht ein Vorgesetzter stets aufrecht und gerade, bewerten dies die Mitarbeiter anders als wenn der gleiche Mensch stets gebeugt geht, so als müsste er die Last der Welt auf seinen Schultern tragen. Auch diese Bewertungsprozesse laufen spontan ab und meist unbewusst, aber sie sind wichtig.

8.8 Status

Ein Blick in die deutschen Chefetagen zeigt, dass hier die Großen unter sich sind. Noch nicht einmal jeder zehnte Manager in den führenden deutschen Unternehmen ist kleiner als 1,80 Meter. Fast die Hälfte ist größer als 1,90 Meter. Der deutsche Mann ist durchschnittlich 1,77 Meter groß.

Große verdienen mehr. Zu den Forschern, die dies untersucht haben, gehört Guido Heineck, Wirtschaftswissenschaftler an der Universität München. Sein Ergebnis: Bei Männern gibt es für zehn Zentimeter zusätzlicher Körpergröße vier Prozent mehr Gehalt. Ein Mann zwischen 1,85 und 1,95 Meter verdient im Schnitt 15 Prozent mehr als sein Kollege unter 1,65 Meter. Andere Forscher in den USA haben Tausende von Menschen von der Geburt bis zum Erwachsenenleben verfolgt. Menschen, die nur einen Zentimeter größer waren, erhielten 310 US-Dollar mehr Gehalt pro Jahr. Ein Mensch, der 1,82 Meter groß ist, verdient bei gleichen Startvoraussetzungen pro Jahr 4.340 US-Dollar mehr als ein anderer, der 1,68 Metern groß ist. Timothy Judge, einer der Autoren der Studie, rechnet aus, dass ein groß gewachsener Mensch im Lauf von 30 Berufsjahren 100.000 US-Dollar mehr verdient.

Die Größe eines Menschen wird von uns offenbar auch als Status wahrgenommen: Der australische Psychologe Paul Wilson ließ 1968 an seiner Universität einen Fremden einen Vortrag halten. Einmal stellte er den Gast als Studenten von einer anderen Universität vor, ein andermal als Dozenten und schließlich als einen berühmten Professor der Elite-Universität Harvard. Hinterher ließ er die Zuhörer die Größe des Vortragenden schätzen. Ergebnis: Den Professor schätzten die Befragten fünf Zentimeter größer ein als den Studenten. Die Körpergröße scheint demnach mit dem Status, der Dominanz und der Macht einer Person zusammengesehen zu werden, wenn es um die Bewertung dieser Person geht. Wir können dies schon sprachlich daran erkennen, dass wir zu einem großen Menschen aufschauen. Dieser Zusammenhang ist übrigens nicht aus der Luft gegriffen: Je höher die soziale Schicht, desto größer sind Männer und Frauen. Deutsche Studenten sind durchschnittlich drei Zentimeter größer als Lehrlinge.

Je größer, desto risikobereiter – eine Eigenschaft, die als eine Schlüsselqualifikation für einen hoch bezahlten Führungsjob gilt. In der Studie des Bonner Instituts zur Zukunft der Arbeit (IZA) sollten sich die Testpersonen vorstellen, sie hätten in einer Lotterie 100.000 Euro gewonnen. Eine Gruppe durfte den Betrag bei einer Bank anlegen. Mit 50 Prozent Wahrscheinlichkeit würde sich der Betrag innerhalb von zwei Jahren verdoppeln; gleich groß war das Risiko, die Hälfte des Geldes zu verlieren. Erstaunliches Ergebnis: Mit jedem Zentimeter Körpergröße stieg die Summe um 200 Euro, die sie riskierten. Harvard-Professor John Kenneth Galbraith schreibt in seinem Buch „Anatomie der Macht“: „Bedeutende Führungspersönlichkeiten verdanken einen Teil ihrer Macht ihrer physischen Stärke und Körpergröße.“

Bei der Größe scheint sich übrigens zu wiederholen, was auch für die Attraktivität gilt: Die Erwartungen sorgen dafür, dass sich Menschen anders verhalten. Es funktioniert nach Art der selbsterfüllenden Prophezeiung. Aufgrund der bisherigen Forschungsergebnisse muss davon ausgegangen werden, dass die Großen schon als Kinder selbstsicherer waren und jetzt die Erwartungen rechtfertigen, die ihre Vorgesetzten in sie setzen. Großen Menschen begegnen wir anders als kleineren Menschen, sodass sie sich wie selbstverständlich auch anders verhalten.

8.9 Codes der Stimme

Die Stimme kann den ersten spontanen Eindruck eines Menschen im Arbeitsleben entscheidend mitprägen. Die Stimme gibt Wörtern Sinn und Bedeutung, sie drückt Gefühle und Stimmungen aus. In der internen Kommunikation finden wir den Einsatz der Stimme zum Beispiel in Reden, Gesprächen und Verhandlungen sowie in der Telefonzentrale.

Die beiden Kommunikationsexperten Vazrik Bazil und Manfred Piwinger berichten von einem Experiment, das die Redaktion der Vorwerk-Nachrichten vor einigen Jahren durchführte: Mitarbeiter sollten Gesprächspartner spontan so präzise wie möglich beschreiben. Das Besondere: Sie hatten mit den betreffenden Personen zwar oft jahrelang telefonischen Kontakt gehabt, hatten sie jedoch nie zu Gesicht bekommen. Das Ergebnis vorweg: Die Trefferquote war erstaunlich hoch. Die Personenbeschreibung reichte von der Körper- und Schuhgröße bis hin zur Farbe der Haare, dem Alter und zu Eigenschaften wie Hilfsbereitschaft und Aussagen wie „hat einige gute Freunde“, „hat ein Haus im Grünen“, „ist verheiratet und hat zwei Kinder“. Manche Eigenschaften trafen hundertprozentig zu, andere waren schlichtweg falsch. Gab es Ergebnisse, die eher stimmten und solche, die oft falsch waren? Ja: Die Testpersonen konnten nach den Stimmen ziemlich schlecht

Größe und Körperbau einordnen; dagegen trafen die Vermutungen über den Charakter meist zu.

Jede Stimme ist einzigartig und markiert die Persönlichkeit eines Menschen. Sprachexperten können das Alter einer Person bestimmen und die Gegend, in der sie gelebt hat, denn zwischen dem 5. und 15. Lebensjahr wird die Stimme geprägt. Im Lauf des Lebens entwickelt sie sich weiter. Wie schon bei der Attraktivität (siehe Kapitel 8.2) sind sich Menschen darüber weitgehend einig, was eine schöne Stimme auszeichnet: Männliche Stimmen ziehen wir vor, wenn sie tief, weich und getragen klingen, bei Frauen bevorzugen wir eher hohe Stimmen.

Unser Gehirn prüft den Inhalt des Gesagten fast automatisch. So können wir uns auf den Klang der Stimme konzentrieren und prüfen, in welcher Stimmung sich die Person befindet. Das limbische System kann den gesamten Körper auf Traurigkeit einstellen: Die Muskeln in der Kehle erschlaffen, die Stimmlippen erreichen nicht mehr die volle Spannung und schlagen viel langsamer zusammen. Die Speichelproduktion im Rachenraum sinkt. Der Mensch klingt tiefer. Wenn unser Gegenüber wütend wird, spannen sich die Muskeln im Kehlbereich an, gleichzeitig bleibt ihm fast die Spucke weg; die Stimmlippen sind jetzt kürzer, härter und erzeugen mehr Obertöne. Die höchste Sprechgeschwindigkeit ist erreicht. Die Stimme klingt schärfer und höher. Schon nach einer halben Sekunde meinen wir zu erkennen, dass unserem Gegenüber etwas die Kehle zuschnürt.

8.10 Kleidung und Symbole als Codes

Symbole, also Zeichen, die eine Bedeutung vermitteln, sagen uns etwas über die Person selbst aus. Menschen nutzen Symbole, um zu zeigen, dass sie zu einer Gruppe gehören, die sich von anderen abgrenzt. Scheier und Held nennen beispielhaft den Koffer des strebsamen Jurastudenten, das Tuch und die Perlenohrringe der angehenden Juristin, die Sandalen des Pädagogen und den Kugelschreiber in der Brusttasche des Mathematikers. „Vorurteile!", sagen Sie? Mitunter sind sie das, aber tatsächlich sind sie wichtige Ausdrucksmöglichkeiten und hoch wirksam, wenn wir ihre Bedeutung betrachten. Einmal gelernt, wirken Symbole, ohne dass wir etwas mitbekommen. Sie vermitteln blitzschnell wichtige Hinweise zur Bewertung einer Person. Sie stützen das Vorstellungsbild, das wir von ihnen haben.

Das Arbeitsleben ist voll von bedeutenden Symbolen: Einzelbüro, Dienstwagen, Business Class im Flugzeug, eigene Assistentin, Titel auf der Visitenkarte, Spesenbudget, Firmenkreditkarte und Kunst im Büro. Wenn Führungskräfte solche Symbole nutzen, kennen wir deren Bedeutung und werten sie irgendwie positiv, denn beeindrucken – das sollen sie uns ja.

Symbole können kulturübergreifend wirken, wie im Fall von Tieren, die wir auf der Krawatte einer Person sehen; zum Beispiel steht der Löwe für Eigenschaften wie Kraft und Überlegenheit. Symbole gibt es in allen Subkulturen, im Management ebenso wie in der Forschung und in Werbeabteilungen. Deren Symbole, wie die schwarze Kleidung der Kreativen, erschließt sich allerdings oft nur der Gruppe.

Kleidung ist eine Symbolsprache, die von der Zeit und der Kultur geprägt wird, in der eine Person lebt. Die Mitglieder einer Gemeinschaft nutzen die Kleidung, um die eigene Bedeutung zu vermitteln: Im Arbeitsleben sind dies dunkle Anzüge (mit Weste) von Managern, der Blaumann der Arbeiter und der Arztkittel in Praxis und Klinik. Um die Bedeutung solcher Symbole zu entschlüsseln und einzuordnen, müssen wir sie kennengelernt haben. Von diesen Symbolen und deren Bedeutung schließen wir dann auf die gesamte Person. Sehen wir zum Beispiel das Foto eines ehemaligen Mitarbeiters, können wir anhand der Kleidung sagen, aus welcher Zeit dieses Bild stammt. Genauso können wir sagen, in welchem Kulturkreis dieser Mitarbeiter gelebt hat oder in welcher Lebenswelt (Milieu). Anhand von Symbolen wie der Uhr oder Aktentasche könnten wir auf die gesellschaftliche Position der Person schließen oder zumindest auf jene, die diese Person gern hätte. Durch die Werbung lernen wir, welche Eigenschaften der typische Träger hat und ob das Tragen der Uhr Spaß oder Neid auslösen soll.

Apropos Uhr: Durch die Massenmedien ging die Geschichte vom Foto des ehemaligen Vorstandsvorsitzenden von Siemens, Klaus Kleinfeld. Was war geschehen? Die Presseabteilung von Siemens hatte ein offizielles Foto von Kleinfeld an alle Zeitungen in Deutschland verschickt. Dort stutzten die Fotoredakteure, denn sie hatten schon kurze Zeit vorher ein Foto erhalten, das diesem sehr ähnlich sah. Beim genauen Betrachten entdeckten sie den Unterschied: Auf dem alten Foto trug Kleinfeld eine Rolex-Uhr an seinem Handgelenk, auf dem neuen fehlte sie, sie war wegretuschiert. Diese Änderung löste einen kleinen Skandal aus, dessen Ursache nicht etwa darin zu suchen war, dass Kleinfeld eine solche Uhr trug, die er sich zweifelsohne leisten konnte, sondern dass sie plötzlich fehlte. Einer der Kommentatoren witzelte, dass Manager Rolex-Uhren tragen, wenn sie auf dem Weg nach oben sind. Oben angekommen, wären jedoch andere oder gar keine Uhren angemessene Accessoires – soviel zur genau bestimmten Bedeutung von Symbolen.

Kapitel 9

Menschen als Gesamtbild

Menschen im Unternehmen begegnen sich: Sie sehen sich an, sie schütteln sich die Hand, sie hören sich zu. Viele Informationen erreichen das Gehirn: Die Stimme ist laut oder leise, die Haltung der Arme ist verspannt oder locker, die Hände sind in die Hüfte gestemmt, der Gesichtsausdruck ist freundlich oder verkniffen, die Hautfarbe ist rot oder blass. Das Gehirn verarbeitet sehr viele Signale sehr schnell. Die Sinne arbeiten Hand in Hand: Was wir von einem Menschen sehen, wird im neuronalen Netzwerk (Kapitel 10.1) mit anderen Eindrücken verbunden.

Ein Foto kann sämtliche Informationen von einer Person aktivieren, zum Beispiel ihr Parfum, wenn wir es gespeichert haben. Jeder Sinn kann andere Sinneseindrücke anstoßen. Die Sinnesorgane ergänzen sich zum ganzheitlichen Erlebnis. So kann das Foto einer Frau, die einen Rosenstrauß in den Händen hält, gleichzeitig den Blumenduft in uns wachrufen.

Wie entsteht aus den Einzeleindrücken eines Menschen ein Gesamtbild? Unser Gehirn empfängt Informationen von den Sinnesorganen auf mehreren Kanälen. Sobald unser Gehirn diese Eindrücke kombiniert, entsteht ein Gesamtbild. Fachleute nennen dies sensorische Integration. Diese Integration erfolgt schon früh in der neuronalen Reizverarbeitung: Auch Hirnzentren, die auf einen einzelnen Sinn spezialisiert sind, nutzen Informationen aus anderen Sinneskanälen und tragen so dazu bei, dass sich Eindrücke verschmelzen. Ein Beispiel für diese Kreuzung der Sinne: Gebiete eines übergeordneten Hörareals verarbeiten auch visuelle und taktile Reize. Augen und Finger hören sozusagen mit.

Ein Beispiel aus der Sprachwahrnehmung: Wörter werden zum einen akustisch übermittelt, zum anderen bewegen sich die Lippen, was uns weitere wertvolle Informationen liefert. Eine Studie von Gemma Calvert an der Oxford Universität im Jahr 2001 zeigt, dass die Wahrnehmung der Sprache sowohl die Aktivität des Hörsystems als auch des Sehsystems stärkt, weil hörbare und sichtbare Reize gleichzeitig im Gehirn eintreffen. Das Bewegen der Lippen scheint also das Verarbeiten der Hörsignale zu unterstützen. Umgekehrt haben auch die gehörten Worte auf die visuelle Analyse der Lippenbewegungen gewirkt. Dieses Ergebnis überraschte, da die Forschung bisher davon ausging, dass die Hirnregionen für Hören und Sehen getrennt liegen. Überraschend ist auch, dass allein das stumme Bild des Sprechers schon unsere Hörrinde messbar erregt, auch wenn der Sprecher nur sinnlose Fantasiewörter aufsagt. Grimassen ließen hingegen die Hörrinde kalt.

Alle Eindrücke, die unsere Sinne von einer Person aufnehmen, setzt das Gehirn mosaikartig zu einem Gesamteindruck zusammen. Die einzelnen Sinne sind dabei unterschiedlich stark beteiligt, wobei das Sehen stets am Wichtigsten ist. Untereinander kommunizieren unsere Sinne also, sobald es zu einer Begegnung mit einem Menschen kommt. Einige Sinne erfassen die Person gemeinsam: Die Gestalt lässt sich sehen und fühlen. Andere Sinne erfüllen eine Aufgabe allein: Die Farbe des Anzugs etwa kann man sehen, welches Rasierwasser jemand benutzt, verrät uns der Geruchssinn. Fest steht: Die Sinne addieren oder subtrahieren sich nicht gegenseitig, sondern sie beeinflussen sich gegenseitig stark.

Bei der Wahrnehmung ist das Gehirn darauf ausgelegt, Muster zu erkennen: Je stimmiger die Sinne ein Muster identifzieren, desto stärker wirkt es im Gehirn. Wirken Informationen nur auf einen Sinn, reicht das für das Gehirn meist nicht aus: Erst wenn auch die anderen Sinne die gleiche Bedeutung transportieren, kann das Muster wirken. Nervenzellen feuern im Gehirn bis zu zehnmal stärker, wenn sie über mehrere Sinne angesprochen sind. „Eins und eins ergibt dann nicht mehr zwei, sondern zehn", sagt der Neuropsychologe Christian Scheier. Menschen wirken demnach wesentlich stärker auf andere, wenn sie alle Sinne ansprechen und wenn alle sensorischen Codes dieselbe Bedeutung in sich tragen, sodass sie das gleiche Bedeutungsmuster transportieren.

Was passiert, wenn die Eindrücke beim Zusammensetzen nicht zueinander passen? Menschen können ihre Gefühle nur schwer vortäuschen, denn am Ausdruck sind zahlreiche Gesichtsmuskeln beteiligt, von denen sich einige nicht bewusst steuern lassen. Neben dem Gesichtsausdruck gibt die gesamte Körpersprache des Gegenübers Hinweise darauf, was die Person tatsächlich fühlt. Täuscht der Firmenchef Lockerheit vor oder falsche Betroffenheit bei seinem Lagebericht, können die Mitarbeiter dies schnell erkennen. Die Psychologin Maja Storch hat sich mit dem Zusammenhang von Gefühlen und Körper intensiv beschäftigt: „Wenn ein Mensch echte Gefühle hat, die er auch wirklich empfindet, äußert sich das in Bewegungen der Gesichtsmuskulatur, die teilweise nur für die Dauer von Sekundenbruchteilen auftauchen, die aber trotzdem von anderen Menschen wahrgenommen und interpretiert werden. Diese Wahrnehmung und Interpretation findet oft unbewusst, durch unser emotionales Erfahrungsgedächtnis, statt, so dass wir gar keine genaue Auskunft darüber geben können, warum ein bestimmter Mensch glaubhaft oder unglaubhaft wirkt. Die gefühlsmäßige Einschätzung über die betreffende Person sitzt jedoch meistens bombenfest."

Die interne Kommunikation im Unternehmen muss also in Rechnung stellen, dass die Mitarbeiter stark über Signale kommunizieren, die wir im Berufsalltag kaum beachten. Solche Signale wirken maßgeblich auf die Kommunikation der Menschen ein und bestimmen deren Handeln mehr als Daten und Fakten. Wer möglichst wirkungsvoll mit anderen Menschen kommunizieren möchte, muss deshalb auch diese Wirkungen einbeziehen. Manager sollten nicht nur prüfen, ob ihre PowerPoint-Präsentation gut gemacht und vollständig ist, sondern sie sollten auch stark darauf achten, wie sie selbst zu den Inhalten stehen (ob sie eher skeptisch sind oder doch restlos überzeugt). Denn genau das werden sie beim Vortrag transportieren. Das Zusammenspiel von Mimik, Gestik und Erscheinungsbild wirkt jedenfalls stärker als alle gutgemeinten Worte – ein wissenschaftlich erhärteter Sachverhalt, den Führungskräfte unbedingt beherzigen sollten.

Kapitel 10

Interne Kommunikation als Lernprozess

Die Menschen im Unternehmen sollen Wissen voneinander und übereinander entwickeln - darum geht es im Wesentlichen, wenn man von Interner Kommunikation spricht. Wer Wissen aufbaut, lernt. Interne Kommunikation ist also ein Lernprozess: Sie hat zum einen die Aufgabe, dass den Mitarbeitern wichtige Dinge im Unternehmen bekannt gemacht werden; zum anderen sollen die Beschäftigten davon ein klares, lebendiges Vorstellungsbild entwickeln und dieses Vorstellungsbild positiv bewerten. Sie finden es gut und sind deshalb bereit, das Unternehmen in seinen Anliegen unterstützen. Ein solches, als positiv empfundenes lebendiges Vorstellungsbild ist die Voraussetzung dafür, dass die Mitarbeiter schnell und gezielt im Sinne des Unternehmens handeln. Diese Prozesse müssen erarbeitet werden, sie lassen sich, wie gesagt, auch als Lernprozesse verstehen.

Leider ist jedoch die Interne Kommunikation in Unternehmen oft nicht geeignet, solche Lernprozesse auszulösen:

- → Wichtige Informationen können die Mitarbeitenden nicht finden; zum Beispiel ist das Intranet überflutet und ungeordnet;
- → Mitarbeiter können die Informationen nicht aufnehmen und verstehen, weil sie nicht wissen, dass sie wichtig sind, oder weil ihnen die Bedeutung von Begriffen unbekannt ist;
- → die Informationen sind nicht dazu angetan, positive Gefühle in ihnen auszulösen;
- → sie können die Informationen nicht speichern, weil sie keine emotionale Bedeutung haben oder nicht oft genug wiederholt werden.

Ein Artikel über ein neues Projekt in der Mitarbeiterzeitung ist meist nach kurzer Zeit vergessen.

10.1 Kommunikation schafft Verbindungen

Die Gehirne der Mitarbeiter ändern sich in der internen Kommunikation und durch sie. Wie lässt sich das erklären? Das Gehirn besteht aus rund 100 Milliarden Nervenzellen, deren Aktivität als „feuern“ bezeichnet wird. Diese Nervenzellen enthalten Wissen über die Welt, das eigene Unternehmen und dessen Mitarbeiter. Nervenzellen, auch Neuronen genannt, gehen untereinander Verbindungen (Synapsen) ein. Hirnforscher schätzen, dass es in einem Gehirn etwa 100 Billionen Synapsen gibt.

Nach welchen Prinzipien entstehen diese Verbindungen? Ein Erklärungsmodell, das in den 1950er-Jahren aufkam und das auch heute noch anerkannt ist, stammt vom Psychologen Donald Olding Hebb. Sein Prinzip hat er „Hebbsche Plastizität“ genannt. Sie entsteht, wenn zwei oder mehr Nervenzellen gleichzeitig feuern: In diesem Fall nimmt unser Gehirn beide Reize als zusammengehörig wahr, die Nervenzellen verbinden sich und tauschen Informationen durch Botenstoffe (Transmitter) aus. Der Kernsatz, den Hebb hierzu formuliert hat, lautet: „Cells that fire together, wire together“ (Zellen, die zusammen feuern, verbinden sich).

Die Stelle, an der die beiden Nervenzellen in Verbindung treten und Signale austauschen können, wird Synapse genannt. Jedes gemeinsame Erregen der Nervenzellen stärkt die synaptische Verbindung und sorgt für eine bessere Informationsübertragung. Anders ausgedrückt: Je häufiger das Gehirn beide Reize gleichzeitig wahrnimmt, desto stärker sind die Neuronen bereit, Botenstoffe zu übertragen. Dies lässt sich mit dem Prinzip des Aufbaus von Muskeln im Fitnessstudio vergleichen: Werden Muskeln oft beansprucht, erhöht sich deren Leistung – der Körper geht davon aus, dass der Muskel wichtig ist, wenn er oft genutzt wird. Ähnlich funktioniert es auch im Gehirn.

Wird die synaptische Verbindung zwischen Nervenzellen durch häufiges Benutzen verstärkt, wird das als „Bahnung" bezeichnet. Hüther beschreibt dies mit dem Bild des Weges, der durch unwegsames Gelände gebahnt wird. Der Weg wird breiter, wenn er häufiger benutzt wird. Nach vielen Jahren ist eine breite, gut begehbare Straße entstanden. Wege verschwinden, die selten oder nicht benutzt werden. So lassen sich auch die gut gebahnten Verbindungen zwischen einzelnen Nervenzellen als gut ausgebaute breite Wege verstehen.

Umgekehrt gilt für das Bild des Muskeltrainings: Selten genutzte Muskeln verlieren an Leistungskraft. Ganz ähnlich ist es bei den Nervenzellen. Nicht mehr benötigte Verbindungen verschwinden aus der Gehirnlandschaft, indem sich ihre leichte Aktivierbarkeit und ihre verbesserte Übertragungsleistung zurückbilden (Motto: „Use it or lose it"). Gedächtnisforscher Eric Kandel hat bewiesen, dass es stark in die molekularen Abläufe einer Zelle eingreift, wenn sich Menschen Vokabeln, Namen, Gesichter und Geschichten einprägen. Das Merken der Telefonnummer eines Kollegen ändert das Gehirn physiologisch – dies kann sich bis in den Kern der Nervenzellen auswirken und dort dazu führen, dass die Zelle neue Proteine produziert.

Interne Kommunikation ändert das Gehirn

Was bedeutet dies für die interne Kommunikation? Die Mitarbeiter lernen zunächst durch interne Kommunikation, Informationen zu verbinden. Dies können Informationen über das Unternehmen sein, Informationen über Projekte, Informationen über den eigenen Arbeitsplatz und andere Mitarbeitende.

Je häufiger die Beschäftigten solche Reize gemeinsam wahrnehmen, zum Beispiel über das Lesen der Mitarbeiterzeitung und die Informationen im Intranet, desto leichter können sie auf das auf diesem Wege erworbene Wissen zugreifen, die „Verbindungen" dorthin sind frei. Speichern Mitarbeiter Informationen über das Unternehmen, steigt die Leistung der „synaptischen Übertragungsmechanismen". Das Gedächtnis beruht auf Veränderungen im Gehirn, „die erfahrungsabhängig sind und die Grundlage des Lernens bilden". Neuronale Netzwerke sind die Statistik von Erfahrungen.

So funktioniert Lernen: Menschen lernen durch häufiges Wiederholen, Gedankenverbindungen (Assoziationen) herzustellen. Im Gehirn ist anfangs jede Zelle mit praktisch jeder anderen Zelle lose verknüpft. Im Lauf der Zeit verstärken sich diese Verbindungen oder sie schwächen sich – sind zwei Zellen gleichzeitig aktiv, festigt sich deren Verbindung; sind sie nie gleichzeitig aktiv, kann die Verbindung verschwinden.

Je öfter also zwei Zellen gleichzeitig feuern, desto besser werden die Verbindungen zwischen ihnen. Irgendwann sind die Zellen so gut verdrahtet, dass das Aktivieren einer Zelle auch die andere Zelle aktiviert. Neurowissenschaftler Joseph LeDoux schreibt: „Lernen besteht in der Verstärkung synaptischer Verbindungen zwischen Neuronen". Jeder Lernvorgang beruht auf diesem Mechanismus, gleichgültig, ob es darum geht, Italienischvokabeln zu lernen oder das Wesen eines Unternehmens über Merkmale, Eindrücke, Erfahrungen, Geschichten und sensorische Empfindungen zu speichern. Selbstverständlich bezieht das neuronale Netzwerk seine Impulse zur Unternehmenswirklichkeit nicht nur aus den Quellen der Internen Kommunikation, sondern auch aus den Massenmedien, den Familien der Mitarbeiter, Gerüchten und Geschichten, um nur einige Beispiele zu nennen.

Lernen und verlernen

In der internen Kommunikation kann es auch darum gehen, dass die Mitarbeiter verlernen: Zum Beispiel Wissen, das nicht mehr gültig ist, wie im Fall einer neuen Unternehmenspositionierung; oder Erfahrungen, wie zum Beispiel bei mangelnder Fürsorge des Arbeitgebers. Um das Verlernen in solchen Fällen zu fördern, sollte im Unternehmen darauf geachtet werden, dass die Mitarbeiter alte Erfahrungen nicht wiederholen, sondern stattdessen neue, positive Erfahrungen machen. Anders ausgedrückt: Die alten neuronalen Netzwerke sollten nicht unnötig aktiviert werden, etwa indem alte Mitarbeiterzeitungen oder Broschüren herumliegen. Nach und nach werden sich die nicht länger benutzten Nervenverbindungen zurückbilden und neue neuronale Verbindungen übernehmen ihren Platz.

Ein einmaliger Kontakt mit einem neuen Reiz reicht meist nicht aus, alte Assoziationen zu ersetzen: Das Lesen einer Broschüre, in der das Unternehmen seine Innovationskraft darstellt, wird kaum zu neuen, dauerhaft wirksamen Assoziationen führen. Dies ist einer der Gründe, warum Mitarbeiter nur langsam umlernen, wenn sich das Unternehmen ändert. Wichtig in der Internen Kommunikation als Managementaufgabe ist daher, gezielt und langfristig zu planen, wie man Wissen, Meinungen und Erfahrungen der Beschäftigten entwickeln und wie dies überzeugend und wirkungsvoll nahe gebracht werden kann.

Unternehmen als neuronale Netzwerke

Im Gehirn verbinden sich nicht nur zwei Nervenzellen, sondern ganze Gruppen zu neuronalen Netzwerken („cell assemblies"). Das Gehirn legt dabei nicht wie ein Computer die Einzelinformationen passiv ab, sondern es organisiert aktiv solche neuronalen Netzwerke, die jeweils aus zahllosen miteinander verbundenen Nervenzellen bestehen.

Neuronale Netze entstehen dadurch, dass ein Reiz bestimmte Muster auslöst: Beim Gedanken an das Unternehmen entsteht bei den Mitarbeitern nicht nur eine Assoziation, sondern es entstehen viele, wie zum Beispiel Erinnerungen an Geschichten oder ein bedeutendes Erlebnis mit Kollegen oder dem Vorgesetzten. Geschieht dies wiederholt, stärkt das den gesamten Nervenkomplex. Auch für Gruppen von Nervenzellen gilt demnach die Hebbsche Plastizität: Ist ein Erregungsmuster durch häufiges Wiederholen gut gebahnt und damit zu einem neuronalen Netzwerk verbunden, ist diese Gruppe von Nervenzellen immer leichter aktivierbar.

Das Netzwerk, das sich mit dem Unternehmen befasst, erstreckt sich in den Köpfen der Mitarbeiter über die unterschiedlichsten Hirnbereiche: Die Erinnerung an ein Ereignis, zum Beispiel eine Informationsveranstaltung, eine Abteilungssitzung oder das Betriebsfest, setzt sich aus vielen Fragmenten zusammen, die in unterschiedlichen Arealen des Gehirns gespeichert sind. Die Gehirnregion des Hippocampus setzt die Gedächtnisbruchstücke zusammen. Stimmen all diese Elemente der internen Kommunikation weithin überein, entsteht ein starker Gesamteindruck vom Unternehmen.

10.2 Hinweisreize für das Gehirn

Interne Kommunikation löst Lernprozesse aus, die sich zu einem Gedächtnis bei den Beteiligten aufbauen soll. Zu wissen, welche Hinweisreize (Codes, Cues) das Gehirn speichert und wo dies geschieht, ist deshalb so wichtig. Signale durch interne Kommunikation kann das Gehirn der Mitarbeiter auf drei Arten dekodieren und speichern:

1. **Wie sieht es aus?** Das Gehirn verarbeitet sensorische Eindrücke. Hier speichert das Gehirn, wie Dinge aussehen, zum Beispiel, dass die Deutsche Bank blau oder die Telekom magenta ist. Diese Verarbeitung ist allerdings noch oberflächlich und berücksichtigt nicht die Bedeutung der Signale.

2. **Was bedeutet es?** Menschen speichern semantische Eindrücke, also wofür die Signale stehen, wie im Fall des Firmenlogos. Die Bedeutung ist wesentlich wichtiger als das Aussehen. Die Interpretation der Bedeutung spielt auch für die Verwendung der Sprache eine wichtige Rolle.

3. **Wann und wo habe ich es gesehen?** Mit wem war ich da zusammen? Unser Gehirn speichert episodische Eindrücke, also Geschichten, die wir mit Firmen und deren Leistungen verknüpfen, zum Beispiel persönliche Erfahrungen an einem Tag der offenen Tür oder Erinnerungen zur Produktverwendung. Hier werden zeitliche Muster und Bezüge abgespeichert.

Das Gehirn legt niemals Erinnerungen als Gesamtpaket ab, sondern es kodiert Signale auf drei Wegen und speichert sie an unterschiedlichen Orten. Die Hirnforschung unterscheidet deshalb drei Gedächtnisarten: das sensorische, das semantische und das episodische Gedächtnis.

Das episodische beziehungsweise autobiografische Gedächtnis nimmt dabei eine herausragende Rolle ein, weil es das größte und wichtigste Gedächtnissystem ist. Warum das wichtigste? Weil es dafür sorgt, dass das Gehirn die vielen Informationen aus der Umwelt angemessen verarbeiten und Erwartungen bilden kann. Geschichten sind besonders gehirngerecht, weil sie bildhaft, bewegungsnah und anschaulich sind (siehe ausführlich Kapitel 16). Hirnforscher Pöppel geht davon aus, dass 80 Prozent der im episodischen Gedächtnis enkodierten Bilder mit starken Emotionen behaftet und für den Menschen wichtig sind. Hierfür benötigt das episodische Gedächtnis nur ein einmaliges Erleben (one-trial-learning). Bilder gelangen allerdings nur dann dauerhaft ins episodische Gedächtnis, wenn sie an bestehende positive Bilder anknüpfen, die das Selbstbild des jeweiligen Mitarbeiters unterstützen.

In der Internen Kommunikation gibt es demnach folgende Bedeutungsträger, über die Sie Ihr Unternehmen und seine Leistung vermitteln können: Sensorik, Symbole, Sprache und Episoden. Alle Informationen, die Menschen in ihrer Kommunikation austauschen, werden als Codes bezeichnet. Codes heißen mitunter auch Cues und können mit dem Begriff Hinweisreize übersetzt werden.

1. **Sensorische Codes:** Hiermit sind alle Reize gemeint, die wir über unsere Sinne aufnehmen, also Hören, Schmecken, Riechen, Tasten und Sehen. Sämtliche Eindrücke dieser Art, zum Beispiel eine Rose, legen wir im sensorischen Gedächtnis ab. Von dort können wir das gesamte Netzwerk von jedem Sinn aus anstoßen. Beispiel Rose: Wir können uns beim Anblick des Fotos einer Rose vorstellen, wie die Rose riecht, wie sich die Blütenblätter anfühlen und wie es ist, wenn wir mit dem Zeigefinger auf die Dornenspitzen tippen. Diese Vorstellung muss irgendwo im Gehirn vorhanden sein und ausgelöst werden. Geschieht das, ist unser neuronales Netzwerk durch einen oder mehrere Sinne aktiviert worden.

2. **Symbolische Codes:** Unser Gehirn speichert Zeichen (Symbole), die stellvertretend für etwas stehen. Ein Beispiel wäre ein Logo, dass für ein Unternehmen und dessen Persönlichkeit steht, wie im Fall des BMW-Logos. Dabei ist nicht das Logo die Persönlichkeit, sondern nur das Zeichen, das stellvertretend für die Unternehmenspersönlichkeit steht (siehe hierzu mein Buch „Corporate Identity“). Weitere Symbole können etwa Gesichter sein, weil der Gesichtsausdruck einer Führungskraft etwas für den Mitarbeitenden bedeutet, das er entschlüsseln muss. Für die In terne Kommunikation folgt daraus, dass die Bedeutung der verwendeten Zeichen im Unternehmen bekannt sein muss, zum Beispiel eine bestimmte Kleidung (siehe Kapitel 8.10).

3. **Episodische Codes:** Das größte Gedächtnissystem ist das episodisch-autobiografische System. Es hat die Aufgabe, alle wichtigen Ereignisse und Geschichten, die wir erlebt haben, zu speichern und uns im Bedarfsfall daran zu erinnern. Dazu ge-

hört die Erinnerung an den ersten Arbeitstag ebenso wie eine typische Infoveranstaltung. Aufgrund der enormen Bedeutung dieser Codes und des Gedächtnissystems habe ich diesem Thema ein eigenes Kapitel (Kapitel 17) gewidmet. Ich stelle Ihnen dort vor, wie äußerst wirkungsvoll das Erzählen von Geschichten in der Internen Kommunikation ist und warum sich damit eine hirngerechte Form der Kommunikation verbindet.

4. **Sprachcodes**: Die Sprache, die wir in der Internen Kommunikation einsetzen, bietet wichtige Hinweisreize für das Gehirn. Inhalte und Form der verwendeten Sprache sind gleichermaßen wichtig:

   → **Inhalte der Sprache:** Was sage ich? Wichtig für die Wirkung der Sprache ist, dass sie an die Motive der Mitarbeiter anknüpft, wie dies in Kapitel 6.5 beschrieben ist.

   → **Form der Sprache:** Neben dem Inhalt der Sprache spielt die Form der Vermittlung eine wichtige Rolle. Welche Begriffe verwende ich, um die Bedeutung zu transportieren?

Die Sprachcodes speichern wir im semantischen Gedächtnis, das auch die Bedeutung von Symbolen enthält (siehe oben). Sprache kann die Bedeutung für das Motivsystem transportieren:

→ **Sicherheit:** Traditionelle Begriffe der Muttersprache, persönliche Gespräche, umgangssprachliche Wörter, Duzen, Akzente und Dialekte.

→ **Erregung:** neue Begriffe, Modewörter.

→ **Autonomie:** Vorträge, mediale Mittel und Maßnahmen wie E-Mails, die Verwendung von Anglizismen, eine typische Managementsprache, die Verwendung von Titeln und formaler Ansprache.

Das neuronale Netzwerk, das sich in den Köpfen der Mitarbeiter zum Unternehmen herausbildet, kann also aus Faktenwissen bestehen und aus gespeicherten Geschichten, die Mitarbeiter mit diesem Unternehmen verbinden. Es kann bestehen aus Symbolen wie dem Firmenlogo. Es besteht aus sensorischen Eindrücken, ausgelöst durch Sehen (Bilder, Handlungen), Hören (Sprache, Stimme), Schmecken (Geschäftsessen), Tasten (Händedruck) und Riechen (Körperduft, Parfüm). Das Sehen spielt eine herausragende Rolle (siehe ausführlich Kapitel 18). Aktiviert ein Unternehmen alle Sinne, verankert es sich stärker als durch die Summe der Einzelreize.

Hat sich für ein Unternehmen in den Köpfen der Mitarbeiter ein solches neuronales Netzwerk gebildet, haben sich damit auch Assoziationen im Gedächtnis aufgebaut. Welcher Art diese Assoziationen sind, wie einzigartig und wie lange es dauert, bis wir bestimmte Assoziationen abrufen können, lässt sich feststellen.

Unternehmen lösen Körpergefühle aus

Die Mitarbeiter speichern nicht nur Faktenwissen, Geschichten, Symbole und sensorische Eindrücke vom Unternehmen ab, sondern auch die Erfahrungen, die sie mit dem Unternehmen gemacht haben. Ergebnis: Sie können sich erinnern, ob die Begegnung für sie angenehm oder unangenehm war. Sie können dies mitunter sogar spüren, weil sie Erinnerungen mit einem Körpergefühl markieren, einem gutem Bauchgefühl, einem Kribbeln oder einer Anspannung, die sich bei der Erinnerung einstellen. Hirnforscher Antonio Damasio geht davon aus, dass Menschen jedes Objekt und jede Situation mit Emotionen und den begleitenden Körperzuständen verknüpfen: Beim Gedanken an das letzte Betriebsfest könnten Erinnerungen an die Räume entstehen und daran, wie sich der Mitarbeiter gefühlt hat. Er kann sich erinnern, was er gegessen und getrunken hat und ob es ihm geschmeckt hat. Er kann die Musik abrufen und sagen, ob er sie mochte oder nicht. Ebenso kann er sich erinnern, mit wem er gesprochen hat und ob es ein gutes Gespräch war oder ob es eher zäh verlief. Diese Erinnerungen können sich auch körperlich auswirken, zum Beispiel durch ein wohliges Gefühl oder ein kurzes, leichtes Unbehagen im Bauch (siehe hierzu ausführlich Kapitel 6.3).

Informationen auf Abruf

Erinnert sich der Mitarbeiter, ruft sein Gehirn aus den Bereichen das Gespeicherte ab – mitunter bis ins kleinste Detail. Mitarbeiter können bei Bedarf sehr schnell auf das Gelernte zurückgreifen, zum Beispiel dann, wenn sie spontan entscheiden müssen, wie sie handeln sollen. Erinnerungen sind also subjektiv und höchst individuell: Ein Kollege könnte zwar die Räume, das Essen, die Musik und die Menschen in ähnlicher Weise wie ein anderer beschreiben, aber er könnte völlig andere Gefühle mit seiner Erinnerung verbinden.

Neuronale Netzwerke von Menschen im Arbeitsleben:
Faktenwissen, Geschichten, Symbole, Sensorik
+ verbundene Emotionen
+ Körperreaktionen

Abb. 19 | Bestandteile neuronaler Netze von Unternehmen

10.3 Lernen durch Wiederholung

Für das Lernen durch Kommunikation ergeben sich aus den Erkenntnissen über die Plastizität drei Grundvoraussetzungen für den Aufbau von neuronalen Netzwerken: 1. längeres Darbieten, 2. häufiges Wiederholen, 3. geringes Variieren:

→ **Längeres Darbieten:** Ein Unternehmen sollte seine Grundbotschaften über längere Zeit beibehalten. Geschieht dies nicht, wird das Gehirn die aufgebauten neuronalen Netzwerke wieder abbauen, wie im Fall eines kurzzeitigen Projekts zur Qualitätssteigerung, das nach einiger Zeit wieder aufgegeben wurde und ohne Erinnerungen daran bald wieder vergessen ist.

→ **Häufiges Wiederholen:** Neuronale Netzwerke entstehen durch häufiges Wiederholen, ähnlich dem Lernen von Vokabeln. Auf die gleiche Weise lernen Mitarbeiter, das Unternehmen mit Wissen und Gefühlen zu verbinden. Eine wichtige Rolle für die Zahl der Wiederholungen hat die emotionale Bedeutung der Information: Je emotionaler, desto stärker wird sie gespeichert werden (siehe unten).

→ **Geringes Variieren:** Unser Gehirn sucht ständig nach neuen Informationen, die vor Gefahren warnen oder das Wohlbefinden steigern – es lässt sich nicht daran hindern. Jedoch lässt die Aufmerksamkeit nach, wenn identische Informationen mehrmals aufeinander folgen. Lässt die Aufmerksamkeit nach, sinkt auch die Lernkurve. In der Internen Kommunikation sollten daher die Botschaften immer neu dargestellt beziehungsweise variiert werden, damit sie das Interesse der Mitarbeiter wach halten. Doch Vorsicht: Ist die Abwechslung zu stark oder geschieht sie zu schnell, verhindert dies den Aufbau von nachhaltigen Gedächtnisspuren – die Mitarbeiter können die Informationen nicht richtig einordnen, sie wirken unklar und diffus. Fazit: Informationen sollten neu sein, aber nicht zu weit von dem entfernt, was die Mitarbeiter schon wissen.

10.4 Gefühle als Lernturbo

Mitarbeiter lernen in der internen Kommunikation nicht nur durch Wiederholung, sondern besonders stark durch negative und positive Erlebnisse, wie jeder weiß, der schon einmal eine sehr unangenehme Begegnung mit seinem Vorgesetzten hatte oder dem ein Kollege in einer brenzligen Situation geholfen hat. Aus diesen mit intensiven Gefühlen verbundenen Erfahrungen lernen die Mitarbeiter besonders schnell. Gute und schlechte Gefühle werfen einen „Lernturbo" an, sagt Hirnforscher Manfred Spitzer.

Dieser Lernturbo funktioniert in zwei getrennten Systemen: Das eine System sorgt dafür, dass der Mitarbeiter aus Schlechtem lernt, was er künftig meiden soll. Das andere System sorgt dafür, dass er aus Gutem lernt, was er künftig suchen sollte. Gefahren meiden und Wohlbefinden suchen, ist Leitmotto des Gehirns (siehe ausführlich Kapitel 6.5). Soll sich also der Mitarbeiter entscheiden, ob er sein Wissen weitergibt, ruft sein Gehirn mit seinen Erinnerungen auch jene Gefühle ab, die er beim Lernen hatte.

Die schlechten Erfahrungen graben sich tiefer ein als die guten, weil es für das Überleben wichtiger ist, Gefahren zu meiden, als sich wohl zu fühlen. Das Alarmsystem ist sehr alt. Es war überlebenswichtig, als es darum ging, Bedrohungen durch wilde Tiere und Feinde schnell zu erkennen und diesen Gefahren zu entgehen. Dieses System funktioniert auch heute noch sehr gut: Verbindet ein Mitarbeiter seinen Vorgesetzten mit dem Gefühl der Angst, weil er sich von Zeit zu Zeit durch ihn attackiert fühlt, ruft er dieses Gefühl automatisch ab. Die Folge: Um weitere schlechte Gefühle zu vermeiden, versucht er, seinem Vorgesetzten aus dem Weg zu gehen. Angst ist nie ein guter Lehrmeister, will man seine Mitarbeiter in eine bestimmte Richtung lenken. Doch ist nicht nur die Kommunikation gestört. Angesichts der erlebten Angst fällt es dem Mitarbeiter auch schwer, Aufgaben kreativ zu lösen, die sein Vorgesetzter ihm stellt. Wir haben nämlich gelernt, in Gefahrensituationen alles darauf konzentrieren, den Quellen der Angst zu entkommen – das Denken ist dann stark eingeengt. „Kreatives und freies Denken sind stark behindert, da das Gehirn sich möglichst an die simpelsten, irgendwie funktionierenden Schemata hält", stellt der Hirnforscher Manfred Spitzer fest. Die Folge: Was Mitarbeiter unter Angst gelernt haben, können sie später nicht mehr für die kreative Problemlösung einsetzen. „Angst und kreatives Problemlösen schließen sich aus: Das ist wie Sauerkraut und Vanillesauce – das passt nicht zusammen!", so Spitzer. Man kann es nicht deutlich genug sagen: Ein Führungsstil, der auf Angst und Druck aufgebaut ist, setzt keine positive Energie zum Lösen von Problemen frei und ist als Antrieb der Mitarbeiter, als Triebfeder zum Lernen und Umlernen völlig ungeeignet.

Durch Glücksstoffe zum Lernen
Für das, was Mitarbeiter tun sollen, gibt es ein anderes System: das Belohnungssystem. Sie haben es ausführlich in Kapitel 6.5 kennen gelernt. Die Kommunikation zwischen den einzelnen Bereichen des Belohnungssystems läuft über den Botenstoff Dopamin, einen der so genannten Neurotransmitter, die Signale zwischen den Nervenzellen übermitteln. Die Ausschüttung des Glücksboten Dopamin ist mit einem guten Gefühl verbunden, das Menschen zum Handeln anleiten kann. Das Belohnungssystem sorgt dafür, dass Menschen Vorfreude empfinden, wenn sie an ein Gespräch mit Kollegen denken. Besonders aktiv ist das Belohnungssystem, wenn die Erwartung an das Gespräch übertroffen wird. In diesem Fall will sich das Gehirn diese unerwartet gute Erfahrung besonders gut merken, um sie zu wiederholen. Umgekehrt kehrt Enttäuschung ein, wenn die Erwartung unerfüllt bleibt und ein Gespräch mit dem Vorgesetzten nicht so reibungslos verläuft, wie sich das der Mitarbeiter vorgestellt hatte.

Fazit: Das Gehirn ist zum Lernen gebaut. Glück ist der Mechanismus, über den die Menschen lernen, was gut und wichtig für sie ist. Das bedeutet aber nicht, dass die Mitarbeiter lernen, um glücklich zu sein. Vielmehr kommt es darauf an, dass das zu Lernende wichtig für die Mitarbeitenden ist und mit einer möglichst großen Belohnung einhergeht.

10.5 Ergebnisse des Lernens

Als Ergebnis der Lernprozesse kann das Unternehmen feststellen,

- → ob die Mitarbeiter bestimmte Gedankenverbindungen (Assoziationen) mit dem Unternehmen aufgebaut haben,
- → welcher Art diese Assoziationen sind (kognitiv, emotional),
- → wie viele Assoziationen dies sind,

- wie einzigartig diese Assoziationen sind,
- ob diese Assoziationen für die Beschäftigten sympathisch oder unsympathisch sind,
- wie lange es dauert, bis die Mitarbeiter die einzelnen Assoziationen abrufen können.

Die Assoziationen können sich auf die Leistungen des Unternehmens beziehen oder die Gefühle, die mit dem Unternehmen verbunden sind. Die Assoziationen können sich auf Texte und Bilder beziehen, wobei bildhafte Assoziationen stärker verhaltenswirksam sind (siehe Kapitel 18).

Die Interne Kommunikation kann demnach durch das Gestalten neuronaler Prozesse

→ **das Gedächtnis aufbauen:** Die Interne Kommunikation kann neue Netzwerke aufbauen wie im Fall eines Firmenzukaufs, bei dem die Mitarbeiter lernen, bestimmte Eigenschaften mit dem neuen Unternehmen zu verbinden.

→ **Gedächtnisstrukturen stärken:** Die Interne Kommunikation kann be-ste-hende Gedächtnisstrukturen stärken oder vertiefen, indem sie Wertungen bestärkt, die die Mitarbeiter bereits hatten.

→ **Gedächtnisstrukturen überschreiben oder löschen:** Die Interne Kommunikation kann dazu beitragen, alte Gedächtnisstrukturen zu überschreiben, indem die Mitarbeiter Prozesse, Vorgesetzte oder den Umgang miteinander anders wahrnehmen als zuvor. Zum Beispiel kann sich ein Unternehmen offener und gesprächsbereiter entwickeln, als es die Mitarbeiter bisher kannten.

→ **Gedächtnis erweitern:** Die Mitarbeiter können durch Interne Kommunikation Seiten am Unternehmen kennen lernen, die sie vorher noch nicht kannten.

Kapitel 11

Interne Kommunikation ist eine Managementaufgabe

Ein Unternehmen ist ein lebendiges, kompliziertes und vielgestaltiges System, in dem viele Kräfte wirken – teils zusammen, teils nebeneinander, aber auch gegeneinander. Die Interne Kommunikation sollte dies berücksichtigen: Zum Beispiel sollte die Interne Kommunikation zwischen allen Beteiligten abgestimmt und koordiniert verlaufen – also zwischen Führungskräften, Personalabteilung, Betriebsrat, Geschäftsleitung und natürlich den Mitarbeitern selbst. Außerdem sollte sie sich an folgenden Rahmenbedingungen orientieren:

- Sie trägt zum Erreichen der Unternehmensziele bei.
- Sie berücksichtigt die Kultur des Unternehmens sowie gesellschaftliche Werte und Normen.
- Sie drückt das Selbstverständnis des Unternehmens aus.
- Sie sollte die Unternehmensgrundsätze und Führungsgrundsätze berücksichtigen.
- Sie berücksichtigt Einstellungen und Verhalten der Mitarbeiter.
- Sie muss das Corporate Design des Unternehmens berücksichtigen, also das visuelle Erscheinungsbild.
- Sie ist eng mit der externen Kommunikation abgestimmt.

Vielen Mitarbeitern ist der Sinn ihrer Tätigkeit nicht mehr klar, sie können die Frage nicht beantworten, was fehlen würde, wenn es dieses Unternehmen nicht gäbe.

Unternehmen wie IBM und Henkel besinnen sich in jüngerer Zeit auf ihren Gründer: Welche Gründungsidee hatte er? Wofür hat er gekämpft? Welche Hindernisse und Barrieren musste er überwinden? Wie wollte er das Leben der Menschen bereichern? Hermann Becker, Leiter Unternehmenskommunikation von Porsche Austria, erzählte in einem Vortrag im Jahr 2006: „Ich bin fest davon überzeugt, dass die Geschichte eines Unternehmens so etwas wie eine Seele ist, und diese Seele prägt die Menschen, die in diesem Unternehmen arbeiten, wenn man nicht vergisst, diese Seele auch immer wieder zu zitieren (...) Gerade ein Unternehmen wie Porsche, wo Familien- und Unternehmensgeschichte so stark verwoben ist und über alle Eigentümer-Generationen hinweg auch Automobilgeschichte geschrieben wird, ist dieses Bewusstsein ein unglaublich bewegendes und motivierendes Element. Und dann werden Sie verstehen, dass Ereignisse, die diese Geschichte fortschreiben, wie die jüngste Beteiligung der Porsche AG am Volkswagenkonzern, beinahe wie ein erotischer Moment empfunden wird.“

Dies fehlt in vielen Unternehmen. Sie warten darauf, dass der Markt ihnen sagt, was sie brauchen, wollen, wünschen und erwarten. Daher fehlt immer mehr Unternehmen ein einzigartiges Profil und sie erscheinen austauschbar. Essenziell wäre es also, eine Handlungsgrundlage zu formulieren, die den Mitarbeitern eine klare Orientierung gibt, die Mitarbeiter als Gemeinschaft zusammen schweißt und Energie frei setzt. Diese Grundlage besteht aus einem Belohnungsversprechen für die Mitarbeitenden: Warum ist es so einzigartig lohnend, in diesem Unternehmen zu arbeiten und sich für dessen Ziele einzusetzen? Sie merken schon: Wenn Sie diese Frage nicht beantworten können, dann könnten Ihre Mitarbeiter auch woanders arbeiten, – in Zeiten des zunehmenden Fachkräftemangels ein ernstes Problem. Besser wäre es, aus dem Belohnungsversprechen jene Erfolgsfaktoren abzuleiten, die das Unternehmen stark machen und es erst in die Lage versetzen, ein glaubwürdiges Versprechen aufzubauen (siehe ausführlich Kapitel 11.3).

11.1 Kommunikation ist Selbstverständnis

Interne Kommunikation ist eine Frage des Selbstverständnisses im Unternehmen. Ist das Selbstverständnis nicht mehr zeitgemäß, muss es sich weiterentwickeln. Diesen Prozess des systematischen und langfristigen Gestaltens eines Unternehmensselbstverständnisses und das Vermitteln an die internen und externen Bezugsgruppen habe ich Corporate Identity Management (CIM) genannt.

Corporate = Unternehmens-, gemeinsam

Identity = Identität, Selbstverständnis

Corporate Identity Management = Systematisches Gestalten des gemeinsamen Selbstverständnisses eines Unternehmens

Abb. 20 | Corporate Identity heißt Selbstverständnis gestalten

Wie sieht ein solcher Prozess aus?

→ Die Unternehmensleitung ermittelt das Selbstverständnis im Unternehmen in der Geschäftsleitung, bei Führungskräften und Mitarbeitern.
→ Dieses Selbstverständnis vergleicht sie mit den eigenen Wünschen und Erwartungen sowie denen der Mitarbeitenden und des Umfeldes.
→ Auf dieser Basis entscheidet das Unternehmen, ob es sein Selbstverständnis ändern möchte und wie es sein soll.
→ Es entwickelt Maßnahmen, um das vorhandene Selbstverständnis zu einem angestrebten Selbstverständnis zu entwickeln. Dieses angestrebte Selbstverständnis des Unternehmens vermittelt das Erscheinungsbild, die Kommunikation und das Verhalten nach innen und außen.
→ Sind die Vorgaben erreicht, wird abermals geprüft, ob das erreichte Selbstverständnis den Erfordernissen der Zeit entspricht.

Das Gestalten des gemeinsamen Selbstverständnisses ist nie zu Ende: Es muss immer wieder kritisch geprüft werden, um festzustellen, ob die Identität weiterhin den sich ändernden internen und externen Erwartungen und Anforderungen gerecht wird.

Um einem Missverständnis vorzubeugen: Oft wird Corporate Identity so (miss-)verstanden, als ob es darauf ankäme, dass alles gleich ist, gleich aussieht, gleich denkt. Das ist in einem Unternehmen, in dem die unterschiedlichsten Persönlichkeiten miteinander arbeiten, weder sinnvoll noch machbar.

Statt dessen handelt es sich um eine gemeinsame Absprache, wie sich die Gemeinschaft im Unternehmen in wichtigen Punkten sieht und sehen will, weil dies die Zufriedenheit steigert, aber auch, weil dies für das Überleben und den wirtschaftlichen Erfolg des Unternehmens wichtig ist. Deshalb kann das gemeinsame Selbstverständnis auch auf der Wertschätzung von Vielfalt beruhen (Diversity).

Wichtig ist auch, dass ein Unternehmen nicht nur erkennt, was es sein will, sondern auch, wie es durch eigene Kompetenz und Leistung glaubhaft sein kann.

Interne Kommunikation und CI
Interne Kommunikation spielt für die Corporate Identity eine wichtige Rolle:

→ Sie unterstützt das Finden und Formulieren des Selbstverständnisses.
→ Sie kann es kommunizieren, damit es jeder im Unternehmen kennt.
→ Schließlich hängt vom Selbstverständnis des Unternehmens, seinen Werten und Normen auch die Interne Kommunikation selbst ab.

11.2 Interne Kommunikation ist Kultur

Ausgangspunkt der Gestaltung des Selbstverständnisses ist die gelebte Unternehmenskultur, mit Werten, Normen und Grundannahmen. Der Begriff Unternehmenskultur steht für

▷ **Werte:** das, was ein Unternehmen für wünschenswert hält;
▷ **Normen:** was das Handeln leitet;
▷ **Grundannahmen:** was das Handeln begründet.

Sie bestimmt, was wichtig ist und was das Denken und Handeln der Menschen im Unternehmen leitet. Kultur und Kommunikation beeinflussen sich gegenseitig: Soll sich die Unternehmenskultur ändern, muss sich auch die Internen Kommunikation ändern - und umgekehrt.

Kommunikationskultur ist, was in der Kommunikation wünschenswert ist und wie hier gehandelt werden soll. Sie zeigt sich zum Beispiel darin,

→ ob die Mitarbeiter rechtzeitig und umfassend informiert werden;
→ ob und welcher Kontakt nach oben und über Abteilungsgrenzen hinweg besteht;
→ ob Kommunikation ein Instrument ist, um Unterschiede im Betrieb aufzuzeigen;
→ ob Kommunikation mit den Mitarbeitern eine wichtige Führungsaufgabe ist, die ernst genommen und deren Einhaltung belohnt und bestraft wird;
→ wie Versammlungen verlaufen: Melden sich die Mitarbeiter zu Wort und diskutieren lebhaft, oder beschränkt sich die Veranstaltung auf Musik von vorn, also von der Geschäftsleitung?

Auch darin zeigt sich Kommunikationskultur: Wie reden Manager mit ihren Mitarbeitern? Wie reden die Mitarbeiter miteinander? Gibt es Tabuthemen, über die keinesfalls gesprochen wird? Wie ist der Briefstil des Hauses? Wie funktioniert die Gerüchteküche? Wie werden Konflikte und Kritik behandelt? Wie verhalten sich Telefonistinnen und Sekretärinnen? Jedes Unternehmen bildet eine eigene „Firmensprache" heraus: Die Mitarbeiter reden miteinander knapp, voll von geheimnisvollen Abkürzungen oder sehr leger. Ein neuer Mitarbeiter beachtet, ob man sich „siezt" oder „duzt", ob Kritik offen vorgetragen wird oder man mit ihr hinter dem Berg hält.

Die Kommunikationskultur hat sich im Lauf der Zeit entwickelt. Aspekte verfestigen sich, die das Überleben des Unternehmens oder seiner Mitarbeiter sichern. Sie gelten als selbstverständlich und werden an neue Mitarbeiter weitergegeben. Jeder weiß, „was man sagt" und was nicht.

Die Kommunikationskultur stabilisiert das Geschehen im Unternehmen. Sie ist immer vorhanden – es ist nicht möglich, dass ein Unternehmen keine Kommunikationskultur besitzt. Jedes Unternehmen hat seine eigene, ganz und gar andersartige Kultur – selbst in der gleichen Branche und unter gleichen äußeren Bedingungen. Jedes Unternehmen ist damit einzigartig, weil es seine eigene unverwechselbare Entwicklung hat, weil in jedem Unternehmen andere Menschen mit anderen Erfahrungen und anderen Charakteren arbeiten und sich andere Werte und Normen entwickelt haben. Stimmt die Kommunikationskultur mit den Wünschen und Erwartungen der Mitarbeiter überein, erhöht dies die Zufriedenheit der Mitarbeiter und damit deren Motivation und Leistung.

Kommunikationskultur kann sichtbar oder unsichtbar sein. Eine besondere Rolle spielen hierbei heimliche Spielregeln. Peter Scott-Morgan, der Berater der Gesellschaft Arthur D. Little beschreibt dazu in seinem Buch, dass es heimliche und offizielle Spielregeln gibt. Die Herausforderung liegt nun darin, diese heimlichen Spielregeln aufzudecken, weil sie häufig das Verhalten bestimmen. Gelingt dies nicht, bleiben Probleme unerkannt, die sich negativ auf die Kommunikation niederschlagen können.

Offizielle Spielregeln	Heimliche Spielregeln
Arbeite kooperativ	Zeige Ellenbogen
Äußere Deine Meinung...	...solange sie nicht von der des Chefs abweicht
Äußere offen Deine Kritik	Kritisiere niemals Deinen Chef
Der Mensch steht im Mittelpunkt	Das System hat immer recht
Sei offen und ehrlich	Sei clever und smart!
Stelle Dich der Kritik	Vermeide Kritik, sie ist unbequem
Baue Brücken	Grenze dich ab!
Zeige Neugierde, stelle Fragen	Besserwisserei kommt weiter
Stelle Bestehendes in Frage	Halte fest, was Du hast
Zeige Initiative	Sei solide
Zeige Kreativität und Flexibilität	Sei stabil
Orientiere Dich am Team	Orientiere Dich an Regeln
Sei mobil	Sei bodenständig
Toleriere Fehler	Sei zuverlässig und seriös
Zeige Verantwortungsfreude	Sei pflichtbewusst

Abb. 21 | Heimliche und offizielle Spielregeln im Unternehmen

Stärken der Vergangenheit können die Schwächen der Zukunft sein

Eine starke Kommunikationskultur ist stabil. Zum Problem wird sie, wenn sie nicht mehr zeitgemäß ist – Konflikte sind die Folge:

→ Hat der Vorgesetzte seine Mitarbeiter bislang unterrichtet und sie im korrekten Ausführen ihrer Arbeitstätigkeit angewiesen, soll er künftig besser Prozesse begleiten, offen und aktiv informieren.

→ Wurden früher Informationen einseitig im Interesse des Unternehmens weitergegeben, soll künftig ein Meinungsspektrum deutlich werden, aus dem sich der Mitarbeiter das für ihn überzeugendste Argument heraussucht.

→ Standen früher auf den Arbeitsplatz bezogene Inhalte im Vordergrund, soll in Zukunft über alles informiert werden, was den Mitarbeiter interessiert – zum Beispiel über das Verhalten der Konkurrenz.

Veränderungen scheitern oft nicht an den Schwächen von Unternehmen, sondern an den Stärken. So haben Führungskräfte jahrelang in Seminaren trainiert, wie sie die Mitarbeitenden von Lösungen überzeugen können, die sie selbst für richtig hielten. Das ist Vergangenheit. Denn jetzt warten Herausforderungen, die sich weder mit Manipulation noch mit brachialer Gewalt lösen lassen. Große Schwierigkeiten kommen beispielsweise auf solche Unternehmen zu, die vor dem Hintergrund fortschreitender Internationalisierung unterschiedliche Kulturen in EINEM Dach harmonisieren müssen.Sie wachsen – das zeigt ihre Leistungskraft. Aber der Erfolg verlangt ihnen Schwerstarbeit ab, mit der sie nicht immer zurecht kommen.

Voraussetzung für einen Kulturwandel

Die Kultur im Unternehmen kann sich wandeln, wenn sich die Unternehmensleitung klar und deutlich dazu bekennt und dieses Bekenntnis sichtbar vorlebt. Die Mitarbeitenden können sich einem solchen Wandel kaum entziehen und wollen es auch nicht, weil sie sich eine Belohnung dafür erwarten. Auch hier ist die Interne Kommunikation wichtig und eine Aufgabe der Geschäftsführung. Führungskräfte sollten Vorbilder sein. Sie müssen vorleben, wie gehandelt werden soll. Worte und Taten müssen übereinstimmen: Ködert ein Unternehmen neue Mitarbeiter in Stellenanzeigen mit dem Versprechen, es warte ein attraktiver Arbeitsplatz mit einem guten Betriebsklima, so muss das auch geboten werden. Der neue Stelleninhaber wird schon bei der Einarbeitung erkennen, ob Zusagen eingelöst werden oder nicht.

Was zählt im Unternehmen?

Die Interne Kommunikation steht und fällt mit der Kultur des Unternehmens: Ist sie wichtig? Steht der Begriff nur für Information und Unterrichtung? Das Aufdecken und systematische Gestalten der Firmenkultur ist essenziell für eine funktionierende Kommunikation.

Manche Probleme in der internen Kommunikation kommen auch daher, dass die Verantwortlichen nicht verstehen, was die Mitarbeiter wirklich wollen. Warum also nicht einige Mitarbeiter einen Tag lang bei ihrer Arbeit begleiten, um mehr über Sie zu erfahren? Zu viel Aufwand? Überlegen Sie, dass seit Jahrzehnten Veränderungsprozesse zum Teil weit hinter den Erwartungen zurückbleiben, weil die Mitarbeiter diese Prozesse nicht unterstützen. Wäre vor diesem Hintergrund der Aufwand nicht doch lohnenswert?

Wer interne Kommunikation gestalten will, sollte das gemeinsame kulturelle Referenzsystem verstehen, das die Menschen im Unternehmen verbindet. Die Prägungen im Unternehmen schaffen ein Bezugssystem, auf das die Menschen stets zurückgreifen, ohne sich dessen bewusst zu sein.

Das Problem: Mit herkömmlichen Methoden der Marktforschung, vor allem mit Befragungen, in denen die Mitarbeiter ihren Verstand einschalten, kommen Sie der speziellen Kultur nicht auf die Spur. Die Frage lautet also, wie sich die Kultur eines Unternehmens verstehen und messen lässt. Forscher führen zu diesem Zweck mehrstündige Workshops durch, in denen sie die Mitarbeitenden zunächst über ihre Einschätzungen zum Unternehmen sprechen lassen. Das Ganze geschieht sachlich, vernunftgesteuert, mit eingeschaltetem Verstand. Der letzte Schritt aber ist der wichtigste: Die Mitarbeiter erzählen in gelöster Atmosphäre und ohne große gedankliche Kontrolle:

→ **Erste Erfahrungen:** Sie prägen die Mitarbeiter.

→ **Intensivste Erfahrungen:** Sie werden in besonderer Weise gespeichert („Gefühle sind ein Lernturbo“, Kapitel 10.4).

→ **Letzte Erfahrungen:** An sie wird sich deshalb so gut erinnert, weil sie am kürzesten zurückliegen und daher gedanklich schnell verfügbar sind.

Der aktuelle Stand der Forschung lässt vermuten, dass sich die Zufriedenheit der Mitarbeiter aus dem Mittelwert intensivster und letzter Erinnerungen ergibt.

Sie können Geschichten erzählen lassen. Dies wird den Mitarbeitern leichter fallen als Fragebögen auszufüllen. In ihren Geschichten erzählen die Mitarbeiter das, was sie sehen, erleben, fühlen, welche Erfahrungen sie mit Vorgesetzen machen und wie sie vergangene und bestehende Veränderungen einschätzen. Die Erfahrung in vielen Unternehmen zeigt, dass Mitarbeiter viele Geschichten zu erzählen haben. Diese Geschichten verbinden sie übrigens auch untereinander. Die Mitarbeiter können auch Geschichten erzählen, wie sie sich die Zukunft des Unternehmens vorstellen.

11.3 Das Belohnungsversprechen

Der Kern des angestrebten Selbstverständnisses eines Unternehmens kann dessen einzigartiges Belohnungsversprechen sein. In diesem Belohnungsversprechen ist jenes einzigartige belohnende Gefühl formuliert, das die Mitarbeiter erleben, wenn sie im Unternehmen arbeiten und dessen Anliegen unterstützen. Kapitel 6.5 hat gezeigt, wie wichtig ein solches emotionales Belohnungsversprechen für die Mitarbeitenden, aber auch für die externen Bezugsgruppen des Unternehmens ist. Wichtige Kernfragen zur Entwicklung des Belohnungsversprechens lauten:

→ Was kann ich vom Unternehmen und seinen Leistungen erwarten?
→ Was kann ich nicht erwarten?
→ Wie werde ich mich fühlen, wenn ich in diesem Unternehmen arbeite?
→ Wie werde ich auf andere wirken?

Zur Formulierung des Belohnungsversprechens haben sich drei Elemente bewährt:

→ **„Ich bin…“:** Hier kann das Unternehmen beschreiben, in welcher Branche es sich befindet, wie es sich in dieser Branche einordnet. Dies kann aber auch ein Beziehungsangebot gemäß der Transaktionsanalyse sein (siehe Kapitel 7.2).

→ **„der Dir….“:** Hier beschreibt das Unternehmen, welchen Sinn es hat (also nicht der Zweck, wie das Erwirtschaften von Gewinn). Wie also will das Unternehmen das Leben der Menschen bereichern? Was sind seine Leistungen?

→ **„damit Du…“:** Dieser Teil beschreibt, wie sich die Mitarbeiter im Unternehmen fühlen, zum Beispiel geborgen, angeregt oder stark und kraftvoll.

11.4 Die Erfolgsfaktoren

Die Erfolgsfaktoren begründen, warum das Unternehmen sein Belohnungsversprechen auf einzigartige Weise erfüllen kann. Begriffe wie „kompetent“ reichen hierbei nicht aus: Solche Begriffe sind ungenau, jeder kann sie anders auslegen und es entsteht keine lebendige Vorstellung von der Bedeutung dieses Begriffes. Zudem würde das jedes Unternehmen von sich behaupten. Stattdessen sollte das Unternehmen lebendig und deutlich wahrnehmbar vermitteln, was es einzigartig macht, worin seine Kompetenz besteht und wie es sie weiterentwickelt, damit sich die Bezugsgruppen ein klares Bild davon machen können: Hat die Firma lange Erfahrung im Markt? Beherrscht sie bestimmte Arbeitstechniken? Fühlen sich die Menschen wohl? Worin zeigt sich, dass das Unternehmen besonders gut auf seine Mitarbeiter eingeht: Spricht die Firmenleitung regelmäßig mit ihnen? Hat sie stets ein offenes Ohr für sie? Holt sie vielleicht sogar regelmäßig ein ungefiltertes und kritisches Feedback ein?

Erfolgsfaktoren hängen meist von folgenden Punkten ab, die aber immer wieder untersucht werden müssen:

→ **Mitarbeiter:** Setzen sie sich mit allen Kräften dafür ein, das Belohnungsversprechen zu erfüllen, zum Beispiel, indem sie noch bessere Produkte schaffen, neue Ideen suchen, nah am Kunden sind und hohe Leistung erbringen?

→ **Wissen des Unternehmens:** Wo entsteht Wissen? Wie verbreiten die Mitarbeiter ihr Wissen, damit es alle nutzen können? Wo suchen sie die Unterstützung von Experten? Wo trennen sie sich von Wissen, das nicht mehr zeitgemäß ist?

→ **Herstellungsverfahren oder Zutaten:** Spielt der Ort der Herstellung eine Rolle für das Belohnungsversprechen? Baut das Unternehmen Rohstoffe unter besonderen lokalen Bedingungen an, zum Beispiel unter besonderen klimatischen Verhältnissen?

→ **Netzwerke:** Wo kooperiert das Unternehmen mit anderen? Wie arbeitet das Unternehmen mit diesen Experten? Wie setzen sie gemeinsam das Belohnungsversprechen um?

Durch Interne Kommunikation erfahren die Mitarbeitenden, welches Belohnungsversprechen dem Unternehmen innewohnt und wie es dieses Belohnungsversprechen einzigartig erfüllt. Das Vermitteln durch die Interne Kommunikation erfordert das gezielte und abgestimmte Vorgehen aller Beteiligten, damit das Belohnungsversprechen von allen Mitarbeitenden erlernt und von diesen auch glaubwürdig und widerspruchsfrei gelebt wird. Davon mehr im nächsten Kapitel über das Konzept für die Interne Kommunikation.

Kapitel 12

Interne Kommunikation wird systematisch geplant

Die Interne Kommunikation sollte systematisch, sorgfältig und vorausschauend geplant werden, damit sie erfolgreich ist. Das Konzept für die Interne Kommunikation ist der schriftliche Verhaltensplan, quasi das Drehbuch. In ihm ist festgelegt, wie die Interne Kommunikation im Unternehmen in den kommenden Jahren ablaufen sollte, damit alle Beteiligten mit ihr zufrieden sind.

Warum ist systematisches und vorausschauendes Vorgehen so wichtig für die Interne Kommunikation?

→ **Abgestimmtes Vorgehen:** Um die Mitarbeitenden für das gemeinsame Erreichen der Unternehmensziele zu gewinnen, benötigen sie ein lebendiges Vorstellungsbild (siehe Kapitel 8). Verläuft Interne Kommunikation nicht in abgestimmten Bahnen, können Widersprüche entstehen, die das lebendige Vorstellungsbild trüben. Alle Beteiligten sollten daher abgestimmt kommunizieren, also Führungskräfte, Personalabteilung, Geschäftsleitung, Mitarbeiter und die Verantwortlichen für die externe Kommunikation. Hierfür ist ein Gesamtkommunikationskonzept unerlässlich.

→ **Lernen:** Die Mitarbeitenden sollen das Unternehmen mit Eigenschaften verbinden lernen, damit sie wissen, wofür ihr Unternehmen steht und welche einzigartige Belohnung sie von ihm erwarten können (siehe Kapitel 11.3). Voraussetzung für das Lernen sind Beständigkeit, Wiederholung und Variation (siehe Kapitel 8). Das Konzept beschreibt diesen Lernprozess.

→ **Bedarfsgerecht:** Die Wünsche und Bedürfnisse der Mitarbeitenden nach Kommunikation können höchst unterschiedlich sein. Das Konzept berücksichtigt diese Unterschiede, sodass die Kommunikation die Mitarbeiter anspricht und ihnen gefällt. Bedarfsgerecht bedeutet auch, dass sie nicht auf ein Zuviel oder Zuwenig hinausläuft. Beides schadet. Genau jene Kommunikation findet statt, die der Situation und dem Bedarf der Beteiligten entspricht. Ein Medium allein reicht nicht aus – eine Zeitung kann nie allen gefallen. Auch ist das Kommunikationsverhalten von Mitarbeitenden abhängig von der Situation und den Themen. Menschen kommunizieren dann über eine Situation, wenn sie sich ihrer bewusst geworden sind, wenn sie sich betroffen fühlen und der Meinung sind, zur Lösung des Problems beitragen zu können. Je stärker sie betroffen sind, desto eher suchen sie aktiv nach Informationen und schließen sich mit Gleichgesinnten zusammen. Darauf muss bei der Gestaltung der Kommunikation geachtet werden.

→ **Glaubwürdig:** Ein glaubwürdiger kommunikativer Austausch im Unternehmen muss sorgsam entwickelt werden. Meinungen festigen sich nur dann, wenn sie langfristig aufgebaut sind. Informationen und Argumente müssen gelernt werden, damit sie dauerhaft verankert werden.

→ **Frühzeitig:** Kommunikation bewirkt umso mehr, je früher sie beginnt. Schon in den Prozess der Informationssuche sollte sie eingreifen.

→ **Zukunftsplanung:** Das Konzept legt fest, wie sich Ihre interne Kommunikation in den kommenden Monaten und Jahren entwickeln wird. Das zwingt Sie, einen Blick in die Zukunft zu werfen. Sie sollten prüfen, worauf Sie sich einstellen und mit welchen Entwicklungen, Themen und Problemen Sie rechnen müssen.

→ **Mittel- und Maßnahmenplanung:** Im Konzept planen Sie, wie Sie Ihre verfügbaren Mittel einsetzen: Zeit, Geld und Personal. Sie sollten sich nicht zuviel vornehmen.

Das Konzept für Ihre Interne Kommunikation trägt dazu bei, dass Sie zunächst selbst ein lebendiges Vorstellungsbild von Ihrem Vorgehen entwickeln. Überdies dient das Konzept dazu, alle an der Kommunikation Beteiligten zu einer widerspruchsfreien Arbeit anzuleiten.

Geltungsbereiche für das Konzept

Das Konzept für Ihre interne Kommunikation kann sich beziehen auf:

→ **Langfristige Interne Kommunikation:** Die Interne Kommunikation kann auf mehrere Jahre ausgerichtet sein. Sinnvoll ist ein Zeitraum von etwa drei Jahren.

→ **Projekte:** Die Interne Kommunikation unterstützt wichtige strategisch wichtige Projekte Ihres Unternehmens, zum Beispiel dessen weitreichenden Wandel oder die Einführung von Qualitäts- oder Wissensmanagement.

→ **Mittel und Maßnahmen:** Das Konzept kann sich auf Mittel und Maßnahmen beziehen wie die Mitarbeiterzeitung, das Intranet oder eine Mitarbeiterveranstaltung.

Schnittstellen der Internen Kommunikation können eine gesonderte Abteilung, die Personalabteilung (etwa wenn es um die Kommunikation der Führungskräfte geht) und die Weiterbildung sein (siehe auch Kapitel 13.2).

Vorgehen

Das Erarbeiten des Konzeptes für die Interne Kommunikation ist anspruchsvoll und komplex. Alle Beteiligten im Unternehmen sollten sich gut absprechen. Das Konzept enthält Aussagen zu vier Bereichen:

1. **Schritt – Analyse:** Sie bestimmen Ihre Kommunikationspartner, sammeln Informationen über sie (zum Beispiel deren Wünsche und Erwartungen an die Kommunikation), bewerten hieraus Stärken und Schwächen und formullieren konkrete Aufgaben für Ihre Interne Kommunikation.

2. **Schritt – Planung:** In der Planung legen Sie fest, was Sie mit Ihrer internen Kommunikation erreichen wollen, auf welchem Weg und durch welche Mittel und Maßnahmen.

3. **Schritt – Kreation:** Sie gestalten die festgelegten Mittel und Maßnahmen.

4. **Schritt – Steuerung und Kontrolle:** Sie legen fest, wann und wie Sie kontrollieren und ob Sie Ihre Ziele erreicht haben.

Im Planungszeitraum von drei bis fünf Jahren wird sich Ihre Situation derart ändern, dass Sie die Konzeption kontinuierlich anpassen müssen. Erst nach drei Jahren zu prüfen, ob Sie das Ziel erreicht haben, reicht nicht aus!

Zur ausführlichen Lektüre des Konzeptionsprozesses empfehle ich das Buch „Wie kommt System in die interne Kommunikation? Ein Wegweiser für die Praxis“ von Ulrike Führmann und Klaus Schmidbauer.

12.1 Analyse

Ganz am Anfang steht eine Analyse. Sie soll dafür sorgen, dass Sie sich ein klares Bild von Ihrer Ausgangssituation machen und daraus die konkreten Aufgaben für Ihre Interne Kommunikation ableiten. Nathalie Noll rät in ihrem Buch „Gestaltungsperspektiven Interner Kommunikation“, sich einen Überblick zu verschaffen über

- → die Informations- und Kommunikationsbedarf des Managements und der Mitarbeiter;
- → das Kommunikationsverhalten der Mitarbeiter (Vorgesetzten-Mitarbeiter-Kommunikation; Gruppenkommunikation und Ähnliches);
- → die Richtung der Kommunikation (top down-/bottom up-Kommunikation, dialog-orientierte Kommunikation; hierarchie- und bereichsübergreifende Kommunikation und Ähnliches);
- → die Kommunikationsfähigkeit der Mitarbeiter, insbesondere der Führungskräfte;
- → spezifische Kommunikationsprobleme (zum Beispiel mangelnde Kommunikation zwischen einzelnen Abteilungen oder Unternehmensbereichen);
- → den Institutionalisierungsgrad der Internen Kommunikation (zum Beispiel in Form von internen Kommunikationsgrundsätzen);
- → vorhandene interne Informations- und Kommunikationsinstrumente und -medien;
- → den Grad der informellen Kommunikation.

Wichtig für die Analyse ist, dass die Beteiligten die bisherige, aber auch die künftige Interne Kommunikation bewerten: Fühlen sie sich ausreichend informiert? Stimmt der Austausch? Wie zufrieden sind sie? Was kennen, was wissen, was meinen und was fühlen sie? Welche Erwartungen haben sie an die künftige Interne Kommunikation? Das Vorgehen ist ausführlich in Kapitel 21 beschrieben.

Dieser Blick in die Zukunft kann Weichenstellungen zeigen, die schon heute empfehlenswert sind, wie die Entwicklung zu mehr Beteiligung durch Social Media (siehe Kapitel 16).

Die gesammelten Informationen können Sie nach Stärken und Schwächen bewerten. Aus ihnen ergeben sich die konkreten Aufgaben für die Interne Kommunikation. Nicht vergessen: Sind Stärken erkennbar, werden sie möglichst zum Lösen der Kommunikationsprobleme eingesetzt. Oft konzentrieren sich Konzeptioner zu sehr auf die Schwächen.

Bei der Auflistung der Aufgaben ist es hilfreich, zwischen der Organisation der Kommunikation und dem Inhalt (Bekanntheit, Information, Einstellungen) zu unterscheiden:

→ **Aufgaben der Organisation** wie zum Beispiel: Mitarbeiter stärker in die Interne Kommunikation einbeziehen, notwendige Informationsversorgung aller Stellen gewährleisten; Informationswege verkürzen, den Informationsfluss beschleunigen, das Informationssystem gegen Störungen weniger anfällig machen (siehe ausführlich Kapitel 13).

→ **Aufgaben der Kommunikation (Inhalte):** Über Unternehmensziele informieren, positive Meinung der Führungskräfte zur Unternehmensstrategie stärken, Betriebsklima durch den Ausbau der Internen Kommunikation verbessern.

12.2 Planung

Zur Planung der Internen Kommunikation gehören die Ziele, die Strategien sowie die Mittel und Maßnahmen. Zur Planung gehören zudem noch die Zeit- und die Budgetplanung, die sich aus diesen drei Kernelementen ergibt.

Ziele

Aus den Aufgaben leiten Sie die Ziele ab, also jenen Zustand, den die Interne Kommunikation bei den von Ihnen bestimmten Bezugsgruppen erreichen soll. Dies könnten Sie auch als geplante Wirkung Ihrer Internen Kommunikation bezeichnen (siehe auch Kapitel 4). Die Ziele enthalten den Inhalt, das Ausmaß und den Zeitbezug. Beispiele:

→ In einem Jahr ist allen Mitarbeitenden bekannt, dass es eine neue Unternehmensstrategie gibt.
→ In einem Jahr wissen sie, welche Inhalte die neue Strategie hat und welchen eigenen Beitrag sie zur Umsetzung leisten können.
→ Sie meinen, dass diese Strategie den Erfolg des Unternehmens sichern kann.
→ Sie sind bereit, sich für die neue Unternehmensstrategie einzusetzen und sie durch ihren eigenen Beitrag zu untersützen.

Ein organisatorisches Ziel könnte sein, dass in drei Jahren alle Mitarbeitende mit einem Computer ausgestattet sind oder es in jedem zweiten Jahr eine Mitarbeiterbefragung geben wird.

Bei langfristigen Zielen (drei bis fünf Jahre) ist es hilfreich, Zwischenziele zu formulieren ("Nach einem Jahr ist...", "Nach zwei Jahren ist...."), damit Sie kontrollieren können, ob Sie die geplanten Ziele erreichen können und werden.

Strategien

Strategien geben an, auf welchem bestmöglichen Weg Sie Ihr Ziel erreichen können und wie Sie Ihre Ressourcen an Zeit, Geld, Personal etc. dafür optimal einsetzen. Strategien erlauben uns, alle Aktivitäten zu koordinieren und die Beteiligten auf ein gemeinsames Ziel auszurichten, dem sie sich verpflichten. Strategien können sich zum Beispiel beziehen auf

→ **Kernbotschaften** des Unternehmens (Argumentationsstrategie): Mit welchen Argumenten soll die Meinung der Mitarbeitenden aufgebaut, gestärkt oder verändert werden? Die zentralen Kommunikationsinhalte geben an, was sich bei den Mitarbeitenden einprägen soll. Sie müssen noch nicht als konkrete Botschaften formuliert werden – dies geschieht in der Gestaltungsphase.

→ **Kommunikationswege**: Über die Unternehmensziele könnte die Firmenleitung zentral informieren. Oder es wird entschieden, dass dies dezentral über die Führungskräftein den jeweiligen Abteilungen geschieht.

→ den **Einsatz von Mitteln und Maßnahmen** (Gattungs- bzw. Kanalstrategie): Die Informationen können schriftlich erfolgen oder im persönlichen Gespräch, um auf Gegenargumente und Befürchtungen einzugehen.

→ **Reichweite und Kontakte** (Mediastrategie): Wie können die beabsichtigten Mitarbeiter erreicht werden und dies oft genug, damit sie lernen?

Information – Austausch
Top down – bottom up
Zentral – dezentral
Langsam ansteigend – schnell

Abb. 22 | Wichtige Strategien in der Internen Kommunikation

Mittel und Maßnahmen

Die Wahl der Mittel und Maßnahmen entscheidet darüber, über welche Kanäle die Kommunikation erfolgt. Dies können Diskussionsveranstaltungen für Führungskräfte und Informationsmedien für Mitarbeiter sein (siehe ausführlich Kapitel 15.1).

Zeitplan

Der Zeitplan hält die Aktionen fest und zeigt die einzelnen Tätigkeiten im Zeitablauf. Er ist auf Aufnahmefähigkeit, Aufnahmebedürfnis und -bereitschaft der Mitarbeitenden abgestimmt. Für die Zeitplanung bewährt haben sich praktische Instrumente wie Zeitraster und Checklisten.

Budgetplanung

Die Etatplanung gibt an, was alles zusammen kostet. Sie enthält nicht nur Kosten für die Herstellung der Medien, zum Beispiel einer Broschüre oder einer Mitarbeiterzeitung, sondern auch alle Personal- und Agenturkosten. Nur so entsteht ein vollständiger Überblick über die Ausgaben. Wird deutlich, dass für die Maßnahmen nicht genügend Geld verfügbar ist, müssen die Ziele neu formuliert werden. Es ist nicht möglich, mit der Hälfte des Budgets die gleichen Ziele zu erreichen.

12.3 Kreation

Strategien werden konsequent in wirksame Text-, Bild- und Aktionsideen umgesetzt. (Siehe Kapitel 15).

12.4 Steuerung und Kontrolle

Maßnahmen durchzuführen und nicht zu kontrollieren, macht wenig Sinn, denn schließlich wollen die Beteiligten wissen, ob die Interne Kommunikation ihr Ziel erreicht und ob sich die Mühe gelohnt hat. Die Kommunikationsziele sind also Vorgaben für die Bewertung.

Die Maßnahmen können vor, während und nach der Durchführung bewertet werden. Durch eine laufende Kontrolle können die Verantwortlichen frühzeitig Schwachstellen erkennen und gezielt eingreifen.

Die abschließende Bewertung beantwortet die Frage, ob die Ziele erreicht worden sind und die bisherigen Probleme gelöst sind: Wissen die Beteiligten jetzt, was sie wissen sollen? Haben die Beteiligten jetzt jene Meinung, die sie haben sollen? Bewerten die Beteiligten die Kommunikation als zufriedenstellend? Wer nicht prüft, ob eine Mitarbeiterzeitung akzeptiert wird und welche Informationsleistung sie erbringt, wird Probleme haben, die Ausgaben zu begründen. Wird dagegen Kommunikation – wie hier beschrieben – systematisch geplant, kann geprüft werden, ob das Kommunikationsziel erreicht wurde.

Für die Kontrolle sollten Sie drei Fragen beantworten:
1. **Was** prüfen Sie? Antwort: die formulierten Ziele.
2. **Wann** prüfen Sie? Vor der Kommunikation, während und nach ihr.
3. **Wie** prüfen Sie? (Siehe hierzu ausführlich Kapitel 21).

Zeitpunkte

Sie können Ihre Kommunikationsmaßnahmen bewerten, bevor Sie sie an die Mitarbeiter richten, während dessen oder danach – oder zu allen drei Zeitpunkten:

→ **Pretest (Vortest):** Ein Pretest bewertet Ihre Kommunikation, bevor sie stattfindet. Die Ergebnisse können Sie mit den Werten nach dem Einsatz Ihrer Mittel und Maßnahmen vergleichen und darüber hinaus vor ihrem Einsatz testen, ob sie in Inhalt und Form tatsächlich für Ihre Mitarbeiter geeignet sind.

→ **Laufende Untersuchung (In between test):** Sie beantwortet die Frage, ob die Kommunikation, wie geplant ankommt und ob sie Ihre Ziele erreicht. Durch fortlaufendes Prüfen und Kontrollieren erkennen Sie Schwachstellen und können Ihr Handeln anpassen. Hierbei helfen Zwischenziele (auch Meilensteine genannt), die Sie während einer Aktion oder Kampagne prüfen.

→ **Nachträgliche Untersuchung (Posttest):** Sie untersucht die Frage, ob Ihre Kommunikation nach einem bestimmten Zeitablauf erfolgreich war, zum Beispiel nach einer Kampagne, und was Sie das nächste Mal besser machen können. Vor allem sollten Sie bewerten, ob Sie Ihre Kommunikationspartner erreicht haben, welche Informationen sie aufgenommen und wie sie sie verarbeitet haben und welche inneren Bilder entstanden sind beziehungsweise verändert wurden.

Zur Erfolgskontrolle siehe ausführlich Kapitel 21.

Analyse	Was kennen die Beteiligten? Was sollten sie kennen? Was wissen die Beteiligten? Was sollten Sie wissen? Was fühlen die Beteiligten? Was sollten Sie fühlen? Wie bewerten die Beteiligten die Interne Kommunikation? Welche Schwächen gibt es? Welche Stärken?
Planung	Welches Ziel hat die Kommunikation? Was soll wann bekannt sein, was soll gewusst werden, was soll gefühlt werden? Auf welchem Weg wird das Ziel erreicht? Information oder Kommunikation? Aufbauend, haltend oder abbauend, zentral oder dezentral? Wer ist in die Kommunikation einbezogen? Welche zentralen Kommunikationsinhalte werden vermittelt? Wer wird in welcher Reihenfolge einbezogen? Welche Instrumente werden eingesetzt? In welchem Zeitablauf? Was kostet das Gestalten der Kommunikation? Kurzfristig, mittelfristig, langfristig?
Umsetzung	Wie werden Aktionen, Bilder, Texte genau gestaltet? Wie sieht das Faltblatt aus? Was zeigt das Mitarbeitervideo, was steht in der Zeitung?
Kontrolle	Wann soll kontrolliert werden? Vor, während und nach der Kommunikation? Wie soll kontrolliert werden? Durch Befragung, Telefonate, persönliche Einschätzung, Workshops?

Abb. 23 | Checkliste für die systematische Planung der Internen Kommunikation

Kapitel 13

Interne Kommunikation wird professionell organisiert

13.1 Koordinierte interne Kommunikation

Interne Kommunikation als Führungsaufgabe erfordert die Abstimmung zwischen den Beteiligten, also vor allem zwischen Geschäftsleitung und Führungskräften, damit bei den Mitarbeitern das klare Vorstellungsbild vom Unternehmen und seinen Leistungen entstehen kann (Big Picture). Hierfür muss auch der Einsatz aller Kommunikationsinstrumente systematisch geplant werden und koordiniert erfolgen, um ein widerspruchsfreies Vorstellungsbild vom Unternehmen zu erzeugen.

Die Abstimmung der Kommunikation umfasst mehrere Dimensionen:

→ **Inhaltlich:** Ihre Kommunikation ist thematisch abgestimmt. Abstimmung bedeutet nicht, dass alle Führungskräfte wortgenau das Gleiche sagen sollten. Wichtig ist, dass die Verantwortlichen für die Interne Kommunikation über ausreichendes Wissen verfügen und einen Überblick haben, welche Botschaften die Führungskräfte vermitteln, damit sie sich nicht widersprechen und damit das lebendige Vorstellungsbild von Ihrem Unternehmen und seinen Produkten trüben.

→ **Formal:** Welche Gestaltungsrichtlinien gelten? Das betrifft die bestehenden formalen Unternehmenskennzeichen wie Name und Logo.

→ **Zeitlich:** Stimmen Sie die Maßnahmen zeitlich aufeinander ab, damit eine Führungskraft nicht Informationen vermittelt, die eine andere noch zurückhält, zum Beispiel um einen günstigen Zeitpunkt abzuwarten.

→ **Instrumentell:** Welche Maßnahmen setzen Sie ein? Ergänzen sich diese Maßnahmen?

→ **Objekt:** Ist die interne Kommunikation auch in weiteren Firmenteilen und Gesellschaften abgestimmt?

→ **Partnerintegration:** Koordinieren Sie Ihre eigene Kommunikation mit derjenigen Ihrer Wirtschaftspartner, Lieferanten und Unternehmen mit Handelsaufgaben etc.

→ **Personell und organisatorisch:** Aus einem gemeinsamen Kommunikationskonzept, das auch die Organisation der Beteiligten regelt, leiten alle Beteiligten ihre Entscheidungen und ihr Handeln ab (siehe Kapitel 12).

Die Organisation der Internen Kommunikation stellt sicher, dass sich alle Beteiligten angemessen austauschen und abstimmen können – interdisziplinäre Teams, Projektmanagement und Netzwerke spielen hierbei eine große Rolle. Geeignete Prozesse müssen für eine gezielte Koordination und Kontrolle sorgen und übergreifendes Zusammenarbeiten stärken. Hierbei ist die persönliche

Kommunikation durch nichts zu ersetzen, weil sie für das Zustandekommen von Vertrauen essenziell ist. Alle Beteiligten sollten sich angemessen austauschen und auf das Kommunikationskonzept sowie auf Leitbilder und Material zugreifen können.

Die organisatorischen Voraussetzungen umfassen beteiligte Personen, Rollen und Verantwortlichkeiten, Prozesse, Strukturen, die eingesetzte Informationstechnologie sowie die Kommunikationskultur.

13.2 Beteiligte

Die Menschen sind für die Organisation der Kommunikation entscheidend, denn sie sind es, die kommunizieren. Sie haben die wichtigsten Beteiligten schon in Kapitel 5 kennen gelernt. Folgende Fragen sind besonders wichtig:

→ **Zahl:** Sie entscheidet über die Leistungsfähigkeit der internen Kommunikation. In vielen mittelständischen Unternehmen übernimmt diese Aufgabe eine einzige Person. Sie wird ihre Aufgabe aber nicht professionell erledigen können, wenn sie nicht durch externe Hilfe dauerhaft unterstützt wird, zum Beispiel durch eine Kommunikationsagentur. Zu den Beteiligten zählen auch die Führungskräfte, die für die interne Kommunikation wichtig sind.

→ **Ausbildung:** Sind die Mitarbeiter, die mit Kommunikationsaufgaben betraut sind, ausgebildete Profis oder Quereinsteiger? Wie stellen Sie im zweiten Fall sicher, dass diese Mitarbeiter eine angemessene Ausbildung erhalten, dadurch professionell arbeiten und nicht überfordert sind? Die Erfahrung in der Praxis zeigt, dass die Verantwortlichen für die interne Kommunikation sehr unterschiedliche Vorkenntnisse haben – einige könnten schon Kommunikationsfähigkeiten besitzen, andere nicht; einige haben ihre Kenntnisse aus dem Marketing, andere aus der Werbung oder den PR.

→ **Weiterbildung:** Wie entwickeln die Beteiligten in der Internen Kommunikation ihre Fähigkeiten, Kenntnisse und Fertigkeiten weiter? Gefragt ist zum Beispiel Wissen über das Intranet als einem der wichtigsten Maßnahmen in der Internen Kommunikation (siehe Kapitel 15.3.3). Hier entwickelt sich innerhalb kurzer Zeit so viel, dass kontinuierliche Weiterbildung oft entscheidend für den Kommunikationserfolg ist. Gefragt sind auch Fremdsprachenkenntnisse, weil mittlerweile viele Unternehmen international tätig sind. Sprachen lassen sich nicht von heute auf morgen lernen. Im Konzept für die Interne Kommunikation könnten Sie festhalten, welche Ziele Sie innerhalb welcher Zeit erreichen müssen und welche Maßnahmen dafür erfolgen sollen (konzentriertes Sprachstudium mit Auslandsaufenthalt, berufsbegleitende Seminare etc.).

Welche Qualifikation wird heute in der Internen Kommunikation benötigt?

→ **Fachkompetenz:** Grundlagen der Kommunikation, aber auch Kenntnisse in Betriebswirtschaft, um den Gesamtzusammenhang der Kommunikation und deren Wertschöpfung für das Unternehmen bewerten zu können;

→ **Methodenkompetenz:** zum Beispiel vernetztes Denken und strategisches Denken, Handlungsorientierung;

→ **Sozialkompetenz:** Kommunikationsfähigkeit mit vielen verschiedenen Kommunikationspartnern, Kenntnisse in Teambildung; externe Dienstleister können diese Fähigkeiten und Fertigkeiten vermitteln.

13.3 Rollen und Verantwortlichkeiten

In der Internen Kommunikation sollten Rollen und Verantwortlichkeiten geklärt sein. In den meisten Unternehmen geschieht dies nicht sorgfältig genug, was dazu führt, dass keiner weiß, wer für etwas zuständig und wer verantwortlich ist. Daher sollten Sie Schlüsselrollen und Kompetenzen von Entscheidungsträgern vorab definieren, klar abgrenzen, im Unternehmen kommunizieren und fest verankern.

Typische Rollen und Verantwortlichkeiten sind:

→ **Der Gesamtverantwortliche** für die Gestaltung und Entwicklung der Internen Kommunikation: In kleineren und mittleren Unternehmen übernimmt diese Aufgabe oft der Inhaber, der Geschäftsführer oder ein Assistent der Geschäftsleitung. In größeren Unternehmen gibt es eigene Experten für die Interne Kommunikation oder einen Verantwortlichen für Kommunikation – Funktionen, die oft als Stabsstelle der Geschäftsleitung verankert sind. Der Gesamtverantwortliche leitet aus den kurz-, mittel- und langfristigen Unternehmenszielen die Ziele der Internen Kommunikation ab. Er stimmt sich mit den anderen Kommunikationsfunktionen im Unternehmen ab (zum Beispiel der PR-Abteilung und der Werbung). Er steuert und kontrolliert die Kommunikation, damit sie den Wert des Unternehmens steigert.

→ **Die Kommunikationsverantwortlichen in den Abteilungen und Gremien:** In jeder Abteilung gibt es einen Kommunikationsverantwortlichen. Diese Rolle wird die betreffende Person meist nicht hauptberuflich wahrnehmen, besonders nicht in Vertriebsbüros mit nur wenigen Mitarbeitern. Wichtig ist jedoch, dass es einen Ansprechpartner gibt. In internationalen Unternehmen nimmt oft der Geschäftsführer der jeweiligen Landesniederlassung diese Rolle wahr.

→ **Der Sponsor in der Geschäftsführung**, am besten der Vorstandsvorsitzende, sichert die erforderliche Unterstützung des Top-Managements.

→ **Unterstützende Funktionen** sind zum Beispiel in der Weiterbildungs- und der Personalabteilung zu finden: Die Weiterbildungsabteilung ist verantwortlich für das Training der Führungskräfte in Sachen Kommunikation. Hierzu gehören Seminare zur Gesprächsführung und Rhetorik-Schulungen. Die Personalabteilung ist eine wichtige Schnittstelle, wenn es darum geht, die verbesserte Kommunikation zwischen leitenden Angestellten und Mitarbeitern in den Gesprächen mit den Beschäftigten einzuüben und zu verankern.

13.4 Strukturen

Die Interne Kommunikation dient den Zielen des Unternehmens, sie soll diese Ziele erreichen helfen. Dafür braucht die Interne Kommunikation einen strukturellen Rahmen. Die richtige Anbindung kann bedeutend sein, damit Entscheidungen schnell getroffen und umgesetzt werden können. Gibt es einen für die Interne Kommunikation zuständigen Vorstand? Gewährleistet also die Struktur des Unternehmens eine angemessene Interne Kommunikation? Beliebigkeit wäre riskant. Ist die Funktion irgendwo im Unternehmen angesiedelt, kann sie ihre Aufgaben nicht optimal erfüllen: Zu lange dauert es, bis Informationen aus dem Führungsbereich bei den Verantwortlichen ankommen, zu mühselig gestalten sich Entscheidungsprozesse, die für die Arbeit wichtig sind.

Ist die Interne Kommunikation organisatorisch in der Unternehmensführung angesiedelt, macht sie das stark: Nach innen und außen wird damit demonstriert, wie bedeutsam sie für die Firma ist. Trifft die Unternehmensleitung wichtige Entscheidungen, ist der Weg bis zu den nötigen Konsequenzen entsprechend kurz, die Interne Kommunikation kann sofort dafür sorgen, dass die neuen Direktiven direkt in die Arbeit der Führungskräfte einfließen. Entscheidungen können auch kurzfristig getroffen und ständig aktualisiert werden. Immer wichtiger wird es, Signale aus dem Umfeld aufzunehmen und gezielt in die Entscheidungen des Unternehmens einfließen zu lassen. Auch deshalb sind enge Kontakte zwischen der Internen Kommunikation und der Geschäftsleitung hilfreich. Die Vorteile spüren die Verantwortlichen in kleinen und mittleren Unternehmen allerdings viel schneller als in großen Firmen, in denen die Entscheidungswege länger und die Diskussionen zäher sind.

Mit der Einordnung der Internen Kommunikation stellt die Geschäftsführung also wichtige Weichen für die spätere Arbeit. Es gibt jedoch noch weitere Voraussetzungen, die organisatorisch geklärt sein müssen:

→ **Interne Kommunikation ist eine eigenständige Aufgabe:** Ihre Funktionen und Aufgabenbereiche müssen exakt bestimmt und von denen ähnlicher Abteilungen (externe Kommunikation, Presse, PR, Werbung) deutlich abgegrenzt sein. Dies sichert eine professionelle, langfristig ausgerichtete Planung.

→ **Jede Führungskraft ist für Kommunikation verantwortlich:** Kapitel 5.1 hat aufgezeigt, wie wichtig es ist, dass alle Führungskräfte an einer funktionierenden Internen Kommunikation beteiligt und für sie verantwortlich sind.

→ **Bei Großunternehmen:** Die Verantwortlichen für Kommunikation in den Gesellschaften und Ländern schließen sich zu einem Netzwerk zusammen. Vorteil: Die Kommunikation bleibt eine eigenständige Aufgabe, die leichter zu finanzieren ist, da die Mitarbeiter Hauptaufgaben haben. Gefahr: Kommunikation wird nur nebenher betrieben. Das Koordinieren von Kapazitäten und Aufgaben der Team-Mitglieder kann schwierig sein.

Zu den strukturellen Entscheidungen gehört auch die Frage, ob ein Redaktionsteam eingesetzt werden soll oder nicht. Ein solches Team eignet sich zur Themensammlung für die Interne Kommunikation, aber auch zum Texten im Intranet und in der Mitarbeiterzeitung.

13.5 Prozesse

Prozesse stellen die Zusammenarbeit sicher. Prozesse sind Handlungsketten mit definiertem Ergebnis. Für die Kommunikation sollen angemessene Prozesse die konsistente Kommunikation und die erforderliche Aktualität sicherstellen. Prozesse dienen der Koordination und Kontrolle und die stärken die übergreifende Zusammenarbeit. Ohne eine gut organisierte Zusammenarbeit können sich die Verantwortlichen auf keine gemeinsame Kommunikation einigen und sie angemessen umsetzen. Netzwerke und Workshops spielen dabei eine herausragende Rolle. Denn die persönliche Kommunikation bleibt wichtig. Sie schafft Vertrauen und ist durch nichts zu ersetzen.

Immer wieder auftretende Prozesse können Sie schriftlich festhalten (SOPs/Standard Operating Procedures), zum Beispiel für Mitteilungen im Intranet. Dadurch äußern Sie sich verbindlich und jeder kann sie nachlesen.

Die „SOPs“ legen zum Beispiel fest,

- → wer an der internen Kommunikation beteiligt ist,
- → wer wen in welcher Reihenfolge informiert,
- → wie lange die einzelnen Beteiligten sich rückmelden können, um Änderungen vorzunehmen.

Zu den wichtigen Prozessen in der Internen Kommunikation gehören

- → Informationsprozesse (wie gelangen Informationen von der Geschäftsleitung an die Verantwortlichen der Internen Kommunikation?)
- → Abstimmungsprozesse (wie ist die Abfolge für die Freigabe von Texten?)

→ Koordinationsprozesse (wie gelangt eine Meldung ins Intranet?).

Sie sollten prüfen, welche festgelegten Abläufe es geben sollte und wie Sie sie gestalten.

Prozesse lassen sich danach einteilen, in welcher Richtung sie verlaufen:

→ **Die Information von oben nach unten („top down"):** Der Vorgesetzte gibt Informationen an seine Mitarbeitern weiter, er erteilt einen Auftrag und gibt die zur Ausführung notwendigen Informationen. Dieser Informationsimpuls breitet sich kaskadenartig im Unternehmen aus: Der Vorstand informiert seine unmittelbaren Führungskräfte, zum Beispiel Fachbereichsleiter. Die geben die Informationen an ihre unmittelbaren Mitarbeiter weiter: die Hauptabteilungsleiter. So gelangen Informationen weiter bis zu den Abteilungsleitern, die wiederum ihre Gruppenleiter informieren, sodass schließlich über sie die Mitarbeiter unterrichtet werden.

→ **Von unten nach oben („Bottom up"):** Hier läuft der Kommunikationsfluss genau andersherum: Der Mitarbeiter informiert seinen Vorgesetzten (Meister oder Fachgruppenleiter) zum Beispiel über eine Dienstreise oder den Erfolg einer Verhandlung, dieser wiederum informiert seinen Vorgesetzten (Abteilungsleiter) und so weiter.

→ **Vernetzte Kommunikation:** Dabei informieren sich Kollegen aus verschiedenen Abteilungen oder untereinander ohne Einhaltung des Dienstweges über Vorfälle, die wissenswert erscheinen. Der Weg ist schnell und unbürokratisch, die Einhaltung des Dienstweges nicht notwendig. Die Information zwischen Stab und Linie kann auch als eine Art Querinformation gesehen werden. Für die vernetzte Kommunikation eignen sich die Social Media in der Internen Kommunikation hervorragend (siehe Kapitel 16).

Vor allem in Großunternehmen zeigt sich oft, dass das Prinzip „von oben nach unten" nicht funktionieren KANN. Der Grund ist einfach: Es gibt keine durchgehenden Kommunikationswege. Das betrifft besonders auf die Arbeit von Gremien und Arbeitsgruppen zu, da oft unklar ist, wer für die Kommunikation zuständig ist, welche Informationen überhaupt gegeben werden sollen und an wen.

Ein Beispiel: Bei der Analyse der internen Kommunikationspyramide hat sich herausgestellt, dass es sowohl in horizontaler als auch in vertikaler Richtung zwischen den einzelnen Mitarbeitern erprobte Kommunikationswege gibt. Gleichzeitig hat sich herausgestellt, dass es zwischen den Bereichsleitern (horizontal auf der 3. Ebene) keine dauerhaften Kommunikationskanäle gibt. Abhilfe schaffen vierteljährliche Sitzungen der Bereichsleiter, die Vorstellung ihrer der Bereiche, Abteilungsberichte in der Mitarbeiterzeitung und der Austausch von Monatsberichten. So lassen sich relativ einfach sogenannte Informationsgitter schaffen.

13.6 Informationstechnologie

Die Informationstechnologie spielt mittlerweile für die Kommunikation eine wesentliche Rolle: Zum einen unterstützt sie die Interne Kommunikation durch eine angemessene Hardware (Computer, Drucker, Scanner etc.) und Software (Textverarbeitung, Grafikprogramm, Adressenverwaltung etc.); zum anderen ist sie Plattform für die elektronisch vermittelte Kommunikation mit Bezugsgruppen, vor allem mit Mitarbeitenden, aber auch mit externen Dienstleistern über das Extranet (siehe Kapitel 15.3.3).

Die Informationstechnologie ist bedeutend, weil sie die Mitarbeitenden einschließlich Außendienst elektronisch vernetzt. Internet, Intranet und Extranet sind heute essenzielle Bestandteile der internen Kommunikation. Redaktionsteams holen sich ihre wichtige Informationen aus gemeinsam genutzten Datenbanken. Neue Fragen stellen sich: Ist eine gemeinsame Adressablage nützlich? Eine zentrale Aufgabenübersicht? Ein zentraler Projektkalender? Ein Ideenpool?

13.7 Kultur

Ganz wichtig: Eine abgestimmte Interne Kommunikation kann nur gelingen, wenn die Einzelprofilierung von Führungskräften unterbleibt oder wenigstens teilweise aufgegeben wird. Nur dann kommen die Stärken eines einheitlichen Vorgehens zum Tragen. Diese Forderung umzusetzen, ist vermutlich die größte Herausforderung, denn noch immer scheitern moderne Konzepte am Kompetenzgerangel – die professionell koordinierte Interne Kommunikation ist bisher meist nur ein Lippenbekenntnis in Deutschlands Unternehmen. Legen Sie gemeinsame Spielregeln fest und stellen Sie sicher, dass alle Beteiligten sie einhalten (siehe ausführlich Kapitel 12).

Kapitel 14

Interne und externe Kommunikation

Interne und externe Kommunikation hängen eng zusammen: Eine Anwaltskanzlei steht ständig im Austausch mit ihren Klienten, mit Gerichten und Gutachtern. Ein Bäcker hat Kontakt zu Kunden, Lieferanten, Nachbarn.

Ein Mensch kann unterschiedliche Rollen wahrnehmen: Er ist beispielsweise Mitarbeiter bei BMW, besitzt als Aktionär auch Aktien des Unternehmens, er fährt einen BMW-Roadster und gehört dem Deutschen Allgemeinen Automobilclub (ADAC) an. In jeder Rolle hat dieser Mensch unterschiedliche Wünsche und Erwartungen an die Kommunikation:

- → Als Mitarbeiter möchte er wissen, wie er sich weiterbilden kann und welche Zukunft das Unternehmen bietet.
- → Als Aktionär möchte er wissen, wie das Unternehmen den Aktienwert steigert.
- → Als Kunde möchte er wissen, wann die neue Fahrzeugreihe erscheint und wo er Ersatzteile kaufen kann (dies würde den Aktionär wohl kaum interessieren).

Interne Kommunikation sollte nie losgelöst von der externen gesehen werden. Jedoch zeigen zwei Studien der Frankfurter Agentur Brand Control aus den Jahren 2002 und 2003, dass nur 9 Prozent der befragten Unternehmen ihre Interne mit der externen Kommunikation abstimmen. Nur 6 Prozent haben kontinuierliche Abstimmungen über ihre Kommunikation etabliert. Fazit von Brand Control: Es herrsche weithin ein „Abteilungsdenken in den Unternehmen, bei denen jede Kommunikationsabteilung macht, was sie will." Grund für die mangelnde Abstimmung sei in 8 Prozent das Profilierungsstreben der Verantwortlichen (Quelle: brandcontrol.com).

14.1 Kommunikation wirkt von innen nach außen

Mitarbeiter sind Botschafter nach außen: Mitarbeiter, die sich überzeugt und mit Schwung für ihre Aufgaben engagieren, bieten den Kunden mehr Freundlichkeit, mehr Zuwendung und lassen ihnen die Zusammenarbeit als angenehm, sympathisch und positiv, kurz als problemlos erscheinen. Der Kunde wird sich unter mehreren Wettbewerbern mit gleicher Produktqualität und Serviceleistung meistens den Lieferanten aussuchen, dessen Mitarbeiter ehrlich sind, geradlinig, bescheiden, freundlich, zuvorkommend. Das „freundliche Möbelhaus" muss auch eines sein. Was nützen Produkte, die der Kunde schätzt, wenn die Verkäufer muffelig und unfreundlich sind und der Service schlecht ist? Die Mitarbeiter sind die ersten, die von Freunden und Bekannten angesprochen werden, wenn es Ereignisse und Neuigkeiten aus einem Unternehmen gibt.

Gute Kommunikation nach außen funktioniert nur, wenn die nach innen gerichtete funktioniert. Was ist, wenn das Unternehmen aufgrund intensiver Öffentlichkeitsarbeit „draußen" einen vorzüglichen Ruf genießt, die Mitarbeiter von diesem Image aber nur aus der Zeitung erfahren?

Wer angeblich in einem außergewöhnlich gut funktionierenden Betrieb arbeitet, jedoch selbst davon nichts merkt, wird an der Glaubwürdigkeit der Betriebsleitung zweifeln – abgesehen davon, dass solch ein Image nach außen kaum lange halten wird.

Mitarbeiter müssen in den internen Informationsfluss einbezogen werden und im Unternehmen als Gesprächspartner ernst genommen werden.

Was häufig übersehen wird: Die Mitarbeiter haben grundsätzlich eine positivere Einstellung zum Unternehmen als manche Externe. Genutzt wird dies nicht: Stattdessen fließt viel Geld in Werbung und Public Relations, um gute Kontakte zu Kunden, Nachbarn und Geldgebern zu halten.

14.2 Kommunikation wirkt von außen nach innen

Medienberichte über das Unternehmen und Meinungen von Externen werden von den meisten Mitarbeitern aufmerksam verfolgt. Die Auswirkungen kritischer Artikel sind stark und können lange nachwirken. Die Reaktionen reichen von persönlicher Betroffenheit bis zum intensiven Nachdenken über die eigene Situation im Unternehmen. Je unvorbereiteter die Mitarbeiter mit solchen Meldungen konfrontiert werden – sei es bei der Zeitungslektüre am Frühstückstisch oder auf dem Weg zur Arbeit über das Autoradio – desto nachhaltiger können die Folgen sein.

Das Bild, das von einem Unternehmen in der Öffentlichkeit existiert, kann auf das Klima im Unternehmen durchschlagen: Ist das Unternehmen in einer sensiblen Branche tätig, stellt es kritisch beurteilte Produkte her, oder setzt es Herstellungsmethoden ein, die umstritten sind – dann beeinflusst die öffentliche Auseinandersetzung immer auch die interne Kommunikation. Beispiel Verwaltungen: Während früher die Arbeit im öffentlichen Sektor im Beamtenapparat, mit gesellschaftlichem Ansehen und allgemeiner Akzeptanz verbunden war, ist das Ansehen dieses Berufszweigs heute eher schlecht. Die Beschäftigten leiden darunter, verlieren ihre Motivation und haben, statt dagegen anzuarbeiten, innerlich längst gekündigt.

Kommunikation in der Krise

Spätestens in einer Krise zeigt sich die Bedeutung der Internen Kommunikation: Die Mitarbeiter wollen wissen, was geschehen ist, welche Auswirkungen die Krise auf das Unternehmen und auf ihren Arbeitsplatz hat und wie das Management die Krise abwenden will. Die Mitarbeiter sind auch Multiplikatoren nach außen und müssen in der Familie, im Freundes- und Bekanntenkreis Rede und Antwort stehen. Sind sie schlecht informiert, können sie ihr Vertrauen in das Unternehmen verlieren und das anderer unterminieren. Sie neigen dann dazu, sich abfällig zu äußern – und zwar auch außerhalb der Werkstore.

Eine kleine Rechnung zeigt, was dies bedeuten kann: Lebt der Mitarbeiter in einem Haushalt mit drei Personen und hat jeder zehn Freunde und Bekannte, kann die Zahl der dirket Beteiligten mit 30 multipliziert werden. Und da sich schlechte Nachrichten ohnehin schneller verbreiten als gute, liegt es nahe, dass Versäumnisse in der Internen Kommunikation fatale Folgen haben.

Mitarbeiter vertragen die härteste Wahrheit besser als falsche Informationen und Hoffnungen, an deren Ende Enttäuschungen stehen. Prinzipiell sollten Mitarbeiter niemals von einem wichtigen Ereignis aus ihrem Unternehmen durch die Medien erfahren. Das gilt auch für schlimme Nachrichten. Aufgabe der Unternehmensleitung ist es, die Mitarbeiter sofort und umfassend über das Vorgefallene und alle getroffenen Maßnahmen zu informieren.

Um Einsicht und Verständnis sollte man in der Krise für die Entscheidungen der Unternehmensleitung werben. In Krisen bildet sich häufig ein Gemeinschaftsbewusstsein heraus, durch die die drohende Gefahr abgewehrt werden soll. Diese Haltung kann durch eine umfassende Informationspolitik gegenüber den Mitarbeitern gezielt verstärkt werden. Das Zusammengehörigkeitsgefühl wächst. Und Mitarbeiter, die selbst in schweren Zeiten zu ihrem Arbeitgeber stehen, heben das Firmenimage und sorgen so – mitten in der Krise – für unverhofften Glanz.

14.3 Kommunikation ist eng abgestimmt

Die gesamte Kommunikation eines Unternehmens sollte sorgfältig aufeinander abgestimmt sein. Eine so verstandene integrierte Kommunikation stärkt die Wirkung aller Einzelinstrumente und kann die unterschiedlichen Bezugsgruppen gezielter beeinflussen. Durch eine sinnvoll koordinierte Kommunikation werden die Botschaften, die vermittelt werden, einheitlicher und sorgen für ein in sich schlüssiges Bild oder Image. Dafür muss aber die Kommunikation nahe bei der Geschäftsleitung verankert sein und so systematisch gestaltet werden, wie es das Firmenleitbild erfordert (siehe Kapitel 12).

Kapitel 15

Instrumente der Kommunikation

Zur Norm in den größeren Industrieunternehmen gehören Medien. Mitarbeiterzeitungen, Newsletter, Mailings, Flyer oder Schwarze Bretter findet man überall, dazu elektronische Medien wie das Inter- und Intranet, elektronische Newsletter oder Mails. Mittlerweile sind auch Wikis, Business-TV, Pod- und Videocasts oder Blogs beziehungsweise Twitter-Anwendungen fester Bestandteil der Kommunikation. Des Weiteren zählen Präsentationen, Vorträge, Meetings oder Telefonkonferenzen zum gängigen Instrumentarium.

Bei der Fülle an internen und externen Medien, die auf die Beteiligten einwirken, liegt der Erfolg in der wirkungsvollen Mischung: Die Mitarbeiter erfahren eine Neuigkeit beim Gang durch das Werkstor, sie können sich über Hintergründe im Intranet informieren und in einer Infoveranstaltung Fragen stellen.

Für jede Maßnahme gilt, dass sie in Inhalt und Form zu den internen Bezugsgruppen passen und dem Erscheinungsbild Ihres Unternehmens entsprechen sollte.

Sie sollten nicht vergessen, dass auch Ihre externen Maßnahmen nach innen wirken. Ein eindrucksvolles Beispiel, wie dies erfolgreich gelingen kann, hat die Berliner Stadtreinigung vorgemacht: Aufgrund der witzigen, einfallsreichen Anzeigen hat nicht nur die Einschätzung der Berliner zugenommen, die Stadt sei sauberer geworden; die Mitarbeiter konnten sich auch mit den Motiven identifizieren und die Anzeigen nutzen, um zu zeigen, wie sympathisch die Mitarbeiter der Stadtreinigung sind.

15.1 Persönliche Kommunikation

Das Persönliche, die direkte Ansprache spielt eine herausragende Rolle in der Internen Kommunikation, auch wenn der Eindruck entstehen könnte, dass die elektronischen Medien alle menschlichen Bezüge abgelöst haben. Davon kann aber glücklicher Weise keine Rede sein, außerdem ist die persönliche Kommunikation hoch bedeutsam. Denn: Nur bei der persönlichen Kommunikation können wir sicher sein, dass eine Information gesehen, aufgenommen, verstanden, verarbeitet und gespeichert wurde (siehe Kapitel 2). Große Veränderungen wie eine Umstrukturierung oder die Neuausrichtung des Unternehmens lassen sich wirkungsvoll nur mit Hilfe von Gesprächen, Konferenzen und Vorträgen durchsetzen, wobei Fragen und Bedenken der Belegschaft erörtert werden können. Grassierende Skepsis lässt sich anders nicht abbauen.

Persönliche Kommunikation bietet den Vorteil, Informationen direkt geben zu können, Gegenmeinungen aufzunehmen und zu besprechen sowie mit dem Anlass verbundene Gefühle der Mitarbeiter zu beachten. Die Mitarbeiter können sofort fragen, der Vorgesetzte kann Dinge erläutern und Missverständnisse klären.

15.1.1 Mitarbeitergespräch

Das direkte, persönliche Gespräch zwischen Vorgesetztem und Mitarbeiter ist außerordentlich wertvoll. Es sollte kontinuierlich stattfinden.

Das jährliche Mitarbeitergespräch spielt dabei eine wichtige Rolle. Es findet zwischen November und Februar statt, kreist um die berufliche Leistung in einem bestimmten Zeitraum und ist mit Entgeltfragen und Fördermaßnahmen verknüpft. Der Vorgesetzte leitet und protokolliert das Gespräch, lässt eine Abschrift anfertigen, die der Mitarbeiter als Zeichen seiner Zustimmung unterschreibt. Außerdem ist es sinnvoll, einen Quittungsbeleg zu erstellen, den ebenfalls beide unterschreiben, und der an die Personalabteilung und den Vorgesetzten der Führungskraft geschickt wird. So ist ein Überblick über die Gespräche möglich.

Im Mitarbeitergespräch geht es um mindestens vier Bereiche:

- Leistungsbeurteilung für das abgelaufene Jahr
- Zielvereinbarung für das kommende Jahr
- Verknüpfung mit dem Entgelt und dem Bonus
- Förderung durch Weiterbildung und Training

Der Vorgesetzte formuliert seine Erwartungen an Aufgaben, Ziele und Verhalten des Mitarbeiters. Dies ist zugleich Grundlage für die spätere Bewertung. Da gute Leistungen honoriert und schlechte geahndet werden, sind Gehalt, Bonus und Zulagen wichtiger Teil des Mitarbeitergesprächs.

Im Gespräch achtet der Vorgesetzte besonders auf die Sicht des Mitarbeiters: Wie sieht er seine Leistung? Was hat die Leistung in seinen Aufgaben erleichtert oder gefördert, was hat sie behindert? Einschätzungen, Wünsche, Anregungen und Befürchtungen werden offengelegt und diskutiert und fließen in neue Entscheidungen ein; wie zum Beispiel die Vereinbarung von Zielen: Sind die Ziele aus Sicht der Mitarbeiter realistisch? Sind sie erreichbar? Welche Unterstützung ist erforderlich, um die Ziele umzusetzen? Damit wird dieses Gespräch eine Verabredung, mit der sich Mitarbeiter identifizieren können, das sie motiviert und ihre Kreativität fördert.

Das Mitarbeitergespräch birgt jedoch auch Konfliktstoff, da häufig unterschiedliche Sichtweisen und Einschätzungen vorliegen und jeder Recht haben will: Der Vorgesetzte stellt seine Beurteilung vor, bezieht sich auf seine Eindrücke und beruft sich auf seine Kompetenz. Der Mitarbeiter fühlt sich falsch beurteilt und unter Druck gesetzt. Er ist ratlos und frustriert, er wird ärgerlich oder gar wütend. Der Mitarbeiter verteidigt seine Selbstbeurteilung und bezieht sich auf seine Erfahrungen und sein Know-how. Er fordert vom Vorgesetzten Beispiele und Beweise und akzeptiert dessen Entscheidung nicht. Der Vorgesetzte fühlt sich seinerseits unter Druck gesetzt und hält an seiner Beurteilung fest. Er ist ratlos und frustriert, er wird ärgerlich. Er verteidigt seine Beurteilung, bezieht sich auf seine Eindrücke und beruft sich auf seine Kompetenz - ein Teufelskreis, aus dem man nicht mehr herausfindet. Solche Teufelskreise lassen sich nur in einem klug geführten Gespräch durchbrechen - man muß allerdings wissen, wie. Der Vorgesetzte sollte die erforderliche Technik beherrschen und in Seminaren und Trainingseinheiten lernen.

Sämtliche Informationen, Ratschläge und Hinweise für das Mitarbeitergespräch können in einem Leitfaden zusammengefasst werden, der für Führungskräfte und Mitarbeiter - zum Beispiel im Intranet - abrufbar ist.

15.1.2 Besprechungen

Von vielen geschmäht und doch eine der wichtigsten Foren für Interne Kommunikation ist die Abteilungssitzung. Hier reden die Angestellten eines Arbeitsbereichs gemeinsam über Projekte, Themen und Planungen. Dieses Forum erlaubt also auch das Koordinieren von Aufgaben. Die Inhalte berühren meist die eigene Arbeit, und wenn jemand etwas nicht verstanden hat, kann er fragen.

Ihren schlechten Ruf haben diese Gespräche, weil sie häufig langatmig sind. Doch lässt sich das vermeiden. Hier einige Tipps:

Vorfeld

→ Ist die Besprechung notwendig?
→ Welches Ziel hat sie?
→ Wer muss eingeladen werden?
→ Welche Konflikte können auftreten?
→ Wieviel Zeit steht zur Verfügung?
→ Was gehört auf die Tagesordnung?
→ Welche Informationen brauchen die Teilnehmer?
→ Sollen vorher Themen eingereicht werden?

Moderation

→ Gespräche moderieren
→ Pünktlich beginnen
→ Prioritäten setzen
→ Klären, ob Präsentation oder Diskussion erfolgen soll
→ Redezeit begrenzen (maximal 3-5 Minuten)
→ Diskussionszeit begrenzen (bei Bedarf eigene Sitzung)
→ Protokollführer wählen
→ Vielredner bremsen, Schweiger ermuntern
→ Kommunikationsprobleme sofort ansprechen

Zeitkiller
→ Schlechte Vorbereitung
→ Unpünktlicher Beginn
→ Unnötige Diskussionen
→ Zu lange Beiträge
→ Profilierungssucht Einzelner

Abb. 24 | Tipps für eine gelungen Besprechung

Es geht auch entspannt: Warum nicht als Entspannungsprogramm zwischen 7.30 und 8.30 Uhr mit einem kostenlosen Frühstück beginnen? Oder: Am Freitag wird eine Stunde eher Feierabend gemacht, um sich bei Essen und Wein zu treffen und entspannt zu plaudern.

15.1.3 Veranstaltungen

Veranstaltungen bieten Austausch in größerem Umfang. Sie erreichen viele Mitarbeiter am selben Ort mit derselben Botschaft. Missverständnisse können geklärt, Gefühle authentisch und glaubwürdig vermittelt werden.

Veranstaltungen unterstreichen die Bedeutung, die die Firmenleitung einem Thema oder einem Ereignis sowie dem Austausch mit den Mitarbeitern beimisst. Und: Sie verdeutlichen Sichtbares besser als ein Text. Allerdings haben Veranstaltungen auch Nachteile: Sie sind aufwendig und müssen gut vorbereitet werden. Diskussionen sind mitunter schwer zu steuern. Firmenvertreter sollten daher Veranstaltungen meiden, wenn sie nicht auf kritische Fragen antworten wollen und nicht überzeugend argumentieren können.

Es gibt viele Möglichkeiten, um mit den Mitarbeitern ins Gespräch zu kommen. Zu den häufigsten gehören Betriebsversammlungen. Sie sind durch das Betriebsverfassungsgesetz geregelt (siehe ausführlich Kapitel 22). Hier können Betriebsrat, Geschäftsleitung und Mitarbeiter ins Gespräch kommen. Die Betriebsversammlung erreicht die Mitarbeiter direkt, sie können umfassend informiert werden - selbst über schwierige Themen. Fragen können besprochen und Sachverhalte geklärt werden.

Weitere Veranstaltungen sind zum Beispiel:
- Präsentationen
- Diskussionsveranstaltungen
- Managementkonferenzen
- Besprechungen in Kleingruppen
- Informationstreffen
- Seminare
- Veranstaltungen für spezielle Bezugsgruppen, wie zum Beispiel Auszubildende, leitende Angestellte oder Umweltschutz-Interessierte.

15.1.4 Offen-gesagt-Programme

Hewlett-Packard macht es und IBM macht es auch: Die Rede ist von Offen-Gesagt-Programmen: Im Schutz der Anonymität können die Mitarbeiter Fragen schriftlich an das Unternehmen stellen und ein Anliegen vortragen. Bei IBM kennt nur die Programmleiterin die Namen. Sie gibt das Anliegen anonym an einen Experten im Unternehmen weiter, der kompetent Stellung nehmen kann. Die wichtigsten Einsendungen sind in der Mitarbeiterzeitschrift REPORT nachzulesen. Erfolgsquote: Etwa 50 Prozent der Einsendungen führen zu Aktionen des Managements.

Hier ein mögliches Konzept für ein Offen-gesagt-Programm:

Offen gefragt - offen geantwortet

Ziel

Das schriftliche Medium „Offen gefragt – offen geantwortet" steht allen Mitarbeitern für Fragen an den Vorstand zur Verfügung.

Das Formblatt „Offen gefragt – offen geantwortet" wird viermal im Jahr der Mitarbeiterzeitung beigelegt. Auf dem Blatt kann der Mitarbeiter freiwillig seinen Absender angeben und seine Frage formulieren. Außerhalb der viermaligen Aktionen kann das Frageformular in der Stabsstelle „Interne Kommunikation" angefordert werden.

Die Redaktion wird die eingehende Frage an den Vorstand und die betreffende Fachfunktion weitergeben, die die Frage beantworten kann.

Die Frage wird innerhalb von zwei Wochen beantwortet. Jeder kann auch ohne Angabe von Namen und Absender (anonym) seine Frage(n) stellen. Grundsätzlich gilt, dass jede Frage im Namen des Vorstandes beantwortet wird.

Die Antwort geht vom Fachbereich an den Vorstand, der unterzeichnet und den Vorgang über die „Interne Kommunikation" an den Absender leitet. Auf dem Antwortblatt ist vermerkt, welche Fachfunktion an der Beantwortung der Fragen mitgearbeitet hat, so dass sich der Mitarbeiter bei Nachfragen direkt an die Fachfunktion wenden kann.

In der Internen Kommunikation wird die Frage dokumentiert und archiviert. Einmal jährlich wird eine ausführliche Dokumentation aller Fragen erstellt, die allen Führungskräften und den an den Vorgängen Beteiligten zugestellt.

Einbindung der Führungskräfte

Das neue Medium „Offen gefragt – offen geantwortet" wird nach der Präsentation im Vorstand dem oberen Führungskreis präsentiert und eventuell modifiziert, denn Voraussetzung für einen praktizierten schriftlichen Austausch ist die hohe Akzeptanz und Unterstützung der Führungskräfte.

Nach Zustimmung des oberen Führungskreises wird das Programm den Mitarbeitern vorgestellt und zwar
- → als Schwerpunkt in der Mitarbeiterzeitung plus Interview mit einem Mitglied der Geschäftsleitung
- → mit Vorstellung eines Formblattes
- → samt Dokumentation von drei Beispielen
- → samt Vorstellen der Dialogseite

Abb. 25 | Kernpunkte für ein Offen-gesagt-Programm

15.1.5 Events

Events sind äußerst wirkungsvolle Veranstaltungen in der Internen Kommunikation. Daher möchte ich ihnen hier etwas mehr Raum geben. Events (englisch: Ereignis) sind Veranstaltungen, die ein einmaliges emotionales Erlebnis darstellen. Sie vermitteln eine Botschaft durch direkt erlebbare emotionale und physische Reize, um die Einstellung der Mitarbeiter gegenüber ihrem Unternehmen und seinen Leistungen zu beeinflussen. Ein sehr gelungenes Beispiel sind die Veranstaltungen zu den Neueinführungen von Apple: Steve Jobs überzeugte als Firmenchef seine Mitarbeiter jedes Mal aufs Neue, dass es sich so lohnt, für Apple zu arbeiten.

Events sind inszenierte Ereignisse. Schon ihre Planung und Organisation im Rahmen der Internen Kommunikation soll emotionale und physische Reize darbieten und die Mitarbeiter aktivieren, um sie auf die Aufnahme, Verarbeitung und Speicherung neuer Informationen vorzubereiten.

Events wirken auch deshalb so stark, weil sie lebendige innere Bilder aufbauen können (siehe ausführlich Kapitel 18). Beispiel ist die Firma Jacobs, die zum Firmenjubiläum die Verarbeitung von Kaffee durch eine Schiffsreise, Bordnachrichten und erinnerungsstarke Motive eines kolumbianischen Hafens umgesetzt hat. Solche Kommunikationsmaßnahmen führen zu inneren Bildern bei den Mitarbeitern, die lange wirken und die zum Gesamteindruck des Unternehmens passen.

Events haben bestimmte Eigenschaften, die für die Interne Kommunikation sehr wichtig sind. Solche Events:

- → **lösen starke Gefühle aus:** Events können Gefühle der Mitarbeitenden ansprechen wie zum Beispiel Sicherheit, Fürsorge, Gesundheit. Diese Werte lassen sich später ausbauen und entwickeln.

- → **sind interaktiv:** Es gibt eine organisatorische Interaktivität und eine persönliche Interaktivität:
  - → Interaktivität mit der Veranstaltung: Die Mitarbeiter sind nicht passiv, sondern sie können in das Geschehen eingreifen und den Ablauf des Events beeinflussen. Bilder auf Events können dazu beitragen, die Ver-

anstaltung optisch zu lenken und den Mitarbeitern die Wahl zwischen unterschiedlichen Optionen zu erleichtern.

- → Interaktivität zwischen Menschen: Auf Events können sich die Teilnehmer direkt austauschen und hierdurch Form und Inhalt der Kommunikation bestimmen. Zum Beispiel reden Manager mit Mitarbeitern, Mitarbeiter untereinander, Manager untereinander. Der Event-Verantwortliche überlässt nicht dem Zufall, ob und über welche Themen die Gäste reden, sondern er inszeniert dies (Zwangsläufigkeit statt Beliebigkeit). Eine Kontrolle der Kommunikation ist möglich. Eventmanagement ist Beziehungsmanagement! Die Bilderwelt des Unternehmens kann den Rahmen für jeden persönlichen Dialog abgeben. Wenn also der Besucher des Events an diesen Abend zurück denkt, dann entsteht vor seinem inneren Auge das angenehme Unternehmensszenario, das an diesem Abend ins Bild gesetzt wurde, zusammen mit den Gesprächen in dieser ansprechenden Atmosphäre.

→ **sind einzigartig:** Jedes Event gibt es nur ein einziges Mal. Selbst wenn drei Events aufeinander folgen, so bleibt jedes Event für sich einzigartig, zum Beispiel durch die Teilnehmer und deren Austausch. Die Einzigartigkeit wird eingefangen in Fotos, die den Mitarbeitern an den Folgetagen zugestellt werden und die noch lange an den Abend erinnern – ebenso wie die anderen inneren Bilder vom Event.

→ **sind eine Ansprache aller Sinne:** Zur starken Wirkung von Events gehört, dass sie alle Sinne ansprechen:

- → Sehen: Bilder, Inszenierungen
- → Hören: Musik, Geräusche, Sprache
- → Riechen: Raumduft
- → Fühlen: Oberflächen, Böden, Wind
- → Schmecken: Essen

Das Event sollte so inszeniert werden, dass es das Wesen einer Firma kraftvoll vermittelt und alle Sinne der Teilnehmer anspricht. Gelingt dies, hat das Event einen durchschlagenden Erfolg, weil sich die Wirkung unserer fünf Sinne nicht nur addieren, sondern gegenseitig verstärken. Dies wird in der Fachsprache als „multisensory enhancement" bezeichnet.

→ **sind authentisch und glaubwürdig:** Durch Interaktivität können die Teilnehmer ihr Unternehmen als authentischer und glaubwürdiger erleben, weil sie sie ganzheitlich wahrnehmen, also in ihrem Erscheinungsbild, durch ihre Kommunikation und ihr Verhalten (Medienrealität vs. Alltagsrealität).

→ **kommunizieren ein Wir-Gefühl:** Gefühle, die durch gemeinsames Erleben erfahren werden, wirken immer stark.

→ **erleichtern die Informationsaufnahme:** Durch ihre starke emotionale Beteiligung sind die Teilnehmer offener für die indirekte Informationsaufnahme über Bilder und Erlebnisse. Events sind daher für jene Themen der internen Kommunikation besonders geeignet, an denen die Mitarbeiter sonst wenig Interesse haben.

→ **aktivieren:** Das Event kann die Mitarbeiter stark aktivieren und damit deren Handeln anregen.

- → Events können sehr gut das Erleben der Mitarbeiter steuern und deren Verhalten in Gang setzen.
- → Events können den Mitarbeitern Dinge (Produkte, Projekte etc.) überhaupt erst bekannt machen und erste Vorstellungen davon erzeugen; die enorm haften. Mit Broschüren den gleichen Effekt zu erreichen, wäre sehr viel schwerer.
- → Die Mitarbeiter nehmen die Kommunikation als bedarfsgerecht wahr, weil sie deren Form und Inhalt mitbestimmen können.

Aber Achtung: Events sind auch mit vergleichsweise hohem Risiko verbunden: Ist die Veranstaltung nicht professionell organisiert und läuft sie nicht gut ab, kann die Wirkung ins Gegenteil umschlagen.

15.2 Schriftliche Kommunikation

15.2.1 Kurzinformationen

Es gibt viele Themen, über die sich Bezugsgruppen nur kurz informieren möchten. Für diese Zwecke bieten sich schriftliche Kurzinformationen an. Sie erreichen den Adressaten gezielt und direkt und lenken die Aufmerksamkeit auf ein Thema. Die Informationen liegen schriftlich vor und können dadurch nachgelesen und gesammelt werden. Sie sind vergleichsweise günstig in der Herstellung, können an einen größeren Empfängerkreis geschickt werden und ihre Verbreitung ist nicht an den Computer gebunden. Und: Sie kommen dem immer noch bestehenden Wunsch vieler Mitarbeiter nach, etwas in der Hand zu halten und zu blättern. Allerdings fehlen Kontakt und Rückmeldung. Auch können schriftliche Kurzinformationen nicht ausführlich erläutern und Hintergründe liefern und sind somit für schwierige Themen nicht geeignet. Sie können Sichtbares nur schwer verdeutlichen und Gefühle nur schwer transportieren; die Wirkung dieser Art von Information ist nicht direkt zu erkennen und der Informationsfluss meist zu langsam. Einige Beispiele für schriftliche Informationen:

→ **Informationsschreiben** können in regelmäßigen Abständen alle Mitarbeiter informieren oder sich gezielt an ausgewählte Bezugsgruppen richten: „Führung aktuell" oder „Führungskräfte Information" heißt zum Beispiel der Dienst für Abteilungsleiter und deren Vorgesetzte. Er bietet Informationen zur Mitarbeiterführung, zu neuen Arbeitsabläufen oder sonstigen Managementthemen. Dieser Dienst bietet zusätzlich zur aktuellen Information auch Argumentationshilfen für die Diskussion mit den Mitarbeitern. „Azubi Blitz“ könnte der Eildienst für den Nachwuchs heißen. Inhalt: Themen rund um die Ausbildung, Informationen über Bundeswehr und Berufschancen. „Sport aktuell“ informiert über Aktivitäten der Betriebssportgruppe.

→ **Eildienst:** Ein Eildienst informiert die Mitarbeiter kurz und aktuell, zum Beispiel über Ereignisse, Termine und Veranstaltungen. Der Titel könnte lauten: „Schon gehört?“, „XY informiert“, „Schnell Information“, „Eil Info“, „Info Express“. Ein Eildienst informiert, ähnlich einem Flugblatt, die Mitarbeiter kurz und aktuell über ein Ereignis, einen Termin oder eine Veranstaltung. Weitere Anlässe können sein: Wichtige Entscheidungen im Unternehmen, Personalwechsel, das Erscheinen des Jahresberichtes, Ankündigungen jeglicher Art, Unfälle, die Änderung von Öffnungs- oder Sprechzeiten.

→ **Faltblatt:** Gestalten Sie eine Einladung oder eine Firmendarstellung als Faltblatt. Einfach zu handhaben ist das Format DIN A4 (Briefpapier), mehr Aufmerksamkeit erregen DIN A3 (doppeltes A4-Format) oder DIN A5 (halbes A4-Format). Günstig hergestellt wird das Faltblatt, indem Papier oder leichter Karton bedruckt/kopiert und kunstvoll gefaltet oder beschnitten wird. Ausführliche Erklärungen gehören in ein anderes Medium, zum Beispiel in eine Abteilungsbesprechung, in die Mitarbeiterzeitung oder in das Intranet.

15.2.2 Mitarbeiterzeitung

Die Mitarbeiterzeitung gehört zu den ältesten und wichtigsten Instrumenten der Mitarbeiterkommunikation. Die Mitarbeiterzeitung kann

→ die Mitarbeiter eines Unternehmens miteinander bekannt machen,
→ Vorurteile gegen das Unternehmen und seine Leistungen abbauen,
→ Anregungen und Unterstützung für die tägliche Arbeit und die persönliche Weiterbildung bieten,
→ einen Blick über den Tellerrand vermitteln,
→ verhindern, dass Falschinformationen von außen wirksam werden,
→ durch Informationen Entscheidungen erleichtern.

Vorteile	Nachteile
Sie ist für regelmäßige, ausführliche Informationen und Hintergründe geeignet.	Sie ist nicht tagesaktuell, außer als Sonderausgabe.
Sie kann sich für schwierige Themen und komplexe Sachverhalte eignen.	Sie ermöglicht kein sofortiges Rückfragen.

Vorteile	Nachteile
Sie kann unterschiedliche Meinungen und Standpunkte verdeutlichen.	Sie kann nur schwer Gefühle transportieren wie Trauer, Bedauern und Besorgnis.
Sie erreicht die Mitarbeiter direkt und ohne Streuverluste.	Sie richtet sich an alle Mitarbeiter, ohne deren unterschiedliche Wünsche und Erwartungen berücksichtigen zu können.
Die Informationen liegen schriftlich vor, was das Nachlesen und Archivieren ermöglicht und Missverständnisse vermeidet.	Sie herzustellen, ist vergleichsweise aufwendig (organisatorisch, finanziell).
Gelesene Worte bleiben länger im Gedächtnis als gehörte Worte.	
Sie kann Sichtbares verdeutlichen wie zum Beispiel einen Schaden.	

Abb. 26 | Einige Vor- und Nachteile der Mitarbeiterzeitschrift

Eine schlechte Meinung von der Mitarbeiterzeitung als „Sprachrohr des Vorstands" und Exponat zur „Hofberichterstattung" entsteht dann, wenn die Blattmacher ausschließlich die Sicht der Geschäftsleitung darstellen. Stattdessen wollen die Leser ein Forum für unterschiedliche Meinungen im Unternehmen sehen. Sie wollen die unterschiedlichen Argumente prüfen und sich ihre eigene Meinung bilden – so, wie sie dies aus Presse, Funk und Fernsehen kennen.

Bieten Sie ein solches Pro- und Contra-Forum als eigene Rubrik. Alternativ können Sie im Rahmen der üblichen Berichterstattung zwei oder drei Firmenvertreter unterschiedliche Standpunkte darlegen lassen, zum Beispiel über Arbeitszeitregelungen oder den Firmenurlaub am Jahresende. Zu Wort können der Betriebsrat, ein Vorstandsmitglied oder der Personalleiter kommen. Selbstverständlich sollten auch Mitarbeiter im Blatt Platz finden, anonym oder mit Namensnennung. Auf diese Weise wird den Lesern signalisiert, dass die Unternehmensleitung offen und kritikfähig ist. Das dürfte Ihnen ein deutliches Plus an Akzeptanz und Glaubwürdigkeit einbringen.

In vielen Unternehmen wird derzeit geprüft, ob das Intranet die Mitarbeiterzeitung ersetzen kann. Zu dieser Diskussion folgende Anmerkungen:

- → Beide Medien haben ihre Besonderheiten: Die Mitarbeiterzeitung als Printmedium (siehe oben), das Intranet als elektronisches Medium (siehe Kapitel 15.3.3). Werden die Besonderheiten berücksichtigt und gezielt genutzt, müsste die Onlineversion der Mitarbeiterzeitung völlig anders aufbereitet sein als die Printversion, um einen Mehrwert zu schaffen und dem Intranet gerecht zu werden. Doch dies wird meist nicht bedacht.
- → Durch die Umstellung schließen Sie Pensionäre, Vorruheständler und Familienmitglieder der Mitarbeiter aus. Prüfen Sie sorgfältig, ob Sie dies wirklich wollen.
- → Sinnvoll ist eine Onlineversion der Mitarbeiterzeitung dann, wenn sie aktuelle Ergänzungen zur Printausgabe liefert und den Austausch mit der Redaktion und zwischen den Lesern fördert, zum Beispiel durch ein Diskussionsforum.

Gut ist oft nicht gut genug

Entscheidend für die Bewertung der Zeitung ist die optische Aufbereitung der Inhalte – zumal die Mitarbeiterzeitung mit anderen (auch externen Medien) wie zum Beispiel Tageszeitungen konkurriert. Das Layout und die Produktion sollten erfahrene Grafiker übernehmen. Mit ihnen legt die Redaktion die Konzeption und Richtung jeder Ausgabe fest. Wichtig sind lebendige Fotos, anschauliche Grafiken und erläuternde Illustrationen, die sorgfältig ausgewählt werden. Profifotografen garantieren hochwertige Fotos. Für wenig Geld sind Bildarchive zugänglich. Fotoarchive finden sich auch in Großunternehmen und Organisationen sowie – in elektronischer Form (digital) – im Internet. Wird Bildmaterial aus den Reihen der Belegschaft verwendet, kann das mit einem Honorar belohnt werden.

Wie lässt sich die Zeitung finanzieren? Optimal ist ein festes Budget von der Geschäftsführung: Die Blattmacher können sich dann ganz auf ihre eigentliche Aufgabe konzentrieren und müssen nicht überlegen, wie das Geld für die aktuelle Ausgabe hereinkommt. Weniger üblich ist, die Zeitung zum Selbstkostenpreis zu verkaufen. Dies muss rechtlich geklärt werden und im Unternehmen geschehen; aber so wird am ehesten eine Zeitung entstehen, die sich die Belegschaft wünscht. Anzeigen in Mitarbeiterzeitungen sind als Finanzierungsquelle eher selten. Ausnahmen sind Firmen wie der Autobauer Ford oder die Lufthansa, die zahlreiche Annoncen veröffentlichen und damit gute Erfahrungen gemacht haben.

15.2.3 Magazine und mehr

Es muss nicht immer eine Zeitung sein: Für die Interne Kommunikation gibt es viele weitere Möglichkeiten zur schriftlichen Informationsgebung.

→ **Kleine Druckschrift:** Sie mutet an wie ein kleiner Prospekt: Vier bis zwölf Seiten stark, bietet sie auch farbige Abbildungen. Das Papier und der Druck sind anspruchsvoll.

→ **Journal:** Vorbild für das Journal sind einfache Publikumszeitschriften. Sie haben Zeitschriftenformat, es wird einfacheres Papier verwendet, das mit mehreren Farben bedruckt wird. Der Umfang beträgt selten mehr als 16 Seiten.

→ **Magazin:** Ein Magazin ist eine Mischung aus Information und Unterhaltung. Meist ist es ein aufwendig hergestelltes Produkt auf wertvollem Papier in Mehrfarbdruck. Beispiel Geschäftsbericht: Er bietet eine Zusammenfassung des abgelaufenen Geschäftsjahres und stellt die Unternehmensentwicklung sachlich dar. Trends sind für jeden Mitarbeiter über Jahre hinweg nachvollziehbar. Er erscheint allerdings nur einmal im Jahr, er ist also wenig dynamisch.

15.2.4 Mitarbeiterhandbuch

Alles in einer Hand: Dies ist die Idee des Mitarbeiterhandbuchs. Alle Informationen rund um das betriebliche Geschehen sind hier zusammengefasst. Inhalte sind zum Beispiel:

- Informationen zum Einstieg
- Wichtige Ansprechpartner und Telefonnummern
- Arbeits- und Sozialordnung
- Betriebsvereinbarungen
- Merkblatt zum Bundesdatenschutzgesetz
- Regelungen über gleitende Arbeitszeit
- Regelungen zur Altersversorgung

Das Ganze ist als Loseblattsammlung in einem Ringbuch oder einem Ordner angelegt, und jeder Mitarbeiter erhält ein Exemplar. Es kann auch ein Exemplar in den Abteilungssekretariaten stehen oder es ist für alle im Intranet abrufbar. So können Informationen beliebig ergänzt und aktualisiert werden.

15.3 Elektronische Kommunikation

Heutzutage sollten Informationen für die Mitarbeiter zu jeder Zeit verfügbar und auf dem neuesten Stand sein. Da Entscheidungen immer schneller getroffen werden müssen, müssen auch die Informationen schneller fließen. Oft erfolgt die Kommunikation über erhebliche räumliche und zeitliche Distanzen hinweg. Künftig wird der Bedarf an Interner Kommunikation zunehmen, weil das unternehmerische Handeln noch komplexer sowie das Arbeiten in funktionsübergreifenden Projekten und Geschäftsprozessen wichtiger wird.

Mitarbeiterzeitung, Schwarzes Brett und Infobriefe reichen für diese Anforderungen nicht mehr aus. Schon heute sind Internet, E-Mail, Telefon und Telefax in einem Gerät vereint. Die Mitarbeiter stehen über Videokonferenzen in Verbindung. Ort und Zeit spielen keine Rolle mehr. Die Unternehmen werden geradezu überrollt von immer neuen Möglichkeiten, denen sie teils skeptisch, teils zustimmend, teils hilflos gegenüberstehen.

Elektronische Medien können die Kommunikation im Unternehmen erheblich erleichtern und nach einer Anfangsinvestition schnell ihr Geld einspielen. Neue Produkte, Serviceleistungen und Prozesse basieren auf den Ideen von Mitarbeitern. Die Einbeziehung ihrer Meinungen und Stimmen bringt dem Unternehmen großen Nutzen. Gerade großen Unternehmen fällt es ohne Social Software-Anwendungen schwer, diese Ideen zu sammeln, zu diskutieren und zu bewerten. In den letzten Jahren sind viele neue Kommunikationsräume im Unternehmen entstanden: Wikis, (Colaboration-)Blogs oder Diskussionsforen. Solche Räume gibt es im Unternehmen meist nur in der digitalen Kommunikation. Neue Kommunikationskanäle sind entstanden: SMS, MMS, Audio-Nachrichten. Künftig sind diese Medien untereinander noch stärker vernetzt, zum Beispiel das Intranet mit dem Handy und dem iPad.

Jedoch bergen die elektronische Medien auch die Gefahr, dass sie die Nutzer mit ihrer Informationsflut überfordern. Alles ist jederzeit abrufbar. Eine vernünftige Auswahl der Daten und Fakten aller Angebote und die Nutzung dessen, was zum Unternehmen passt, erscheint vor diesem Hintergrund geboten.

15.3.1 Mitarbeiter-TV

Ein Geschäftsleiter spricht und die Beschäftigten sehen und hören ihn, egal wo sie sich landauf, landab befinden. Keine Utopie, sondern Wirklichkeit in mittlerweile einigen deutsche Unternehmen. Sie nutzen ein hauseigenes Fernsehen: Mitarbeiter-TV (oder Business-TV) genannt. Noch keine Sache für Mittelständler, aber heute schon geeignet für Großunternehmen wie die Deutsche Bahn, um nur ein Beispiel zu nennen.

Mitarbeiter-TV gab es bereits in den 60er Jahren in den USA, der Durchbruch erfolgte dort aber erst in den 80er Jahren. Pionier in Deutschland war der Autobauer Daimler, der 1989 erstmals Mitarbeiter-TV zur Schulung einsetzte. Die Einführung des digitalen Fernsehens und die damit verbundene größere Übertragungskapazität der Satelliten brachte einen weiteren Schub.

Heute gibt es alles. Von der Außendienstschulung im Monatsrhythmus bis zum Zwölfstunden-Programm täglich – das allerdings mit vielen Wiederholungen.

Wir merken uns hier: Mitarbeiter-TV richtet sich immer an geschlossene Nutzergruppen, denn sonst müssten die Sendungen als Rundfunk zugelassen sein. Zum Verschlüsseln dient ein Dekoder – ähnlich dem Bezahlfernsehen.

TV-Sendungen sind geeignet für Unternehmensinformationen, Fernkurse für Mitarbeiter, Erläuterungen und Gebrauchsanweisungen für neue Produkte oder Reparaturanleitungen für bereits verkaufte ältere Produkte. In einer Krise ermöglicht firmeneigenes TV, Informationen, Argumente und Strategien innerhalb von Sekunden an die Mitarbeiter zu senden.

Wie sich das Mitarbeiterfernsehen in Deutschland entwickeln wird, ist noch nicht abzusehen: Einerseits bietet es viele Vorteile, andererseits ist es sehr teuer und die Firmen scheuen den Gedanken, dass die Mitarbeiter während ihrer Arbeitszeit vor der Mattscheibe sitzen. Ein Nachteil ist sicher auch, dass Fernsehen bisher kaum interaktiv ist: Der Zuschauer kann nur begrenzt reagieren und schon gar nicht die Inhalte einer Sendung nach eigenem Wunsch und Willen anpassen. Schon heute ist abzusehen, dass Mitarbeiter-TV durch Podcasts abgelöst werden könnten (siehe Kapitel 16).

15.3.2 Video- und Telefonkonferenzen

Wo früher zeitaufwendig und kostspielig gereist wurde, nutzen heutzutage die Entscheider Telefon- und Videokonferenzen, ohne ihren Arbeitsplatz zu verlassen. Dies spart enorm viel Zeit und Geld. Video- und Telefonkonferenzen fördern auch die Flexibilität der Beteiligten, zum Beispiel dann, wenn diese Konferenzen kurzfristig einberufen und vorbereitet werden.

In Videokonferenzen können sich die Teilnehmer gegenseitig sehen, aber auch ihre Körpersprache einschätzen – ein wesentlicher Teil nonverbaler Kommunikation, der in einer Telefonkonferenz wegfiele. Digitale Konferenzen können Sie durch viele nützliche Instrumente ergänzen und ausbauen: In der Regel können Sie Schriftstücke und sogar Kurzvideos und Animationen übertragen. Am Whiteboard, der elektronischen Schreibtafel, die über eine Schnittstelle an einen Computer angeschlossen wird, können die Sitzungsteilnehmer Präsentationen bearbeiten und diskutieren.

Da es unterschiedliche Videoanwendungen gibt, werden sie miteinander kombiniert (Multipoint) und mehrere Teilnehmer zugeschaltet: Zum Beispiel sind verschiedene Konferenzräume mit der Geschäftsleitung verbunden und zugleich Personen von außerhalb zugeschaltet. Ein zusätzlicher Vorteil ist, dass man hier ohne weiteres zwischen der Aufnahme des Raums und der Einzelpersonen wechseln kann.

Bei der Anschaffung eines Systems gilt es, einige Punkte zu beachten: Die Teilnehmer sollten sich mit dem System über die verschiedensten Technologien verbinden lassen – per Computer, Telefon oder Handy. Da nicht für jede Konferenz unbedingt Bilddaten verfügbar sein müssen, sollte ein Konferenzsystem außerdem reine Sprachkonferenzen unterstützen. Genau überlegen muss man sich auch, wie viele Teilnehmer an wie vielen Standorten konferieren sollen. Bei umfangreichen Konferenzen ist auch die sorgfältige Terminabstimmung der Teilnehmer nicht zu vernachlässigen.

Bei Telefonkonferenzen wählen sich mehrere Teilnehmer zu einem verabredeten Zeitpunkt über eine Rufnummer und eine PIN-Kombination ein. Der Teilnehmerzahl sind dabei keine Grenzen gesetzt. Allerdings sollte ein Moderator die Gespräche steuern. Dies können auch externe Dienstleister übernehmen.

15.3.3 Intranet

Das Intranet ist die firmeneigene Form des Internet und es funktioniert auch so: Es ist Kommunikations- und Arbeitsplattform, auf der Daten in Text, Bild und Ton auf elektronischem Wege (digitalisiert) schnell und zu vergleichsweise niedrigen Kosten übertragen werden. Und dies unabhängig von Ort, Zeit und Hierarchie.

Das Intranet hat interaktive Elemente wie Newsgroups, Chats oder Videokonferenzen, die einen direkten, zeitgleichen („realtime") Austausch zwischen den Mitarbeitern ermöglichen, also auch die Beziehungsebene beeinflussen.

Das Intranet ist von außen nicht zugänglich, die Datensicherheit ist gewährleistet. Der Zugang für die Mitarbeiter kann unabhängig vom Zugang zum Internet eingerichtet werden. Die Mitarbeiter können beides nutzen.

Das Intranet kann allen Mitarbeitern zugänglich sein. Der Zugang erfolgt über einen Standard-Browser, das ist ein Programm zum Betrachten der Webseiten (Pages). Für jene Mitarbeiter (zum Beispiel gewerbliche), die keinen Computerzugang haben, bietet sich das Einrichten von Infoterminals („Point of Information") an zentralen Stellen des Unternehmens an, zum Beispiel an der Pforte, vor der Kantine und in Pausenräumen. Einige Unternehmen bieten ihren Mitarbeitern den Zugriff vom privaten Computer.

Im Intranet können geschlossene Nutzerkreise bestimmt werden, an die sich spezielle Angebote richten, wie zum Beispiel an Führungskräfte oder Mitglieder eines Projektes.

Wird das Intranet auf Externe erweitert, wie zum Beispiel auf Agenturen, Berater, Kunden, Mitgliedsfirmen, spricht man vom Extranet. Die Informationsangebote können also auf den Informationsbedarf der Bezugsgruppen abgestimmt werden.

Das Intranet hat sich relativ zügig zum Leitmedium der internen Kommunikation entwickelt. Unternehmen können diese Technologie nutzen, um ihre Geschäftsprozesse zu optimieren. Jedoch können die Chancen des Intranets nur dann bestmöglich genutzt werden, wenn Sie seine Besonderheiten kennen und einsetzen.

15.3.3.1 Besonderheiten

Das Intranet ist kein klassisches Medium wie die Mitarbeiterzeitung oder das Schwarze Brett. Stattdessen ist das Intranet eine Plattform, dessen Mehrwert für den internen Kommunikationsmix aus vier Eigenschaften besteht. Diese Eigenschaften, die Sie auch in Kombination nutzen können, sind Integration, Vernetzung, Zugänglichkeit und vor allem Interaktivität.

1. Integration

Das Intranet ist eine Plattform, auf der Sie Informationen bereitstellen können, die für alle Beteiligten wünschenswert und sinnvoll sind.

→ **Inhalte:** Das Intranet hält Informationen über das Unternehmen bereit, über Abteilungen, oder sogar mitarbeiterbezogene Inhalte wie Urlaubsanträge und Bestellformulare.

→ **Dienste:** Neben dem WWW können auch Dienste wie E-Mail, Newsgroups und Chats genutzt werden.

→ **Multimedialität:** Das Intranet kann Texte, Fotos, Grafiken, Videos, Animationen und Töne integrieren. Das Besondere am Intranet: Die Mitarbeiter bestimmen, welche Angebote sie wählen und in welcher Reihenfolge. Möchten sie einen Text lesen? Oder ein Kurzvideo betrachten? Der Besucher entscheidet. Durch diese Multimedialität können Sie Ihre Geschichten erlebnisreich inszenieren. Durch Multimedialität können Sie ein neues Herstellverfahren durch einen Text erläutern und durch Fotos, Grafiken sowie durch ein Ablaufschema anschaulich machen. Die Rede des Vorstandsvorsitzenden bieten Sie als Text an, der mit Fotos, Schaubildern und einer Audio-Datei ergänzt wird. Auf anschauliche Weise können Sie das Unternehmen präsentieren, zum Beispiel durch klickbare Fotos und erläuternde Texte und Audio-Dateien, die die Mitarbeiter durch die Website führen. Die Geschichten sollten eine optimale Mischung aus Text, Bild und Ton ergeben. 3D-Präsentationen lassen sich von den Mitarbeitern drehen und skalieren.Glas, Metall, Holz und andere Werkstoffe sehen realistisch aus. Zusatzfunktionen und Animationen sind möglich, wie zum Beispiel ein sofortiges Wechseln von Farbe oder Material. Durch Multimedialität können Sie eine nahezu reale Kommunikationssituation herstellen: Gesprächspartner können sich auf Fotos oder im Kurzfilm sehen, sie können sich hören, unterhalten – zeitgleich mittels Videokonferenzen oder zeitlich versetzt über ein Diskussionsforum oder per E-Mail. Das Intranet ermöglicht zwar kein Riechen und Schmecken. Doch haben Sie oben gelesen, dass Sinneseindrücke auch andere Sinne aktivieren können wie im Fall der erwähnten Rose, die über ihre optische Wirkung auch die gespeicherten Geruchserlebnisse und Tasterfahrungen in unserem Gehirn aktiviert.

2. Verfügbarkeit

Das Intranet ist jederzeit, überall und fast ohne Begrenzung nutzbar:

→ **Zeitunabhängig:** Das Intranet ist jederzeit abrufbar – jeder Mitarbeiter findet die Informationen dann, wenn er sie braucht. Da die Nutzer die zeitliche Nutzung des Angebotes selbst bestimmen, entspricht es den individuellen Anforderungen besser. Das Intranet kann kurzfristig und schnell angepasst werden und dadurch auf dem neuesten Stand gehalten werden, ohne dass relevante zusätzliche Kosten entstehen – im Gegensatz beispielsweise zu einem Katalog, der, einmal gedruckt, zumindest für einen gewissen Zeitraum das Sortiment und die Preise eines Unternehmens bestimmt.

→ **Ortsunabhängig:** Mitarbeiter können sich austauschen, ohne an einen Ort gebunden zu sein. Dies ist für die internationale Kommunikation in einem Unternehmen wichtig (siehe Kapitel 20).

→ **Unbegrenzter Speicher:** Das Intranet verfügt über unbegrenzte Speicherkapazitäten im Gegensatz etwa zur Broschüre. Ein Unternehmen kann also in umfassender Weise Informationen zur Verfügung stellen, zum Beispiel detaillierte Produktangaben in Datenbanken. Der Mitarbeiter kann entscheiden, inwieweit er diese Informationen abruft.

3. Vernetzung

Zu den herausragenden Eigenschaften des Intranet gehört seine Vernetzung. Hier sind verschiedene Möglichkeiten denkbar:

→ **Mit anderen Netzen verbunden:** Das Intranet kann mit dem Internet und dem Extranet verbunden sein. Anwendungen wie Groupware und Dokumentenverwaltung ermöglichen das Arbeiten in einer gemeinsamen Umgebung, die passwortgeschützt sein kann und auf die alle Beteiligten zugreifen können. An Informationsterminals (POI, Point of Information) fließen alle drei Dienste samt CD-ROM zusammen: Hier können sich Mitarbeiter informieren, mit anderen reden und Transaktionen mit Externen auslösen (zum Beispiel Bestellungen). Die Kombination von Intranet, Internet und Extranet wird künftig zunehmen, da die herkömmlichen Unternehmensgrenzen sich zunehmend auflösen – Firmen werden weitaus stärker Beteiligungen, Joint Ventures und Kooperationen eingehen und Arbeitskräfte zeitweise einsetzen.

→ **Mit anderen Technologien vernetzt:** Das Intranet wird künftig wesentlich stärker mit anderen Formen technisch vermittelter Kommunikation kombiniert werden: mit Fax, Telefon, Personal Digital Assistant, UMTS und sogar dem Fernsehgerät. Mitarbeiter wählen sich von jedem Ort der Welt aus an ihrem Arbeitsplatz ein: vom Funktelefon, per Handy, PDA und dem Laptop mit Funkadapter.

→ **Hypermedialität:** Im Intranet kann jede Information mit jeder anderen verknüpft sein, egal, wo sie sich befindet. Der Nutzer springt durch Hyperlinks zu den Inhalten, die ihn interessieren: So beginnt er einen Text zu lesen, zwischendurch schaut er sich ein Foto an, parallel hört er einer Audio-Datei zu und kehrt dann zum Text zurück. Dies könnte im Fall eines neuen Herstellverfahrens so geschehen: Der Verfahrenstechniker stellt das Verfahren vor, indem er es beschreibt und einige Fotos, Grafiken und kurze Videoclips aus unterschiedlichen Perspektiven zeigt. Eine Audio-Datei vermittelt den ordnungsgemäßen Klang der Anlage. Links führen zu den Anweisungen der Mitarbeiter, die bereits mit diesem Verfahren gearbeitet haben. Ein anderer Link führt zum Zitat des Geschäftsführers, der die strategische Bedeutung des Verfahrens erläutert. Ein Testbericht lässt Testanwender mit ihren Erfahrungen zu Wort kommen.

4. Interaktivität

Nutzer können die Kommunikation selbst gestalten – dies betrifft sowohl die technische Kommunikation mit dem Angebot als auch die persönliche Kommunikation mit dem Anbieter sowie anderen Nutzern des Intranet. Das Intranet muss daher den Nutzer ständig einbeziehen, weil es ein aktives Medium ist – der User will nicht warten, bis etwas passiert, sondern er will etwas passieren lassen.

→ **Technische Interaktivität:** Der Mitarbeiter kann Nutzung, Art, Inhalt, Zeitpunkt, Dauer, Abfolge und Häufigkeit des Informationsabrufs weitgehend selbst bestimmen. Beispiel: Der Mitarbeiter kann durch unterschiedliche Kameraführung um eine Maschine herumlaufen, sie aus unterschiedlichen Blickwinkeln prüfen und einen Blick in das Innere werfen.

→ **Persönliche Interaktivität:** Im Intranet ist wechselseitige Kommunikation möglich. Hierbei kann die Zahl der Kommunikationsteilnehmer erheblich variieren – von Einzelpersonen über Kleingruppen bis hin zum Massenpublikum: Zwei Menschen können sich per E-Mail austauschen. Einer wendet sich an eine klar begrenzte Bezugsgruppe, zum Beispiel über eine Newsgroup. Einer wendet sich an viele, zum Beispiel über einen Newsletter oder über Mitarbeiter-TV. Viele reden mit vielen, zum Beispiel in Diskussionslisten und virtuellen Gemeinschaften. Diese Kommunikationsform ist so nur durch die Internet-Technologie möglich. Die einzelnen Kommunikationsformen sind nicht statisch, sondern können schnell wechseln: Ein Mitarbeiter stellt eine Frage per E-Mail an den Anbieter einer Information, danach wendet er sich an eine Diskussionsgruppe. Mehr oder weniger öffentliche Kommunikation in Diskussionsforen und Chats kann sich abwechseln mit privater Kommunikation per E-Mail.

Vorteile	Nachteile
Informationen können schnellstmöglich angeboten und aktualisiert werden.	Die Informationen müssen aktiv gesucht und am Bildschirm aufgerufen werden („Pull").
Die Mitarbeiter können jederzeit auf Informationen zugreifen.	Probleme durch international geringe Leitungskapazitäten
Das Intranet bietet nicht nur Text, sondern auch Fotos, Grafiken und Kurzvideos.	Häufig sind gerade Führungskräfte „Intranetmuffel".
Das Intranet hat interaktive Elemente (zum Beispiel Newsgroups, Chat, Videokonferenzen), die einen direkten Austausch („realtime") ermöglichen, der auch die Beziehungsebene beeinflussen kann.	Informationsflut und Desorientierung
Das Intranet kann in einem internationalen Konzern viele Mitarbeiter erreichen.	Gewerbliche Mitarbeiter verfügen in der Regel nicht über einen eigenen Intranet-Zugang, außer, wenn dieser durch Infoterminals („Point of Information") sichergestellt ist.
Listen mit E-Mail-Adressen ermöglichen den Aufbau von Verteilern.	

Abb. 27 | Einige Vorteile und Nachteile des Intranets

Intranet - ein Baukasten

Das Intranet ist ein Bausatz, aus dem sich das Unternehmen bedarfsgerecht zusammenstellt, was es elektronisch abwickeln möchte. Bevor es sich aber zur Spielwiese entwickelt, was zu Beginn oft geschieht, sollte das Unternehmen die Frage beantworten, was genau es mit dem Intranet bezweckt: Dient es zur Information oder ist es Arbeitsplattform? Soll das Intranet Austausch ermöglichen? Haben alle Zugang oder nur bestimmte Mitarbeitergruppen (z.B. Abteilungen oder Projektgruppen)?

Grundsätzlich hat das Intranet drei Funktionen: Information, Kommunikation und Transaktion. Diese Grundfunktionen bauen oft aufeinander auf. Daher macht es Sinn, im entsprechenden Projekt stufenweise vorzugehen: Zunächst kann das Intranet zur Informationssuche genutzt werden. Die Mitarbeiter werden hierdurch mit den Möglichkeiten des Mediums vertraut gemacht. In weiteren Schritten werden eigene Informationen bereitgestellt, Möglichkeiten zum Austausch mit den Betreibern des Intranets und zwischen den Anwendern geschaffen und geprüft, welche Bestellungen, Formulare und

Ähnliches durch das Intranet unterstützt, neu zugeschnitten oder ersetzt werden können. Das Intranet kann die Informations- und Wissensbasis für betriebliche Entscheidungen verbessern und damit die Qualität auf allen betrieblichen Ebenen steigern. Es kann die Flexibilität erhöhen, Kosten für Routinevorgänge senken und durch marktgerechtere und dem Unternehmen angemessene Leistungen nachhaltige Wettbewerbsvorteile erzielen.

→ **Information:** Im einfachsten Fall unterstützt das Intranet die Kommunikation durch zentrales Bereitstellen von Informationen wie Statusberichte, Datenbanken, Produktinformationen und Projektpläne. Zum Beispiel sollten in Geschäftsprozessen die richtigen Informationen zur richtigen Zeit am richtigen Ort und in der angemessenen Art und Weise vorliegen, um beispielsweise Aufträge kostengünstig, termingerecht und hochwertig abzuwickeln. Alle Unternehmensfunktionen können Sie übersichtlich und strukturiert darstellen, samt der dazugehörigen Daten, der Organisation von Projekten und Aufgaben sowie der schrittweisen Abbildung von Arbeitsprozessen. Damit sind die Voraussetzungen geschaffen, wiederkehrende Prozessschritte leicht zu erkennen, zu systematisieren und wertschöpfend zu optimieren. Weitere Beispiele: Abteilungen nutzen das Intranet zur Selbstdarstellung und informieren über Ziele, Aktivitäten und Ansprechpartner. Sie stellen verbindliche Richtlinien und Dokumentationen bereit und aktualisieren sie bei Bedarf. Mitarbeiter recherchieren in Patentdatenbanken. Projektteams können auf einen aktuellen Informations- und Dokumentationsstand zugreifen. In einer Krise sind die neuesten Meldungen abrufbereit. Der Außendienst ist über Produktneuheiten, Preise und Markttrends auf dem Laufenden und in alle Geschäftsabläufe eingebunden. Für den Einsatz des Intranet zur Information müssen die bisherigen Abläufe meist nur wenig geändert werden. Wichtige Ausnahme: Im Intranet hat es der Mitarbeiter in der Hand, sich Informationen zu besorgen – Information wird zur Holschuld.

→ **Kommunikation:** Das Intranet ermöglicht den aktiven, zeitgleichen und hierarchie-unabhängigen Austausch, zum Beispiel über Themen und Projekte. Dieser Austausch kann genauso geplant und gesteuert werden wie in Diskussionsforen und Newsgroups. Projektteams können sich an Pinnwänden über aktuelle Ereignisse und offene Fragen austauschen sowie Texte und Grafiken zeitgleich abstimmen. Mitarbeiter unterhalten sich per E-Mail oder Videokonferenz und verzichten teilweise auf persönliche Treffen. Die Mitarbeiter sind aufgerufen, neue Produktideen in die Produktentwicklung einzubringen und diese kritisch zu diskutieren.

→ **Transaktion:** Der nachhaltigste Schritt ist die Unterstützung betrieblicher Transaktionen durch das Intranet: Projektberichte, Studiendokumentationen, Bestellungen, Anträge und Kostenrechnungen werden verschickt, Ressourcen geplant und ausgetauscht. Termine für Sitzungen werden per Computer abgesprochen und die Besprechungsräume in der Firmenzentrale online reserviert. Die Transaktion unterstützt nicht nur Information und Kommunikation, sondern auch die Entwicklung, Herstellung und Vertrieb von Produkten beziehungsweise Dienstleistungen mit dem Intranet: Einige Softwarefirmen arbeiten in der Entwicklung mit freien Mitarbeitern in verschiedenen Ländern zusammen (Telekooperation). Diese Arbeitsaufteilung wird erst durch neue Technologien möglich. Das Intranet wird genutzt, um die Neuorganisation von Vertriebswegen (Direktverkauf an Endkunden/E-Commerce) und neue Serviceangebote hausintern vorzubereiten.

Solche Umstellungen setzen aber häufig voraus, dass bisherige Abläufe grundlegend infrage gestellt und geändert werden. Dies ist aufwendig, bietet aber auch weitreichende Chancen.

15.3.3.2 Optimierung der Wertkette

In jüngster Zeit wird der Einsatz des Intranet verstärkt über die Kommunikation hinaus geprüft. Ergebnis: Das Intranet kann alle Geschäftsprozesse im Unternehmen entlang der Wertkette optimieren. Die Wertkette wurde entwickelt von Michael Porter in Harvard und ist zu einem wichtigen Instrument in der Analyse der strategischen Unternehmensplanung geworden.

Die Wertkette gliedert sich in strategisch wichtige Tätigkeiten und erkennt jene, für die der Kunde zu zahlen bereit ist. Wertaktivitäten sind demnach die Bausteine, aus denen das Unternehmen ein für seine Abnehmer wertvolles Produkt schafft. Die Wertkette kann die betriebliche Leistung anschaulich abbilden und alle Bereiche für eine Optimierung systematisch aufzeigen.

Die Wertkette unterscheidet Primäraktivitäten und unterstützende Aktivitäten: Primäraktivitäten sind unmittelbar mit der Herstellung und dem Vertrieb eines Produktes beziehungsweise einer Dienstleistung verbunden wie Eingangslogistik, Produktion, Marketing, Vertrieb und Service. Unterstützende Aktivitäten bereiten Primäraktivitäten vor, ermöglichen und steuern sie. Hierzu gehören Verwaltung, Finanzen, Personalmanagement, Forschung und Entwicklung sowie die Beschaffung.

Hier einige Beispiele, wie Sie durch das Intranet Ihre Wertkette optimieren können:

Optimierung unterstützender Aktivitäten

→ **Verwaltung und Finanzen:** Sie unterstützen den schnellen Informationsfluss per E-Mail. Sie führen interne Verrechnungssysteme im Finanzwesen ein. Wenn ein Mitarbeiter einen Verbesserungsvorschlag für das Optimieren eines Geschäftsprozesses hat, hängt er ihn als elektronische Nachricht in das eigens dafür eingerichtete Online-Forum. Über das Intranet können Sie Zweigwerke und Niederlassungen besser informieren und in ihre Entscheidungen einbinden – sogar im Ausland.

→ **Personal:** In der Weiterbildung setzen Sie multimediale Lernprogramme ein, die weltweit von jedem Arbeitsplatz aus abrufbar sind (Corporate University). Die Mitarbeiter können sich weiterbilden, wann sie wollen. Weltweit können sich stellensuchende Nachwuchs- und Führungskräfte über offene Stellen im Unternehmen informieren. Pools von Experten können sich zu Gemeinschaften zusammenschließen, die Mitarbeiter bei schwierigen Fragen als Experten konsultieren. Das Intranet unterstützt den mobilen Mitarbeiter: Er kann von überall auf seinen Arbeitsplatz zugreifen, auch von Zuhause. Von den dezentralen und flexiblen Arbeitsformen versprechen sich die Manager mehr Produktivität, sinkende Kosten, eine höhere Arbeitsmoral und effektivere Kommunikation.

→ **Forschung und Entwicklung:** Das Intranet kann Informationen über Angebotslücken im Markt, Erkenntnisse über Kunden, Lieferanten und Experten bereitstellen. Mitarbeiter, zum Beispiel aus Produktion oder Vertrieb, können diese Informationen kommentieren, ergänzen und Vorschläge entwickeln. Mitarbeiter können online nach Patenten, Kooperationspartnern oder Außenwirtschaftsinformationen suchen. Durch Telekooperation per Videokonferenzen und gemeinsames Arbeiten über das Intranet kann das Wissen von Ingenieuren und Technikern an verschiedenen Standorten zu Kompetenzzentren gebündelt werden. Telekooperation in der Produktentwicklung sähe dann in etwa so aus: Ein Unternehmen der Automobilindustrie will ein neues Auto für den internationalen Markt entwickeln. Im Intranet können weltweit verschiedene Konstruktionsteams am gleichen Projekt mitwirken, um die Besonderheiten der Weltmärkte zu berücksichtigen. Die Beteiligten tauschen untereinander die Konstruktionspläne aus. Über den ständigen Kontakt durch das Intranet sind umständliche Treffen der Konstrukteure und die Koordination der Vermarktung überflüssig, ein virtuelles Entwicklungs- und Vermarktungsteam kann es genauso gut. Das Intranet kann Plattform sein für das Experimentieren mit neuen Produkten, Diensten und Prozessen. Neue Produkte können den Mitarbeitern vorgestellt und von ihnen getestet werden, zum Beispiel eine Software.

→ **Beschaffung:** Der Einkauf ist in vielen Firmen der Bereich, der das größte Einsparpotenzial durch elektronische Umstrukturierung verspricht. Das Intranet kann Produktdatenbanken externer Lieferanten bereitstellen. Mit Hilfe elektronischer Preisagenten und Beschaffungssysteme können firmenintern Angebote weitaus kostengünstiger als bisher verglichen werden. Global agierende Unternehmen können Mengeneffekte durch Bestellungen über das Intranet nutzen, wie zum Beispiel globale Einkaufsangebote bei unterschiedlichen Preisen für die gleichen Produkte in unterschiedlichen Ländern. Bestellprozesse lassen sich über das Intranet deutlich vereinfachen und damit kostengünstiger durchführen, wie im Fall von Büromaterial und Computerzubehör (z.B. Toner, Disketten).

Unterstützung der Primäraktivitäten

→ **Eingangslogistik:** Die Eingangslogistik stellt sicher, dass alle benötigten Betriebsmittel, Werkstoffe und Waren rechtzeitig und in hinreichender Menge vorhanden sind. Das Intranet kann das erleichtern, indem der Lieferant eine automatische Auftrags- und Frachtverfolgung bereitstellt, mit der die Mitarbeiter den aktuellen Stand ihrer Aufträge, Lieferungen, Rücksendungen verfolgen können.

→ **Produktion:** In der Produktion kommt es stark auf Schnelligkeit und Einhaltung der festgelegten Kosten und Qualitätsstandards an. Durch den Einsatz des Intranet wird es möglich, bei zeitkritischen Aufträgen kurzfristig Kapazitäten aus anderen Teilen des Unternehmens einzubinden. Fertigungsroboter können über große Entfernungen überwacht werden. Nach Ende der Spätschicht in einem Fertigungsbetrieb beginnen Servicetechniker mit der Wartung und Programmierung der Maschinen von weit entfernten Telearbeitsplätzen aus, wo der Arbeitstag gerade beginnt. Das Qualitätsmanagement wird deutlich verbessert, wenn die wichtigsten Informationen online im Intranet zur Verfügung gestellt werden und so jederzeit an jedem Arbeitsplatz verfügbar sind – beispielsweise Arbeitsabläufe, Kontrollpläne, Fehlerprotokolle. Die Einführung eines solchen Systems lohnt sich auch für kleinere Unternehmen. Elektronisch vernetzte Unternehmen können enger als je zuvor weltweit an gemeinsamen Projekten zusammenarbeiten: Beispiele sind Simulationsstudios, die das virtuelle Modell einer Automobilmontage darstellen. Konstrukteure aus mehreren Ländern können hierbei miteinander arbeiten, um Produktionsabläufe zu prüfen und weiter zu entwickeln. Fehler oder Möglichkeiten der Optimierung sind auf diese Weise viel schneller als in herkömmlichen Tests zu erkennen.

→ **Marketing:** Das Intranet kann erheblich dazu beitragen, das Marketing zu optimieren: Erklärungsbedürftige Produkte lassen sich durch Multimedialität in Produktkatalogen mit Bild, Ton, Animationen und Videosequenzen deutlich besser darstellen als in herkömmlichen Prospekten. Statt gedruckter Marketingbroschüren führt der Verkaufsleiter den Servicemitarbeitern die Vorzüge der Firmenprodukte am Bildschirm vor. Unternehmen mit einem umfangreichen Produktspektrum können ihren Intranet-Auftritt um eine Datenbank mit Bestellnummern, Produktbeschreibungen und Preisinformationen ergänzen. Hierdurch sind Mitarbeiter und der Außendienst stets tagesaktuell informiert. Produktkataloge gibt es in elektronischer Form. Anhand dieses Kataloges wird ein individuelles Produkt vom Außendienstmitarbeiter beim Kunden vor Ort nach dessen Wünschen konfiguriert. Die Daten werden gespeichert und an die ausführenden Funktionen übermittelt.

→ **Vertrieb:** Das Intranet kann den Vertrieb an die Mitarbeiter unterstützen (Mitarbeiterverkauf). Damit wird die Informations- und Kommunikationsplattform zum vollwertigen Transaktionsmedium ausgebaut. Ein Online-Produktkatalog sowie Online-Shops weisen im Intranet tagesaktuelle Preise und Verfügbarkeiten aus, der Mitarbeiter kann am Bildschirm die Bestellmenge eingeben und so einen virtuellen Warenkorb füllen. Nachdem zusätzlich Versandart und Lieferanschrift angegeben wurden, wird die Bestellung automatisch übermittelt.

→ **Service:** Das Intranet ist sehr gut geeignet, die Kundenbindung zu unterstützen: Mitarbeiter können sich selbst bei Fragen helfen, indem sie auf Datenbanken zugreifen können. Es gibt ein offenes Forum für Mitarbeiter mit Kundenkontakt, in dem sie sich über Erfahrungen und Verbesserungen austauschen können. Bei erklärungsbedürftigen Produkten bietet es sich für die Servicemitarbeiter an, interaktive Bedienungsanleitungen ins Intranet zu stellen und so die Nutzung zu erleichtern.

Standardanfragen von Mitarbeitern an den Service werden durch elektronische Fragen- und Antwortenkataloge (FAQ: Frequently Asked Questions) im Netz beantwortet. Das verhindert, dass die teure Arbeitszeit von Kundendienstmitarbeitern für die Beantwortung von Standardanfragen oder für Auskünfte über Reparaturdauer, Fehlerursachen etc. verwendet werden. Zur Reparatur eingeschickte Produkte können in der Serviceabteilung mit einer Digitalkamera fotografiert und in einer Online-Datenbank abgelegt werden. Der Servicemitarbeiter kann sich die defekten Teile nach Eingabe seiner Schadensnummer jederzeit ansehen und das Dokument für seine Unterlagen ausdrucken.

Fazit

Durch die Besonderheiten des Intranets können Sie alle Phasen der Wertschöpfung durch Information, Kommunikation und Transaktion optimieren. Jede Aktivität können Sie hierdurch kostengünstiger, besser oder kundenspezifischer abwickeln. Sie können Prozesse entlang der Wertschöpfungskette anschaulich darstellen. Sie bieten Links zu tiefer gehenden Informationen, falls ein Nutzer danach sucht. Durch die Interaktivität kann jedermann Kontakt zu Mitarbeitern aufnehmen, um Fragen zu stellen und Verbesserungsvorschläge zu machen.

Statt vorschnell auf bestimmte Anwendungen oder Techniken zu setzen, sollten Sie immer die gesamte Wertkette einbeziehen und vor dem Hintergrund der eigenen Wettbewerbsposition über den sinnvollen Einsatz des Intranets entscheiden.

15.3.3.3 Probleme beim Einsatz

Unternehmen haben derzeit mit einigen Problemen beim Einsatz des Intranets zu kämpfen:

→ **Orientierung:** Das Auffinden von Informationen zeigt sich als größtes Problem des Intranets. Die nutzerfreundliche Navigation sowie eine effiziente Suchmaschine sind das A und O. Wo sie fehlen, müssen die Nutzer aufwendig und langwierig das Gewünschte suchen – der Vorsprung durch Aktualität ist dahin.

→ **Kultur:** Die Nutzung des Intranets erfordert in der Regel, dass sich die Kommunikationskultur ändert: Der Einsatz des auf offene und aktuelle Information und Kommunikation ausgerichteten Intranets macht nur Sinn, wenn die Unternehmensleitung diese Werte trägt und stützt. Die Teilnahme an dialogorientierten und gemeinschaftsbildenden Kommunikationsformen wie an Newsgroups und virtuellen Gemeinschaften erfordert einen stärkeren Gemeinschaftssinn. Früher hat die Unternehmensleitung nur den eigenen Standpunkt dargestellt, heute soll es das Meinungsspektrum sein. Hat ein Unternehmen bisher nur über das informiert, was es für richtig hielt, soll es heute darüber informieren, was die Nutzer des Intranets interessiert – selbst über das Verhalten der Konkurrenz. Es ist daher ratsam, bei der Einführung des Intranets ein Programm zur Kommunikationskultur durchzuführen.

→ **Vertrauen:** Durch die elektronisch vermittelte Kommunikation kann nur sehr schwer Vertrauen entstehen. Daher sollten Sie begleitende Maßnahmen entwickeln und die Kommunikationspartner möglichst persönlich zusammenbringen, zum Beispiel in Form einer Projektgruppe.

Viele Intranets werden schon nach kurzer Zeit nicht mehr genutzt. Gründe für die mangelnde Akzeptanz sind fehlende Orientierung und fehlender persönlicher Kontakt als Vertrauensbasis. Das Intranet fordert höchste Nutzerorientierung in Form und Inhalt.

Kapitel 16

Potenziale der Social Media werden genutzt

Gastbeitrag von Lars Dörfel, SCM, und Carsten Rossi, Kuhn, Kammann & Kuhn

16.1 ENTERPRISE 2.0 – INTERNE KOMMUNIKATION IM WANDEL

Kommunikation und Medien im Wandel

Eine neue Vielfalt digitaler Medien und Technologien hat unser Kommunikationsverhalten und Medienverständnis in den letzten Jahren grundlegend verändert. Via Social Media können wir uns vernetzen, in Echtzeit kommunizieren, Inhalte teilen und bewerten. Ob private oder berufliche Vernetzung über Facebook, Xing und LinkedIn, ob Informationsaustausch über Foren, Blogs und Twitter – Social Media sind ein fester Bestandteil unseres Alltags und unserer Kommunikation geworden.

Weltweit werden über 1,5 Milliarden Nutzer von Social Networks gezählt, von denen 80% regelmäßig online interagieren. In Deutschland sind 76% in einem Social Network registriert. In der Altersgruppe der 14- bis 29-Jährigen sind es sogar 96% (Chui et al. 2012).

Damit findet ein Paradigmenwechsel statt, der die Zukunft der Kommunikation langfristig bestimmt: Mediale Monologe im Sinne einer one-to-many-Kommunikation werden durch sozial-mediale Dialoge (many-to-many-Kommunikation) ersetzt. Inhalte werden kollektiv erstellt, geteilt und bewertet. Schütt beschreibt diesen Wandel als einen „Übergang von der Informations- in die Resonanzgesellschaft" (2013: 8). So ist das Internet schon längst nicht mehr nur Informations-Plattform. Vielmehr lässt es sich als Interaktionsmedium beschreiben, das die Nutzer aktiv und interaktiv gestalten, statt nur zu rezipieren. „User generated content" – so der Begriff, der das neue Medienverständnis im Sinne einer neuen Partizipation beschreibt: Die Nutzer von Informationen und Inhalten agieren gleichermaßen als deren Produzenten, als sogenannte Prosumer.

Dieser Wandel von Kommunikation und Medienverständnis beeinflusst längst auch die Unternehmenskommunikation und so gelten Social Media für PR und Marketing inzwischen als unverzichtbares Instrument. Und auch für die Interne Kommunikation gewinnt der Gedanke des sozialen Netzwerks an Bedeutung.

Zunehmende Bedeutung von Social Media in der Internen Kommunikation

Klassische digitale Instrumente der Internen Kommunikation wie E-Mail oder das Intranet werden zunehmend durch den Einsatz von Wikis, Blogs, sozialen Unternehmensnetzwerken oder File Sharing ergänzt. Dass sich Social-Media-Anwendungen langfristig als Instrumente der Internen Kommunikation etablieren, lässt sich aufgrund der stetig wachsenden Anzahl neuer Anbieter von Social Software für Unternehmen vermuten. Deutlich wird dies auch anhand der verstärkten Auseinandersetzung von Unternehmen mit Social Media und der verstärkten Forderung ihres internen Einsatzes durch die Mitarbeiter. So ermittelte die Studie „Enterprise 2.0 – Status Quo 2013" der Wiesbaden Business

School und embrander, dass der Anteil der Unternehmen mit internem Social-Media-Einsatz innerhalb der letzten drei Jahre von 37% auf 60% gestiegen ist. Auch für die kommenden Jahre wird ein Bedeutungszuwachs prognostiziert.

Allgemein sehen Unternehmen den Mehrwert interner sozialer Medien in einer verbesserten Kollaboration und Kommunikation. Die Microsoft Studie „Enterprise Social" (Mai 2013) zeigte, dass 39% der rund 10.000 Befragten Mängel in der Zusammenarbeit am Arbeitsplatz empfinden. 40% glauben, dass Social Media Tools dazu beitragen, die Zusammenarbeit zu verbessern, wobei vor allem die jüngere Generation in Unternehmen den Nutzen von Social Tools für ihr Arbeitsumfeld erkennt.

Dass die soziale Vernetzung als neue Form der Zusammenarbeit an Relevanz gewinnt, liegt in der immer größer werdenden Datenvielfalt begründet sowie einer neuen Notwendigkeit zur effektiven Entscheidungsfindung und abteilungs- und standortübergreifenden Zusammenarbeit.

Enterprise 2.0

Zentraler Begriff im Zusammenhang mit dem Einsatz von Social Media in der Unternehmenskommunikation ist „Enterprise 2.0". Dieser Begriff lehnt sich an den Begriff „Web 2.0" von Tim O'Reilly an und wurde von Andrew McAfee, Professor an der Harvard Business School, in seinem Aufsatz „Enterprise 2.0: The Dawn of Emergent Collaboration" in der folgenden Definition erstmals öffentlich benutzt: "Enterprise 2.0 is the use of emergent social software platforms by organizations in pursuit of their goals." (McAfee 2006a). McAfee hat die Definition kurz darauf geändert in: "Enterprise 2.0 is the use of emergent social software platforms within companies, or between companies and their partners or customers" (McAfee 2006b).

Damit beschreibt Enterprise 2.0 Unternehmen oder Organisationen, in denen eben nicht nur die externen sondern alle internen UND externen Stakeholder (Mitarbeiter, Kunden, Partner und Anteilseigner) gemeinsam und auf Basis von Social-Media-Plattformen an den jeweiligen Unternehmensziele arbeiten. In den meisten Fällen handelt es sich bei diesen Plattformen um unternehmenseigene Social Software (z.B. Enterprise Social Networks oder Social CRM Systeme).

Im Gegensatz zu „Social Media" geht es bei „unternehmenseigener Social Software" um technische Systeme, die vom Unternehmen oder der jeweiligen Organisation autonom geführt und nicht von einem Drittanbieter administriert und gesteuert werden (unabhängig von ihrer physikalischen Verortung oder den eigentlichen Besitzverhältnissen).

Der Einsatz von unternehmenseigener Social Software – so die Annahme von McAfee und vieler weiter nach ihm – begünstigt eben jene dialogischen, transparenten und siloübergreifenden Prozesse, die eine Organisations- und Führungskultur ermöglichen, mit deren Hilfe die bisher verborgenen Effizienz-, Wissens- und Innovationsressourcen zur Steigerung der Unternehmensperformance nutzbar gemacht werden können. (Zur Definition der Enterprise 2.0 vgl. auch den BVDW Leitfaden von 2013.)

Damit geht die Definition von Enterprise 2.0 über den technologischen Aspekt hinaus. Enterprise 2.0 bedeutet nicht nur das Implementieren von Social Software allein, sondern auch die umfassende Transformation von Arbeits- und Dialogbeziehungen im Unternehmen – intern und extern.

Eine weitere Definition, die vor allem den Wandel der Unternehmenskultur durch Enterprise 2.0 unterstreicht, bietet BITKOM (2008): Enterprise 2.0 sei eine „ganzheitliche Unternehmensphilosophie, die auf Selbstorganisation, flache Hierarchien und Partizipation setzt". Auch die Gesellschaft für Wissensmanagement e.V. stellt den organisatorischen und kulturellen Wertewandel in den Vordergrund: „Ein Enterprise 2.0 ist eine Lernende Organisation, die ihre Ziele durch lernförderliche Handlungsmuster und den Einsatz von sozialen Medien erreicht. Eine Lernende Organisation ist eine Organisation mit der Fähigkeit, Wissen zu entwickeln, zu erwerben und zu (ver-)teilen sowie ihr Verhalten auf Basis neuen Wissens und neuer Einsichten zu verändern." (GfWM 2011: 2).

Enterprise 2.0 Tools

Allen Enterprise-2.0-Anwendungen sind die folgenden Grundfunktionen gemein, die McAfee in dem Akronym SLATES (zu deutsch: Schiefertafeln) zusammengefasst hat:

- **SEARCH:** Suchfunktion zum Auffinden von Inhalten;
- **LINKS:** Möglichkeit zur Verlinkung von ausführlichen Quellen und weiterführenden Informationen;
- **AUTHORING:** Einfaches Veröffentlichen oder Editieren von Inhalten als individueller Autor (z.B. in Foren) oder als Gruppe (z.B. Wikis);
- **TAGS:** Kategorisieren und Priorisieren von Inhalten durch die Zuordnung von Schlagwörtern;
- **EXTENSIONS:** Erweiterungen im Sinne von Empfehlungen für ein zukünftiges Verhalten aufgrund von beobachtetem Verhalten der User im Web;
- **SIGNALS:** Abonnieren bzw. Hervorheben von Inhalten anderer Nutzer (z.B. über RSS Feeds).

Beliebte Enterprise-2.0-Tools in der Internen Kommunikation sind vor allem soziale Unternehmensnetzwerke, Social Intranets und Kollaborations-Software, so die Studie der Wiesbaden Business School und embrander (2013). Dicht darauf folgen Instant Messaging, Enterprise Wikis, Corporate Blogs und virtuelle Meetings. Schlusslichter sind Microblogging (18%), Social Bookmarking und Ranking (je 15%).

Die Studie „Social Intranet 2012“ der SCM und HIRSCHTEC zeigt, dass bei den Intranet-Anwendungen, die bereits Enterprise-2.0-Charakter aufweisen, am häufigsten Online-Lexika und Wikis, Diskussionsforen bzw. Communities, Online-Umfragen und Kommentarfunktionen vorkommen. Weitere Anwendungen, die genutzt werden, sind Media- und File Sharing, Blogs, Kollaborationsräume bzw. Teamsites.

Beide Studien zeigen, dass in Unternehmen vor allem die Social-Media-Funktionen in der Internen Kommunikation bevorzugt werden, die auch außerhalb der Unternehmenskommunikation besonders populär sind.

Die Liste der Enterprise-2.0-Tools ist lang.

- → Enterprise Social Network und Social Intranet als Komplettlösung
- → Wikis
- → Blogs
- → Microblogs
- → Instant Messaging
- → Podcast/Vodcast
- → Online-Meetings
- → Team Rooms
- → Social Bookmarking
- → Social Tagging
- → Newsfeeds und Newsaggregatoren
- → Activity Stream
- → Voting
- → Ranking
- → Dokumentenmanagement
- → Projektmanagement

Anwendungen, die für die Interne Kommunikation besonders relevant sind, sollen im Folgenden mit ihren Merkmalen und Einsatzmöglichkeiten kurz vorgestellt werden.

Social Intranet oder Enterprise Social Network als Komplettlösung

Unter Social Intranet wird eine Infrastruktur bzw. ein Medium eines Unternehmens verstanden, das auf Webstandards beruht und neben klassischen Mechanismen zum Teilen von Content, Applikationen und Funktionsintegration insbesondere soziale Technologien nutzt (vgl. Wolf 2011).

Zentrale Anwendungen im Social Intranet sind Wikis, (Micro-)Blogs, soziale Netzwerke, Schlagworte, Social Bookmarks, Feeds etc. Sie sollen der Zusammenarbeit und der Unterstützung von Feedback-Mechanismen dienen und implizieren eine interaktive Gestaltung und Verwaltung von Ressourcen. Auch Mitarbeiterprofile spielen eine wesentliche Rolle: Jedes Mitglied kann seine Funktion, Aufgaben, Fähigkeiten und (Projekt-)Erfahrungen präsentieren. Besonders in großen Unternehmen mit mehreren Standorten ist diese Form der Vernetzung von Bedeutung und begünstigt den Aufbau und die Pflege unternehmensweiter Netzwerke sowie die Stärkung der Mitarbeiterbindung und Unternehmenskultur.

Ein Enterprise Social Network definiert sich als ein Netzwerk, das die Zusammenarbeit und Kommunikation vereinfacht und in der Regel die folgenden Anwendungen kombiniert: Activity Stream, Austausch von Inhalten wie Dokumente, Fotos und Videos, das Erstellen von themen- oder projektbezogenen Gruppen, Nachrichtenfunktion, Mitgliederprofil. Das alles kann in der internen Nutzung für alle Mitarbeiter offen, halb-offen (alle Inhalte sind lesbar, aber eine Mitwirkung ist nur nach Freigabe möglich) oder ganz geschlossen sein (nur eingeladene Mitglieder sehen die Community und Inhalte des Netzwerks).

Instant Messaging

Instant Messaging ist eine Form der synchronen digitalen Kommunikation, bei der sich zwei oder mehrere Nutzer per Textnachrichten austauschen können. Instant Messaging erlaubt die direkte elektronische Kommunikation in Echtzeit, bei der die Übertragung im Push-Verfahren geschieht, sodass die Nachrichten unmittelbar beim Empfänger ankommen. Die Teilnehmer müssen dazu mit einem Computerprogramm (Client) über ein Netzwerk wie dem Internet, direkt oder über einen Server miteinander verbunden sein. Viele Clients unterstützen zusätzlich die Übertragung von Dateien, Audio- und Video-Streams. Nutzer können Nachrichten unmittelbar und ortsunabhängig empfangen und später durch die Dokumentation der ausgetauschten Informationen nachvollziehen.

Wikis

Wikis sind offene Content-Management-Systeme, die online im Web vorliegen. Bei Wikis sind einzelne Einträge untereinander oder mit anderen Quellen und Websites verlinkt. In der Unternehmenskommunikation werden Wikis für ein effizientes Informations- und Wissensmanagement erstellt, um unstrukturierte Informationen festzuhalten. In der Regel kann jeder Mitarbeiter (bzw. eine definierte Benutzergruppe) Inhalte einstellen, editieren und damit deren Aktualität sicherstellen. Mit Wikis gelingt es ferner, Informationshierarchien zugunsten eines freien Informationsflusses aufzulösen.

Wikis empfehlen sich insbesondere für langfristig aktuelle Inhalte, wie z.B. Informationen zu Organisationsstrukturen, Produkt- und Serviceportfolio, Ansprechpartner, Handbücher, Best Practices, Beschreibungen von Abteilungsaufgaben etc. (Schütt 2013; Tesch/Pfannenberg 2013).

Blog

Ein Blog ist ein einfach zu handhabendes Medium zur Darstellung von unternehmensrelevanten Aspekten, das sowohl im Internet als auch im Intranet schnell zu installieren ist. Als chronologische Liste von Einträgen eignen sich Blogs insbesondere für die Übermittlung von Neuigkeiten.

In der Internen Kommunikation sind Blogs besonders aufmerksamkeitsstarke Tools: Sie ermöglichen einen intensiven Wissens- und Informationsaustausch im Unternehmen, der die Arbeitsprozesse der Mitarbeiter beschleunigt und erleichtert. Der interne Einsatz von Blogs erfolgt entweder als Corporate Blog oder als Team Blog. Corporate Blogs können noch einmal unterteilt werden in CEO- oder Mitarbeiter-Blogs. Der CEO-Blog dient vor allem der persönlichen Informationsvermittlung und als Interpretationshilfe für Strategien und Entscheidungen der Geschäftsführung. In Mitarbeiter-Blogs beschreiben Mitarbeiter ihre täglichen Eindrücke und Erlebnisse im Unternehmen. Ein Team- oder Projektblog hingegen verfolgt vor allem ein effizientes Wissens- und Projektmanagement. Hier können projektbezogene Informationen und Dokumente bereitgestellt und chronologisch dokumentiert werden. In Form von Schlagworten werden sie strukturiert und sind leicht auffindbar.

Die Kommentarfunktion ermöglicht schnelle Reaktionen auf die Beiträge und führt zu einem lebhaften Dialog zwischen Mitarbeitern und Geschäftsführung. Auch können Blogs durch Videos und Fotos ergänzt werden.

Podcasts/Vodcasts

Podcast („Playable on Demand") und Vodcast („Video on demand") bezeichnen eine Serie von Audio- bzw. Videodateien, die leicht ins Internet oder Intranet gestellt werden können und über einen Feed automatisch bezogen werden können. Die Rezeption kann über PC oder ein mobiles Endgerät zeit- und ortsunabhängig erfolgen. Podcasts/Vodcasts sind aufgrund ihrer Anschaulichkeit besonders aufmerksamkeitsstarke und aktivierende Instrumente. Obwohl eine direkte Interaktion fehlt, können sie auditiv und visuell Nähe zu erzeugen. Auch lassen sich Inhalte gut vorbereiten und Fragen gebündelt beantworten (Tesch/Pfannenberg 2013). Speziell in der Internen Kommunikation können z.B. Führungskräfte die Aufgaben für den kommenden Tag über einen Podcast weitergeben, und die Mitarbeiter haben die Möglichkeit, ständig darauf zurückzugreifen. Ein wöchentliches Update mit Neuigkeiten und Informationen kann ebenfalls über Pod- bzw. Vodcast verbreitet werden.

Social Bookmarking/Corporate Bookmarks

Social Bookmarks sind Internet-Lesezeichen, die im Internet oder Intranet mithilfe einer Browser-Oberfläche von verschiedenen Benutzern durch gemeinschaftliches Indexieren erschlossen werden. Social Bookmarks sind dementsprechend die eigenen Favoriten im Internet. Durch das Anlegen von Social Bookmarks entsteht ein persönliches Online-Verzeichnis, auf das unabhängig vom lokalen Rechner zugegriffen werden kann. Zusätzlich werden alle Bookmarks mit Tags versehen, was das Wiederfinden erleichtert. Beliebte und unternehmensrelevante Websites können von Mitarbeitern des Unternehmens gespeichert und mit Tags versehen werden. Dadurch entsteht eine unternehmensinterne Suchmaschine, über die Rechercheergebnisse langfristig gespeichert und geteilt werden können. Je mehr Menschen dabei die häufig genutzten Webseiten mit anderen teilen, desto leistungsstärker wird die Suchmaschine. Das Versenden von Links per E-Mail und das immer wieder neue Suchen nach Informationen im Internet erübrigt sich. Stattdessen lassen sich Trends innerhalb des Unternehmens schnell ablesen.

Tagging

Tagging beschreibt die Verschlagwortung von Inhalten und ist das Grundprinzip des Social Bookmarkings. Tags sind nicht vorgeschrieben und werden frei vergeben. Die gesammelten Schlagworte ergeben die sogenannte Tag Cloud, die – je größer ein Schlagwort in der Tag Cloud angezeigt wird – Auskunft über die Häufigkeit der Zuordnung von Schlagworten gibt. Clawien (2008) unterstreicht, dass die Tag Cloud eines Unternehmens besonders interessant ist, da sich daran ablesen lässt, welche Themen die Mitarbeiter besonders häufig verschlagworten.

Wie das Social Bookmarking bedeutet auch das Tagging einen Verzicht auf das Versenden von Links via Mail. Dadurch wird allen Beteiligten der gleiche Zugang zu den gleichen Ressourcen und Links gewährt. Dass Tags gemeinsam angelegt und gepflegt werden und alle Mitarbeiter auf dem aktuellen Stand sind, ist ein wesentlicher Nutzen des Taggings.

Foren

Foren sind interaktive Plattformen für einen themenbezogenen Austausch. Innerhalb von Unternehmen werden Foren insbesondere zum direkten Austausch von Fragen genutzt. Die Mitglieder können Beiträge teilen, auf Beiträge antworten oder diese bewerten.

Damit dienen sie der Vernetzung und dem Beziehungsaufbau. Den Nutzen von Foren sehen Tesch und Pfannenberg (2013) in der Möglichkeit, Team-, Abteilungs- und Funktionsgrenzen überwinden zu können, Wissen aus unterschiedlichen Geschäftsbereichen zugänglich zu machen und Experten zu identifizieren.

Social File Sharing

Social File Sharing dient dem Austausch von Dateien verschiedener Formate und der Steuerung von Zugriffsberechtigungen, auch von mobilen Endgeräten. Social File Sharing kann öffentlich oder nicht-öffentlich erfolgen. Bekannter Anbieter für das öffentliche Teilen von Präsentationen ist Slideshare. Anbieter für das gezielte Freigeben von Daten ist Dropbox. Hier können Dateien unterschiedlicher Formate hochgeladen und geteilt werden. Intern bieten diese Anwendungen den Mitarbeitern einen orts- und zeitunabhängigen Zugriff auf bzw. die Freigabe von Dateien für eine gemeinsame Nutzung oder Bearbeitung, ohne dass sie beispielsweise per E-Mail verschickt werden müssen.

News Feed

Durch News Feeds lassen sich Website-Inhalte, die häufig aktualisiert werden, abonnieren. Ähnlich einem Nachrichtenticker erhält der Abonnent nach Aktualisierungen kurze Informationen und den Link zur entsprechenden Seite. Das bekannteste News-Feed-Format ist RSS. In der Internen Kommunikation eignen sich News Feeds zur Selektion von Informationen. Mitarbeiter können individuell festlegen, welche Informationen sie zum Beispiel vom Unternehmensblog beziehen wollen, um damit den Informations-Input zu steuern.

Activity Stream
Ein Activity Stream ist zentraler Bestandteil von Enterprise-Social-Software-Plattformen wie bei einem Social Intranet. Dabei handelt es sich um einen Informationsstrom, der chronologisch und in Echtzeit Aktivitäten wie Statusaktualisierungen, neu veröffentlichte Inhalte und Konversationen sowie dazugehörige Kommentare und Markierungen darstellt. Das Potenzial von Activity Streams für die Interne Kommunikation liegt in der Kommunikationstransparenz und im Ad-hoc-Austausch: Wichtige Informationen, Gedanken und Ideen sowie Fragen können für alle sichtbar geteilt werden. Konversationen erfolgen quasi öffentlich und bieten damit auch Mitarbeitern, die nicht direkt involviert sind, einen Einblick und die Möglichkeit, sich mit relevantem Input zu beteiligen. Dadurch besitzen Activity Streams das Potenzial, schnell und oft auch unbeabsichtigt wichtige Informationen oder Experten aufzuzeigen. Häufig wird in diesem Zusammenhang das Serendipitätsprinzip genannt: „die zufällige Beobachtung von etwas ursprünglich nicht Gesuchtem, das sich als überraschende und hilfreiche Entdeckung erweist“ (Tesch/Pfannenberg 2013: 62). Nachteil des Activity Streams ist jedoch, dass der Informationsstrom stets zunimmt und langfristig unübersichtlich und unstrukturiert wird. Activity Streams ermöglichen somit eine kurzfristige Echtzeitkommunikation statt einer intensiven Zusammenarbeit und dauerhaften Dokumentation.

Team Room
Im Team Room können alle wesentlichen Dokumente gebündelt werden, sodass sie für alle Mitglieder zur Bearbeitung verfügbar sind. Die Vernetzung mit Blogs, Foren oder Wikis innerhalb des Team Rooms führt zu einem optimalen Wissensaustausch und -management (Tesch/Pfannenberg 2013).

Interne Kommunikation 2.0 – Ziele von Social Media in der IK

Auch wenn Mitarbeiter zunehmend den Einsatz von Social Media fordern, liegt das Kernziel nicht primär in der gesteigerten Mitarbeiterzufriedenheit. Die interne Nutzung von Social Media verfolgt vor allem die Steigerung von Effektivität und Effizienz.

In deutschen Unternehmen werden mit der Nutzung von Social Software vor allem Mitarbeiterbeteiligung und -kollaboration als Ziele verfolgt. Das ergab die Studie „Social Intranet 2012“ (SCM/HIRSCHTEC). Weitere Hauptziele sind Wissensmanagement, vereinfachte Kommunikation, Transparenz und ein schneller Zugriff auf Experten.

Wissensmanagement

Mit der Transformation der Informations- zur Resonanzgesellschaft entwickelt sich ein neues Verständnis von Wissensmanagement, das Wissen weniger als Objekt und vielmehr als soziale Konstruktion begreift (Ehrlich/Lin 2011). Frühe Ansätze von Wissensmanagement fokussierten vorrangig die Dokumentation und elektronische Speicherung von Wissen. Das Ergebnis waren häufig überdimensionierte und langfristig ungenutzte Wissensdatenbanken. Wissensmanagement unter dem Vorzeichen von Enterprise 2.0 zielt hingegen auf eine umfassende Vernetzung und Partizipation, was sowohl neue Potenziale bietet als auch neue Herausforderungen bedeutet. Dazu schreibt Schütt: „Tsunamigleich überschwappt uns die Möglichkeit, jederzeit und von überall auf Informationen und Wissensträger direkt zugreifen zu können. Statt eines Mangels, gilt es nun plötzlich einen Überfluss zu managen. Der ‚Wissen ist Macht'-Horter verliert seine Vormachtstellung, weil es plötzlich Alternativen zu ihm als Wissensquelle gibt" (Schütt 2013: 9).

Ein grundlegender Vorteil von Enterprise 2.0 für das Wissensmanagement liegt darin, die Expertisen einzelner Mitarbeiter zusammenzuführen und Fachwissen zu bündeln, zu archivieren und dauerhaft verfügbar zu machen. Hier bilden Wikis den Dreh- und Angelpunkt. Auch interne Communities bieten den Vorteil, Wissen gemeinsam zu kreieren und zu bewerten, anzureichern und zu teilen. Mit Enterprise 2.0 entfaltet sich, so Ehrlich und Lin (2011), eine kollektive Intelligenz.

Informationsmanagement

Durch Social Software lassen sich Informationen aus unterschiedlichen Unternehmensbereichen mit hoher Reichweite und in Echtzeit kommunizieren. Ob Wikis, Blogs, Experten-Communities, ob Taggings, Favoriten oder Bookmarks – den Mitarbeitern bieten sich verschiedene Wege, Informationen zu sammeln und wiederzufinden. Durch gezieltes Platzieren, Abonnieren oder Filtern von Informationen sehen sich Mitarbeiter weniger einem „Information Overflow" gegenüber (vgl. Hirsch 2012).

Auch werden Informationen nicht mehr isoliert betrachtet, sondern generieren durch logische Verknüpfungen (z.B. über Schlagwörter) und Verlinkungen mit anderen Beiträgen, Kommentaren und Quellen einen zusätzlichen Mehrwert. Arbeitsabläufe werden transparenter und Maßnahmen und Entscheidungen verständlicher. So können neue Erkenntnisse gewonnen und Themen weiterentwickelt, aber auch die Akzeptanz von Entscheidungen gesteigert werden.

Ideen- und Innovationsmanagement

Die neue Form des Informationsflusses bewirkt auch ein neues Innovationspotenzial. Social Software ermöglicht einen abteilungs- und länderübergreifenden Austausch, an dem Mitarbeiter unterschiedlicher Bereiche beteiligt sind. Damit wird die traditionelle Abschottung von Abteilungen und Wissenssilos aufgebrochen, und es bieten sich Möglichkeiten eine für kollektive Kreativität und neue Ideen im gesamten Unternehmen.

Dass ein Social Intranet tatsächlich zu Innovationen führen kann, zeigt die Studie von APCO Worldwide and Gagen MacDonald (2011): 60% der befragten Unternehmen, die Social Media in der Internen Kommunikation nutzen, bestätigten die Zunahme von Innovationen aufgrund der Zusammenarbeit mit Social Media.

Kommunikationsmanagement
Moderne Interne Kommunikation basiert auf dem erfolgreichen und beständigen Austausch im Unternehmen. Vor allem die zunehmend internationale Verteilung und Mobilität der Mitarbeiter erfordert die Zusammenarbeit in virtuellen Teams und ein effizientes Kommunikationsmanagement. Enterprise 2.0 vereinfacht das Finden und Kennenlernen von Mitarbeitern und ihren Zuständigkeiten. Das Ergebnis: eine abteilungs- und standortunabhängige Kommunikation, sowie ein schnelles Auffinden von Experten innerhalb des Unternehmens. Durch die Bildung von projekt- und themenbezogenen Arbeitsgruppen werden Informationsflüsse thematisch sortiert und zielgerichteter kanalisiert. Abseits der etablierten Kommunikationskanäle wie E-Mail, Telefon oder persönlichem Gespräch findet im Social Intranet eine Echtzeitkommunikation statt, an der sich alle Mitarbeiter mit ihren Themen und Beiträgen, Kommentaren, Fragen und Umfragen beteiligen können.

Kommunikationskultur im Wandel – Was bedeuten Social Media für Unternehmenskultur und Interne Kommunikation?

Die Ziele von Enterprise 2.0 machen deutlich: Mit dem internen Einsatz von Social Software werden grundsätzlich eine zielgerichtete Kommunikation, ein transparenter Informations- und Wissensfluss sowie eine effiziente und abteilungsübergreifende Vernetzung und Zusammenarbeit angestrebt. Das erfordert eine neue Form der Mitarbeiterpartizipation im internen Kommunikationsprozess und die Auflösung hierarchischer Kommunikationsstrukturen zugunsten neuer Kommunikationsrichtungen.

Kommunikationsrichtungen und -beteiligung via Social Software

Top-down (z.B. CEO-Blog)
Bottom-up (z.B. Fragen an den Vorstand)
Equal-to-Equal-on-Top (z.B. Führungskräfte-Community)
Equal-to-Equal-on-Bottom (z.B. Wikis, projektbezogene Communities)
one-to-one (Instant Messaging)
one-to-many (Microblogging, Status-Updates, Kommentare)
many-to-one (Fragen an den Vorstand)
many-to-many (Wikis, Communities)

Damit ist Social Software vor allem ein kulturelles Thema. Die erfolgreiche Einführung setzt eine Unternehmenskultur voraus, die statt einer zentralen, top-down-geführten Mitarbeiterkommunikation eine dezentrale, hierarchieübergreifende und autonome Kommunikation und Zusammenarbeit zulässt.

Die nachstehende Gegenüberstellung von Schreckenbach (2013) zeigt das Spannungsfeld und den erforderlichen Kulturwandel für Unternehmen, die eine Einführung von Enterprise-2.0-Anwendungen anstreben.

Kommunikationsrichtungen und -beteiligung via Social Software

Enterprise 1.0	Enterprise2.0
• hierarchische Organisationseinheiten	• netzartige Organisationseinheiten
• funktionsorientiertes Arbeiten	• prozessorientiertes Arbeiten
• Informations- und hierarchieorientierte Kommunikation	• dialogorientierte und hierarchieübergreifende Kommunikation
• Top-down-Entscheidungsprozesse	• partizipative Entscheidungsprozesse
• mechanische Organisation	• selbstlernende Organisation
• „Wissen ist Macht"	• „Wissen ist zum Teilen da"
• statisches Wissensmanagement	• Wissensmanagement als dynamischer Prozess
• Kontrolle	• Vertrauen und Autonomie
• Arbeiten nach Präsenz-Zeit	• zeitlich flexibles, ergebnisorientierte Arbeiten

Quelle: Schreckenbach, 2013

Neue Rolle der Führung

Vor allem den Führungskräften kommt bei der Ausformung und Veränderung der Unternehmenskultur eine wesentliche Rolle zu. Wenn sich Unternehmen auf Social Software einlassen, müssen sie lernfähig sein und Kommunikationsflüsse in alle Richtungen zulassen. Starre Organisationsstrukturen und traditionelle Unternehmenskulturen sind dabei wenig erfolgversprechend. Im Idealfall agieren die Führungskräfte aktiv als Vorbild, indem sie die interne Nutzung von Social Software fördern und (vor)leben. Hier liegt die größte Herausforderung jedoch im neuen Umgang mit traditionellen Führungshierarchien und der Angst der Führungskräfte vor einem Kontrollverlust.

Dass der Kontrollverlust eher als Mythos zu begreifen sei, davon ist Kolb (2012) überzeugt. Social Software könne sogar das Potenzial zu einer verstärkten Kontrolle haben, denn im Vergleich zu den traditionellen Instrumenten der Unternehmenskommunikation ermöglichen Social-Media-Plattformen dem Mitarbeiter aus der Rolle des stummen Informationsempfängers zu treten und auf Botschaften zu reagieren und unabhängig von Umfragen Feedback zu geben. Damit ist das klassische Sender-Empfänger-Modell obsolet. Social Software als sehr flexibles und umfassendes Feedback-System bietet der Internen Kommunikation einen „allgemeinen und jederzeit verfügbaren Resonanzboden" (Kolb, 2012). Darüber hinaus dürfe auch nicht unterschätzt werden, dass viele Führungskräfte nicht dauerhaft die Zeit an einem Arbeitsplatz verbringen und der mobile Zugriff gerade auch für sie von großer Bedeutung ist.

Neue Rolle der Internen Kommunikation

Die Interne Kommunikation muss die Führungskräfte und den Prozess des Kulturwandels unterstützend begleiten. Social Software als Resonanzboden führt zu einer neuen Form der internen Meinungsbildung und verändert sie Aufgaben und die Rolle interner Kommunikatoren. Lange Zeit agierte die Interne Kommunikation häufig Top-down und fokussierte vor allem journalistische Fähigkeiten, indem Inhalte für die verschiedenen Bezugsgruppen attraktiv aufbereitet wurden. Interne Kommunikatoren gewinnen jedoch nun als aktive Impulsgeber sowie Berater eine strategische Bedeutung im digitalen Kommunikationsprozess. Zunehmend muss sich die Interne Kommunikation dem Aufbau einer geeigneten Plattform widmen, die eine Mitarbeiterbeteiligung vereinfacht und gleichermaßen die Unternehmensziele fokussiert. Dazu müssen interne Kommunikatoren einen gewissen Grad an Verständnis von IT sowie der Psychologie, Dynamik und den Umgangsformen der Social-Media-Kommunikation entwickeln.

Neben dem Aufbau einer Plattform ist der interne Kommunikator aber vor allem als Community Manager gefragt, der die Nutzung moderiert, Guidelines formuliert und kontrolliert und auch die Inhalte thematisch anregt. Damit besteht die neue Rolle der Internen Kommunikation vor allem im Kuratieren statt Generieren von Inhalten. Redaktionell aufbereitete Inhalte sind selbstverständlich weiterhin von Bedeutung.

Die neue Form des Informationsflusses bewirkt auch ein neues Innovationspotenzial. Social Software ermöglicht einen abteilungs- und länderübergreifenden Austausch, an dem Mitarbeiter unterschiedlicher Bereiche beteiligt sind. Damit werden die traditionelle Abschottung von Abteilungen und Wissensinseln aufgebrochen und es bieten sich Möglichkeiten für kollektive Kreativität und neue Ideen im gesamten Unternehmen.

Maßnahmen zur Mitarbeitermotivation für Enterprise 2.0

Eine offene Unternehmenskultur ist die Voraussetzung für eine erfolgreiche Einführung von Social Software in die interne Unternehmenskommunikation. Diesen Wandel müssen vor allem die Unternehmensführung und die Interne Kommunikation aktiv begleiten und unterstützen. Die Haltung der Mitarbeiter gegenüber der Nutzung ist von enormer Bedeutung: Soziale Software im Organisationskontext kann erst mit der erfolgreichen Anwendung ihr Potenzial entfalten. Skepsis oder Angst der Mitarbeiter gegenüber Neuerungen ist dabei oftmals die größte Hürde. Folglich muss bei der Einführung von Enterprise 2.0 darauf geachtet werden, alle Mitarbeiter zu erreichen und sie für die Nutzung zu gewinnen. Dazu müssen Zweifel und Erwartungen der Mitarbeiter erkannt und berücksichtigt werden. Die Mitarbeitersollten auch für die neuen Kanäle sensibilisiert und darauf vorbereitet werden, Informationen zu teilen. Das kann in Schulungen und Workshops sowie mit Hilfe einer benutzerfreundlichen Anwendung gelingen. Um die Aufmerksamkeit und das Interesse der Mitarbeiter für Enterprise 2.0 zu gewinnen, sollte immer wieder erläutert werden, welchen Mehrwert die Technologie am Arbeitsplatz und für das Unternehmen hat. Die Anwendung muss beherrscht werden. Nur wer die Ziele und den Mehrwert von Social Media Tools versteht und entsprechend zur Nutzung motiviert wird, macht davon Gebrauch.

Die Hoffnungen, welche die Unternehmen in diese Prozess- und Kulturveränderungen setzen, sind mittlerweile enorm gestiegen. Dieser Optimismus stützt sich vor allem auf eine sehr umfangreiche Untersuchung des McKinsey Global Institute aus dem Juli 2012 unter dem Titel "The social economy: Unlocking value and productivity through social technologies" (Chui et al. 2012).

Aus der Tatsache,
- → dass es zur Zeit 1,5 Milliarden User in Social Networks gibt,
- → dass sich 70% aller Unternehmen weltweit der einen oder anderen „sozialen Technologie“ bedienen,
- → dass davon wiederum 90% über positive Erfahrungen berichten
- → und dass Knowledge Worker 28 Stunden pro Woche mit E-Mails, der Suche nach Informationen und Kollaboration verbringen,

erschließt McKinsey das folgende volkswirtschaftliche Potenzial des Social Business:
- → Einen „economic surplus“ von 900 Milliarden bis 1,3 Billionen US-Dollar, wenn ausgewählte Sektoren sämtliche Vorteile sozialer Technologien nutzen.
- → Zwei Drittel dieses Wertes lassen sich schon dann erschließen, wenn soziale Technologien zur Kommunikation in und zwischen Unternehmen genutzt und die Zusammenarbeit auf diese Weise verbessert wird.
- → Vor allem die sogenannten „Knowledge Worker“haben das Potenzial, ihre Produktivität laut McKinsey um 20-25% zu steigern, wenn soziale Technologien in vollem Umfang zum Einsatz kommen.
- → Aber auch über diese typischen „Enterprise 2.0“-Potenziale hinaus sind diverse Schätze zu heben. McKinsey schätzt, dass ein Drittel aller Konsumentenausgaben mit Hilfe von Social Media beeinflussbarist, was einer Summe von fast einer Billion Dollar entspricht. Das Engagement, gerade auch im Social Commerce, scheint ohne Zweifel lohnenswert.

McKinsey ist dennoch realistisch genug, diese Entwicklungen nicht als Selbstläufer zu betrachten, und weist an mehreren Stellen der Studie darauf hin, dass es diverser Veränderungen in Organisation und Kultur von Unternehmen bedarf, um die angestrebten Vorteile zu realisieren.

Doch gibt es auch ernüchternde Bewertungen in Sachen Enterprise 2.0. So prognostiziert Gartner für die kommenden Jahre ein vielfaches Scheitern von Social-Business-Bestrebungen. Der Grund dafür liegt Gartner zufolge in einer falschen Schwerpunktsetzung, die vor allem technischen Komponenten eine größere Bedeutung beimisst, als kompatiblen Führungsmodellen und Unternehmenskulturen.

"However, Gartner, Inc. estimates that through 2015, 80 percent of social business efforts will not achieve the intended benefits due to inadequate leadership and an overemphasis on technology. (...) There is too much focus on content and technology, and not enough focus on leadership and relationships. (...) Leaders need to develop a social business strategy that makes sense for the organization and tackle the tough organizational change work head on and early on. Successful social business initiatives require leadership and behavioral changes" (Gartner 2013).

Klar ist: Enterprise 2.0 zwingt zum Umdenken – Führungskräfte wie Mitarbeiter. Das Management übernimmt dabei wesentliche Vorbildfunktionen. Es muss sich des Themas strategisch annehmen und eine offene Kommunikationskultur fördern, fordern und (vor)leben. In diesem Zusammenhang gewinnt der Begriff des Leadership 2.0 als neue Form der Führungskultur an Bedeutung.

16.2 Leadership 2.0

Leadership 2.0 hat wenig mit Führungskräften zu tun, eher schon mit ihrem Verschwinden. Oder etwas konsensfähiger ausgedrückt: Leadership 2.0 beschreibt das Verschwinden des tradierten „Command & Control"-Modells, mit dem die meisten von uns noch aufgewachsen sind. Es geht um einen sehr grundlegenden, paradigmatischen Umbruch in der Organisations-, Führungs- und Kommunikationskultur vieler Unternehmen. Eine aus diesem Umbruch resultierende Unternehmenskultur weist im besten Falle die nachfolgenden **vier Attribute** auf.

Vertrauen
Im Fokus einer von Leadership 2.0 geprägten Kultur steht der Mensch, nicht der Prozess. Basis des Zusammenarbeitens ist eine von Individuen geprägte Vertrauenskultur, die dem Mitarbeiter eine für sich sinnstiftende Arbeit im selbstbestimmten Raum ermöglicht.

Flexibilität und Entgrenzung
Durchlässige Hierarchien, horizontale Flexibilität und die immer stärker verschwimmenden Grenze zwischen „Innen" und „Außen" kennzeichnen das gemeinsame Arbeiten der von Leadership 2.0 geprägten Unternehmen. Fachkarrieren ergänzen klassische Hierarchien, Crowdsourcing mit Mitarbeitern, Partnern und Kunden ermöglichen eine „kooperative Kreativität" aller Stakeholder und setzen für das Unternehmen Innovationsreserven frei, die es zur besseren Positionierung gegenüber den Marktbegleitern nutzen kann.

Transparenz und Offenheit
Die – technologisch induzierte – vielfältige Vernetzung von Kommunikations- und Kollaborationsplattformen macht Prozesse und Wissen im Unternehmen für jedermann zugänglich und nachvollziehbar. Das gemeinsame, jeweils projektbezogene bzw. themen- und zielgerichtete Lernen voneinander und miteinander steigert die Effizienz und reduziert die Fehlerquote.

Dynamik und Agilität
Die drei oben genannten Eigenschaften führen im Idealfall zu einer erhöhten Geschwindigkeit der Unternehmensentwicklung und damit zu einer gesteigerten Anpassungsfähigkeit an neue Marktbedingungen. Auch die Möglichkeit, diese Bedingungen selber zu beeinflussen, ist gegeben.

Unternehmen müssen sich – analog zu den Attributen – in vier wesentlichen Dimensionen verändern, wenn das Experiment Leadership 2.0 gelingen und die Vorteile einer Enterprise 2.0 gewonnen werden sollen.

Psychologische Veränderungen (Dimension 1)

Da ist zunächst einmal die psychologische Dimension, also die notwendigen Veränderungen im Führungsverständnis der leitenden Mitarbeiter. Nehmen wir als Metapher einmal den Akt des Dirigierens und das psychologische Profil eines Dirigenten.

Der „Manager 1.0" ist in Auftritt und Verhalten dem Dirigententyp Ricardo Muti vergleichbar. Itay Talgam beschreibt Ricardo Mutis Dirigentenstil in seiner TED Präsentation "Lead like the great conductors" mit einer gewissen Ironie wie folgt:

"He's awesome. He's so commanding. So clear. Maybe a little bit over-clear. (...) When Muti was asked 'Why do you conduct like this?' he says, 'I'm responsible'. (...) So he says: 'If I'm responsible for Mozart, this is going to be the only story to be told. It's Mozart as I, Ricardo Muti, understand it.'"

Etwas später in seinem Vortrag geht Itay Talgam auf die Konsequenzen dieses Führungsverständnisses ein:

"And you know what happened to Muti? Three years ago he got a letter signed by all 700 employees of La Scala (...) saying: 'You're a great conductor. We don't want to work with you. Please resign. Why? Because you don't let us develop. You're using us as instruments, not as partners.' "

Muti stellt er Carlos Kleiber als leuchtendes Beispiel gegenüber, sozusagen als Leader 2.0. Und er beschreibt ihn, nachdem er einen kurzen Ausschnitt zusammen mit den Wiener Philharmonikern gezeigt hat, wie folgt:

"What can you say the conductor was doing, actually? He was happy. And I often show this to Senior Management. People get annoyed. 'You come to work. How come you're so happy?' Something must be wrong there, but he's spreading happiness. And I think the important thing is this happiness does not come from only his own story and his joy of the music. The joy is about enabling other people's stories to be heard at the same time."

Wenn wir die musikalische Ebene jetzt verlassen, heißt das: Das Selbstverständnis des Managements einer Enterprise 2.0 beruht nicht mehr auf der Kernqualität „Durchsetzen können" mithilfe der Tätigkeiten: Informieren, Entscheiden, Organisieren, Sanktionieren und Berichten. Vielmehr muss es die Kernfähigkeit des „Aktivierens" besitzen und zwar mithilfe eines neuen Selbstverständnisses auf Basis der Tätigkeiten: Moderieren, Ermöglichen, Unterstützen, Lernen, Evaluieren und Vorleben. Diese neue Kernfähigkeit wird die alte nicht vollständig ersetzen, sondern sie vielmehr erweitern. Aber sie wird dennoch im Mittelpunkt veränderter Job-Descriptions stehen müssen, wenn sich ein Unternehmen wandeln will.

Tim Mikša beschreibt in einem Blogbeitrag auf dem netmedia-Blog sehr schön, dass eine solche Veränderung bei weitem nicht nur eine handwerkliche ist, sondern dass wir auch gewandelte oder ganz andere Persönlichkeiten brauchen. Er beschreibt das psychologische Profil des Leaders 2.0 sehr treffend mit dem Begriff der „Digitalen Empathie":

„Für jede Führungsperson ist es eine wichtige Fähigkeit, visionäre Gedanken zu entwickeln und ihre Vorstellungen und Ziele verständlich und nachvollziehbar zu kommunizieren. Die Bereitschaft, seine Ideen offen zur Diskussion zu stellen, Kritik anzunehmen, diese zu verarbeiten und in die Bewertung der eigenen Vorstellungen miteinfließen zu lassen, gehört ebenso zum Profil des modernen Managers. Ein visionärer und offener Führungsstil allein reicht heutzutage aber nicht mehr aus. In den vergangenen Jahren habe ich oft erlebt, dass erfolgreiche Unternehmen und Teams vor allem von Personen geleitet werden, die ein besonderes Gespür für die Emotionen und sozialen Bedürfnisse der Menschen, mit denen sie zusammenarbeiten, besitzen.

Diese soziale Intelligenz ist für die zukünftige Rolle des Leaders als Netzwerkmanager eine wichtige Eigenschaft. Im Zeitalter des Social Workplace wird es jedoch noch zusätzlich darauf ankommen, die Emotionen, Stimmungen und Bedürfnisse auch auf digitalem Weg zu erkennen: ‚Wie tickt dieser Mensch, den ich nur durch Emails und Messages kenne? Wofür interessiert er sich? Was sind seine Bedürfnisse?'" (Mikša 2012).

Ein Grund für diese Beobachtung mögen auch die soziodemographischen Veränderungen in der Arbeitswelt sein. Einer der wichtigsten Faktoren ist sicherlich der Eintritt der Generation Y in den Arbeitsmarkt. Rein handwerklich gesehen bringt sie schon mal ein wesentlich besseres Verständnis für die Zusammenarbeit in unserer digitalesierten Welt mit. Schon die Basisdaten deuten auf eine hohe "digital literacy" hin (Walter 2012):

→ Die Hälfte der unter 24-Jährigen nutzt **Twitter** dauernd. 40% sind mehr als zehn mal am Tag auf **Facebook**.

→ 62,7% besitzen ein **internetfähiges** Telefon und 67% besuchen Facebook damit.

→ 76% der Studenten glauben, dass sie mit **Tablets** effizienter lernen können.

→ 66% vertrauen den **Empfehlungen** ihrer Online-Freunde.

→ 84% stellen **Fotos** von sich online und 78% machen ihren **Beziehungsstatus** öffentlich.

Während diese Zahlen aber vor allem erklären, warum ein Leader 2.0 eine gewisse Selbstverständlichkeit im Umgang mit dem Digitalen haben muss, erklären sie noch nicht, warum er empathisch sein muss, empathischer jedenfalls als früher.

Der Grund für den „Zwang zur Empathie" liegt in einer Veränderung der Ansprüche der Generation Y und auch vieler älterer Mitarbeiter an die eigene Arbeit.

Die Kenan Flagler Business School stellte 2012 fest, dass Erwerbsarbeit und Sinnsuche keine getrennten Lebensprojekte mehr sind: 30% bewerteten die Chance auf "meaningful work" bei der Auswahl des eigenen Arbeitsplatzes höher als die Aussicht auf ein hohes Gehalt (28%).

Auch in Deutschland ist seit 2006 der Anteil der jungen Betriebswirte, die in der Umfrage Work-Life-Balance als wichtigen Faktor bei der Arbeitgeberwahl nennen, von 38,6% auf mehr als 50% gestiegen. Eine Umfrage des deutschen Führungskräfteverbandes unter 300 Fach- und Führungskräften im Juli 2012 ergab, dass bei 59% der Befragten der Wunsch nach einem hierarchischen Aufstieg eher abgenommen hat. Die Bereitschaft, Familie und Privatleben dem Beruf unterzuordnen, hat bei 61% der Führungskräfte eher abgenommen.

Und der Karriere-Spiegel beschreibt die Erwartungshaltung der Generation Y – etwas polemisch – sogar so:
„Wer es gewohnt ist, jederzeit und an jedem Ort mit seinen Freunden via Web verbunden zu sein, für den ist auch im Job Wohlfühlen erste Angestelltenpflicht. (...) Sie erwarten in besonderem Maße, dass man sich regelmäßig mit ihnen austauscht. (...) Deshalb fordern die Ypsiloner nicht nur mehr Feedback – sie geben auch mehr, gern ungefragt, bisweilen per Mail direkt an den CEO. Von klein auf gewohnt, sich mit Autoritäten auf Augenhöhe auseinanderzusetzen, haben sie in Schule und Universität die Bewertung von Lehrern und Profs durchgesetzt – und nehmen nun

auch kein Blatt vor den Mund, wenn ihnen ein Projekt, eine Personalie, eine Strategie unsinnig erscheint“ (Buchhorn/Werle 2013).

Diese Erwartungen erklären sicherlich den Anspruch an ein „empathisches“ Management. Denn von Menschen, die Autorität permanent in Frage stellen und die sich im Zweifelsfall für die Familie entscheiden, nicht aber für das Unternehmen mit dem als wenig sinnvoll verstandenen Projekt, sind anders als durch Aufmerksamkeit und Sensibilität für ihre Bedürfnisse kaum zu führen.

Man mag diese Zahlen und dieses Verhalten beklagen und persönlich bedauern, aber ignorieren lassen sie sich nicht, auch nicht auf kurze Sicht. Der rapide demographische Wandel, das Austrocknen des Bewerbermarktes und die zunehmende Bedeutung dieser Absolventengruppe werden Unternehmen dazu zwingen, auf viele dieser Werte und Wünsche einzugehen, wenn sie im berühmten “War for Talents” nicht untergehen wollen. Sie werden ihr Management neu ausrichten und ihre Manager anders ausbilden oder sogar ersetzen müssen. Und viele Unternehmen sind bereit dazu. Dies zeigen Zitate aus der Einreichung der Robert Bosch GmbH zur EFQM Good Practice Competition 2013. So erkennt zum Beispiel der Bosch CEO Volkmar Denner klar an:

“How can we ignite the potential and creativity of more than 300,000 people in this company to a firework of new ideas, improvements and innovations? We need different types of leadership and cooperation!“

Er verankert diese neuen Leadership-Typen, indem er seinem Management neben den bisherigen Bosch-Werten, dem sogenannten “House of Orientation”, eine ganze Reihe neuer Social-Business-Werte an die Hand gibt. In Auszügen (man beachte auch die Nutzung solcher Adjektive wie “delight” und “joyful”):

“Sharing and learning: We share experience all over Bosch with delight. Social collaboration and co-creation helps us to continually learn, adapt and improve.”

“Ease and joy of use: Our working environment is intuitive and easy to use. We engage in one social business platform throughout our organization which makes our daily work life more joyful and efficient.”

“Recognition: Everybody has an equally valued and recognized voice in a social business environment. Status and influence is derived from the ability to act in Bosch’s best interest.”

Denner gibt als Projektsponsor des hausinternen Social-Business-Programms sein Plazet zu Maßnahmen wie diesen:

“One component of the sub-project Enabling Enterprise 2.0 is to enable employees and managers to work in an Enterprise 2.0 environment. Everyone should be qualified to use the internal social business software Bosch Connect. Moreover, especially executives should promote use of socialmedia. For this purpose, the project team Enabling Enterprise 2.0 developed a reverse mentoring program for about 3,000 senior managers worldwide. The concept of traditional mentoring is based on a relationship between an experienced person, who is most likely a senior colleague, and a less experienced person. The principle of reverse mentoring reverses this logic. Especially in connection with technology, young people turn out to be the best mentors because they have grown up with the Internet as so-called digital natives and can explain the World Wide Web to older colleagues and managers completely at ease."

Das sind Maßnahmen, die bei dem einen oder anderen Manager des überkommenen „Command & Control"-Typus schwer ankommen mögen, die aber offensichtlich unvermeidbar sind, wenn man eine Organisation und ihr Top- oder Mittelmanagement schnell fit machen will.

In der Bosch EFQM Bewerbung wird jedoch auch deutlich, dass die persönlich-psychologische Leadership-Komponente nicht die einzige ist, die es beim Umbau zur Enterprise 2.0 zu beachten gilt. Ein Unternehmen, das neue Leader will, muss auch die eigenen Prozesse und Strukturen verändern. Womit wir mitten in der zweiten wichtigen Veränderungs-Dimension wären, der Organisation.

Organisatorische Veränderungen (Dimension 2)

In einem Unternehmen, das „Leadership 2.0" zu seinem neuen Rollenmodell erklärt, können Prozesse nicht so bleiben, wie sie sind. Die Organisationsform der meisten Unternehmen beruht letztlich immer noch auf der stetig perfektionierten Weiterentwicklung tradierter Ablaufmuster des 19. Jahrhunderts. Die bekannte Pyramiden-Hierarchie bildet perfekt das „Command & Control"-Ideal der industriellen Revolution ab, in der Effizienz und Effektivität mehr zählen als Kreativität und Agilität. Leadership-Werte wie „Sharing and learning", „Ease and joy of use" oder die Idee der hierarchie-unabhängigen „equally valued voices" haben dort keinen Platz.

Aber moderne Unternehmen brauchen diese neuen Werte. Nicht nur, weil eine als „verzogen" kritisierte Generation von Nachwuchsmanagern diese Werte fordert, sondern weil sie den Humus bilden für das, was die moderne Wirtschaft am meisten benötigt: Innovation. Innovation und Agilität sind die einzigen Erfolgsgaranten für entwickelte Volkswirtschaften, die im globalen Wettbewerb bestehen wollen. Und dabei mangelt es uns zur Zeit leider an eben dieser Innovationsfähigkeit, wie die Daten des Leistungsanzeigers der Innovationsunion 2011 belegen:

„Der Anstieg der Innovationsleistung verlangsamt sich (...), und der EU gelingt es nicht, den weiterhin bestehenden Rückstand zu den globalen Innovationsführern, den USA, Japan und Südkorea, zu verringern. Den größten Rückstand verzeichnet die EU-27 weiterhin im Bereich Innovation des privaten Sektors“ (Pressemitteilung der Europäischen Kommission 07/02/2012).

Unternehmen wie Bosch oder andere große Konzerne entwickeln auf ihrem Weg zur Enterprise 2.0 als Ergänzung der bisherigen hierarchischen Organisationsformen eine sogenannte „Heterarchie“:

„In einer Heterarchie stehen die Organisationseinheiten nicht in einem Über- und Unterordnungsverhältnis, sondern mehr oder weniger gleichberechtigt nebeneinander. Heterarchie steht für Selbststeuerung und Selbstbestimmung und betont dezentrale und Bottom-up-Entscheidungen. Jeder Teilnehmer bzw. jede Organisationseinheit einer heterarchischen Organisation ist also zugleich Manager bzw. Steuerungseinheit dieser Organisation.“ (Begriffserklärung „Heterarchie“ auf Wikipedia, Stand 07/2013)

Bosch sieht für beide Organisationsformen spezifische Einsatzszenarien vor und definiert effektive Leadership (im Sinne unserer Leadership 2.0) für die Zukunft als den mühelosen Wechsel zwischen beiden. Das Leitmotiv dafür ist die sogenannte „Hybride Organisation“ bzw. die „Mastery of Slide Control“.

“The Bosch journey to Enterprise 2.0 doesn’t mean a hard switch from today's hierarchical business to self-organized networks in all divisions. Even in the future, there will be operational areas where efficiency and robustness of the processes ensure mass production with excellent quality. This will continue to be best achieved by a conventional approach of division of labour and specialization. Therefore, the next challenge for management is to design and lead both efficient as well as interactive business. In the project team the sayings ‘Leading the hybrid organization’ or ‘The Mastery of Slide Control’ are used to describe the following figure. Hence, excellence in Enterprise 2.0 can only be achieved if the identified stakeholders, especially managers, understand and master both models at the same time“ (Robert Bosch GmbH 2013).

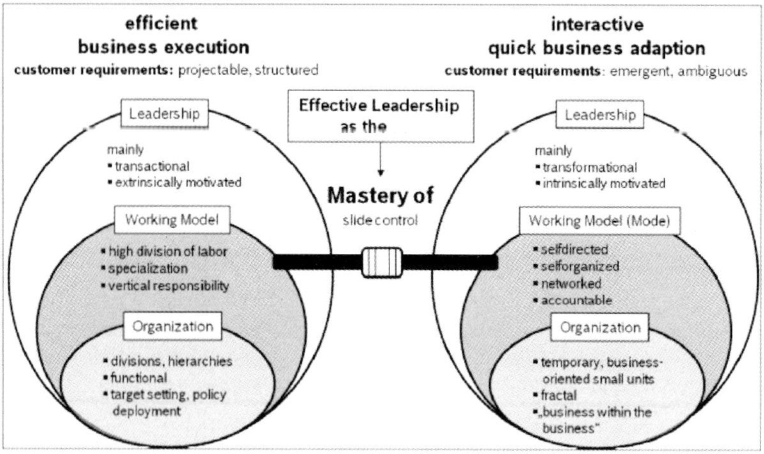

Abb. 28 | Robert Bosch GmbH: „Good Practice – Submission Report" EFQM 05/2013

Bosch übernimmt dabei – bewusst oder unbewusst – einige Ideen, die von Vordenkern wie Prof. Peter Kruse oder John Kotter entwickelt wurden. Kotter spricht zum Beispiel von einem ergänzenden „2. Betriebssystem":

"The existing structures and processes that together form an organization's operating system need an additional element to address the challenges produced by mounting complexity and rapid change. The solution is a second operating system, devoted to the design and implementation of strategy, that uses an agile, networklike structure and a very different set of processes. The new operating system continually assesses the business, the industry, and the organization, and reacts with greater agility, speed, and creativity than the existing one. It complements rather than overburdens the traditional hierarchy, thus freeing the latter to do what it's optimized to do. It actually makes enterprises easier to run and accelerates strategic change. This is not an 'either or' idea. It's 'both and'. I'm proposing two systems that operate in concert" (Kotter 2012).

Ein solches Modell ist wesentlich besser angepasst an eine Arbeitswelt, in der die sogenannte „Creative Class" (Richard Florida) oder Berufsgruppen wie „Knowledge Worker" und „Digitale Bohème", wie Prof. Kruse sie bezeichnet hat, in weiten Teilen der Welt eine mittlerweile wesentlich größere Rolle spielen als traditionelle verarbeitende und administrative Berufe.

Ein anderes deutsches DAX-Unternehmen geht einen ähnlichen Weg, beruft sich dirket auf Prof. Kruse und sieht beide „Modi Operandi" insbesondere im Rahmen von Innovationsprozessen am Werk. Selbstorganisation ist dort das Betriebssystem für die kreative „Invention" (also die „Durchbruchserfindung" bis hin zur Evaluation). Steuerung und Regulierung greifen dann bei dem zeitlich darauf folgenden

Prozess der Innovation und Entwicklung bis zur Marktreife. Auf die Vermarktung selber wird kein Bezug genommen, wobei hier durchaus Potenziale für eine erneute „heterarchische" Zusammenarbeit mit den Partnern und Marktteilnehmern zu heben sein dürften. Der perfekte Leader in dieser Organisation vereint die Eigenschaften des "Goalgetters" mit der des "Integrators" und der des "Networkers". Seine Kernaufgaben bestehen darin, Kompetenzen zu vernetzen, Detailsteuerung zu vermeiden und Ziele zu setzen, Komplexität zusammenzufassen und Informationen aktiv zu verteilen.

Als Fußnote sei noch erwähnt, dass es schon früher einige wenige, aber durchaus erfolgreiche Versuche gab, das Betriebssystem 1.0 zugunsten einer kompromisslosen Leadership 2.0 abzuschaffen. Eines dieser Beispiele ist die Firma Semco in Brasilien, die ironischerweise schon lange vor der Prägung der Begrifflichkeit "Leadership 2.0" und der Entwicklung von Social Software mit dem Umbau begann:

„Weltweit starren Manager fassungslos auf die brasilianische Firma Semco, eine sehr breit aufgestellte Dienstleistungsfirma, die von Industrieequipment bis zu Postlösungen in diversen Feldern tätig ist: Was dort passiert, widerspricht allem, an was sie glauben. Die 3.000 Mitarbeiter wählen ihre Vorgesetzten, bestimmen ihre eigenen Arbeitszeiten und Gehälter. Es gibt keine Geschäftspläne, keine Personalabteilung, fast keine Hierarchie. Alle Gewinne werden per Abstimmung aufgeteilt, die Gehälter und sämtliche Geschäftsbücher sind für alle einsehbar, die E-mails dafür strikt privat und wie viel Geld die Mitarbeiter für Geschäftsreisen oder ihre Computer ausgeben, ist ihnen selbst überlassen. (...)

Was für heutige Personalchefs klingen mag wie ein anarchischer Alptraum, ist in Wirklichkeit eine Erfolgsgeschichte. Seit das Unternehmen von Inhaber Ricardo Semler umgestellt wurde, stiegen die Gewinne von 35 Millionen auf 220 Millionen Dollar. Und nicht nur die Zahlen geben Semler recht, sondern vor allem die Mitarbeiter: Die Fluktuationsrate bei Semco liegt unter einem Prozent" (Rotter 2010; Malcher 2010).

Aber zurück zu unserem eigentlichen Untersuchungsgegenstand. Unternehmen, die auf Leadership und Enterprise 2.0 setzen, müssen sich also der Psychologie der Mitarbeiter und insbesonderes des Managements und der Re-Organisation ihrer Prozesse annehmen, wenn sie ihre Projekte erfolgreich umsetzen wollen. Wie aber steht es um die Kommunikation, insbesondere in ihrer institutionalisierten Form als Unternehmenskommunikation? Sie ist dies unsere dritte Veränderungsdimension. Im ersten Teil dieses Kapitels war davon schon ausreichend die Rede, aber auf drei wesentliche Punkte sei noch einmal hingewiesen:

Veränderungen in der Kommunikation (Dimension 3)

Was dem Organisationsentwickler die Hierarchie war, war dem Kommunikator lange die Kaskade. Und sicherlich wird in der strategischen und der Krisen-Kommunikation die Top-Down-Direktive ein Instrument bleiben. Man kann es gewissermaßen als Kommunikationsinstrument des „1. Betriebssystems" sehen. Aber die Unternehmenskommunikation, und insbesondere die Interne Kommunikation, muss dazulernen. Sie wird Fähigkeiten erwerben müssen, die über das hinausgehen, was die bisherigen Kommunikationsmanager- oder Journalisten-Ausbildungen vermittelt haben. Von besonderer Bedeutung ist hier eine Erweiterung des Job-Profils um die Aufgaben des Community Managers. Interne Kommunikationsverantwortliche werden als Community Manager längerfristig eine zentrale Rolle im Wertschöpfungsprozess einnehmen müssen. Denn je mehr sich Organisationen verändern, je agiler und „liquider" sie werden, je mehr sich Abteilungen und Silos zugunsten von Communities (of Practice, of Excellence, etc.) auflösen, desto wichtiger wird die Rolle des professionellen Community Managements. Es genügt nicht mehr, Menschen mit Informationen zu „versorgen". Der Kommunikator muss selber zum Leader 2.0 werden und als Katalysator dafür sorgen, dass Menschen sich vernetzen, ihre Ideen austauschen und dass sie flexible und agile Gruppen – eben Communities – bilden. Ob mit einem eigenen Team oder als „Ausbilder", die Interne Kommunikation muss die Rahmenbedingungen für positive und wertschöpfende Erfahrungen mit Communities schaffen – und damit die Grundlage für die Netzwerk-Organisation. Um das gewünschte Leadership-2.0-Verhalten einzuüben und unternehmensweit zu implementieren, kann eine flächendeckende und formale Verankerung der Community-Manager-Rolle ("Community Leader") im Rahmen von Enterprise-2.0-Initiativen Sinn machen. Ausgewählte Mitarbeiter sollten von der Internen Kommunikation in möglichst großer Zahl zu Community Managern ausgebildet und so in die Lage versetzt werden, die entsprechenden Verantwortlichkeiten zu übernehmen. Social Software Medienkompetenz zu vermitteln, gehört dabei ebenso zu den Aufgaben des Internen Kommunikators wie ein kulturbildendes Kommunikationscoaching für die Führungskräfte.

Handwerklich gesehen wird er dazu auch neue Medien und Formate nutzen oder sogar entwickeln müssen. Aufgewachsen mit Newslettern, Mitarbeiterzeitungen und Intranets alten Stils muss der Kommunikator 2.0 nun lernen, mit Forumsbeiträgen, Status-Updates, Kommentaren und Diskussions-Threads umzugehen. Seine Kommunikation wird selber agiler werden müssen, auch mobiler, seine Formate interaktiver. Er wird lernen müssen, was Social Media Marketer schon weltweit gelernt haben, nämlich nicht nur zu informieren, sondern zu begeistern und auch zu erfreuen. Aufmerksamkeit ist in einer fluiden Organisation nicht garantiert und außerdem chronisch knapp. Ein begeisterndes Video, eine nützliche, interaktive Infografik, ein authentisches, d.h. sprachlich nicht formalisiertes Interview – anmoderiert durch einen Beitrag mit der Kraft der eigenen Persönlichkeit – werden als wesentliche Mittel erkannt. Und aus der alten Kaskade wird dann vielleicht ein Netzwerk von Multiplikatoren und Influencern, die er nicht aus der üblichen Hierarchie heraus rekrutiert werden sondern anlassbezogen aus dem großen Pool der neuen Meinungsführer.

Der Kommunikator und sein Handwerk bilden also in verschiedenen Facetten eine wichtige Dimension der Leadership 2.0. Denn Kommunikation bekommt – durch die Implementierung von Kommunikation und Dialog als Trägermedium für Prozesse – endlich eindeutige wirtschaftliche Relevanz.

Der Kern der anstehenden Aufgaben ist die positive Beeinflussung der Unternehmenskultur und der Prozesskommunikation durch die nachhaltige Verzahnung von Prozess und Kommunikation/Dialog für zusätzliche Wertschöpfung.

Die Interne Kommunikation sollte deshalb einerseits die Akzeptanz der Enterprise-2.0-Idee, die Neugestaltung der unternehmensinternen Kommunikation und die Veränderung von Organisationsstrukturen begleiten und fördern. Dazu wird sie aber auch etwas anderes tun müssen, nämlich die Akzeptanz für neue digitale Technologien im Unternehmen fördern. Fast allen aktuellen Enterprise-2.0-Transformationsprozessen liegt die Einführung einer Social Software als Basis-Infrastruktur zugrunde. Der Typologie von Social Software, ihren Anbietern und den wesentlichen Schritten zu Ihrer Einführung – als Basis für die Leadership 2.0 – widmet sich der letzte Teil dieses Textes. Damit wird dann auch die vierte Dimension der Veränderung, die Technologie, erläutert.

16.3 Social Software im Unternehmen

Technologische Veränderungen (Dimension 4)

Bei der Thematik Social Software handelt es sich um eine junge und von ständiger Innovation geprägte Industrie. Die Dynamik der Entwicklung führt zu immer neuen technischen Möglichkeiten und damit Services, so dass es fast nicht möglich ist, eine haltbare Kategorisierung ihrer Features und Möglichkeiten aufzustellen. Die Geschichte der Fachliteratur zum Thema zeigt das recht deutlich:

Ansgar Zerfaß bildet z.B. 2008 sechs Cluster von Social-Software-Anwendungen und ordnet ihnen die vier Basisfunktionen Publizieren und Darstellen, Wissen strukturieren, Informieren sowie Vernetzen zu.

Chui und andere clustern 2009 die Social-Software-Anwendungen unter dem Oberbegriff „Web 2.0 Technologies“ in fünf Gruppen und weisen ihnen „Technologiekategorien“ zu: Broad collaboration, Broad communication, Collective estimation, Metadata creation und Social graphing. In einem zweiten Schritt werden diese dann den Einsatzzwecken zugeordnet: Content generation, Community building und Decision support.

Sterne schließlich unterscheidet 2010 in seinem Text „Social Media Metrics“ sieben Gruppen von Socia-Software-Anwendungen:

- Forums and Message Boards
- Review and Opinion Sites

- Social Networks
- Blogging
- Microblogging
- Bookmarking
- Media Sharing

Von diesen Ansätzen gibt es noch weitere, z.B. von Koplowitz (2009) und Göhring et al. (2010). Allerdings würde Ihnen eine weitere Aufzählung unverbundener Modelle wenig bringen. Es bietet sich hier die Studie „Enterprise 2.0 Watch" von Dirk Kleemann (2013) an, der hier einmal versucht hat, eine Systematik zu entwickeln, die zum einen die verschiedenen Cluster der Fachliteratur aufgreift und zugleich die wichtigsten Features nennt, die eine moderne Social Software hat.

In leichter Abwandlung seines Modells hier eine hoffentlich hilfreiche Übersicht mit nur **drei einfachen Clustern**:

Cluster 1: Zusammenarbeiten
Features, die die Zusammenarbeit von Kollegen unterstützen, die also dazu geeignet sind, Gruppen auf digitaler Basis zu bilden: Dazu gehören z.B. Shared Workspaces und Teamsites, Projektmanagement-Features wie Task-Listen, Gruppenkalender, Status-Updates/Microblogging, Diskussionsforen, Voting/Rating sowie öffentliche Mitarbeiterprofile

Cluster 2: Wissen teilen
Features, die das Bereitstellen und stetige Aktualisieren von unternehmensrelevantem Wissen ermöglichen: Dazu gehören z.B. Wikis, Blogs, Social Bookmarks, Social Tagging, Podcasts, Videocasts, File Sharing etc.

Cluster 3: (Echtzeit-) Kontakt aufnehmen
Features, die es den Teilnehmern erlauben, in Echtzeit, direkt und medienübergreifend und -integrierend miteinander zu kommunizieren: Dazu gehören z.B. Instant Messaging und Chats, Web- und Videokonferenzen mit Audiounterstützung, das Teilen von Bildschirminhalten etc.

Die Zahl der Anbieter und Systeme, die diese Features in den unterschiedlichsten Kombinationen und Funktionstiefen bereithalten, ist sehr groß – und mit jedem Tag wird es schwieriger, einen wirklich aktuellen Marktüberblick zu bieten. Gartner veröffentlich jedes Jahr seinen sogenannten "Magic Quadrant" zu Social Software, der allerdings den Nachteil hat, kaum deutsche Anbieter zu listen.

Abb. 29 | Gartner Magic Quadrant ESN 2012

Der BVDW hat in seinem Leitfaden „Enterprise 2.0“ die folgende Tabelle veröffentlicht, die eine recht gute Kombination aus den wichtigsten deutschen und internationalen Anbietern darstellt, wenn sie auch leider einige sehr fähige Spezialanbieter wie Salesforce.com (Schwerpunkt Vertrieb, aber mit integriertem Social Network) und SAPs SuccessFactors (inkl. des Social Networks SAP JAM) nicht listet und aus dem deutschen Sprachraum einige exzellente Tools wie z.B. „Just“ vergisst. Dieser Markt ist ihnehin ständig in Bewegung.

Name	Besondere Merkmale
Atlassian	• Schwerpunkt: Knowledgemanagement (ehemals Wiki-Anwendung) • Besonderheit: Mobilität, Content Creation
Communote	• Schwerpunkt: Kommunikation und Informationsaustausch • deutscher Anbieter
Google Apps	• Schwerpunkt: umfassendes Funktionsangebot „on board" • problemlos skalierbar
Huddle	• Schwerpunkt: Content Sharing, Content Creation, intern und extern • Besonderheit: leichte organisationsübergreifende Zusammenarbeit
IBM Connections	• Schwerpunkt: umfassendes Funktionsangebot „on board" • Besonderheit: Skalierbarkeit, infrastrukturunabhängig implementierbar • umfangreiches Portfolio • gehört zu den vier Leadern des Gartner-Quadranten[4]
Igloo	• Schwerpunkt: interne und externe Kommunikation und Zusammenarbeit • breites Funktionsangebot (bspw. differenziertes Workspacemanagement) • begrenzte Integrationsmöglichkeiten
Immer-Uptodate	• Schwerpunkt: Kommunikation und Informationsaustausch • deutscher Anbieter
Jive	• Schwerpunkt: umfassendes Funktionsangebot „on board" • Besonderheit: Skalierbarkeit • umfangreiches Portfolio • gehört zu den vier Leadern des Gartner-Quadranten[4]
Lifearay Social Office	• Schwerpunkt: portalbasierte Kommunikation sowie Informationsaustausch • Besonderheit: Individualisierbarkeit/Flexibilität
Microsoft Sharepoint	• Schwerpunkt: Standard Teamroom und Dokumentenmanagement, Umgebung für Microsoft-Infrastrukturen, seit Version 2010 mit neuen sozialen Funktionen • Besonderheit: Skalierbarkeit und Integrierbarkeit in MS-Umgebungen • umfangreiches Portfolio • gehört zu den vier Leadern des Gartner-Quadranten[4]
Moxie Software Collaboration Spaces	• Schwerpunkt: Zusammenarbeit, Content Creation, Content Management • Besonderheit: breites Funktionsangebot

Name	Besondere Merkmale
Novell Vibe	• Schwerpunkt: internes und externes Networking, Knowledgemanagement • Besonderheit: Integrationsfähigkeit, Dynamische Drag-und-drop-Intranet-Erstellung
Opentext-Social-Communitys	• Schwerpunkt: Knowledgemanagement für interne und externe Communitys • Ergänzung einer Opentext-Umgebung möglich
Socialtext	• Schwerpunkt: Kommunikation und Informationsaustausch • einer der ersten ESS-Anbieter • Besonderheit: innovative Expertenidentifikation
SuccessFactors	• Schwerpunkt: interne Wissensvermittlung, HR-Applikationen, Performance Management
Telligent	• Schwerpunkt: Verbindung von externen und internen Communitys • Besonderheit: Workspacemanagement, gute Rich-Media-Funktionalität
The Fruit Corporation - Coyo	• Schwerpunkt: Kommunikation und Informationsaustausch, Content-Management • deutscher Anbieter
Tibco Software Tibbr	• Schwerpunkt: interne Kommunikation und Informationsaustausch • Besonderheit: Integrationsfähigkeit in Enterprise Applications (z. B. Sharepoint), Personal-so-me-Seiten (z. B. Facebook, Twitter), Cloudapps (z. B. Google Docs), Mobilität, Social Analytics, Video-Anwendungen
Yammer	• Schwerpunkt: Kommunikation und Informationsaustausch • Besonderheit: Skalierbarkeit • 2012 gekauft von Microsoft • gehört zu den vier Leadern des Gartner-Quadranten[4]

Abb. 30 | IDC Market Scape ESN 2012

Die an Marktanteil und Reputation wichtigsten Anbieter sind zur Zeit sicherlich Microsoft SharePoint, IBM Connections, Jive und Yammer (das zusammen mit Office 365 in absehbarer Zeit in das neue SharePoint 2013 integriert werden dürfte).

Auswahl und Implementierung einer Plattform

Vor der Auswahl einer solchen Plattform für Ihr Unternehmen ist ein ausführliches Benchmarking nötig. Eine genaue Beschreibung eines solchen Benchmarking-Prozesses würde den Rahmen dieses Beitrags sprengen. Er sollte aber in Zusammenarbeit diverser Fachabteilungen (zumindest IT, Kommunikation, HR, Marketing und auch Vertrieb und Wissensmanagement) erfolgen und er sollte auf der Basis von Anwendungsfällen (Welche Features benötige ich wirklich für welche Aufgaben und Ziele?) und unter verstärkter Berücksichtigung der Usability (Wie einfach ist dieses System zu nutzen?) durchgeführt werden.

Der Preis wird sicher in vielen Fällen ebenfalls eine Rolle spielen, aber wie eingangs geschildert, entwickelt sich der Social-Software-Markt äußerst dynamisch. Vielen jungen Plattform-Anbietern geht es in der aktuellen Phase darum, Marktanteile zu erringen. Der Kampf um Nutzer wird dabei auch über den Preis geführt, was zu einer gewissen Preisvolatilität führt. Auch Firmenübernahmen, neue Mitbewerber, technologische Weiterentwicklungen und Zielgruppenverschiebungen führen immer wieder zu Preisreaktionen. Zu beachten ist bei alledem, dass die Preismodelle der Social-Software-Anbieter verschiedenartig aufgebaut sind, was ihre Vergleichbarkeit naturgemäß einschränkt.

Die meisten Social-Software-Plattformen können in Testphasen kostenfrei erprobt werden. Es handelt sich dabei häufig um zeitlich eingeschränkte Vollversionen oder um funktional bzw. in der Anzahl der User eingeschränkte Versionen ohne Zeitbegrenzung.

Eine Preismodell-Variante besteht darin, einen Preis je User und Monat zu berechnen. Für kleinere Nutzerzahlen meist überschaubar, können bei diesem Modell gerade mittelständische und größere Unternehmen auf hohe Kosten kommen. Daher haben viele Plattform-Anbieter zusätzlich Volumen-Modelle im Angebot. Hierbei werden diese Preise auf Grundlage konkreter Unternehmensvorgaben spezifisch kalkuliert.

Die beiden Preismodelle beziehen sich in den meisten Fällen auf Social-Software-Angebote auf Basis einer SaaS-Lösung (Software as a Service). Der Vorteil von SaaS besteht darin, dass beim nutzenden Unternehmen, und damit auch auf den einzelnen Workstations der Nutzer, keine Software installiert werden muss und die vorhandene IT-Infrastruktur, so diese halbwegs aktuell ist, genutzt werden kann. Die technische Integration ist zügig umsetzbar und die Investitionskosten sind vergleichsweise gering. Der Zugang erfolgt in der Regel innerhalb eines Browsers über ein Web-Interface. Wo schnelle Internetzugänge und vonnöten sind oder die Anbieterstruktur eine ständige Erreichbarkeit erfordert, ist eine solche Methode jedoch schwieriger. Auch Probleme mit dem Datenschutz können sich als hinderlich erweisen (Stichworte: Serverstandorte außerhalb der EU, eingeschränkte Back-up-Möglichkeiten etc.).

Daher bieten viele Anbieter ihre Plattformen auch als „klassischen" Softwarekauf an. Diese Modelle werden mit dem Begriff „On-Premise" beschrieben. Gelegentlich findet sich auch das Angebot, dass die Social Software in einer Private Cloud betrieben werden kann, was eine technische Variation darstellt. Die Preise für diese Kauf-Variante verlangen in der Regel eine höhere Anfangsinvestition. Auch der Aufwand bei der Integration in die eigene IT-Infrastruktur ist größer. Gleichwohl kann sich auch dieses Modell für Unternehmen rechnen und eventuell spezielle Ansprüche besser befriedigen als SaaS-Modelle. bei den Kurzporträts der Social-Software-Anbieter weiter unten haben wir auch deren Internetadressen angegeben, unter denen man sich über aktuelle Preise informieren kann. Unternehmen mit mehr als 20 - 30 Mitarbeitern sollten ausgewählte Anbieter mit einem sorgfältig zusammengestellten Anforderungsprofil um ein individuelles Angebot bitten. Denn selbst wenn die Kosten für eine Plattform auf SaaS-Basis nach dem Preismodell Kosten/User/Monat zunächst gering erscheinen mögen, muss beachtet werden, dass ein späterer Wechsel des Social-Software-Anbieters den Verlust Inhalte mit sich bringen kann, die bis dahin auf der Plattform kommuniziert worden sind. Von daher sollten bei der Auswahl mittel- und langfristige Überlegungen berücksichtigt werden.

Die Auswahl eines Systems sollte ohnehin Teil eines strategisch angelegten Implementierungsprozesses sein. Denn natürlich: Der Umbau eines Unternehmens zur Enterprise 2.0 ist ein Change-Projekt, das eine mehrjährige intensive Begleitung benötigt. Bekannte Business Cases, wie z.B. das oben genannte Bosch Projekt oder auch Projekte bei BASF und der Continental AG planen in Zeiträumen von zwei bis zehn Jahren. Eine falsche Entscheidung am Anfang kann sich also verheerend auswirken.

In einem vereinfachten Modell kann man zwischen drei Phasen für das Projekt und drei Prozess-Workstreams unterscheiden.

Die Phasen eines solchen Projektes sind Vorbereitung, Implementierung und Etablierung. Die parallelen Workstreams befassen sich mit der Organisation und dem Wandel, mit Governance und Inhalt sowie der technischen Plattform und ihrer Integration in die Infrastruktur.

Phase 1: Vorbereitung

In der ersten Phase ist die Entwicklung einer Enterprise-2.0-Strategie der wichtigste Schritt. Die Formulierung eines „Need for change" und die Definition einer „Change Vision" auf Basis klarer Erfolgskriterien sind unverzichtbar. Dazu gehört ein integriertes Stakeholder-Management, das von Beginn an zusammen mit einem Sponsor aus der Geschäftsleitung die wichtigsten Entscheider aus allen Abteilungen und Regionen versammelt. Erst auf Basis dieser strategischen Vorgehensweise ist die oben beschriebene Auswahl der passenden Plattform überhaupt möglich. Vor besondere Herausforderungen sind dabei solche Unternehmen gestellt, die mit Hilfe der Social Software mehrere bisher getrennte digitale Angebote oder auch interne wie externe Dialog- und Kollaborationsprozesse auf einer einzigen Plattform abbilden wollen. Gerade bei der Entwicklung sogenannter „Social Intranets" dürfte es je nach Architektur häufig nötig sein, mehrere Technologien miteinander zu verknüpfen und für eine ausreichende Integration neuer und alter Systeme zu sorgen. Im Allgemeinen lassen sich hier drei unterschiedliche Architekturen unterscheiden, die ich als Filmfan gerne mit Filmtiteln bezeichne:

1: „Rosenkrieg"
Social Software und Intranet stehen mehr oder weniger unverbunden nebeneinander und haben kaum Berührungspunkte. Ein Vorteil ist die geringe technologische Komplexität bei der Entwicklung, Integrationsproblemen werden vermieden. Der entscheidende Nachteil ist möglicherweise die Kannibalisierung der beiden Systeme, die um die Aufmerksamkeit der Nutzer buhlen.

2: „Aus der Mitte entspringt ein Fluss"
Die zur Zeit wohl meistgewählte Lösung: Per Widget oder App werden personalisierte Inhalte der Social Software in die Intranet-Umgebung des Nutzers eingebunden. Die Lösung ist technologisch nicht allzu kompliziert und versöhnt strategische Kommunikation und Kollaboration in einem Browserfenster.

3: „Dirty Dancing"
Die volle Personalisierung sämtlicher Inhalte in einem Portal. Der Nutzer sieht zugleich für ihn bestimmte News, die Status-Updates seiner Community und die Arbeitsumgebung seines Teams auf einer Oberfläche. Technologisch ist das alles sehr anspruchsvoll, längerfristig aber wohl der Weg erster Wahl. Perspektivisch wird aus Lösung 2 irgendwann Lösung 3.

Wie immer man sich auch entscheidet: Inhalte, Verantwortlichkeiten und Prozesse müssen strukturell schon sehr früh auf ihre spätere Optimierbarkeit und zukünftige Governance hin untersucht werden. Wer ist für welchen Bereich zuständig, wer entscheidet über Inhalte und Veröffentlichungszyklen, wer übernimmt die Pflege und Wartung welcher Systemteile: Die Belastbarkeit der (Social Intranet) Governance ist schon in der Implementierungsphase ein wichtiger Erfolgsfaktor für den ungestörten Regelbetrieb.

Phase 2: Implementierung
In der zweiten Phase konzentrieren sich die meisten Unternehmen auf die technisch korrekte Umsetzung der Anforderungen durch die Unternehmens-IT. Externer Implementierungspartner werden dabei häufig zu rate gezogen. Eine Enterprise-2.0-Plattform kann – im Gegensatz zu alternativlosen Systemen wie z.B. ERP-Plattformen – jedoch nach deren Launch nur erfolgreich sein, wenn sie in enger Zusammenarbeit mit den Stakeholdern entwickelt wird. Das Projektteam muss deshalb gleich zu Beginn die wichtigen Pilotnutzer im Unternehmen mit einzubeziehen. Zumeist geschieht dies auf Basis von Anwendungsfällen, die von Fokus-

gruppen aus dem Strategie-Workstream definiert und auf ihre Umsetzbarkeit mit der Plattform hin zu überprüfen sind. Usecases haben übrigens wiederum direkte Auswirkungen auf den Governance-Workstream, denn gerade abteilungs- und funktionsübergreifende Usecases stellen traditionell top-down-orientiertes Rechte- und Zugriffsmanagement infrage. Konsensfähige Lösungen sind hier im Team zu erarbeiten.

Spätestens am Ende dieser Phase ist eine weitere Entscheidung zu treffen, nämlich die des zu wählenden Roll-Out-Modells. Erneut in Filmen gesprochen gibt es diese Varianten:

1: „The Sting“
Die ganze Umgebung wird komplett vorgefertigt, zu einem Datum bereitgestellt und sofort bekanntgemacht. Das macht die Plattform von Tag 1 lückenlos, überfordert aber häufig die Nutzer – und die Infrastruktur. Terminverschiebungen sind bei diesem Szenario nicht selten.

2: „Resident Evil“
Die Plattform wird als Standard „deployed“, allerdings wird kaum Werbung gemacht und nur ein Link an ausgewählte Nutzer verschickt, die sich anschließend ihr Terrain langsam erobern und mit ein bisschen Glück darüber berichten. Bei diesem Grassroots-Prozess dauern die Folgeprozesse (Etablierung) sehr lange, da kein kollektives Bewusstsein für den Wandel entsteht.

3: „24“
Agiler Rollout einzelner Module in festen Zyklen mit paralleler Awareness-Kommunikation: Dies ist die zur Zeit meistgewählte Variante. Die Nutzer werden nicht überfordert, und die Organisation kann sich in Schritten an die neue Umgebung gewöhnen. Allerdings sind manche Power-User durch den langsamen Fortschritt frustriert, während das Kern-Projektteam über 1-2 Jahre dauerhaft allein durch den technologischen Rollout des Projekts ausgelastet ist.

Phase 3: Etablierung
Der wichtigste und zugleich langwierigste Teil eines Enterprise-2.0-Projektes beginnt nach dem Launch. Die Aufgabe eines erweiterten Projektteams ist es nun, für die „Adoption“ der Plattform zu sorgen, also für ihre möglichst umfassende Nutzung. Es gilt, traditionelle und neue Techniken des Change Managements und der Change Communication möglichst geschickt einzusetzen. Mit Hilfe von Awareness-Kampagnen, dem nutzerfreundlichen Angebot von Trainings und Support, mit professionellem Community Management und der Fort- und Neuentwicklung von Usecases müssen mehr und mehr User zur Nutzung der Plattform animiert werden.

Die drei „E"

Als Leitfaden für die Etablierungsphase hat sich eine Strukturierung von Kommunikations- und Change-Maßnahmen nach dem E3-Modell durchaus bewährt.

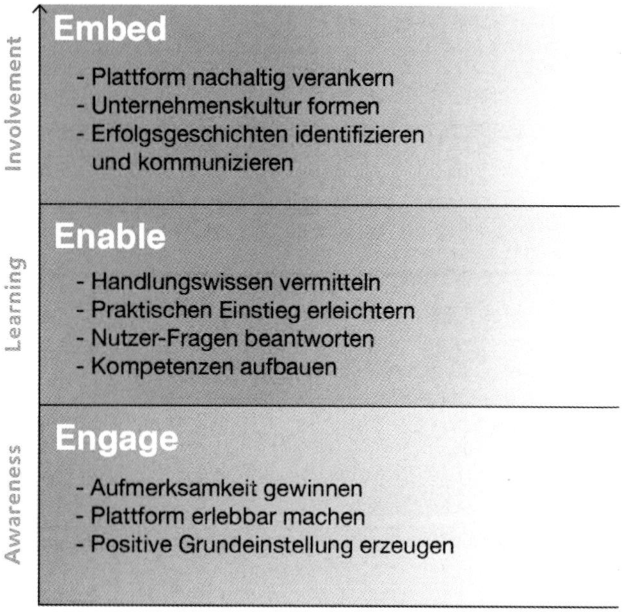

Abb. 31 | E3-Modell (Kuhn, Kammann & Kuhn GmbH)

Maßnahmen zur Förderung der „Awareness" reichen dabei von Posterkampagnen, Vorstandsvideos, Info-Ständen, Artikeln in der Mitarbeiterzeitung und Newslettern bis hin zu Give-Aways. „Learning" beinhaltet dabei vor allem die Produktion von Online- und Offline-Trainings, von Screenrecordings und Online-Wizards, FAQs und Quick Start Guides. Und „Involvement" bedeutet den Einsatz von sogenannten „Guides" zur Zusammenarbeit mit den Nutzern, die Identifikation weiterer Anwendungsfälle und die Veröffentlichung von Best Practices.

Es lohnt sich jedenfalls, einen Anteil des Projektaufwandes, der im Vergleich zu den technologischen Ressourcen nicht zu klein sein sollte, in diese drei „E" zu investieren. Denn letztlich kann die Social Software erst nach ausreichender Adoption und die damit verbundene nachhaltige Verlagerung und Veränderung von geschäftsrelevanten Prozessen ihren vollen Nutzen als Infrastruktur, als echtes, technologisches Betriebssystem der Leadership 2.0 entfalten.

Collaborators:
Dieses Dokument entstand mit Hilfe eines Open Collaboration Prozesses, d.h. es stand während seiner Verfertigung offen als Google Doc zur Verfügung und konnte kommentiert werden. Wesentliche Ideen haben während der Bearbeitung die folgenden Personen beigesteuert:

Tim Mikša ist Geschäftsführer der netmedianer GmbH und ein sehr kluger Kopf.
René Sternberg promoviert zur Zeit in Magdeburg zum Thema Enterprise 2.0 und Kommunikation.
Felix Escribano arbeitet als Senior Berater für die Enterprise 2.0 bei Kuhn, Kammann & Kuhn.

Quellen

APCO Worldwide and Gagen MacDonald (2011): Survey on the State of the U.S. Workplace as Viewed by America's Workforce, October 2011.

BITKOM (2008): "Enterprise 2.0 – Analyse zu Stand und Perspektiven in der deutschen Wirtschaft". Berlin.

Buchhorn, Eva/Werle, Klaus (2011): „Generation Y – Die Gewinner des Arbeitsmarkts", 06/2011
http://www.spiegel.de/karriere/berufsstart/generation-y-die-gewinner-des-arbeitsmarkts-a-766883.html

Bundesverband Digitale Wirtschaft (BVDW) e.V. (2013): „Enterprise 2.0 – Social Software in Unternehmen". Düsseldorf: BVDW.

Chui, Michael et al. (2012): „The social economy: Unlocking value and productivity through social technologies", McKinsey Global Institute, 07/2012.
http://www.mckinsey.com/insights/high_tech_telecoms_internet/the_social_economy

Clawien, Christian (2008): Das Wissen zu Webressourcen im Unternehmen bündeln – Corporate Bookmarking als Bestandteil von Enterprise 2.0 in der Internen Kommunikation. In: Dörfel, Lars (Hrsg.): Instrumente und Techniken der Internen Kommunikation. Trends, Nutzen und Wirklichkeit. Berlin: scm, S.141-146.

Deutsches Führungskräfte Institut (FKI) (2012): „Wer will heute noch Chef werden? – Karriereorientierungen von Führungskräften", Umfrage unter 300 Fach- und Führungskräften.

Ehrlich, Stefan/Lin, Dada (2011): Das Social Intranet und seine Rolle für das Wissensmanagement. In Wolf, Frank (Hrsg.): Social Intranet. Kommunikation fördern, Wissen teilen, effizient zusammenarbeiten. München: Carl Hanser Verlag, S. 287-301.

Europäische Kommission: „Wachsender globaler Wettbewerb: Unternehmen müssen stärker auf Innovation setzen", Pressemitteilung (IP/12/102), 07/02/2012 http://europa.eu/rapid/press-release_IP-12-102_de.htm

Gartner (2013): „Gartner Says 80 Percent of Social Business Efforts Will Not Achieve Intended Benefits Through 2015", Press Release, 01/2013, http://www.gartner.com/newsroom/id/2319215

Gartner „Magic Quadrants": http://www.gartner.com

Gesellschaft für Wissensmanagement e.V. (Hrsg.) (2011): GfWM-Positionspapier Wissensmanagement und Enterprise 2.0. http://gfwm.de/fachteam

Göhring, Martina/Niemeier, Joachim/Vujnovic, Milos (2010): „Enterprise 2.0 – Zehn Einblicke in den Stand der Einführung.

Hirsch, Lutz (2012): Das soziale Intranet und die Wurzeln des Networkings. In: Dörfel, Lars/Schulz, Theresa (Hrsg.): Social Media in der Unternehmenskommunikation. Berlin: SCM

Kolb, Georg (2012): Vom Privatvergnügen zum Managementinstrument – wie Social Media zum Resonanzboden der Organisationsentwicklung werden können. In: Dörfel, Lars/Schulz, Theresa (Hrsg.): Social Media in der Internen Kommunikation. Berlin: scm, S. 51-65.

Koplowitz, Rob (2009): „The Forrester Wave: Collaboration Platforms, Q3 2009". http://www.novell.com/docrep/2009/08/wave_collaboration_platforms_q3_2009_en.pdf, Stand 07/2013

Kotter, John P (11/2012): „Accelerate!", http://hbr.org/2012/11/accelerate

Malcher, Ingo (2010): „Mach es zu deinem Projekt", in: brandeins, Ausgabe 09/2010, Schwerpunkt „Nachfolge", S. 114.

McAfee, Andrew (2006a): „Enterprise 2.0 – The Dawn of Emergent Collaboration" in: MIT Sloan Management Review, Volume 47, Issue 3. Cambridge MA, MIT Press, 2006, S. 21–28.

McAfee, Andrew (2006b): „Enterprise 2.0, version 2.0“, http://andrewmcafee.org/2006/05/enterprise_20_version_20/.

Mikša, Tim (02/2012): „Digitale Empathie: Voraussetzung für erfolgreiches Leadership 2.0“,http://www.netmedia.de/de/blog/digitale-empathie-voraussetzung-fuer-erfolgreiches-leadership-2/,

Petry, Thorsten (2013): Enterprise 2.0 – Konsequenzen für die Arbeitswelt von morgen: Status Quo 2013. Studie der Wiesbaden Business School & embrander. Wiesbaden.

Robert Bosch GmbH (2013): „Good Practice – Submission Report“, Registration form for EFQM Good Practice Competition 2013, 05/2013, https://docs.google.com/viewer?a=v&pid=sites&srcid=ZGVmYXVsdGRvbWFpbnxlZnFtZ3BjMjAxM3xneDoxNGE1NTBmOTlkMDUyYTFj

Rotter, David (04/2010): „Die Befreiung der Arbeit: Das 7-Tage-Wochenende“, http://www.sein.de/gesellschaft/neue-wirtschaft/2010/die-befreiung-der-arbeit-das-7-tage-wochenende.html

SCM/HIRSCHTEC (2012) (Hrsg.): Social Intranet 2012. Berlin: SCM.

SCM/Kuhn, Kammann & Kuhn (Hrsg.) (2013): „enterprise 2.0 watch“. Berlin: SCM.

Schütt, Peter (2013): Der Weg zum Social Business. Mit Social Media Methoden erfolgreicher werden. Heidelberg: Springer-Verlag.

Schreckenbach, Florian (2013): Konsequenzen von Enterprise 2.0 für die Arbeitswelt der Zukunft. In: Jäger, Wolfgang / Petry, Thorsten (Hrsg.): Enterprise 2.0 – die digitale Revolution der Unternehmenskultur. Warum Personalmanager jetzt gefordert sind. Köln: Wolters Kluwe Deutschland GmbH, S. 123-137.

Sterne, Jim: „Social Media Metrics: How to Measure and Optimize Your Marketing Investment (New Rules Social Media Series), Wiley, 2010.

Talgam, Itay: „Lead like the great conductors“, TED talk, 07/2009: http://www.ted.com/talks/itay_talgam_lead_like_the_great_conductors.html

Tesch, Jan Christopher/Pfannenberg, Jörg (2013): Die Medien der Veränderungskommunikation. Neue Chancen und Risiken durch das Web 2.0. In: Pfannenberg, Jörg (Hrsg.): Veränderungskommunikation. So unterstützen Sie den Change-Prozess wirkungsvoll. Frankfurt am Main: Frankfurter Allgemeine Buch.

UNC Kenan-Flagler Business School; Young Entrepreneur Council (YEC): „maximizing millennials“, Infographic, http://onlinemba.unc.edu/mba-at-unc-blog/geny-in-the-workplace/

Walter, Ekaterina (2012): „Number Crunching: The Top 51 stats for Generation Y marketers“, 01/2012, http://thenextweb.com/socialmedia/2012/01/21/number-crunching-the-top-51-stats-for-generation-y-marketers/

Wolf, Frank (2011) (Hrsg.): Social Intranet. Kommunikation fördern, Wissen teilen, Effizient zusammenarbeiten. München: Carl Hanser Verlag.

Zerfaß, Ansgar/Sandhu, Swaran (2008): „Interaktive Kommunikation, Social Web und Open Innovation: Herausforderungen und Wirkungen im Unternehmenskontext“, in: Kommunikation, Partizipation und Wirkungen im Social Web. Hrsg: Zerfaß, Ansgar/Welker, Martin/Schmidt, Jan (Hrsg.): Kommunikation, Partizipation und Wirkungen im Social Web: Strategien und Anwendungen: Perspektiven für Wirtschaft, Politik und Publizistik. Köln: Halem, 283-310.

Kapitel 17

Interne Kommunikation erzählt Geschichten

17.1 Bedeutung

Geschichten spielen in der Internen Kommunikation eine immer größere Rolle: Sie eignen sich hervorragend dazu, Fakten über das Unternehmen in mitreißende Erzählungen zu verpacken – Erfolgsgeschichten, Geschichten zur Entstehung des Unternehmens, Geschichten über die Mitarbeitenden und ihre Leistungen, Geschichten über begeisterte Kunden. Durch solche Erzählungen erfahren die Mitarbeiter von den Beweggründen des Firmengründers und der Manager, von deren Träumen und Visionen. Sie erfahren von den Erfolgen und Misserfolgen des Unternehmens, von den Chancen und Risiken. Sie erfahren von den Motiven der Mitarbeiter und Kunden, deren Hoffnungen und Vorbehalten. Kurzum: Der Stoff, aus dem Geschichte gemacht ist!

Geschichten in der Internen Kommunikation wirken auf die Mitarbeiter besonders stark, weil Storys an die Grundprinzipien des Gehirns anknüpfen, an dessen Aufnahme, Verarbeitung und Speicherung. Storytelling ist gehirngerechte Kommunikation. Neuroexperte Werner Fuchs schreibt: „Es gehört zu den Geniestreichen der Evolution, Informationen in Form von Geschichten zu verarbeiten, zu speichern und weiterzugeben. Denn nur so schafft es unser Gehirn mit seinen über 100 Milliarden Nervenzellen, Muster zu knüpfen, mit denen sich Voraussagen treffen lassen, die der Fortpflanzung, Anpassung und dem Überleben dienen."

Unser Gehirn hat eigene neuronale Netzwerke, die sich um das Speichern von Geschichten kümmern – Gedächtnisforscher sprechen vom episodischen Gedächtnis. In diesem Gedächtnissystem legen wir Geschichten ab von Menschen im Unternehmen oder unsere eigenen Lebenserfahrungen, wie die Erinnerung an den ersten Arbeitstag. Daher nennen einige Wissenschaftler dieses Gedächtnissystem biografisches Gedächtnis. Dieses Gedächtnissystem verfügt über außerordentlich viel Platz, weil es für unser Leben sehr wichtig ist, auf dieses Wissen zuzugreifen. Ausführlich ist das in Kapitel 10.2 beschrieben.

Gehirngerecht sind besonders solche Geschichten, die bildhaft, bewegungsreich und emotional sind. Sie haben nicht das Ziel, möglichst viele Informationen über das Unternehmen und seinen Wandel zu vermitteln, sondern Schlüsselinformationen weiterzugeben, anhand deren die Mitarbeiter entscheiden können, ob sie den Wandel unterstützen oder nicht. Simon schreibt: „Geschichten sind offenbar eine höchst ökonomische Art, mit der Komplexität der Welt umzugehen. Sie setzen unterschiedliche Akteure in einer spannenden, die Emotionen (...) fesselnden und daher gut merkbaren Form zueinander in Beziehungen (...) Sie integrieren in einzigartiger Weise kognitive und emotionale Schemata und werden so zu einem der wichtigsten Interpretationsrahmen, die wir als Menschen zur Deutung unserer Erfahrungen verwenden." Über die reinen Fakten hinaus erfahren die Mitarbeiter, was im Unternehmen wichtig ist, wovon das Denken und Handeln in der Firma abhängt und und ob sie die erwünschte einzigartige Belohnung bietet. Sie möchten von Geschichten über die erfolgreiche Zukunft des Unternehmens begeistert werden. Geschieht das, werden Energien freigesetzt, über die das Unternehmen aktiv bei der Zukunftsgestaltung unterstützt wird.

Geschichten führen dazu, dass die Mitarbeiter ein lebendiges Vorstellungsbild vom Unternehmen und seiner Zukunft entwickeln. Auch das, was sie dabei zu tun haben, ist fest in ihnen verankert. Aufgrund der positiven Bewertung dieses Vorstellungsbildes empfinden sie die Situation auch als positiv: Mitarbeiter setzen sich stärker für ihr Unternehmen ein, wenn sie mit ihm die Geschichte von der gemeinsamen, erfolgreichen Zukunft verbinden.

Wirkungsvolle Geschichten fallen auf, sie sind leicht verständlich, sie halten das Interesse der Mitarbeiter wach, sodass sie sich dauerhaft und gern an sie erinnern. Wer wird nicht davon gepackt: Die Geschichte von den Anfängen in der Garage und ihrem kometenhaften Aufstieg bis zum Einzug als milliardenschwerer Player in die Wall Street? Andere Unternehmen erzählen davon, wie hart der Weg von der ersten Geschäftsidee zum Qualitätsprodukt war, welche Hindernisse dabei auftauchten und wie sie diese überwunden haben.

Grundsätzlich gilt: Geschichten in der Internen Kommunikation sind keine Plaudereien, sie entspringen keiner Schönfärberei, sie sind keine Erfindungen: Stattdessen zeigen sie, wofür das Unternehmen steht, welche Belohnungen es bietet und welche Visionen es hat.

17.2 Begriff

Storytelling in der Internen Kommunikation bedeutet, den Mitarbeitern in Form von Geschichten Fakten nahezubringen, und zwar gezielt, systematisch auf lange Sicht geplant. Auf diese Weise werden wichtige Informationen besser verständlich. Das Lernen und Mitdenken der Beteiligten wird nachhaltig unterstützt, die geistige Beteiligung gefördert und der Kommunikation wird eine neue Qualität hinzugefügt – dies schreiben Frenzel, Müller und Sottong in ihrem Buch über das Storytelling.

Das Konzept des Storytelling für den Einsatz im Unternehmen stammt ursprünglich aus den USA: Am Massachusetts Institute of Technology (MIT) hat sich 1996 ein Team aus Wissenschaftlern, Journalisten und Managern die Frage gestellt, wie es gelingen kann, Lernprozesse in der Firma so zu dokumentieren, dass sie jeder im Unternehmen nutzen kann. Die Antwort war, dass Geschichten hierzu am besten geeignet sind. Das Storytelling war geboren. Heutzutage setzen Unternehmen Storytelling umfassend ein, zum Beispiel bei tiefgreifenden Veränderungen und im Marketing.

Konkret verfolgt Storytelling in der Internen Kommunikation vor allem folgende Aufgaben:

1. Es macht auf Themen *aufmerksam.*
2. Es *informiert* über das Unternehmen und dessen Zukunft.
3. Es *löst* bei den Mitarbeitern bedeutende *Gefühle aus.*
4. Es sorgt dafür, dass die Mitarbeiter Informationen *besser speichern* und aus ihrem Gedächtnis *leicht und schnell abrufen* können.

Die Interne Kommunikation erzählt hierzu Geschichten über die Menschen im Unternehmen und über ihre Leistungen für die wichtigen internen und externen Bezugsgruppen: Welches Anliegen hat das Unternehmen? Will es seinen Kunden mehr Sicherheit bringen, will es sie Neues entdecken lassen oder deren Leistung steigern? Welche Hindernisse stellen sich ihm dabei in den Weg? Sind es die Konkurrenten? Stimmt die Qualität der Produkte nicht? Gibt es Konflikte mit den Kunden? Oder müssen die Geldgeber erst noch überzeugt werden? Wie erfüllt das Unternehmen dennoch seinen Auftrag? Wie belohnt es die Menschen?

Was an diesem Beispiel deutlich wird: Die Technik des Storytelling besteht aus drei Komponenten: was das Unternehmen erzählt (Handlung), wie das Unternehmen es erzählt (Darstellung) und wozu die Geschichte erzählt wird (Wirkung):

- → *Was*: Mit der Handlung und den daran beteiligten Personen verdeutlicht das Unternehmen, wie es die Wünsche (Motive) seiner internen und externen Bezugsgruppen auf einzigartige Weise erfüllt (siehe Kapitel 17.4).
- → *Wie* es das erzählt, ist durchdacht und nach einem Muster aufgebaut. Die beiden wichtigsten Anforderungen: Die Handlungen stehen in einem zeitlichen und einem inhaltlichen Zusammenhang. Simoudis schreibt: „Wir verstehen die Welt, indem wir die Ereignisse um uns kausal verbinden und chronologisch sortieren. Dazu gehört auch die Einteilung der Zeit in einzelne Episoden, die aus Anfang, Mitte und Schluss bestehen. Das menschliche Leben selbst unterliegt auch dieser Zeiteinteilung und jede der vielen Episoden, aus denen es besteht, ebenso. Kein Moment unseres Lebens steht zusammen hangslos im Raum – wir haben ihn sowohl zeitlich als auch kausal und zielgerichtet in unsere Lebensgeschichte integriert."
- → *Wozu*: Die Ziele des Storytellings sind zum einen, etwas bekannt zu machen und diesen Sachverhalt in den Köpfen präsent zu halten, so dass man im Fall einer Entscheidung spontan daran erinnert wird; zum anderen geht es darum, mit den Geschichten ein klares Vorstellungsbild vom Unternehmen und seinen Leistungen aufzubauen und dieses Bild langfristig und systematisch zu entwickeln.

Besonders verhaltenswirksam am Storytelling sind die durch die Geschichten entstehenden inneren Bilder, die spontan bei den internen und externen Bezugsgruppen wiederbelebt werden, wenn sie an das Unternehmen denken. Geschichten können Sie mündlich, geschrieben oder in elektronischer Form erzählen, in Texten, in Bildern und in Aktionen wie einem Event oder einem Tag der offenen Tür.

Geschichten zu erzählen bedeutet nicht, immer nur Positives zu berichten: Geschichten bestehen auch aus Problemen und Konflikten. Viele „Success Stories" von Unternehmen blenden alle Schwierigkeiten aus. Doch werden sie dadurch unglaubwürdig und langweilig. Frenzel, Müller und Sottong schreiben kritisch: „Da wird alles weggelassen, was irgendwie nicht in das Schema „erfolgreich" – „supererfolgreich" – „megaerfolgreich" passt. Schwierigkeiten, Fehler, Rückschläge, Krisen und wie sie überwunden oder gemeistert wurden kommen in solchen Erfolgsstories nicht vor.

Geschichten müssen getrennt von der (Firmen-)Chronik gesehen werden. Sie sind zwar in der inhaltlichen Abfolge klar strukturiert, müssen aber in keinem ursächlichen Verhältnis zueinander stehen. Geschichten sind auch von Metaphern (bildhaften Gleichsetzungen) und Analogien (bildhaften Vergleiche) zu unterscheiden: Was Metaphern und Analogien fehlt, ist die Zeitkomponente und die Kausalität der Ereignisse, die Geschichten kennzeichnen.

17.3 Nutzen von Geschichten in der internen Kommunikation

Geschichten in der internen Kommunikation haben viele Vorteile:

Wichtige Vorteile aus Sicht der Mitarbeitenden

- → *Geschichten erleichtern das Einordnen neuer Informationen*: Durch umfassende Geschichten über das Unternehmen können die Mitarbeiter neue Informationen in das vorhandene Wissen einordnen. Die Praxis sieht bisher noch anders aus: Meist gelingt es im Tagesgeschäft nicht, die vielen Informationen aus dem Unternehmen im Zusammenhang darzustellen – eine Mitarbeiterinfo jagt die nächste, ohne dass den Empfängern deutlich wäre, wie jede dieser Meldungen in ihre Gesamtvorstellung vom Unternehmen eingeordnet werden muss.
- → *Geschichten ermöglichen Orientierung*: Erzählt ein Unternehmen eine Geschichte, sagt das etwas aus über seine Vergangenheit, seine Gegenwart und seine gewünschte Zukunft. Dies macht das Unternehmen berechenbar und zuverlässig, sodass eine Grundlage für Vertrauen geschaffen wird: Die Mitarbeiter wissen, wofür das Unternehmen steht, welches Anliegen es hat. Auf dieser Grundlage können sie entscheiden, ob sie das Unternehmen unterstützen oder nicht.
- → *Geschichten verhelfen zur Identifikation*: Spricht die Mitarbeiter eine Geschichte emotional an, weil sie ihren Motiven und Werten entspricht, können sie sich mit der Geschichte und den darin Handelnden identifizieren und ihren Beitrag am Erfolg der Geschichte leisten.
- → *Geschichten helfen, Probleme zu lösen*: Geschichten zeigen auf, wie ein Unternehmen seine Probleme gelöst hat, denn Konflikte sind der Kern guter Geschichten. Die Mitarbeiter können anhand dieser Beispiele selbst prüfen, wie sie sich verhalten würden und ob sie aus der Geschichte des Unternehmens lernen können.
- → *Geschichten wirken in das soziale Umfeld*: Gefällt den Mitarbeitern die Geschichte ihres Unternehmens, werden sie in ihrem sozialen Umfeld (Familie, Freunde,

Arbeitsplatz) davon erzählen. Mit diesen Erzählungen treffen Menschen immer auch eine Aussage über sich selbst, denn andere erfahren, was ihnen wichtig ist und was sie anrührt.

→ *Geschichten unterhalten:* Wir hören sie gern und sind gespannt, wie sie sich entwickelt.

Einige Vorteile aus Sicht des Managements

→ *Geschichten lösen Aufmerksamkeit aus:* Wenn uns jemand eine Geschichte erzählt, hören wir lieber zu, als wenn jemand eine Information neutral an uns weitergibt. Ein Unternehmen, mit dessen Namen sich viele gute Geschichten verbinden, fällt in der Branche auf und aktiviert die Erinnerung der Mitarbeitenden. Aufmerksamkeit ist gut – oder umgekehrt: wer müde ist, lernt schlechter.

→ *Geschichten heben die Bedeutung einer Information hervor:* Mitarbeitende bewerten alle eingehenden Informationen danach, welche Bedeutung sie haben und welche Belohnung sie bringen. Geschichten sind dabei besonders wirkungsvoll: Sie erklären, welche Entwicklung das Unternehmen anstrebt und welche positiven Folgen daraus für die Beschäftigten erwachsen. Ein Pharmaunternehmen kann seine Mitarbeiter sachlich darüber informieren, dass es ein neues Arzneimittel auf den Markt bringt; oder es kann den Beschäftigten die gesundheitliche Wirkung des Präparats erläutern und ihnen vor Augen führen, dass mit seiner Hilfe viele leidende Menschen wieder ein selbstbestimmtes Leben führen können. Noch einmal: Das neuronale Netzwerk, von dem unser Urteil über Unternehmen und unser Handeln abhängt, besteht vor allem aus der Bewertung unseres Wissens, den damit verbundenen Emotionen und – wie wir gelernt haben – sogar den Körperreaktionen.

→ *Geschichten bedeuten Prozesskommunikation:* Hat die Interne Kommunikation bisher vor allem über Entscheidungen infomiert, so gewinnt mit der Weitergabe von Geschichten die Prozesskommunikation an Bedeutung. Sie haftet besser als die übliche Ergebniskommunikation. Storytelling ist gerade dann besonders gut geeignet, wenn es nur wenige Informationen gibt, denn alles was erzählt wird, gewinnt eine besondere Bedeutung, weil es Teil einer Geschichte ist, die eine Fort setzung und ein Ende hat.

→ *Geschichten sind sehr anschaulich:* Emotional, bildhaft, bewegungsreich – das sind die Grundprinzipien. Heutzutage geistern viele abstrakte Begriffe durch die Unternehmen, unter denen sich nicht einmal die Manager selbst etwas Konkretes vorstellen können. Und wenn, dann verstehen sie meist nicht das gleiche darunter, wie im Fall der Begriffe innovativ, effizient und effektiv (Machen Sie selbst den Test!). Geschichten dagegen sind sehr anschaulich und verständlich, weil sie von Menschen und ihrem Handeln erzählen und das für die Bezugsgruppen bedeutend und belohnend ist (siehe Kapitel 2). Selbst wenn ein Unternehmen abstrakte Begriffe verwendet, um sich zu beschreiben, kann Storytelling helfen, diese Begriffe durch praxisnahe Beispiele zu erläutern. So beispielsweise könnte sich der faire Umgang miteinander in den Geschichten des Unternehmens niederschlagen. Auch seine Kundenorientierung kann in Geschichten zum Tragen kommen.

- *Geschichten sind glaubwürdig:* Geschichten sind glaubwürdiger als reine Fakten. Studien zu Entscheidungen von Richtern zeigen, dass Verteidigung und Staatsanwaltschaft lieber Geschichten vortragen als Fakten. Urteile waren für die Beteiligten auch überzeugender, wenn sie auf Geschichten basierten. In einer anderen Studie sollten Konsumenten die Attraktivität von Reisen beurteilen, die in Reisebroschüren beschrieben waren. Ergebnis: Bevorzugt wurden prinzipiell Reisen, zu denen Geschichten erzählt wurden,während solche, die auf einer kürzeren Liste vorgestellt wurden, stark dagegen abfielen. Ein weiterer Aspekt in Sachen Glaubwürdigkeit: Wir beurteilen andere Menschen vor allem nach ihrem Verhalten. Das Unternehmen und seine Mitarbeiter müssen daher durch ihr Verhalten einlösen, was sie den Kunden versprechen. Anhand der Geschichten können sich die Mitarbeiter überzeugen, dass das Unternehmen nicht nur redet, sondern auch handelt! Zum Beispiel sprechen viele Unternehmen vom Dialog mit den Mitarbeitern und dass sie für sie da sind. Können wir uns durch ihr Handeln davon überzeugen?
- *Geschichten können alle Sinne ansprechen:* Die Inszenierung von Geschichten wirkt besonders stark, wenn sie alle Sinne anspricht: Ihr Unternehmen sieht attraktiv aus, es riecht gut, die Klangwelt ist angenehm, die Geschäftsaustattung fühlt sich gut an und das Geschäftsessen schmeckt gut. Die einzelnen Gedächtnisbruchstücke setzt die Gehirnregion des Hippocampus zu einem einheitlichen Ganzen zusammen. Tragen alle Signale zu einem starken und stimmigen Gesamteindruck bei, profitiert Ihrdavon. Für die multimodale Ansprache sind zum Beispiel Events besonders geeignet, da sie alle Sinne ansprechen: durch Bilder, Inszenierungen, Musik, Geräusche, Sprache, Duft, Oberflächen, Böden, Wind und Geschmackserlebnisse (siehe Kapitel 15.1.5). Das Sehen spielt grundsätzlich eine herausragende Rolle, weil wir bis zu 80 Prozent durch otpische Eindrücke lernen. Die multimodale Ansprache aller Sinne führt dazu, dass mehrere Hirnbereiche aktiv sind und dass sich das Unternehmen stärker verankert.
- *Geschichten beziehen ein:* Wir erleben jede Geschichte mit, um sie zu verstehen. Dies bezieht uns stärker ein als es eine reine Sachinformationen ohne emotionalen Gehalt tun würden. Geschichten sind Erzählungen, von denen wir wissen wollen, wie sie weitergehen. Geschichten sind unter anderem deshalb wirksame Bedeutungsträger, weil wir sie aufgrund von Spiegelneuronen spontan miterleben können (siehe Kapitel 7.3). Es besteht deshalb kaum ein Unterschied zwischen erlebten und erzählten Geschichten, denn wir müssen eine Geschichte simulieren, um sie zu verstehen.
- *Geschichten halten das Interesse aufrecht,* weil die Mitarbeiter bei spannend erzählten Geschichten erfahren wollen, wie sie weitergehen. Von guten Geschichten können wir nicht genug bekommen.
- *Geschichten formen Gemeinschaften:* Bis heute wird die Geschichte von Firmengründer Bill Hewlett erzählt, der durch sein Unternehmen ging, mit seinen Mitarbeitern sprach und immer ein offenes Ohr für sie hatte. Carl Zeiss zerstörte Mikroskope, wenn sie nicht seinen Qualitätsansprüchen genügten. Solche Geschichten prägen bis heute das Denken und Handeln der Mitarbeiter in diesen Unternehmen.

- *Geschichten wirken kulturübergreifend:* Storytelling kann Ihre gesamte internationale interne Kommunikation einbeziehen, denn Geschichten bestehen aus Mustern, die überkulturell erlernt wurde.
- *Durch Geschichten lernen:* Mitarbeiter können sich noch sehr lange an gute Geschichten erinnern, die sie stark angesprochen haben, zum Beispiel bei einem Firmenevent. Sie verankern sich nachhaltig in ihren Gedächtnissen und können ihnen zu bestimmten Anlässen immer wieder einfallen. Das Lernen von Geschichten wird durch ihre Bildhaftigkeit erleichtert.
- *Geschichten prägen das Verhalten:* Geschichten wirken durch die aufgebauten inneren Vorstellungsbilder vom Unternehmen stark verhaltensrelevant. Wie Geschichten die Energien von Menschen freisetzen können, zeigt das Beispiel des amerikanischen Traums, für den Millionen Menschen in die USA gekommen sind, um dort Glück und Erfolg zu finden.

Fazit: Geschichten über das Unternehmen werden wichtiger. Sie wirken besonders stark und können positive, aber auch negative Folgen haben. Geschichten können informieren und Erlebnisse mit dem Unternehmen dauerhaft verbinden. Geschichten sollten sorgfältig geplant und organisiert sein.

17.4 Kernelemente von Geschichten

Studien in unterschiedlichen Kulturkreisen zeigen, dass Geschichten zu allen Zeiten und an allen Orten sehr ähnliche Strukturen haben. Es scheint ein Regelwerk, eine universale Grammatik für den Aufbau von Geschichten zu geben. Zunächst einmal bestehen Geschichten grundsätzlich aus Handelnden und einer Handlung, die zu bestimmten Zeiten an bestimmten Orten stattfindet.

17.4.1 Handelnde

Menschen haben für uns eine herausragende Bedeutung, daher stehen sie auch im Mittelpunkt von Geschichten: Wir orientieren uns an ihnen, wir identifizieren uns mit ihnen, sie helfen uns, Probleme zu lösen. Durch soziale Unterstützung können sie unsere Gesundheit stärken. In Ihrem Storytelling erzählen Sie Geschichten über Menschen in Ihrem Unternehmen (Forscher, Mitarbeiter in der Produktion und der Qualitätssicherung, Menschen, die nah am Kunden sind), über Ihre Mitbewerber, aber auch Protagonisten, die Sie darin unterstützen, Ihr Belohnungsversprechen zu erfüllen (zum Beispiel internationale Experten und Partnerfirmen).

Hauptfiguren und Nebenfiguren

Entsprechend ihrer Bedeutung und Funktion können Sie die einzelnen Figuren oder Charaktere einteilen in zentrale Charaktere, in Platzhalter und Nebenfiguren. Zu den zentralen Charakteren gehören der Held, Protagonisten und Antagonisten. Die Hauptfiguren sind das Zentrum der Geschichte: Sie stehen im

Blickpunkt, und häufig ist die Geschichte von ihnen oder aus ihrer Sicht erzählt. Geschichtenprofi Gesing schreibt: „Zielgerichtet bewegen sie die Handlung, entwickeln sich mit und in ihr und ziehen die Gefühle der Leser auf sich. Als Protagonisten erwecken sie Sympathie, Neugier und Interesse, als Antagonisten Antipathie, auch Hass, nicht selten Mitleid und eine eigenartige Form von Faszination.“

→ **Mitarbeitende:** Storytelling besteht zunächst einmal aus Erzählungen über Menschen im Unternehmen. Dies kann der Unternehmenschef sein, es können die Manager sein, ein Team, Mitarbeiter allgemein oder Beschäftigte aus einem Bereich wie Forschung und Entwicklung oder der Produktion, Auszubildende und Ehemalige. Ein Archetyp aus dem Unternehmen sollte der Held sein. Fuchs: „Helden sind eines der Mittel, um Informationen zu ordnen und zu gewichten. Sie geben Geschichten eine Struktur und erlauben gefahrloses Simulieren von Lebensentwürfen.“ Wichtig für Ihr Storytelling: „Die Helden müssen nicht immer siegen, häufig zeigen sie sogar erst in der Niederlage ihre Größe und damit ihren moralischen Sieg.“

→ **Protagonisten** sind Menschen, die das Unternehmen bei seinem Handeln und in seinen Plänen unterstützt – zum Beispiel Kunden oder Experten und vielleicht auch die Massenmedien. Der Archetyp für den Protagonisten ist der Freund und Helfer. Als besonders stark hat sich die Bedeutung von Empfehlungen gezeigt: „Würden Sie dieses Unternehmen einem anderen empfehlen?“, ist eine Superdimension zur Wirkung von Kommunikation.

→ **Antagonisten:** : Antagonisten sind Menschen, die das Unternehmen daran hindern, seine Ziele zu erreichen, zum Beispiel ein Experte, der sich negativ äußert, oder Kritiker. Der Archetyp für den Antagonisten ist der Feind, zum Beispiel der ärgste Konkurrent. Mitunter sind es auch Rivalen innerhalb eines Konzerns wie im Fall von Porsche. manager magazin (6/2005) schrieb: „Sicher, mit dem Namen Porsche verbindet sich zuallererst ein glamouröses Produkt mit unverwechselbarem Design und krachender Motorik. Ein sterbensschönes Vehikel, das einst die Filmlegende James Dean aus der Kurve trug. In Wahrheit sind es jedoch vor allem die Eigentümer, die das Faszinosum begründen. Zwei rivalisierende Familienstämme, die Porsches und die Piechs, halten zwei Unternehmen mit unterschiedlichen Kulturen zusammen: die Porsche AG und die Porsche Holding.“ Gelingt es einem Unternehmen, die Rivalitäten positiv zu nutzen, kann auch das Energien freisetzen.

Neben den zentralen Charakteren gibt es die Platzhalter und die Nebenfiguren:

→ **Platzhalter:** Sie sind Stereotype und Teil der Szenerie. Sie treten auf und wieder ab, weil die Geschichte sie braucht, geraten aber selbst nicht ins Blickfeld. Sie bleiben namenlose Funktionsträger: Beschäftigte des eigenen Unternehmens, Mitarbeiter der Wettbewerber. Sobald sie aus ihrer Anonymität heraustreten, einen Namen erhalten und eine Rolle zu spielen beginnen, werden sie zu Nebenfiguren.

→ **Nebenfiguren:** Sie stehen nicht im Zentrum der Geschichte, aber wir können auf sie nicht verzichten. Neben dem Helden und seinem Gegenspieler gibt es demnach noch Rat- und Stichwortgeber, Beichtväter und Hofnarren, Geschäftsfreunde, Gehilfen. Gesing schreibt: „Eine Abgrenzung der Nebenfiguren ist häufig schwer zu treffen. Manche haben nur eine motivische oder atmosphärische Platzhalterfunktion, ohne dass sie für den Verlauf der Handlung von Bedeutung wären, andere machen das Milieu lebendig, und wieder andere treten in den Kreis der Zentralfiguren ein."

Charakter der Handelnden

Zur Charakterisierung benötigen die Mitarbeitenden Schlüsselinformationen, damit sie die Handelnden einordnen können. Dazu gehören Alter, soziale Einordnung und Beziehungen der Person zu Dritten.

Zentrales Element ist der Wesenszug der Person, also das, was ihr Denken und Handeln anleitet. Hierfür können Sie die Grundmotive nutzen, die Sie in Kapitel 6.5 kennen gelernt haben. Anhand dieser Grundmotive beschreiben Sie, welche Bedeutung die Motive Sicherheit, Entdeckung und Dominanz für die gesamte Persönlichkeit der Handelnden haben. Hilfreich ist es auch, die Spannungsfelder dieser Motive aufzuzeigen, also den Wunsch des Firmenchefs, das Unternehmen nach vorn zu bringen (Dominanzmotiv), aber auch seine Hemmungen, hierfür viele Arbeitsplätze abzubauen (Sicherheitsmotiv). Der Wesenszug der Person wird durch sein Handeln deutlich. Möglich ist auch, dass das Handeln des Menschen aus seinem Wesenszug entsteht. Handeln und Person stehen in engem Bezug, das eine ist ohne das andere nicht verständlich. Im Lauf des Storytelling entsteht so die Charakterisierung einer Person, die eine Orientierung ermöglicht und Zuverlässigkeit vermittelt.

Um den Wesenszug einer Person begreifbar zu machen, können Muster über Handelnde helfen: Die Mitarbeitenden rufen solche Muster und Motive unbewusst ab, wenn Sie den Handelnden in Ihren Geschichten begegnen: So gibt es zum Beispiel den Freund, den Berater, den Kumpel, den Partner, den Entdecker, den Erfinder, den Eroberer.

Die Persönlichkeit der Handelnden

Jeder Mensch ist einzigartig. Jeder hat seine Eltern, seine Erziehung, seine Ausbildung, seinen Beruf und seine Privatinteressen, er verfügt über einzigartige Erfahrungen, die auf einzigartige Weise mit Emotionen gekoppelt sind. Kein Mensch gleicht dem anderen. Grundsätzlich ist jeder Mensch durch die individuelle Zusammenstellung seiner Motive gekennzeichnet. Diese Motive werden kurzfristig in Situationen aktiv. Forscher sprechen hierbei von „State" – die Person handelt aus der Situation heraus, wie im Fall der starken Betroffenheit über ein Unglück in einer Krise. Zum anderen bestimmen Motive die Persönlichkeit eines Menschen über einen längeren Zeitraum („Trait"), zum Beispiel auch den Beruf, den diese Person ergreift und die Sprache, die dieser Mensch spricht. Storytelling in der internen Kommunikation vermittelt in den Erzählungen vor allem jene Eigenschaften von Menschen, die für die Geschichte bedeutend sind und die die

Bezugsgruppen brauchen, um die Person sowie ihr Denken und Handeln zu verstehen.

Handlungsebenen der Figuren

Im Storytelling können wir Figuren beziehungsweise Charaktere auf unterschiedlichen Ebenen erleben: im Beruf, in ihren Beziehungen und in ihrem Privatleben. Eine Person kann auf allen diesen Ebenen kongruent handeln, zum Beispiel dann, wenn sie sich sowohl im Berufsleben als auch im Privatleben als verantwortungsbewusst und sozial engagiert zeigt. Sie kann aber auch unterschiedlich handeln, zum Beispiel, wenn die „Home Story" über den Firmenchef dessen private Seite zeigt.

Erscheinungsbild der Figur

Weitere Schlüsselinformationen neben dem Charakter einer Person liefern ihr äußeres Erscheinungsbild sowie ihre Sprache. Zu den Körpermerkmalen zählen Körperbau und Hautfarbe, Merkmale also, die nur sehr bedingt bis gar nicht änderbar sind. Zu den gestaltbaren Merkmalen des Äußeren gehören Kleidung, Frisur, Schmuck. Solche Zeichen kann das Gehirn blitzschnell beurteilen (siehe Kapitel 8).

17.4.2 Handlungen

Die Handlung beantwortet die Frage, um was es geht. Welchen Stoff behandelt die Geschichte, was geschieht mit den Figuren? Hier können Sie Ihr Belohnungsversprechen und die Erfolgsfaktoren wirkungsvoll inszenieren (siehe Kapitel 11.3). Handlungen richten sich daher allesamt nach dem übergeordneten Belohnungsversprechen. Viel zu oft sind Strategien nur Worthülsen, die nie gelebt werden. Geschichten dagegen erzählen von Menschen und ihrem Handeln, um ein Ziel zu erreichen. Sie machen vor, was die anderen nachmachen können. Eindrücklich beschreibt dies Hermann Becker, Leiter Unternehmenskommunikation von Porsche Austria, in einem Vortrag auf dem 1. Storytelling-Kongress in Salzburg 2006: „(Ich) habe im Verlaufe der Jahre gelernt, dass die Seele eines Unternehmens nicht in einem Folder dargestellt werden kann, sondern von Mitarbeitern tagtäglich erfühlt und spürbar werden muss. Wie viele Broschüren und gescheite Sätze wurden schon geschrieben, die dem Mitarbeiter dieses Selbstverständnis des Unternehmens beschreiben sollten. Auch wir waren davor nicht gefeit, auch wir haben Leitbilder erarbeitet, in großer Runde, und da wurden Sätze gedrechselt, die alle Zutaten eines Unternehmens in Broschüren verwurstet hatten und die schon damals kein Normaldenkender mehr verstand. Von diesen Fibeln gibt es vermutlich noch Restbestände, die in Aktenschränken verstauben, aber anwenden und vor allem begreifen tut das keiner mehr. So was muss man leben. Vorleben vor allem."

Mitarbeiter beurteilen andere Menschen besonders stark nach ihrem Verhalten – was ein Kollege oder der Vorgesetzte versprochen haben, müssen sie einhalten. Das Verhalten muss auch zum sonstigen Erscheinungsbild passen, damit sie diesen Menschen als stimmig erleben. Vorleben ist am glaubwürdigsten und hilft anderen, Verhalten zu imitieren. Ein Manager muss seine Werte vorleben. Wie also verhält er sich gegenüber seinen Mitarbeitern: Ist er offen für deren Vorschläge und gesprächsbereit? Geht er auf seine Mitarbeiter ein? Wie verhält er sich gegenüber seinen Kunden? Richtet er sein Verhalten nach ihnen aus? Hält er Qualitätsgrundsätze ein? Verhält er sich ehrlich, solide und transparent? Wie verhält sich der Mensch gegenüber Aktionären und Geldgebern: Kommuniziert er offen und glaubwürdig? Steigert er den Unternehmenswert? Steht er im Dienst seines Unternehmens, seiner Aktionäre und Geldgeber? Wie verhält er sich gegenüber gesellschaftlichen Gruppen? Wie verhält er sich gegenüber kulturellen Interessen, gegenüber Ökoproblemen, dem Fortschritt in Wissenschaft und Technik und dem sozialen Wandel? Geschichten können dies höchst wirkungsvoll erzählen und ihre enorme Wirkung entfalten.

Urform von Geschichten

Die Form von Geschichten ist seit jeher die gleiche (vgl. Campbell, 1999). Sie scheint begründet zu sein in unserer überlebenswichtigen biologischen Vergangenheit der Nahrungsaufnahme:

- Bewusstwerden des Bedürfnisses
- Verlassen der Basis
- Entdeckung des rechten Ortes
- Kampf um die Nahrung
- Erfolg
- Rückkehr

Aus dieser Urform ist ein Muster entstanden, das wir auch heute noch kennen, es ist tief in uns abgespeichert:

- → Auslöser der Handlung ist ein Mangel, eine Schädigung oder eine Verbotsverletzung: In der internen Kommunikation kann dies das Bedürfnis der Mitarbeitenden nach einem sicheren Arbeitsplatz sein oder nach Leistungsfähigkeit (Dominanzmotiv). Es kann aber auch eine Krise sein.
- → Der Held ist mit der Gegenhandlung beauftragt und zieht los: Das Storytelling in den PR beschreibt, wie das Unternehmen dieses Motiv erfüllen will, zum Beispiel durch die Suche nach neuartigen Medikamenten.
- → Der Held wird auf die Probe gestellt und bekommt als Belohnung zusätzliche Unterstützung, zum Beispiel durch einen Helfer: Die Suche nach Medizinexperten gestaltet sich schwierig, aber dann findet er doch den richtigen Fachmann.
- → Der Held gelangt an den gesuchten Ort und trifft dort auf seinen Gegenspieler: Es gibt Rückschläge, bevor das Unternehmen neue Präparate entwickeln und sie auf dem weltweiten Pharmamarkt anbieten kann.
- → Der Gegner wird besiegt und die Mangelsituation behoben: Das Unternehmen erkämpft sich eine gute Wettbewerbsposition.
- → Der Held wird für seine Taten belohnt: Das Medikament ist erfolgreich, heilt Krankheiten und dies belohnen die Aktionäre.

Handlungselement Konflikt

Besonders aktivierend ist die Handlung, wenn sie einen Konflikt zum Thema hat: Der Mensch kämpft gegen Angst und Unsicherheit, gegen Eintönigkeit und Langeweile oder gegen Unterlegenheit und Wut – jene Motive, die Sie in Kapitel 6.5 kennen gelernt haben. Die Lösung dieses Konfliktes besteht aus Alternativen, die der Mensch ergreifen kann. Am Ende der Handlung steht meist das Happy End, also die Lösung. Gesing schreibt: „Ein Konflikt ist eine Kollision polarer Kräfte, eine Auseinandersetzung von Menschen und Normen, auch ein innerer Widerstreit von Motiven, Wünschen und Werten. Ausdruck und Höhepunkt eines Konflikts ist eine äußere wie innere Krise, eine gestörte Ordnung, die auf eine Lösung drängt. Insofern führen Konflikte und Krisen auch zu Wendepunkten im Leben eines Individuums, einer Familie oder einer Gesellschaft."

Konflikte im Unternehmen können sein:

→ **Konflikte mit den Mitarbeitern:** Das Unternehmen hat einen Konflikt, weil der Firmenchef andere Entscheidungen trifft als seine Mitarbeiter wollen.

→ **Konflikte mit der Gesellschaft:** Das Unternehmen muss, um international wettbewerbsfähig zu bleiben, mit Methoden und Techniken arbeiten, die gesellschaftlich stark umstritten sind, wieetwa ein Pharmaunternehmen, das auf Biotechnologie setzen will.

→ **Konflikte mit Wettbewerbern:** Ein Unternehmen nimmt es mit dem Marktführer auf.

→ **Konflikte mit der Technik:** Die Technisierung schreitet in allen Lebensbereichen voran. Ein Konflikt wäre es , wenn sich ein Unternehmen entscheidet, auf herkömmliche Handwerksmethoden zu setzen statt auf die hochentwickelte Techniken.

→ **Konflikte durch Unfall oder Katastrophe:** Ein Unternehmen durchlebt eine Krise aufgrund eines Unfalls.

→ **Unterschiedliche Normen und Werte:** Konflikte zwischen Bewahrern und Veränderern im Unternehmen.

→ **Generationenkonflikte:** Der neue Firmenchef möchte das Unternehmen strategisch neu ausrichten, weil es nicht mehr der Marktsituation entspricht.

Konflikte können sich im Erleben und Verhalten abspielen, meist sind sie mit äußeren Konflikten verbunden. Das kann die Unzufriedenheit mit einer augenblicklichen Situation oder Rolle sein oder die Unvereinbarkeit von Interessen. Die Beseitigung dieses Konflikts setzt Energien frei, die zu Entscheidungen und Handlungen der Hauptperson führen. Gesing hierzu: „Seit der Antike lässt sich ein Großteil der Schriftsteller und Leser von dem Gedanken leiten, dass sich der Mensch in krisenhafter Auseinandersetzung mit sich selbst sowie in konfliktträchtiger Auseinandersetzung mit seinem Mitmenschen und der Gesellschaft entfaltet und gleichzeitig fassbar wird. Vor allem in seinen Niederlagen, in Schmerz und Leid, im Kampf um Selbstbehauptung und im Wettrennen gegen den Tod fasziniert er uns, als Leser und Zuschauer leiden wir verängstigt mit ihm, und am Ende seiner Geschichte wissen wir mehr über uns selbst. In sicherer Distanz bestanden wir Abenteuer, loteten Abgründe menschlicher Boshaftigkeit aus und sahen dem Tod ins Auge, waren aber nie wirklich in Gefahr und fühlen uns womöglich innerlich gestärkt oder emotional „gereinigt" (= Katharsis). Diese Überlegungen sind schon so alt wie Aristoteles, und in ihren Grundzügen gelten sie noch heute."

Der Konflikt als Kernelement einer Unternehmensstory muss Voraussetzungen erfüllen:

→ Die Mitarbeitenden müssen ihn verstehen können.
→ Der Konflikt muss für sie bedeutend sein.
→ Die Lösung des Konfliktes muss für die Mitarbeitenden belohnend sein, in dem Gefahren gebannt und Ängste besiegt werden oder ihr Wohlbefinden steigt.
→ Die Mitarbeitenden müssen sich in den Konflikt einfühlen können, damit sie am Geschehen teilhaben können.
→ Die Hauptperson sollte durch ihr Handeln wesentlich dazu beitragen, den Konflikt zu lösen – möglichst unterstützt durch den Beitrag der Mitarbeitenden, damit die Geschichte auch für sie handlungsauslösend ist.

Stefan Fourier schreibt: „Wenn Sie Veränderungen wollen, dann muss der Wandlungsprozess Teil der Erlebniswelt Ihrer Mitarbeiter werden. Dazu brauchen Sie eine Story (...) Etwas, das die Menschen emotional wirklich berührt, was sie seit längerem stört, ängstigt oder umtreibt. Wenn Sie Veränderungen wollen, müssen Sie da ansetzen, wo der Schuh drückt, und dann die Situation aufdecken, verstärken und zuspitzen, damit der nötige Veränderungsdruck entsteht." Aus welchem Konflikt heraus handeln Sie? Dies können zum Beispiel schlechte Qualität sein, Ignoranz von Partnerfirmen gegenüber ihren Kunden, Unsicherheit und Angst, Langeweile und Unterlegenheit.

Konflikte beziehen auch deshalb die Mitarbeitenden ein, weil sie wissen wollen, wie der Konflikt endet: Sie fragen sich, was der Held unternehmen wird, um das Problem zu lösen und ob er erfolgreich sein wird. Noch ein Tipp: Klaus Fog und seine Kollegen stellen in ihrem Buch „Storytelling" ein Konfliktbarometer vor. Dieses Barometer gibt an, wie ausgeprägt der Konflikt ist. Darüber nachzudenken ist deshalb sinnvoll, weil der Konflikt nicht zu stark sein sollte. In diesem Fall nämlich könnten ihn die Mitarbeitenden ablehnen, weil sie ihn als zu bedrohlich erleben und die Geschichte daher meiden.

Handlungselement: Alternativen

Um dem Konflikt zu entgehen, kann das Unternehmen grundsätzlich unterschiedlich handeln. Die Managementsprache verwendet hierfür den Begriff Strategien. Das Aufzeigen von Alternativen im Storytelling hat den Vorteil, dass den Mitarbeitenden deutlich wird, dass es eine Standardlösung oft nicht gibt, Mitarbeiter sie aber oft von ihren Führungskräften erwarten. Ein Unternehmen zu führen bedeutet, Risiken einzugehen und aus mehreren Alternativen auszuwählen. Die gewählte Strategie kann sich als richtig oder falsch herausstellen. Im Storytelling können Sie daher erläutern, welche Alternativen Sie haben, aus welchem Grund Sie sich für eine Strategie entschieden haben und ob das die richtige Entscheidung war – war sie es nicht, können Sie erläutern, wie sie sich weiter verhalten.

Handlungselement: Plot Point

Der Plot Point ist ein Vorfall oder ein Ereignis, das in die Geschichte eingreift und in eine andere Richtung lenkt. Beispiele hierfür wären das Auftreten eines starken Konkurrenten: „Die unvorhergesehene Wendung ist es, die aus einer Situation oder einer gleichförmigen Folge von Ereignissen eine Geschichte macht. Ihr Impetus reißt uns mit, weil die Wendung unverhofft kommt. Sie bringt die Handlung in Schwung. Sie ist der kreative Kern jeder Geschichte, die die Lösung mit sich bringt“, schreibt Faust.

Handlungselement: Wandel

Geschichten sind immer vom Wandel gekennzeichnet – in der Urform vom Wandel des Armen in den Reichen, vom Dummen in den Klugen, vom Schüchternen in den Selbstbewussten. Wandel im Storytelling könnte zum Beispiel vom Jungunternehmen zum Weltunternehmen sein, der Wandel vom Nischenprodukt zum Kultprodukt, vom Außenseiter zum Marktführer. Auch beim Element des Wandels können Sie auf die Grundmotive des Menschen zurückgreifen: Menschen suchen die positive Seite, die negative wollen sie meiden. Der Wandel kann daher von der Unsicherheit zur Sicherheit stattfinden, von Eintönigkeit und Langeweile zu Erregung und von Unterlegenheit zu Überlegenheit und Siegesgefühl.

Märchen und Mythen als Muster für Handlungen

Das unbewusste Verstehen von Handlungen führt zu den Mythen als Urgeschichten, die wir schon früh lernen. Die Grundmuster dieser Urgeschichten bleiben, auch wenn sie immer neu umgesetzt sind. Beispiele für solche Urgeschichten sind der Kampf von David gegen Goliath, also der Kleine gegen den Großen (siehe Greenpeace), die Geschichte vom Retter in der Not (Ed Koch), jene des Siegers (Google), vom Phönix aus der Asche oder der Wandel vom hässlichen Entlein zum schönen Schwan (Dale Carnegie).

Physische und emotionale Handlung

Es gibt physische Handlungen und emotionale Handlungen. Die physischen Handlungen sind jene, die sichtbar sind. Die emotionale Handlung umfasst, wie die Handelnden fühlen, welche Konflikte sie gedanklich durchleben, ihre Zweifel, aber auch die Überzeugung, ihr Problem zu lösen. Beide Komponenten zeigen den dramatischen Dialog der Person:

- → Die Person gerät in Konflikt, zum Beispiel muss sie einer gefährlichen Versuchung widerstehen.
- → Die Person interagiert mit anderen (feindlich, freundlich etc.).
- → Die Person agiert mit sich selbst (Angst überwinden).

Sie sollten diese beiden Aspekte in Ihrem Konzept für das Storytelling berücksichtigen, weil beide gleichermaßen interessant für die Mitarbeitenden sein können. Peter Guber, Filmproduzent und Managementberater, schreibt im Harvard Business Manager: „Dies ist die Schwierigkeit für den Geschichtenerzähler in der Wirtschaft: Er muss zum Herzen der Zuhörer vordringen und ihre Emotionen ansprechen, selbst wenn der Verstand mit der Verarbeitung der Informationen beschäftigt ist, die er übermitteln möchte (...) Das heißt also, dass Sie den Verstand Ihrer Zuhörer im Visier haben, dass jedoch die Herzen den Mittelpunkt bilden sollten. Um die Herzen seiner Zuhörer zu erreichen, muss der visionäre Manager auch sein eigenes Herz offenbaren, während er seine Geschichte darlegt.“

Abweichen von der Norm

Handlungen aktivieren besonders stark, wenn der Handelnde nicht völlig den Erwartungen entspricht. Der Firmenchef kann und sollte daher überraschen.Reagiert er nur vorhersehbar, scheint die Handlung eher flach. Storyteller Gesing schreibt: „Wer überrascht, trägt ambivalente Züge und kann uns bis zum Schluss der Geschichte noch Rätsel aufgeben. Das Bildnis, das wir uns von ihm machen, enthält immer genügend weiße Stellen, die dazu anregen, sie auszumalen.“

Dramaturgie im Storytelling

Für das Anordnen von Handlungen ist die Dramaturgie wichtig. Dramaturgie bedeutet im Theater die Lehre vom Wesen und Aufbau des Bühnenspiels. Um ihre Bedeutung zu beschreiben, hier ein Beispiel: Ein Unternehmen will einen neuen Prozess einführen, zum Beispiel Qualitätsmanagement. Meist beginnt die begleitende Kommunikation mit einem Paukenschlag, um sich dann überhastet zu steigern. Nach einiger Zeit, zum Beispiel dem offiziellen Projektende, wenn der Prozess in den Arbeitsalltag überführt ist, stürzt die Spannung ab. Die Mitarbeiter beginnen sich zu langweilen, weil die Kommunikation keine weiteren neuen und interessanten Reize bietet oder, schlimmer noch, sie nehmen den Prozess nicht mehr ernst, weil sie nichts mehr darüber erfahren. Mit einer klug inseznierten Dramaturgie in der Kommunikation würde so etwas nicht passieren. Denken Sie beim Storytelling daran.

Im Theater und in der Oper sorgen Dramaturgie und Spannung dafür, dass die Zuschauer aufmerksam der Entwicklung des Stückes folgen. Im Storytelling sorgt die Dramaturgie dafür, dass alles, was geschieht, optimal auf die Bezugsgruppen bis hin zu ihren Aufnahmefähigkeiten abgestimmt ist. In einem ersten Schritt sollten Sie deshalb Ihre große Botschaft (Core Story) in kleine Einheiten zerlegen. Dies wird in der Fachsprache „Storyline-Prinzip” genannt. Durch kleine, verdauliche Informationshäppchen sorgen Sie dafür, dass die Mitarbeitenden Ihre Botschaften leicht aufnehmen und in Erinnerung behalten. Darüberhinaus erscheint den Beschäftigten die Zeit viel kürzer und intensiver, wenn Ihre Geschichten in viele Einzelereignisse zerfallen.

Im zweiten Schritt stellen Sie die Einheiten so zusammen, dass eine angemessene Abfolge entsteht. Aufbau, Halten und Ausbau Ihrer Kommunikation. Es geht darum, die Kommunikation nie völlig abreißen zu lassen, sondern stets ein Grundrauschen aufrecht zu erhalten, damit die Mitarbeitenden Ihre Botschaften nuicht vergessen (siehe ausführlich Kapitel 10). Eine solche permanente Spannung ist besonders im Intranet wichtig, wo es darum geht, die Besucher durch Interaktion auf der Website zu halten. Spannung kann auch den Reiz eines Mitarbeiter-Events deutlich erhöhen: Wer wird nicht gern überrascht? Wer möchte nicht nach einem spektakulären Ereignis verschnaufen, bevor das nächste kommt?

17.4.3 Bühne und Requisiten

Wichtiges Kernelement des Storytelling ist die Bühne. Zur Bühne gehören auch Requisiten sowie sensorische Einflüsse wie Licht, Wärme, Farben und die Stimmung, wie zum Beispiel Erregung oder Langeweile, die diesen Ort kennzeichnen.

Bühne

Menschen im Unternehmen erleben sich auf einer Bühne: Dies kann das eigene Büro sein, die Kantine, eine Werkshalle, die Börse oder das internationale Parkett. Wir können sie dort persönlich treffen oder in der Mitarbeiterzeitung ein Foto sehen. Denken Sie an einige Menschen an Ihrem Arbeitsplatz: Sie werden sich an das Umfeld erinnern, in dem Sie diesen Personen begegnen.

Orte können selbst Bedeutungsträger sein, wie der Ort der jährlichen Jubiläumsfeier des Unternehmens. Einen Ort verbinden wir mit allen Eindrücken, die er auf uns hinterlassen hat, wie im Fall des Betriebsfestes mit seiner Musik, den Gerüchen, dem Gehörten, dem Getasteten und dem Gesehenen.

Bedeutende Orte und Menschen speichern wir zudem in unserem episodischen Gedächtnis ab, in dem wir unsere bildhaften Erfahrungen ablegen (siehe Kapitel 10.2). Genauso könnten uns unsere Vorstellungen vom Firmenchef prägen, wenn wir uns an Fotos von ihm in der Natur oder in einer Nobelkarosse erinnern. Die Verantwortlichen für interne Kommunikation können das fürs Storytelling nutzen (siehe Kapitel 16).

Das Umfeld, die Art der Bühnen, prägen unser Empfinden und entscheiden mit darüber, wie wir die Person speichern und wie wir uns an sie erinnern: Hätten Sie gedacht, dass Sie eine Person in einer angenehmen Atmosphäre positiver erleben und in Erinnerung behalten als in einer unangenehmen? Schon eine angenehme Gesprächsatmosphäre führt also dazu, dass wir den Menschen positiver speichern als wir dies in einer neutralen Situation getan hätten. Unser Gehirn gleichzeitig auftretende Reize gemeinsam und mit den damit verbundenen Gefühlen und Körperzuständen abspeichert. Dies ist wohl einer der Gründe, warum uns im Urlaub Personen sympathisch sind, mit denen wir im Alltag nichts anfangen könnten. Die Assoziation mit positivem Dingen ist eins der einfachsten Sympathieelemente.

Orte sind also selbst Bedeutungsträger, wie der Ort der jährlichen Jubiläumsfeier des Unternehmens. Die Mitarbeiter reagieren darauf, und die Firma sollte sich darauf einstellen. Man kann solche Orte beispielsweise gezielt umgestalten, also inszenieren.

Zur Inszenierung des Ortes gehören nicht nur seine Lage, sondern auch Requisiten, also weitere Symbole, wie zum Beispiel Farben, Gerüche, Stoffe und andere Materialien, die uns vor allem unbewusste Informationen über eine Person liefern sollen. Wo finden Ihre Geschichten statt? In Ihrem Heimatland? In der großen, weiten Welt? An internationalen Börsenplätzen? Ist der Firmenchef hinter seinem aufgeräumten Schreibtisch zu sehen, in der Natur oder in einer Produktionshalle? Hierbei können Sie unterscheiden zwischen der Hauptbühne, auf der der Plot spielt, und der Hinterbühne, auf der Platzhalter und Nebenfiguren agieren (siehe Kapitel 17.4.1). Die Bühne kann ein Büro sein, die Kantine, die Werkshalle, die Börse oder das internationale Parkett.

Menschen in Geschichten können sich an einem angemessenen Ort inszenieren, der ihre Bedeutung unterstreicht. Nicht ohne Grund lassen sich Firmenchefs gern vor ihrem Firmensitz ablichten. Wo liegt Ihr Büro: In einem Hochhaus? Dann befindet es sich meist im oberen Stockwerk. Wie groß ist es? Wie viele Fenster hat das Zimmer? Welche Bilder hängen an der Wand? Sitzen sie beschützt hinter einem Schreibtisch und wir auf einem Stuhl weit weniger beschützt vor ihnen? Alle diese Indizien geben Aufschluss darüber, welchen Rang die Führungskraft im Unternehmen einnimmt und wie wir ihr demzufolge begegnen sollten. Wenn Sie mehr über die Inszenierung von Orten erfahren möchten, dann empfehle ich die Bücher von Schulz (2000) und Mikunda (2002).

Requisiten

Requisiten des Ortes können Symbole sein, also Zeichen, die stellvertretend für etwas stehen wie zum Beispiel das Firmenlogo. Geschichten stecken voller Symbole, die sich auf die Bühne beziehen: Sie reichen vom Einzelbüro über den Dienstwagen bis hin zur Kunst im Büro. Wenn Sie Geschichten erzählen, sollten die Bezugsgruppen diese Symbole und deren Bedeutung kennen und positiv werten.

17.4.4 Zeit in Geschichten

Geschichten sind zeitlich und inhaltlich geordnete Bedeutungseinheiten: Es folgen einige Aspekte, warum der Zeitfaktor so wichtig ist:

Zeitpunkte des Geschehens

Für Geschichten ist es relevant, wann sie spielen. Das können Vergangenheit, Gegenwart und Zukunft sein. Geschichten können alle Zeitpunkte verbinden, zum Beispiel, um zu zeigen, woher das Unternehmen kommt, wo es heute steht und wohin es möchte. Hier einige Beispiele, warum das sehr wichtig für Ihr Unternehmen sein kann:

→ **Vergangenheit:** : Sie prägt die Erfahrungen der Mitarbeiter mit ihrem Unternehmen. Diese Erfahrungen bestehen nicht nur aus dem angesammelten Wissen, sondern auch aus den damit gespeicherten Gefühlen und Körperzuständen. Geschichten können zeigen, woher das Unternehmen kommt, durch welche Personen, Entscheidungen und Ereignisse es zu dem wurde, was es jetzt ist. Die Vergangenheit wird zum wichtigen Bestandteil des aktuellen Selbstverständnisses des Unternehmens. Es ist wichtig, den Mitarbeitern den stetigen Wandel in der Vergangenheit positiv zu vermitteln, um so Barrieren für künftige Veränderungen abzubauen.

→ **Gegenwart:** Die meisten Unternehmen haben sich in den vergangenen Jahren so gewandelt, dass den Mitarbeitern oft nicht mehr klar ist, für was das Unternehmen derzeit steht. Zum Aufbau eines klaren Selbstverständnisses ist eine klare Darstellung der Gegenwart unbedingt erforderlich: Wo steht das Unternehmen heute? Was leitet sein Denken und Handeln?

→ **Zukunft:** Der Blick in die Zukunft zeigt den Beschäftigten, was sie künftig vom Unternehmen erwarten können. Damit verringert sich die Gefahr, dass die Mitarbeiter den Sinn des Neuen und dessen Zusammenhang nicht mehr erkennen und sagen: „Jetzt wird alles ganz anders", etwas, das die meisten Mitarbeiter verunsichert und ängstigt. Stattdessen erfahren die Beschäftigten, warum es sich für sie lohnt, sich für die gemeinsame Idee einzusetzen. Sie erfahren, was sie selbst dazu beitragen können, um die gemeinsame Idee mit Leben zu erfüllen. Hierbei sollten Sie die unterschiedlichen Erwartungen der Beschäftigten berücksichtigen: Die einen Mitarbeitenden wünschen sich, dass sich möglichst wenig ändern soll, an-dere suchen neue Herausforderungen und wieder andere ein Sprungbrett für die Karriere. Allen gleichermaßen „die Chancen des Wandels zu verdeutlichen", wie es in vielen Kommunikationskonzepten zu lesen ist, ist daher zu undifferenziert, weil es die unterschiedlichen Erwartungen.

Ordnung, Dauer und Frequenz

Für das Storytelling spielen drei weitere Zeitaspekte eine wichtige Rolle: zeitliche Ordnung, Dauer und Frequenz des Geschehens:

→ **Ordnung:** In welcher Reihenfolge erzählen Sie das Geschehen? Bei der Rückwendung (Analepse) berichten Sie nachträglich von einem Ereignis in der Geschichte; bei der Vorwegnahme (Prolepse) berichten Sie über ein in der Zukunft stattfindendes Ereignis. Eine Geschichte wird erst dann schlüssig, wenn ihre Bestandteile zeitlich sinnvoll angeordnet sind. Eine andere Reihenfolge könnte eine völlig andere Geschichte ergeben.

→ **Dauer:** Die Erzählzeit beschreibt die Dauer, die Sie benötigen, um Ihre Geschichte zu erzählen. Das kann ein Zeitraum von drei Jahren im Fall Ihrer langfristig geplanten Internen Kommunikation sein, es kann aber auch eine Kampagne sein (z.B. Qualitätsmanagement, Innovationsmanagement) oder eine Geschichte in einer Maßnahme wie einem Event. Die erzählte Zeit gibt den Zeitrahmen der Geschichte wieder. Das Verhältnis von beiden ergibt das Erzähltempo der Geschichte.

→ **Frequenz:** Wie oft berichten Sie? Ein Ereignis kann einmal oder mehrmals eintreten, Sie können es einmal erzählen (singuläres Erzählen) oder mehrmals. Mehrmaliges Erzählen wird als repetitives Erzählen bezeichnet, einmal erzählen, wenn es mehrfach geschieht als iteratives Erzählen. Die Frequenz ergibt sich demnach aus der Wiederholungszahl von Ereignissen innerhalb Ihrer Erzählung.

17.5 Beispiele

Hier drei Beispiele, wie Sie Storytelling in Ihrer Internen Kommunikation einsetzen können.

17.5.1 Porsche

Porsche ehrt seine Jubilare, wie wohl die meisten anderen Unternehmen auch. Meist besteht diese Ehrung aus endlosen Reden mit einem Rückblick, was damals im Unternehmen und der Welt geschehen ist. Im Vordergrund stehen die Redner und Laudatoren, die Jubilare sitzen brav im Publikum. Porsche entschied sich dafür, die Jubilare in den Mittelpunkt dieser Veranstaltungen zu stellen – der Mitarbeiter sollte Star für diesen Augenblick sein. Die Idee ist, die Geschichte des Mitarbeiters zu erzählen und durch ihn auch die Geschichte des Unternehmens.

Seine Geschichte erzählt der Jubilar in einem Kurzvideo, das ihn auf einer Großleinwand als echten Moviestar erscheinen lässt. Bei Ehrungen für Beschäftigte mit kürzerer Betriebszugehörigkeit sind das kurze Videoclips, die die Mitarbeiter an ihren Arbeitsplätzen zeigen, die aber auch ihre Hobbies kurzweilig und mit überraschenden Bildern durchaus humorvoll beschreiben. Solch ein Videoclip dient gleichzeitig als Aufruf, auf die Bühne zu kommen, um dort dieGratulation gemeinsam mit den Jahrgangskollegen zu empfangen. Mitarbeiter mit langer Firmenzugehörigkeit werden mit einem ausführlichen Porträt, in dem sie über ihren Werdegang erzählen und damit auch über die Geschichte des Unternehmens gwürdigt. Hermann Becker, Leiter Unternehmenskommunikation der Porsche Austria, berichtete in seinem Vortrag auf dem 1. Storytelling-Kongress in Salzburg im November 2005: „Jeder, der hier vorkommt, erzählt über das Unternehmen in seiner ganz persönlichen Wahrnehmung. Und diese ist oft ganz anders und sehr viel facettenreicher als das, was irgendwo offiziell geschrieben steht.“

In den Videos erzählen alle Mitarbeiter über sich - von den Hilfskräften bis zum Geschäftsführer. Becker: „Wenn Mitarbeiter über ihre Beziehung zum Unternehmen reden, dann springt der Funke über und keiner bleibt teilnahmslos. Dann wird man zur Familie und man spürt, was das Unternehmen Porsche bei den einzelnen Menschen auslöst (...) Da wird geweint vor Rührung und gelacht, da treffen Mitarbeiter in oft ganz einfachen Worten die Seele des Unternehmens. Da begreift jeder im Saal, worauf es ankommt. Ich kann Ihnen die Emotionalität nur ansatzweise schildern. Als Betroffener spürt man das sehr viel mehr und auch verstärkt. Und weil jede Botschaft - die auch von einem Lächeln begleitet ist - sehr viel intensiver ankommt, gibt es auch viel zu lachen. Und jeder, der hier dargestellt ist, ist ein Held und stolz, dabei gewesen zu sein. Wenn diese dann zu ihren Tischen zurückkehren, werden sie als faszinierende Persönlichkeiten, als tolle Burschen und außergewöhnliche Kolleginnen gefeiert, und manch einer gewinnt eine Anerkennung, die er bis dahin noch nie von seinen Kollegen erlebt hat."

Bei der Veranstaltung sind alle Gesellschafter anwesend sowie ausgewählte junge Mitarbeiter, die erleben und begreifen, wie Porsche lebt, woher das Unternehmen kommt und wohin es sich entwickelt. Becker: „Eine Liebeserklärung, die ihre Wirkung bei den Zuhörern aus dem Unternehmen nicht verfehlt. Wenn Sie die Menschen im Herzen erreichen, dann gehen sie für ihre Firma durch Feuer und Flamme."

17.5.2 „My BASF Story"

Zum 140. Geburtstag der BASF am 6. April 2005 konnten Mitarbeiter und Pensionäre weltweit ihre persönlichen Erinnerungen an das Unternehmen in Geschichten niederschreiben. Das Projektteam wählte dann aus den Einsendungen Geschichten der unterschiedlichsten Art aus, zum Beispiel über die verschiedenen Kulturen, Länder und Unternehmen der Firmengruppe.

Am 6. Oktober 2005 hatte My BASF Story dank des großen Anklangs bei den BASF-Mitarbeitern und Ehemaligen das Ziel von 140 illustrierten Geschichten für 140 Jahre erreicht. Außerdem sollten weltweit so viele Mitarbeiter wie möglich als Autoren oder Leser mitmachen. Auch dieses Ziel erfüllte sich: Die Geschichten kamen aus insgesamt 72 Standorten der BASF-Gruppe - einschließlich Mexiko-City, Moskau, Ho-Chi-Minh-Stadt, Dubai, Detroit, Bogota, Göteborg, Malta und Toronto. Um allen Geschichten, die über die angepeilten 140 hinausgingen, einen Platz zu bieten, wurde die Rubrik „Weitere Geschichten aus aller Welt" eingerichtet.

Insgesamt sind so 292 Geschichten in zehn Sprachen zusammen gekommen. Ein Beispiel: „Ich fragte ihn: „Wer ist dieser Lou, der so tüchtig ist, dass er über jedes Projekt Bescheid weiß?" Nun ja, was sich für mich wie Lou anhörte (ein amerikanischer Spitzname für Louis), stand in Wirklichkeit für LU oder Ludwigshafen" (Rudy Lisa, Wyandotte, USA). Weitere Beispiele:

- Worum es geht: Wie kommen die Güter von A nach B?
- Wie es im Hauptlaboratorium der BASF zum Rauchverbot kam.
- Blitz über dem Friedrich-Engelhorn-Hochhaus
- Dialog mit den Bereichen – eine Möglichkeit zum Kennenlernen der BASF-Gruppe
- Auf Entdeckungsreise in Serbien
- Top Hits Suvinil: Talente aus Jaboatão
- Wilde Kaffeerunde fördert Querdenker
- Ein zähes Steak, ein Streik und eine gelernte Lektion
- Von Russland auf Umwegen zur BASF
- 43 Jahre bei BASF – eine Zwischenbilanz
- In der fünften Generation eng verbunden mit BASF in Japan
- Die schicksalsträchtige Werbetafel

Jede der Geschichten spiegelt eine Facette der BASF wider. Zusammen ergeben sie ein vielfältiges Portrait des Unternehmens. Ein Mitarbeiter schrieb: „Die Aktion, sie geht zu Ende, die Geschichten sprechen Bände, mal vom Leid, doch auch vom Glück. Was ein jeder hat erfahren hier in seinen Arbeitsjahren, ist ein Stein zum Mosaik. Das Ergebnis, man kann sehen, ließ ein großes Bild entstehen, bunt und auch facettenreich. Doch die Menschen der Kulturen, die hier hinterließen Spuren, sind als Anneliner gleich!" (Rudolf Büssecker, Ludwigshafen).

Überrascht von der starken Resonanz der Mitarbeiter an diesem interaktiven Konzept zeigte sich der Leiter der Unternehmenskommunikation der BASF im „Kommunikationsmanager" vom Dezember 2006: „Wir glaubten von Anfang an, dass My BASF Story ein interessantes und emotional ansprechendes Projekt ist, aber diese Begeisterung weit über die Zielgruppen hinaus hat uns überrascht. Mit einer einfachen Maßnahme haben wir über sachliche Kommunikationsziele hinaus die Vision des Unternehmens durch die Stimmen unserer Mitarbeiter fühlbar gemacht."

Wie kam es zu diesem Projekt? Im Jahr 2004 positionierte sich BASF strategisch neu auf dem Markt. Sichtbare Zeichen waren das neue Logo, bunte Farben und das Motto: The Chemical Company als Bekenntnis zur Chemie. Kernbotschaft: „Wir sind ein Unternehmen, das mit seinen Produkten, seinem Know-how und seinen Mitarbeitern Zukunft gestaltet." Zum 140. Geburtstag 2005 sollten Projekte diese Botschaft den Bezugsgruppen noch stärker ins Bewusstsein bringen – und dies nicht nur nüchtern und sachlich über die Geschäftstätigkeit, sondern auch stark emotional. Die Geschichten mussten wahr und kurz gefasst sein, Stil und Thema durften frei gewählt werden.

Die entstehende Sammlung von Geschichten sollte als Material für die Entwicklung und das Selbstverständnis der BASF und den Konzern als menschliches und emotionales Unternehmen darstellen. Überhaupt sollten die Mitarbeiter zum

Mitmachen motiviert und das Interesse über einen längeren Zeitraum geweckt werden, sodass schließlich auch ein Medium für interne und externe Zielgruppen entstehen würde. Ein weiteres Beispiel: „BASF ist für mich nicht nur eine Chance, sondern die Realisierung des Traumes meines Vaters. Die Möglichkeit, eine andere Sprache zu lernen und die Welt kennen zu lernen, überstieg sogar die Vorstellungskraft meines Vaters. Ich war an Orten, von denen er nur in seinem nächsten Leben träumen kann. Was für ein Glücksgefühl es für meinen Vater ist, seine Tochter das Leben führen zu sehen, das für ihn einst nur ein kleiner Hoffnungsschimmer war“ (Thavy Un, Limburgerhof, Deutschland).

Einige Zahlen zum Erfolg der Aktion: Die Webseite http://my-basf-story.basf.com wurde in den Folgejahren zwischen 2000 und 4000 Mal pro Tag von internen und externen Nutzern aufgerufen. Zwischen April und Oktober 2005 wurden die Seiten über eine Million Mal angeklickt, davon rund 70.000 Mal am ersten Tag.

Die Geschichten werden im Unternehmen zu vielen Zwecken verwendet:

- → Die BASF Corporation in den USA hat eine Auswahl der Geschichten auf ihrer Internetseite unter dem Stichwort „Career” veröffentlicht.
- → Bewerber nutzen My BASF Story, um sich einen Eindruck über das Unternehmen zu verschaffen und zitieren sie in ihren Bewerbungsgesprächen.
- → Die Webseite als CD-ROM soll neuen Mitarbeitern den Einstieg ins Unternehmen erleichtern.
- → Die Geschichten werden bei Konferenzen des Managements und in Schulungen eingesetzt.
- → Mitarbeiter aus ähnlichen Arbeitsbereichen nehmen nach dem Lesen der Geschichten miteinander Kontakt auf, um Erfahrungen auszutauschen.
- → 2007 ist das Buch mit den Geschichten erschienen.

Noch immer entdecken die PR-Verantwortlichen, wie sie die Geschichten intern und extern nutzen können. 2008 wurde „My BASF Story” für die Kunden des Unternehmens vorbereitet.

17.5.3 Unternehmenstheater

Unternehmenstheater ist kommerzielles Theater in Unternehmen. Oft wird es zur Unterstützung der Kommunikation im Wandel eingesetzt. Unternehmenstheater gibt Probleme in szenischer Form wieder und führt diese Theaterstücke mit professionellen Schauspielern vor der Belegschaft und anderen am Prozess beteiligten Gruppen auf. Managementprofessor Georg Schreyögg (2001) nennt vier Charakteristika:

- → Unternehmenstheater wird von einer Organisation mit Blick auf ein bestimmtes Anliegen hin in Auftrag gegeben.

→ Die Aufführung erfolgt mit theatralischen Mitteln in einem ästhetischen Raum, der klar zwischen Schauspielern und Zuschauern unterscheidet.
→ Die Aufführung hat den Unternehmensalltag zum Gegenstand.
→ Bei den Zuschauenden handelt es sich um die Belegschaft beziehungsweise um einzelne Belegschaftsgruppen.

Im Gegensatz zum künstlerischen Theater, das anhand des künstlerischen Ausdruckes und der Ästhetik beurteilt wird, ist Unternehmenstheater vor allem zweckmäßig und zielgerichtet. Es wird daran gemessen, ob es gelingt, eine beabsichtigte Entwicklung in Gang zu bringen. Themen sind Probleme im Unternehmen, wie zum Beispiel Konflikte in der Kommunikation und unterschiedliche Interessen von Abteilungen. Ursache können mangelnde Kundenorientierung sein, die zu einem Rückgang von Aufträgen geführt hat, oder fehlende Innovationsbereitschaft. Diese Themen werden realitätsnah, aber auch als Komödie, Satire oder Tragödie aufgeführt. Die Betroffenen dieser Probleme und Konflikte sind Zuschauer. Sie können den Konflikt mit etwas Abstand deutlich erkennen, darüber nachdenken und im besten Fall bereit sein, diesen Konflikt zu lösen.

Unternehmenstheater ist besonders gut geeignet, um verkrustete Strukturen und unflexibles Verhalten aufzubrechen und zu verändern. Es kann Wandel im Unternehmen unterstützen, und auch bei langwierigen Konflikten und Widerständen gegen Neues zeigt Unternehmenstheater gute Ergebnisse.

Der Ablauf der Inszenierung besteht aus sechs Schritten: Auftragsstellung, Exploration, Dramatisierung, Inszenierung, Aufführung und Nacharbeitung:

1. **Auftrag:** Unternehmen denken meist im Zuge eines Wandels an Unternehmenstheater, damit die vielen damit verbunden Veränderungen mit möglichst wenig Widerstand durchgeführt werden können. Notwendig ist in allen Fällen ein detailgenaues Briefing, das das Ziel der Aufführung und die wichtigsten Herausforderungen enthält. Die Kosten sind abhängig vom Renommee der Theatergruppe und dem Aufwand der Inszenierung.

2. **Exploration:** Der Anbieter des Unternehmenstheaters analysiert das Unternehmen und das anstehende Problem gründlich. Die Firmenleitung sollte dabei einbezogen sein und das Projekt von ihr getragen werden. Die Analyse muss alle wichtigen Faktoren berücksichtigen, wie z.B. die darin verwickelten Personen, deren Einstellungen und Verhalten. Unterstützende Interviews, Do kumentenanalysen und sonstige Beobachtungen kommen hinzu.

3. **Dramatisierung:** Nach der Analyse entsteht das Theaterstück. Der Plot wird mit dem Auftraggeber abgestimmt.

4. **Vorbereitung und Inszenierung:** Regisseur und Schauspieler werden engagiert, der Aufführungsort ausgewählt, Bühnenbild und Kostüme gestaltet.

Auch die Proben und die Generalprobe vor dem Auftraggeber finden in dieser Phase statt.

5. **Aufführung:** Nach Abnahme der Inszenierung wird das Theaterstück vor dem festgelegten Publikum aufgeführt. Die Aufführung findet häufig als Teil von Seminarveranstaltungen statt. Schauplatz können neben einem Theater auch Räume im Unternehmen sein.

6. **Nachbereitung:** Um die Wirkung der Aufführung zu prüfen, kann das Publikum seine Gedanken und Gefühle zum Stück äußern.

Der Psychologe Kurt Lewin unterteilt die Wirkung solcher Unternehmenstheater in drei Schritte: Unfreezing, Moving und Refreezing. Veränderungen im Denken und Handeln des Publikums sind möglich, wenn in der ersten Phase des Unfreezing Verhaltensmuster aufgebrochen werden. Dazu müssen sich die Zuschauer mit dem Geschehen auf der Bühne identifizieren und eine eigene passive Rolle übernehmen. Die damit einhergehende emotionale Irritation kann die Bereitscahft zu Neuem fördern. Wichtig dabei ist, dass die Balance zwischen Realitätsnähe und Realitätsferne gefunden wird. Für diese Balance sind drei Voraussetzungen zu erfüllen:

→ **Unfreezing:** Den Zuschauern muss das thematisierte Problem deutlich werden, die Inszenierung muss genügend Nähe zum Alltag haben. Zu beachten ist hierbei, dass sich keine sachlichen Fehler einschleichen, weil sonst die Fachleute im Publikum die Glaubwürdigkeit der Darstellung in Frage stellen. Ein genaues Abbild des Alltags ist aber auch nicht ratsam. Die Zuschauer sollen genügend Distanz haben und vor Gesichts- und Autoritätsverlust geschützt werden. Ein solches Einbeziehen und gleichzeitiges Distanzierens können Sie durch kleine Provokationen und Humor erreichen.

→ **Moving** ermöglicht das Erlernen neuer Denk- und Handlungsmuster, die Alternativen werden von den Schauspielern vorgeführt. Das Beobachten der korrigierten Handlung kann Vorbehalte und Unsicherheiten der Zuschauer ausräumen.

→ Im **Refreezing** soll Gelerntes in das Handlungsmuster der Zuschauer übergehen und alte Verhaltensmuster ersetzen. Dazu wird das Gesehene immer wieder in Erinnerung gerufen, zum Beispiel durch die Mittel und Maßnahmen der internen Kommunikation.

Unternehmen haben gute Erfahrungen mit solchen Unternehmenstheatern gemacht. Spezialagenturen bieten das gesamte Spektrum der Leistungen an. Jedoch ist dieses Instrument nur bei 57 Prozent der von Capgemini befragten Unternehmen bekannt, im Gegensatz zu Vorgehensweisen wie Trainings, Schulungen und Workshops, die über 90 Prozent der Manager in Großunternehmen kennen.

Kapitel 18

Interne Kommunikation zeigt Bilder

18.1 Bedeutung

Die Interne Kommunikation ist vor allem an Texten orientiert. Doch ist die Schriftsprache im Vergleich mühseliger aufzunehmen als Bilder. Die modernen Medien richten sich danach, sie sind zunehmend visualisiert. Anders in den Betrieben: Die Mitarbeiter sollen Texte lesen, doch ist das ein Aufwand, den sie immer weniger gewillt sind, zu betreiben.

Der Mensch schaut lieber Bilder an, als dass er liest. Jeder kennt das Gefühl bei Vorträgen: Folien mit reinen Textwüsten überfordern und langweilen schnell. Gute Bilder aktivieren und interessieren. Nach einem Vortrag erinnern sich Zuhörer häufig nur an die Bilder und die zentralen Schlagworte. Spaß, Angst, Frische, Glück, Zufriedenheit, Stolz lassen sich eindrucksvoller, greifbarer, viel lebendiger, nachhaltiger und durchdringender zeigen als sagen. Ein arabisches Sprichwort sagt: „Ein guter Redner kann seine Zuhöhrer mit den Ohren sehen lassen." Wie wichtig Bilder sind, zeigt sich daran, dass sich der Mensch in seiner Umwelt stark visuell orientiert: Über 80 Prozent aller Informationen nehmen wir über unsere Augen auf. 60 Prozent der Gehirntätigkeit sind auf das Wahrnehmen, Verarbeiten und Speichern von Bildern ausgerichtet.

(Wahrnehmungs-)bilder in der Internen Kommunikation erzeugen Gedächtnisbilder, auch innere Bilder genannt. Solche inneren Bilder bestimmen Denken, Fühlen und Handeln der Mitarbeiter wesentlich. Eine nachhaltige Wirkung von Bildern stellt sich erst dann ein, wenn sie bei den Mitarbeitern immer wieder auftauchen. Bilder sind erst dann verhaltenswirksam, wenn sie im Gedächtnis verankert sind.

Der gezielte und koordinierte Einsatz von Bildern in der Internen Kommunikation soll diffuse Eindrücke vermeiden, die verwirren könnten. Solche diffusen Eindrücke entstehen, wenn ein Unternehmen zu viele unterschiedliche Bilder in Broschüren, im Intranet und anderen Botschaftsträgern der Internen Kommunikation einsetzt. Stattdessen sollten die Bilder die Kernaussage des Unternehmens, also dessen Belohnungsversprechen, vermitteln und beständig wiederholen, damit die Mitarbeiter diese Kernaussage speichern und behalten, also lernen.

18.2 Eigenschaften von Bildern

Die herausragende Bedeutung von Bildern in der Internen Kommunikation hat einen einfachen Grund: Sie werden von den Mitarbeitern leichter wahrgenommen, leichter verarbeitet und länger gespeichert als Texte:

→ Bilder aktivieren, sie ziehen den Blick der Mitarbeiter und damit deren Aufmerksamkeit auf sich. Ob im Intranet oder in der Mitarbeiterzeitung: der Blick landet zuerst auf den Bildern.

→ Bilder werden schneller erfasst als Texte. Schon der Bruchteil einer Sekunde reicht aus, damit sich die Mitarbeiter eine grobe Vorstellung von einem Bild machen können, ein Augenzwinkern reicht aus, genau gesagt 200-500 Millisekunden. Bilder gelten deshalb auch als Schnellschüsse ins Gehirn.

→ Bilder werden eher als Texte beachtet, dies wird als „Picture Priority Effect" bezeichnet (Bilddominanz).

→ Bilder werden automatisch verarbeitet, also mit geringer gedanklicher Inanspruchnahme: Um ein Bild mittlerer Komplexität so aufzunehmen, dass sich die Mitarbeiter später daran erinnern, sind etwa 2 Sekunden erforderlich. In dieser Zeit nehmen sie nur etwa 6 bis 7 Wörter auf.

→ Mitarbeiter erinnern sich an Bilder besser als an Texte, denn die höhere Aktivierung des Gehirns stimuliert deren langfristiges Erinnern. Das Gedächtnis für Bilder ist besonders leistungsfähig: In einer Studie sahen die Probanden 2500 Bilder hintereinander, sie erkannten bis zu 90 Prozent richtig wieder, selbst wenn zwischen Darbietung und Wiedererkennen bis zu drei Tagen vergangen waren. Nach einem Vortrag erinnern sich Zuhörer häufig nur an die wichtigsten Schlagworte.

Ob in der Politik, im Sport oder in den Massenmedien – Bilder regieren die Welt, sie werden überall eingesetzt, Piktogramme begegnen uns überall im Alltag, ohne Fotos erscheinen nicht einmal mehr Periodika wie die ZEIT und die Frankfurter Allgemeine Zeitung. Aber: Bilder sind NICHT wichtiger geworden, sie waren schon immer wichtig, wie die Höhlenmalereien beweisen, die älter und ausdrucksstärker sind als abstrakte Buchstaben. Schon immer also verständigte sich der Mensch über Bilder. Kinder können Bilder in den Brei malen, bevor sie sprechen lernen – Experten nennen das „Kinder bildern".

18.3 Bedeutung innerer Bilder

Wie stark innere Bilder wirken ist leicht anhand einiger Beispiele erklärt:

→ **Menschen orientieren sich durch Bilder:** Wir wissen, wie wir morgens zur Arbeit kommen, weil wir das innere Bild vom Weg zur Arbeit gespeichert haben. Und wir wissen, wie wir zur Kantine, zur Buchhaltung oder ins Chefzimmer kommen.

→ **Menschen entscheiden anhand von Bildern:** Wir können anhand unserer inneren Bilder entscheiden, welchen Kollegen wir bei einem schwierigen Problem um Hilfe bitten, weil uns noch sehr lebendig und bildhaft in Erinnerung ist, wie er uns schon einmal in einer kniffligen Situation geholfen hat. Entsprechend schnell können sich Mitarbeiter auch entscheiden, ob sie das Unternehmen in seinem Anliegen unterstützen oder nicht. Die im Innern gespeicherten Bilder über das Unternehmen sorgen im Handumdrehen für eine klare Vorstellung, wie gehandelt werden soll.

→ **Bilder sprechen stark an:** Was uns beim Lesen eines Romans und sogar einer Broschüre fesselt, sind die inneren Bilder von Personen und Situationen, die in uns entstehen. Lässt ein Unternehmen innere Bilder entstehen, kann dies ausgesprochen stark wirken.

→ **Menschen erinnern sich in Bildern:** Wenn wir an sehr bewegende Momente in unserem Arbeitsleben zurück denken, dann entstehen in uns innere Bilder - vom Lachen eines Kollegen, den wir sehr mögen oder von einer erfolgreichen Rede, die wir gehalten haben und auf die wir stolz sind. Genau so können sich die Mitarbeiter an ein Event oder eine Informationsveranstaltung erinnern.

In inneren Bildern und Welten bewegen sich Menschen 30 bis 40 Prozent der Wachzeit. Das besagt eine Studie von Dr. Eric Klinger, die Mario Pricken in seinem Buch „Visuelle Kreativität" zitiert. Sein Fazit: „Fantasiebilder, Vorstellungsbilder und Tagträume sind so normal und universell, dass sich die meisten Menschen gar nicht darüber bewusst sind, dass sie sich täglich diesem Vergnügen ausgiebig hingeben."

Innere Bilder, so genannte „Imageries", sind übrigens nicht nur sichtbare Reize, sondern auch hörbare, schmeckbare, riechbare und tastbare, wie zum Beispiel das Akustiklogo der Telekom und das Spezialpapier der letzten Sonderausgabe der Mitarbeiterzeitung.

18.4 Bilder von Menschen im Unternehmen

Fotos sind oft das erste, was wir von Menschen im Unternehmen sehen, zum Beispiel das Foto vom Firmenchef in der Mitarbeiterzeitung. Fotos haben in der internen Kommunikation den Vorteil, dass man sie inszenieren kann. Der Betrachter ist bei ihrer Herstellung nicht anwesend und kann daher ihr Entstehen weder kontrollieren noch steuern.

Viele Führungskräfte nutzen daher gezielt die Kraft klug inszenierter Bilder. Wenn wir an Hipp-Babynahrung denken, fällt uns immer auch Claus Hipp ein, der uns in der Werbung verspricht, dass seine Produkte aus natürlichen Zutaten bestehen. Richard Branson, Chef des Unternehmens virgin, zeigt immer wieder ungewöhnliche Bilder von sich: Im Heißluftballon, im Judoanzug und sogar im Brautkleid! Journalisten, Kunden und Geschäftspartner lieben diese Auftritte.

Wie wirkungsvoll Menschen als Motiv sind, zeigen andere Studien: Demnach wirkt ein Foto am stärksten, wenn es einen Menschen abbildet. Menschen ziehen unsere Aufmerksamkeit auf sich, sie erhöhen die Betrachtungszeit. Wir orientieren uns an den gezeigten Handlungen.

Zur Wirkung von Fotos führten Forscher Anfang der 1990er Jahre eine Studie durch, in der sie einer Gruppe von 19 Probanden 16 Bewerbungsfotos von Studenten einer

Schauspielschule mit unterschiedlich langer Betrachtungsdauer zeigten. Die Darbietung von 250 Millisekunden genügte, um ein höchst facettenreiches Bild vom Anderen entstehen zu lassen: Die Befragten konnten angeben, ob sie jemanden als autoritär, sympathisch, gefühlsbetont, hinterhältig, intelligent und langweilig einstufen. Ein Foto erlaubt den Befragten auch bei kürzester Betrachtung ein Urteil darüber, ob er die gezeigte Person als Kollegen, Vorgesetzten, Partner oder Bekannten haben möchte.

Fotos wirken stark auf unsere Meinungen und Einstellungen: Wir schließen von den äußeren Merkmalen einer fotografierten Person auf ihren komplexen Charakter. Da wir auf dem Foto nur einen begrenzten Ausschnitt des oder der Betreffenden sehen können, zählt ein einziger Ausschnitt und bestimmt für uns die Wirklichkeit. Der Eindruck, den das Gesicht hinterlässt, bestimmt den weiteren Verlauf unserer Kommunikation entscheidend mit. Erinnern wir uns an die Studie von Bernd Tischer: Die 98 befragten Personalchefs wollten jene Bewerber zu einem Vorstellungsgespräch einladen, die volles Haar hatten.

Wahrnehmungsbilder sind essenziell für die Erinnerung als Gedächtnisbild: Denken wir an einen besonders vertrauten Kollegen, fällt uns dessen Bild ein.

18.5 Wichtige Wirkmechanismen

Die folgenden Dimensionen innerer Bilder sind besonders verhaltenswirksam:

→ **Zugriffsfähigkeit, leichtes Hervorrufen:** Um zu wirken, sollten die Mitarbeiter schnell über das innere Bild verfügen können. Das Bild der letzten Informationsveranstaltung könnte sehr schnell verfügbar sein. Jedoch wird es ihnen oft wesentlich schwerer fallen und es wird länger dauern, sich Bilder von „Change Management“ und „Innovation Management“ vorzustellen, wenn diese Entwicklungsstufen nicht systematisch aufgebaut sind.

→ **Vividness – Lebendigkeit und Klarheit:** Die Vividness gilt als wichtigste und verhaltenswirksamste Dimension innerer Bilder. Je lebendiger das innere Bild, desto stärker wird es das Verhalten der Mitarbeiter beeinflussen. Die Vividness eines Bildes drückt aus, wie klar und deutlich sich ein Bild im Gedächtnis der Mitarbeiter darstellt. Lebendige innere Bilder sind besonders geeignet, starke Gefühle zu erzeugen. Klare Bilder haften besonders lang im Gedächtnis, sie lassen sich vergleichsweise schwer ändern. Die Vividness wirkt sich sehr stark auf die Meinungen und sogar auf die Einstellungen der Mitarbeiter aus, so das Ergebnis vieler wissenschaftlicher Studien.

→ **Anziehungskraft, Bewertung, Gefallen (Liking):** Die Lebendigkeit innerer Bilder korreliert stark mit der Anziehungskraft: Je klarer ein positives Bild, desto anziehender ist es für die Mitarbeiter. Die Anziehungskraft innerer Bilder kommt in ihrer mehr oder weniger positiven Bewertung zum Ausdruck.

→ **Aktivierungsstärke:** Die Aktivierungsstärke drückt das Maß an innerer Erregung aus, die das innere Bild auslöst. Folgende Dimensionen bestimmen die Aktivierungsstärke innerer Bilder nachhaltig:

- → Komplexität, Reichhaltigkeit
- → Neuartigkeit, Informationsgehalt
- → Intensität
- → Psychische Nähe, Vertrautheit: Innere Bilder, die den Mitarbeitern nah und vertraut erscheinen, aktivieren sie stärker und sind verhaltenswirksamer als Bilder, die ihnen fremd sind.

Die emotionalen Wirkungen sind die eigentliche Domäne innerer Bilder. Die emotionalen Bilder der Realität werden in der inneren Vorstellungswelt durch innere Bilder direkter und wirksamer repräsentiert als durch sprachliche Vorstellungen.

18.6 Wirkungsvolle Bildgestaltung

Welche Bilder wirken besonders stark? Die Forschung hat folgende Kriterien gefunden:

→ **Attraktivität der Person:** Blickt uns eine attraktive Person direkt in die Augen, dann aktiviert dies unser Belohnungssystem. Umgekehrt hemmt es unser Belohnungssystem, wenn eine attraktive Person an uns vorbei sieht. Diese Wirkung ist unabhängig vom Geschlecht, es spielt also keine Rolle, ob uns ein Mann oder eine Frau auf dem Foto anschaut. Die Natur belohnt uns dafür, dass wir uns eine attraktive Person auf Fotos ansehen.

→ **Bewegungen und Körperhaltungen:** Als Supersignal wirkt die (leichte) Neigung des Kopfes: Jene Menschen bewerten wir deutlich positiver. Sehr stark wirkt auch, wenn sich jemand mit der Hand ans Kinn fasst. Die Studien hierzu zeigen, dass diese Person zwar etwas unsicherer eingeschätzt wird, aber dafür in vielen Sympathiedimensionen deutlich besser abschneidet. Egal, ob die Person auf dem Bild geradeaus blickt, nach oben oder nach unten, immer wird sie als sympathischer beurteilt, wenn sie die Hand vor die untere Gesichtshälfte hält, sie wirkt dann auf uns zuverlässiger, sympathischer, ehrlicher, vertrauenswürdiger, warmherziger, großzügiger, offener und fröhlicher.

→ **Augen und Mund als Vertrauensanker:** Auf den Fotos von Menschen beachten wir meist die Augen und den Mund als erstes. Der Grund ist, dass wir dorthin blicken, wo wir die größte Informationstiefe erwarten – und beim Menschen sind dies die Augen und der Mund. Aus ihnen schließen wir auf die Stimmung der Person, also zum Beispiel darauf, ob uns die Person freundlich gesonnen ist oder ob sie bedrohlich auf uns wirken könnte. Die Augen als Spiegel der Seele.

→ **Lächeln:** Lächelt uns eine Person an, so heben auch unsere Gesichtsmuskeln zu einem Lächeln an.

→ **Perspektive:** In den 80er Jahren haben Wissenschaftler behauptet, dass sowohl die Froschperspektive als auch die Vogelperspektive den Menschen in einem unvorteilhaften Gesicht erscheinen lässt. Mittlerweile ist die Forschung weiter: Übereinstimmend gilt die leichte Untersicht als optimal – so, als ob wir fast unbemerkt zu einer Person aufblicken.

→ **Handlung und Dynamik:** Führt die betrachtete Person auf dem Foto eine bedeutende Handlung aus, so empfinden wir das als interessant. Besonders leicht zu verstehen wäre die Szene für uns dann, wenn wir die Handlung kennen, weil sie einem Schema entspricht, zum Beispiel der Einweihung eines Gebäudes oder dem Zerschneiden eines Bandes. Obwohl wir nur ein Standbild sehen, kann unser Gehirn aufgrund erlernter Muster den kompletten Handlungsablauf zuordnen. Solche erlernten Verstehensbereiche werden als Skript bezeichnet. Ist die dargestellte Handlung besonders dynamisch, erhöht das die Wirkung.

→ **Interaktion:** Lässt sich ein Austausch zwischen Menschen auf dem Foto erkennen, so erfasst das soziale Gehirn diese Szenerie und sendet entsprechend wirksame Impulse.

→ **Abweichen von der Norm:** Das Bild fällt stärker auf, wenn die gezeigte Handlung leicht von der Norm abweicht, zum Beispiel weil der Auszubildende statt der Firmenchef das Band durchschneidet. Wie langweilig und wenig aktivierend für uns, wenn wir Führungskräfte sehen, wie sie an ihrem leeren (!) Schreibtisch sitzen und ihre Brille oder einen Goldkuli in der Hand halten. Interessanter wäre es, wenn die Führungskraft gemeinsam mit Auszubildenden zu sehen ist und sogar selbst in der Werkhalle arbeitet, damit die Nähe zu den Mitarbeitern und die eigene Tatkraft sichtbar wird.

Einige Erkenntnisse zur Gestaltung der Fotos:

→ Als formale Gestaltungsmerkmale, die die Aufmerksamkeit der Mitarbeiter auf sich ziehen, gehört die **Größe des Fotos:** Je größer, desto mehr Aufmerksamkeit zieht es auf sich. Ein großes Bild von einer Person wird kleineren vorgezogen.

→ **Kontraste:** Kontraste lassen Gegenstände und Personen auf einem Bild besonders gut erkennen. Das Dargestellte bleibt besser in Erinnerung. Zu den Kontrasten gehören auch Darstellungen von großen mit kleinen Personen, alte und junge sowie kontrastreiche Farben wie die Kombination aus weiß und schwarz.

→ **Detailaufnahmen** werden von Mitarbeitern eher beachtet als Totalaufnahmen.

→ **Farbfotos** ziehen deutlich mehr Aufmerksamkeit auf sich als schwarz-weiße Bilder. Farbige Bilder werden länger betrachtet, besser erinnert und wieder erkannt.

Die Auswahl und Gestaltung von Fotos kann erheblich zu ihrer Wirkung beitragen. Leider herrscht in der internen Kommunikation noch immer die Meinung vor, dass Texte im Vordergrund stehen sollten und Bilder eher Beiwerk sind. Stattdessen würde eine Kombination aus beidem die Informationen auf zwei unterschiedlichen Wegen zum Gehirn der Mitarbeiter schicken. Diese Informationen werden zwar in zwei unterschiedlichen Systemen verarbeitet, doch sind beide stark vernetzt untereinander.

Wichtiger Hinweis: Oft werden Grafiken und Diagramme zu den Bildern in der internen Kommunikation gezählt. Jedoch zeigen wissenschaftliche Untersuchungen, dass abstrakte Abbildungen im Sprachsystem verarbeitet werden. Grund: Das Sprachsystem ist dafür zuständig, die symbolische Bedeutung von abstrakten Informationen zu entschlüsseln. Abstrakte Illustrationen sind daher streng genommen NICHT zu den Bildern zu rechnen.

18.7 Doppelkodierung von Bild und Text

Nach einer Theorie des Psychologen Allen Paivio werden Bilder und Sprache in eigenständigen Codes gespeichert. Danach gibt es einen bildhaften (visuellen) Gedächtniscode sowie einen sprachlichen (abstraktbegrifflichen) Gedächtniscode.

Einfache, konkrete Bilder und Wörter wie „Sonnenuntergang“ oder „Strand“ legen Menschen doppelt im Gedächtnis ab. Dies wird als duale Codierung bezeichnet: Die Bilder kann der Mitarbeiter mit Wörtern benennen, die Wörter kann er mit visuellen Merkmalen verbinden. Dagegen kann man abstrakte Begriffe wie „Deckungsbeitrag“ und „Rentabilität“ nur im Sprachsystem speichern, da sie schwer zu visualisieren sind. Ein Beispiel: Der Begriff Innovation sollte stets mit Menschen verbunden werden, mit ihren Handeln und den (positiven) Folgen dieses Handelns.

Inhalte, die Mitarbeiter im dualen Code ablegen, können sie besser und schneller erinnern, als Inhalte, die nur in einem System vorhanden sind. Einige Zahlen: In einem klassischen Experiment wurde die kurzfristige (fünf Minuten nach der Darbietung) und die langfristige (eine Woche nach der Darbietung) Gedächtnisleistung für Bilder sowie für konkrete und abstrakte Wörter gemessen. Die Ergebnisse sind eindeutig:

	Bilder	**Konkrete Wörter**	**Abstrakte Wörter**
Kurzfristig	38%	17%	11%
Langfristig	18%	8%	4%

Abb. 32 | Erinnerungsleistung von Bildern und Texten

Mitarbeiter können Bilder schneller benennen als Wörter visualisieren. Somit prägen sie sich besser ein. Bildhafte Wörter prägen wir uns besser ein als abstrakte Begriffe.

18.8 Einsatz in der Internen Kommunikation

Lernen wir, innere Bilder mit Informationen zu verbinden, sprechen die Forscher von Elaboration. Solche inneren Bilder helfen den Mitarbeitern zum Beispiel dabei, wenn es darum geht, neue Verhaltensmuster zu erlernen.

Wo lassen sich Wahrnehmungsbilder in der Internen Kommunikation einsetzen, die Mitarbeiter dann als Gedächtnisbilder speichern? Hier einige Anregungen:

→ **Langfristig:** Bilder können Sie in der langfristigen Internen Kommunikation einsetzen, also in jedem systematisch geplanten Geschehensverlauf, der sich kontinuierlich über mehrere Jahre entwickelt (siehe Kapitel 12).

→ **Kampagnen:** Bilder lassen sich themengebunden hervorragend für Kampagnen einsetzen, zum Beispiel, um den Wandel des Unternehmens zu unterstützen oder spezielle Geschäftsprozesse wie das Qualitätsmanagement.

→ **Mittel** und **Maßnahmen:** Bilder lassen sich selbstverständlich wirkungsvoll in den Mitteln und Maßnahmen der Internen Kommunikation einsetzen (siehe Kapitel 15), zum Beispiel bei Präsentationen.

Bilder können Sie überall in der Kommunikation einsetzen, zum Beispiel in der Mitarbeiterzeitung, im Intranet oder auf Informationsveranstaltungen.

Mit Bildern können Sie auch schwierige Themen anschaulicher machen, zum Beispiel durch die Abbildung der Unternehmensstrategie in einem Bild, wie es das „Root Learning" zeigt.

Wichtig für die Gestaltung von Fotos ist, dass die Mitarbeitenden das Belohnungsversprechen kennen, das Sie abgeben: Wie also werden sich die Beschäftigten fühlen, wenn sie neue Prozesse unterstützen? Diese Form der Kommunikation ist stark gehirngerecht (siehe Kapitel 6).

Kapitel 19

Interne Kommunikation achtet auf die Anforderungen im Wandel

Wandel ist ein wichtiges Thema in allen Unternehmen. Als Konsequenz wird auch von den Mitarbeitern erwartet, dass sie ihr Denken und Handeln schnell und tiefgreifend umstellen (siehe Kapitel 1.1). Doch diese Erwartungen sind meist zu anspruchsvoll und nicht von heute auf morgen zu erreichen: Wer wüsste nicht, wie schwer es ist, sich selbst die kleinsten Marotten und Angewohnheiten abzugewöhnen? Wer kennt nicht die vielen Kampagnen der Bundeszentrale für Gesundheitliche Aufklärung, in denen es darum geht, sich das Rauchen abzugewöhnen und mehr Sport zu treiben? Doch trotz der Investitionen von vielen Millionen Euro und jahrelanger Laufzeit zeigen diese Kampagnen nur geringe Erfolge. Wer würde angesichts dieser Erfahrungen also erwarten, dass Mitarbeiter durch Infoveranstaltungen, Mails und einige Berichte im Intranet ihr Verhalten grundlegend ändern? Umso erstaunlicher: Die Praxis geht davon aus!

Welche Möglichkeiten es gibt, um das Verhalten von Menschen zu ändern, kann hier nicht in großer Breite geschildert werden. Wer sehr gute Bücher darüber lesen möchte, den verweise ich auf Maja Storch und ihre Ausführungen zum Selbstregulations- und Selbstkontrollmodus (z.B. „Ich-Gewicht", „Rauchpause"). In diesem Buch kann es nur um die Rolle der Internen Kommunikation bei solchen Prozessen gehen.

Dabei gilt: So notwendig der Wandel im Unternehmen auch ist – aus Sicht der Mitarbeiter ist jede Veränderung mit gravierenden Herausforderungen verbunden. Und diese befürchteten Erschwernisse werden von den Betroffenen zudem sehr unterschiedlich eingestuft – anders von den Forschern als von den Juristen, Controllern oder Produktionsmitarbeitern. Jeder von ihnen braucht eine klare Vorstellung, was das Unternehmen will und wohin die Reise geht. Durch den Wandel geht Sicherheit verloren. Über die Interne Kommunikation muss vermittelt werden, was bleibt. Sie muss Halt und Orientierung geben, muss aber auch ehrlich sagen, was sich ändert.

Dies ist für die Interne Kommunikation eine systematische und dauerhafte Aufgabe, keine Sache, die sich eben mal kurz gegenüber den Mitarbeitern abtun lässt. Hirnforscher Christian Elger drückt das so aus: „Es reicht also nicht, nur kurzfristig, die Aufmerksamkeit auf bestimmte neue Ideen zu lenken, um einen Wandel herbeizuführen, sondern man muss auch die Geduld mitbringen, diese Ideen immer wieder und über einen längeren Zeitraum zu vertiefen". Diesen Lernprozess beschreibt Kapitel 10 ausführlich.

14 Prozent der Dax- und Top-250-Unternehmen in Deutschland haben feststellen müssen, dass Veränderungsprozesse auf mangelhafter Kommunikation der Manager beruhen. Fast die Hälfte der Befragten geben zu, dass sie nicht strategisch an Veränderungen herangehen, so eine Studie der Universität Hohenheim. Wer die Beschäftigten nicht mitnimmt, schafft keinen Wandel. Niko Mohr hat sich 2002 in seiner Doktorarbeit über die Bedeutung von Kommunikation im organisatorischen Wandel viele Studien zu diesem Thema angesehen. Alle kommen zum Ergebnis, dass Kommunikation mit den Mitarbeitern eine zentrale Rolle und das wirksamstes

Mittel gegen das Scheitern von Veränderungen ist. Strategiepapst Henry Mintzberg schreibt: „Schlanke Organisationen setzen auf die Kompetenz und Wachsamkeit aller Mitarbeiter, die strategische Chancen und Bedrohungen im täglichen Handlungsvollzug erkennen und bearbeiten müssen." Und Doppler schreibt: „Es gibt keine erfolgreiche Veränderung in der Unternehmung, es sei denn, begleitet durch eine offene und lebendige Kommunikationspolitik." Doch wie muss Kommunikation sein, damit sie den Wandel unterstützt? Hierzu im Folgenden einige wichtige Hinweise.

19.1 Herausforderungen für die Interne Kommunikation

Veränderungen in Unternehmen stellen besonders hohe Anforderungen an die Interne Kommunikation, denn die Veränderungen können tiefgreifende Auswirkungen für alle Beteiligten haben. Die erste Frage lautet, warum sich Mitarbeiter oft so schwer tun mit Veränderungen? Die Antwort darauf findet sich wieder in der Biologie, genauer: in unserem Gehirn.

Veränderungen kosten das Gehirn massiv Energie

Das oberste Prinzip im Gehirn lautet, möglichst wenig Energie zu verbrauchen (siehe Kapitel 3). Grob gesagt, prüft unser Unbewusstes bei Neuentwicklungen sofort Routineschemata und Schubladen, inwiefern wir unser bisheriges Verhalten fortsetzen können. Außerdem prüft es, ob sich unser Bewusstsein und unser Verstand zuschalten müssen („Konflikt-Monitoring"). Schalten sich Bewusstsein und der Verstand zu, werden wir kritisch: „Das bringt doch sowieso nichts!", „Das ist doch alter Wein in neuen Schläuchen!" sind typische Aussagen. Am Ende entscheidet der Autopilot. Er trifft 95 Prozent unserer Entscheidungen. Kommunikation mit Beschäftigten läuft meist über den Piloten: Informieren, mit Argumenten überzeugen. Aber: Nur wenn der Autopilot überzeugt ist, kann nachhaltige Veränderung entstehen. Die Kommunikation mit dem Autopiloten kann sehr gut über Bilder, Events und das Storytelling erfolgen, wie es in diesem Buch beschrieben ist.

Wandel kann Angst und Stress bedeuten

Eingehende Informationen verarbeitet der Mitarbeiter durch zwei Systeme:
1. Der direkte, niedere Weg führt direkt in das limbische System und dort zur Amygdala, unser Angstsystem. 2. Der hohe Weg führt über die gedankliche Verarbeitung und dann ebenfalls ins limbische System (siehe Kapitel 6.2). Hört er von „Arbeitsplatzabbau" und „tiefgreifenden Veränderungen", können diese Begriffe direkt das limbische System ansprechen und Angstreaktionen auslösen. Die Verarbeitung läuft automatisch ab, sehr schnell und ohne gedankliche Überlegung. Was bedeutet das? Sie brauchen sich nur vorzustellen, was passiert, wenn ein Lastwagen auf Sie zufährt: Sie haben keine Zeit, die Situation ausführlich zu analysieren, Stärken und Schwächen gründlich abzuwägen und Handlungsoptionen zu entwickeln. Stattdessen sollten Sie spontan und schnell auf die Seite springen, da sonst Ihr Überleben gefährdet ist. Die ausgelösten Reaktionen bewegen sich zwischen den Polen aktive Konfrontation oder Flucht:

- Flucht: „Die Besten gehen zuerst", Krankmachen
- Angriff: Aggressionen, Mobbing
- Tot stellen: Innere Kündigung, Dienst nach Vorschrift

Falls diese Reaktionen nicht möglich sind, kann eine „Schutzhemmung" erfolgen, zum Beispiel durch Selbstangriff (Depressionen) oder Ignoranz/Abstumpfung.

Die Interne Kommunikation muss auf diese starken Gefühle der Mitarbeiter eingehen, zum Beispiel dadurch, dass der Vorgesetzte zeigt, dass er diese Bedenken und Ängste kennt. Danach sollte er – bei allem, was er tut – fürsorglich und betont verantwortungsbewusst handeln, um nach und nach eine gewisse Beruhigung zu erreichen. Wie beispielsweise geht man mit jemandem um, von dem man erfährt, dass er Flugangst hat: Als erstes helfen da Informationen über die Häufigkeit von Abstürzen ganz sicher nicht. Ein Kaffee, den man zur Beruhigung anbietet, wirkt in solchen Fällen mehr.

Verbinden wir mit dem Wandel das Gefühl der Angst, wollen wir weitere negative Gefühle vermeiden und versuchen, ihm möglichst aus dem Weg zu gehen. Damit nicht genug: Angesichts der erlebten Angst fällt es den Mitarbeitern schwer, Aufgaben kreativ zu lösen. Denn in Gefahrensituationen konzentrieren sich Körper und Geist darauf, den Auslösern der Angst zu entkommen – das Denken ist deshalb stark eingeengt, kreative und freie Überlegungen sind behindert, da das Gehirn sich an die simpelsten, irgendwie funktionierenden Schemata hält. Erst wenn die Angstreaktion der Mitarbeiter reduziert ist, kann der Verstand die Informationen über den geplanten Wandel besser verarbeiten. Wird dann sogar eine Belohnung durch den Wandel aufgezeigt, könnten sich schnell auch Unterstützerkreise bilden (siehe Kapitel 6.5). Doch sind, wie oben gezeigt, die Sorgen und Erwartungen innerhalb der Belegschaft stark schwankend. Der Schwerpunkt der Internen Kommunikation sollte deshalb die persönliche Ansprache durch die jeweiligen Führungskräfte sein.

Fazit: Die Aufgabe der Kommunikation im Wandel ist es also, die Bedeutung des Wandels und die persönliche Belohnung für den Mitarbeiter klar und deutlich zu vermitteln.

Informationen werden emotional verschieden bewertet

Sehr oft geht es in der Internen Kommunikation um einseitige Kommunikation. Der Geschäftsführer informiert über den Wandel und fügt hinzu: „Wandel ist gut". Diesem Vorgehen liegt die Annahme zugrunde, der Mitarbeiter werde die Informationen des Firmenchefs verstehen und die Argumente schlicht übernehmen. Dagegen weist die moderne Hirnforschung darauf hin, dass die Aufnahme, Verarbeitung, Bewertung und Speicherung von Informationen ein subjektiver, höchst dynamischer und komplexer Prozess ist. Was bedeutet das? Die Mitarbeiter prüfen auf der Grundlage ihrer bisherigen Erfahrungen (z.B. mit dem Unternehmen, mit Veränderungsprozessen, mit der Führungskraft) sowie anhand von Erwartungen, welche Konsequenzen der Wandel für sie hat (siehe Kapitel 6.4): „Werde ich auch morgen noch meine Arbeit gut erledigen können?“, „Wird mein Arbeitsplatz sicher bleiben?“. Das Ergebnis dieser subjektiven, stark emotionalen Bewertung aus Sicht der betroffenen Mitarbeitern lautet dann oft: „Wandel ist bedrohlich!“. Zum Beispiel stimmten nur 16 Prozent der Mitarbeitern in der Studie von Thomson/ Hecker (2000) der folgende Aussage voll und ganz zu: „Ich glaube an die Vision meines Unternehmens für die Zukunft“.

Fazit für die Interne Kommunikation

Die Interne Kommunikation sollte daher die Aufnahme von Informationen, das Deuten, Interpretieren und Bewerten durch die Betroffenen berücksichtigen, um durch Informationen, Argumente und auch Gefühle (z.B. Beruhigung) die Beschäftigten für den Wandel zu gewinnen. Schauen wir uns dazu die Prozesse der Entscheidungsfindung an:

1. Das Gehirn bestimmt die Sachverhalte und vergleicht die damit einhergehenden Kategorien: Was bedeutet der Wandel? Was geschieht, wenn es keinen Wandel gibt?
2. Das Ergebnis ist die Wahl zwischen Alternativen.
3. Die Wahl bildet die Grundlage für die Entscheidung.
4. Die Entscheidung ist Grundlage der Handlung.
5. Die Handlung kann im nächsten Zyklus neue mentale Kategorie erzeugen.

Welche Aufgaben lassen sich daraus für die interne Kommunikation ableiten, damit sie die Beteiligten für den Wandel gewinnt? Erstens, die Beteiligten brauchen ein lebendiges Vorstellungsbild davon, warum es den Wandel gibt und welche Vorteile er für sie hat im Vergleich zum bisherigen Vorgehen. Zweitens sollte die interne Kommunikation unterschiedliche Kategorien aus dem jetzigen Zustand und dem künftigen Vorgehen bilden, damit die internen Bezugsgruppen schneller und gezielter entscheiden können: Warum ist die Veränderung belohnender als die Stagnation?

Wichtige Fragen für die Kommunikation im Wandel

→ Wie sind die Mitarbeitenden grundsätzlich zum Wandel eingestellt? Was bedeutet der Wandel für sie?
→ Welche Barrieren existieren, die eine Umsetzung verhindern könnten?
→ Wie haben die Mitarbeitende bisher Veränderungen im Unternehmen erlebt? Lassen sich gute Erfahrungen nutzen? Wie gehen sie mit schlechten Erfahrungen um?
→ Welches Bild vom Unternehmen haben die Beschäftigten im Kopf und wo können Sie an der Entwicklung dieses Vorstellungsbildes anknüpfen?
→ Welche ungeschriebenen Regeln gibt es, die durch eine Neuausrichtung des Unternehmens betroffen sind?

Abb. 33 | Wichtige Fragen für die Kommunikation im Wandel

Besonders wichtig: Man muss den Mitarbeitern zeigen, was sie vom Wandel erwarten können: Wie werden sie sich fühlen? Warum werden sie sich besser fühlen als heute? Werner Fuchs schreibt in seinem Buch: „Von einem vertrauten Ufer springen wir lieber in einen Fluss, wenn wir auf der anderen Seite etwas sehen, das Vertrauen ausstrahlt, uns irgendwie bekannt scheint und die Angst nimmt. Nicht irgendein Heim, sondern ein Daheim."

19.2 Storytelling im Wandel

Die Interne Kommunikation sollte den Mitarbeitern ein lebendiges Vorstellungsbild von ihrem Unternehmen im Wandel ermöglichen: Woher kommen wir? Wo stehen wir heute? Wohin geht die Reise? Die Mitarbeiter wissen dann, wofür das Unternehmen steht, was sie von ihm erwarten können und was nicht. Sie können diese Vorstellungen bewerten und entscheiden, ob sie den Wandel unterstützen, weil sie ihn selbst wollen, oder ob sie ihn nicht unterstützen. Ein glaubhaftes, klug entwickeltesVorstellungsbild führt dazu, dass sich die Mitarbeiter positiver gegenüber dem Wandel verhalten als ohne ein solches Vorstellungsbild. Storytelling kann hervorragend dazu beitragen, dieses lebendige Vorstellungsbild zu entwickeln.

Veränderungen im Unternehmen sind dann am besten zu verstehen, wenn die Mitarbeiter wissen, wohin sich das Unternehmen entwickeln will. Die bisher übliche Kommunikation von Entscheidungen wird ersetzt durch die Kommunikation von Prozessen (Prozesskommunikation statt Ergebniskommunikation).

Zu den Kernelementen des Storytellings gehören Konflikt, Alternative und Lösung. Welche Form könnte besser geeignet sein, die Entwicklung eines Unternehmens und die dafür notwendigen Veränderungen aufzuzeigen als Storytelling? Stephen Denning hat in seinen Büchern ausführlich beschrieben, wie er Geschichten über den Wandel im Unternehmen anhand seiner Technik der „Springboard Story" begleitet. In seiner Variante des Storytellings verwendet er Geschichten als Sprungbrett, um den Wandel in Gang zu setzen und zielorientiert zu führen. Die Zuhörer machen einen „mentalen Sprung", wenn sie Geschichten hören, und daraufhin „springen" sie in eine vergleichbare Situation.

Ein Beispiel soll verdeutlichen, welchen Vorteil das Storytelling im Wandel hat: Ein deutsches Telekommunikationsunternehmen agiert in einem sehr hart umkämpften und sehr dynamischen Markt. Die Unternehmensleitung muss Entscheidungen treffen, die sich als richtig oder als falsch erweisen können. Dies ist Grundprinzip unternehmerischen Handelns. Das Risiko besteht also, dass eine Entscheidung auch falsch sein kann, zum Beispiel weil die Grundannahmen nicht zutreffen oder sich der Wettbewerb zwischenzeitlich ändert. Jedoch kann das bei den Beschäftigten so ankommen, als ob die Unternehmensleitung nicht weiß, was sie will. Wird dagegen das Handeln des Unternehmens als Geschichte erzählt, kann dies die Zusammenhänge verdeutlichen und erklären, warum das Unternehmen Entscheidungen zurücknehmen oder ändern muss (siehe hierzu ausführlich mein Buch über Storytelling).

Die Geschichte, die die Interne Kommunikation erzählt, hat Akteure, es gibt eine Bühne, auf der etwas geschieht (Heimatland, Welt, Börse etc.). Was Geschichten für die Interne Kommunikation besonders interessant macht: Sie handeln vom Wandel und es gibt immer einen Konflikt: Der Starke kämpft für den Schwachen, der Reiche kämpft für den Armen. Konflikte beim Wandel im Unternehmen sind zum Beispiel: Der Kunde möchte gerne etwas haben, aber das Unternehmen kann das Gewünschte noch nicht bieten. Er will wenig zahlen, aber das Unternehmen ist noch zu teuer. Das Unternehmen muss sich verändern, aber es ist noch zu starr. Denken wir an den amerikanischen Traum, wonach viele Menschen einer Geschichte folgen, die sie antreibt. Genauso ist es mit der Geschichte des Unternehmens: Das Unternehmen kann eine gute Geschichte erzählen, von der die Mitarbeiter Teil sein wollen.

19.3 Bilder im Wandel

Veränderungsprozesse in Unternehmen lösen bei den betreffenden Mitarbeitern häufig schlechte Gefühle aus. Diese Prozesse, die mit einem gefühlten Risiko einhergehen, werden vielfach in abstrakten, emotional kaum ansprechenden Begriffen wie „Change“ versteckt. Überdies sind überall abstrakte Folien zu erkennen, die es erschweren, sich ein klares Bild zu machen und eigene Erwartungen abzuleiten. Die Interne Kommunikation muss hier gegensteuern. Es geht darum, positive Bilder von möglichen Zukunftsszenarien zu vermitteln, damit die Beschäftigten einen klaren Eindruck davon bekommen, wie das Unternehmen nach dem Wandel aussieht. Grundsätzlich würde eine visuelle Begleitung den Wandel im Unternehmen enorm befördern. Schon ganz am Anfang, in der Analyse, können die Mitarbeiter durch Bilder darstellen, wie sie ihr Unternehmen sehen, zum Beispiel durch ein Moodboard zum Thema Wandel und Veränderung. Wenn die Mitarbeiter später erkennen können, welche positiven Konsequenzen der Wandel für sie hätte, dann wirkt das mit enormer Kraft auf das Gehirn. Wie schon erwähnt, müssen Bilder nicht aufwendig vom Verstand verarbeitet werden. Vielmehr münden sie direkt in unser Gefühlssystem ein und können dort beruhigen oder beunruhigen. Deshalb sind Bilder so wirkungsvoll.

Bilder wirken direkt, ohne Umwege; dagegen sind Texte abstrakt, eine optisch verschlüsselte Sprache, die eigentlich ein Hör- und kein Seherlebnis sein will. Bilder sprechen hingegen direkt die visuellen Zentren unseres Hirns an und müssen nicht zuvor entschlüsselt werden. In Zeiten der Informationsüberlastung kommt dies noch stärker zum Tragen: Bilder verarbeiten wir schneller als Texte, wir beachten sie beim schnellen Lesen deutlich stärker als eine Textinformation.

In einer Situation, die für die Mitarbeiter mit starken Gefühlen einher geht und die große Bedeutung für sie hat, erreicht Bildkommunikation mehr Menschen und spricht sie emotional stärker an als Geschriebenes, denn Texte und Schriften müssen mit vergleichsweise viel Energie vom Verstand verarbeitet werden. Persönliche Kommunikation wirkt auch deshalb so stark, weil wir ein Bild von dem Menschen haben, der uns gegenüber steht. Der Einsatz von Bildern gehört deshalb zu den größten ungenutzten Potenzialen in der Internen Kommunikation: Bilder können auf einem höchst wirkungsvollen Weg über das Unternehmen, seine Leistungen und sein Belohnungsversprechen informieren, sie können Emotionen vermitteln und hierdurch wiederum bei den Bezugsgruppen Emotionen auslösen. Das Ergebnis stark bildhafter Geschichten sind innere Bilder, die in den Köpfen ihrer internen Bezugsgruppen spontan entstehen, wenn sie an das Unternehmen denken.

Kapitel 20

Interne Kommunikation achtet Kulturen weltweit

Internationale Interne Kommunikation hat die Aufgabe, bei allen Mitarbeitern der Zentrale und der Länder ein lebendiges Vorstellungsbild vom Unternehmen und dessen Leistungen aufzubauen und systematisch zu entwickeln.

Mittelständische Unternehmen, die sich international ausrichten, haben oft mit enormen internen Problemen zu kämpfen. Diese Probleme beziehen sich zum einen auf die Mitarbeiter im Stammland; zum anderen auf die Mitarbeiter in den Landesgesellschaften.

20.1 Probleme mit Mitarbeitern im Heimatland

Probleme mit den Mitarbeitern im Heimatland entstehen dadurch, dass sich meist über viele Jahre oder gar Jahrzehnte das Selbstverständnis als deutsches Unternehmen gefestigt hat, das jetzt um die internationale Perspektive erweitert werden muss. Das Problem: Es reicht nicht aus, zu sagen, das Unternehmen sei künftig auch international tätig. Die Internationalisierung kann die Mitarbeiter tief verängstigen, weil damit Unbekanntes einher geht. Die Mitarbeiter brauchen daher Klaheit darüber, wohin das Unternehmen steuert und was das für sie bedeutet. In einem (räumlich) überschaubaren Unternehmen kannten sie ihre Aufgabe und ihren Status, aber welche Bedeutung sie im internationalen Unternehmen haben, wissen sie nicht. Auch hier gilt für die interne Kommunikation: Sie muss den Mitarbeitern vermitteln, woher das Unternehmen kommt, wo es steht und wohin es sich entwickelt.
Sicher: Es gibt Mitarbeiter, die die Internationalisierung sofort als Chance begreifen, Neues kennen zu lernen (Motiv: Erregung) oder Karriere zu machen (Motiv: Dominanz und Autonomie). Doch der Großteil der Belegschaft wird sich nicht beruflich ändern wollen, sondern sucht stattdessen nach Sicherheit im Bewährten! Ich empfehle daher: Vermitteln Sie Ihren Mitarbeitern zuerst, was bleibt. Das gibt ihnen Halt und Orientierung, sodass sie dann eher offen sind für die Veränderungen durch die Internationalisierung.

20.2 Probleme mit Mitarbeitern im gesamten Unternehmen

Zu den größten Problemen der Internen Kommunikation in internationalen Unternehmen gehört das Zusammengehörigkeitsgefühl über Grenzen hinweg. Aus den Mitarbeitern unterschiedlicher Länder und Kulturen muss eine Gemeinschaft zgebildet werden, doch darf dabei die nationale Identität nicht verloren gehen. Sie macht stolz und ist ein Teil des persönlichen Selbstverständnisses.

Oft fühlen sich die Landesgesellschaften von der Muttergesellschaft bevormundet – ein gravierendes Problem. Zwar hat die Zentrale meist keine Schwierigkeiten damit, Vorschläge und Anordnungen durchzusetzen, doch die Zustimmung der Konzerntöchter im Ausland ist vielfach nur oberflächlicher Natur. Die Folge ist, dass deren Vertreter zwar immer den Vorschlägen der Muttergesellschaft zustimmen.

Doch zugleich fahren sie ihr Engagement zurück oder tun das, was sie selbst wollen – und das steht oft nicht im Einklang mit den Plänen der Muttergesellschaft. Den Landesgesellschaften muss daher unbedingt vermittelt werden, wie wichtig ihr Beitrag für den Erfolg des gesamten Konzerns ist. Sie müssen die Notwendigkeiten, aber auch den Nutzen erkennen, den die internationale Kommunikation bringt – auch für die Landesgesellschaften. Die internationale Interne Kommunikation schafft Gemeinschaften. Diese Botschaft muss überall im Unternehmen verankert sein. Sie können das vergleichen mit einem Haus, in dem die Mietparteien ihre Wohnung nach ihren Bedürfnissen einrichten können – sie wählen ihre Tapeten aus, legen die Teppiche, die ihnen gefallen, und stellen die Lieblingsmöbel auf.

Die wichtigsten Fragen lauten:
- → Fühlen sie sich als Teil der Hausgemeinschaft?
- → Gibt es ein gemeinsames Selbstverständnis in der Hausgemeinschaft?
- → Unterstützen sich die Mietparteien gegenseitig?
- → Gibt es eine Hausordnung, der sich alle Mieter verpflichtet fühlen?
- → Wer stellt sicher, dass alle Mieter diese Hausordnung einhalten?

Der Vergleich mag helfen, auch wenn er nicht ganz stimmig ist: Anders als bei Hausgemeinschaften geht es bei internationalen Firmeneinheiten eben nicht nur darum, dass jeder nach seinen Vorstellungen handelt, solange er die anderen damit nicht stört. Vielmehr muss jeder Konzernteil zum Nutzen des Ganzen handeln. Dennoch, in Sachen Kommunikation und Alltagskultur ist der Vergleich übertragbar. Stellt ein Mieter sein Radio zu laut, und wirkt sich dies auf einen anderen Mieter aus, sollte es Absprachen geben, wie in diesen Fällen zu verfahren ist. Für die internationale Kommunikation gilt das gleichermaßen: Jedes Land kann seine eigene Kommunikation entsprechend den Bedürfnissen der Kultur und des Marktes gestalten. Sobald sich aber die Kommunikation störend auf ein anderes Land oder die Zentrale auswirkt, müssen Absprachen getroffen werden.

Fazit: Die Interne Kommunikation hat zum einen die Aufgabe, die lokale Identität zu stärken, zum anderen aber auch zu verdeutlichen, dass jede Landesgesellschaft Teil des gesamten Unternehmens ist. Daraus ergibt sich eine Mischstrategie aus Standardisierung (die das gesamte Unternehmen betrifft) und Differenzierung (mit einem klaren Bild über die Landesgesellschaft und ihre Entwicklung).

Die eingesetzten internen Medien sind hierbei hauptsächlich das Intranet und die Mitarbeiterzeitschrift. Die Sozialen Medien mit ihren vielen Varietäten sind allerdings gleichfalls auf dem Vormarsch und werden zunehmend auch betriebsintern genutzt.

20.3 Internationale Mitarbeiterzeitung

Die internationale Mitarbeiterzeitung hat die Aufgabe, die Mitarbeiter grenzüberschreitend sollen über die Aktivitäten des Unternehmens zu informieren. Sie hat zum Ziel, dass die Mitarbeiter ein Wir-Gefühl entwickeln und verinnerlichen, dass sie Teil des Gesamtunternehmens sind. Die internationale Mitarbeiterzeitung ergänzt oft die nationalen Mitarbeiterzeitungen, die über die Landesgesellschaft und die Arbeitsplätze der Beschäftigten berichten. Die Gestaltung der Mitarbeiterzeitungen wird von den Unternehmen sehr unterschiedlich gehandhabt: Es gibt eigenständige internationale Ausgaben oder internationale Mantelzeitungen, denen die lokalen Ausgaben als Einleger beigeheftet sind. Oft werden die Artikel mit internationaler Bedeutung zwischen den Ländern ausgetauscht und übersetzt in den lokalen Ausgaben berücksichtigt.

Die Inhalte der internationalen Mitarbeiterzeitung (Texte, Bilder) liefern in der Regel die Kommunikationsverantwortlichen aus den Ländern zu. Eine solche Zeitung kann folgende Inhalte haben:

- Unternehmensstrategie und deren Umsetzung;
- internationale Projekte;
- wichtige lokale Projekte;
- Berichte über Mitarbeiter in den verschiedenen Ländern;
- Beispiele für die Umsetzung des Belohnungsversprechens in allen Ländern;
- Beispiele für die internationale Zusammenarbeit im Unternehmen und den allgemeinen Nutzen daraus.

20.4 Intranet

Das internationale Intranet ist elektronische Kommunikations- und Arbeitsplattform, auf der Daten in Text, Bild und Ton auf elektronischem Wege (digitalisiert) übertragen werden. Und das schnellstmöglich und unabhängig von Ort, Zeit und Hierarchie. Das Intranet hat interaktive Elemente wie Diskussionsforen und Videokonferenzen, die den zeitgleichen Austausch ermöglichen, die also auch die Beziehungsebene beeinflussen. Das Intranet ist immer noch das wichtigste Instrument der Internen Kommunikation von Großunternehmen.

Die Möglichkeiten für die internationale Kommunikation lassen sich mit drei Oberbegriffen beschreiben: Information, Kommunikation, Transaktion:

→ **Information**: Die Unternehmensführung gibt über das Intranet weiter, was wichtig ist, wie zum Beispiel Statusberichte über internationale Projekte oder wichtige lokale Projekte mit internationaler Bedeutung, Produktinformationen, Projektpläne, Branchen- und Marktinformationen, CD-Manuals, Werbespots und Anzeigen. Alle Mitarbeiter weltweit können Verbesserungen am Schwarzen Brett im Online-Forum vorschlagen. Die gelben Seiten bieten Kontaktdaten.

→ **Kommunikation:** Das Internet ermöglicht den Mitarbeitern einen aktiven, zeitgleichen und hierarchieunabhängigen Austausch zum Beispiel über alle Themen und Projekte. Dieser Austausch kann genauso geplant und gesteuert werden wie in den bekannten Einrichtungen des Internets, den Diskussionsforen und Newsgroups. Das Intranet kann dem Austausch von Erfahrungen dienen (Stichwort: Wissensmanagement). Wissensgemeinschaften können gebildet werden. IBM hat 2004 im „World Jam" weltweit über seine Unternehmenswerte diskutiert. Interessant auch hier die Kulturunterschiede: In Videokonferenzen melden sich die US-Amerikaner schnell zu Wort, die japanischen Kollegen warten erst einmal ab und melden sich oft erst am Schluss.

→ **Transaktion:** Die Weitergabe von Arbeitspapieren online (Workflow-Management) erleichtert die Geschäftsprozesse erheblich. Es können Studiendokumentationen, Bestellungen, Anträge, Kostenrechnungen verschickt, Ressourcen geplant und ausgetauscht werden. Dies gibt den Unternehmen auch die Chance, beschleunigt internationale Verträge abzuschließen mit Dienstleistern wie Hotelketten und günstige Konditionen auszuhandeln. In der internationalen internen Kommunikation können Sie die Transaktion für den Austausch von Presseinformationen und Textentwürfen ebenso nutzen wie für die Abstimmung von Broschüren.

→ Wissen aufdecken: „Gelbe Seiten"
→ Wissen erwerben: Corporate Universities
→ Wissen speichern: Datenbanken
→ Wissen verteilen: Wissensmärkte
→ Wissen nutzen: Interaktive Projektgruppen

Abb. 34 | Nutzung des Intranet für das Wissensmanagement

In den vergangenen Jahren ist der Bedarf an leistungsfähiger Software gestiegen, die es den Nutzern erlaubt, ohne Schwierigkeiten und viel Erfahrung eigene Blogs ins Netz zu stellen. Blogs sind Beiträge, die schnell online stehen und von anderen leicht kommentiert werden können. Auf diesem Wege können in Gemeinschaftsarbeit komplizierte Projekte leichter weiterentwickelt werden. Bei IBM etwa ist sehr früh damit begonnen worden, solche Collaboration Blogs zu nutzen.

Wikis funktionieren wie Online-Redaktions- oder Web-Content-Management-Systeme, mit denen von den Nutzern eine Ansammlung von frei erweiterbaren und miteinander verlinkten Webseiten erstellt werden können. Unternehmen setzen sie zum Beispiel als firmenweite Glossare für häufig verwendete Begriffe ein. Sie dienen der Bearbeitung von Dokumentationen, als Wissensdatenbank, Diskussionsforum oder Handbuch. Unternehmen können sie im Projektmanagement einsetzen und in der Kommunikation zwischen Mitarbeitern der Unternehmen – vor allem für die Planung, Durchführung und Nachbereitung von Meetings, zur Ideensammlung und Dokumentation und zur Präsentation.

Andere Programme lassen erkennen, sobald ein Nutzer online ist, sodass Kontakte und Dialoge auf denkbar einfache Weise zustande kommen (Awareness Software, Instant Messaging). Häufig verbreitet in mittelständischen Unternehmen ist mittlerweile auch das kostenlose Computerprogramm Skype, das Telefonieren über das

Internet ermöglicht. Skype bietet neben einem Adressbuch auch die Möglichkeit, Nachrichten zeitgleich oder zeitversetzt zu senden. Konferenzschaltungen mit bis zu 10 Personen und Videokonferenzen (1:1) sind gleichfalls möglich.

Erweitert man das Intranet auf externe Agenturen oder Vertriebspartner, können über das Extranet Informationen, Vertriebstools, Serviceinformationen und Marketingtools bereitgestellt werden (Präsentationen, Texte, Bilder, CD-Manuals etc.).

Viele weitere Beispiele zeigen, wie Unternehmen versuchen, die Firmentöchter mit Hilfe einer zielgerichteten Internen Kommunikation zu verklammern. Einige Beispiele:

→ **Strategiekommunikation:** Siemens entwickelte ein Lernprogramm für das Intranet, um den Mitarbeitern die Strategie des Unternehmens näher zu bringen. Es gab auch ein Quiz und andere Spielideen, die den Mitarbeiter auf einfach Weise halfen, alle Produkte des Unternehmens kennen zu lernen. Booz, Allen & Hamilton bieten Strategieinfos per Intranetradio. Bei IBM können die Mitarbeiter Videos der Vorstände abrufen, und sich aktuelle Entscheidungen und die Geschäftsentwicklung erklären lassen.

→ **Mitarbeiteraktionen:** „Bemalen Sie einen Stein und schicken Sie Ihn zu Otto nach Deutschland". Dieser ungewöhnliche Aufruf ging vor Jahren schon bei rund 55.000 Mitarbeitern von Otto ein. Otto forderte seine Mitarbeiter auf, das Unternehmensmotto in Farbe zu fassen. Viele kleine Kunstwerke, die später sogar in einem kleinen Katalog dokumentiert wurden, entstanden auf diese Weise. Mit der Aktion wollte der weltgrößte Versandhändler seine Unternehmenswerte erlebbar machen und erreichen, dass die Konzerneinheiten sich stärker vernetzen.

→ **Newsletter:** SAP bietet den „Early-Bird" zur aktuellen Information der Empfänger.

→ **Audiovisuelle Medien:** Unternehmenslied in mehreren Sprachen (Corporate Song), wie dies beispielsweise auf www.Henkel.de zu finden ist. Auch Corporate Podcasts, mit denen man die Beschäftigten über Neuigkeiten im Unternehmen auf dem Laufenden hält, sind hilfreich.

→ **Gemeinsame Feiertage:** Henkel feiert international den Friendship Day gemäß seinem Unternehmensmotto: „A brand like a friend"

→ **Akademien (Corporate University):** Alle Mitarbeiter weltweit erwerben hier Informationen über die Unternehmensstrategie und die Umsetzung des Belohnungsversprechens. In Deutschland wurde die erste Corporate University von Daimler pünktlich zur Fusion mit dem amerikanischen Automobilkonzern Chrysler im August 1998 gegründet. Bertelsmann folgte einen Monat später, und auch die Lufthansa hat eine firmeneigene Universität. Es geht auch eine Nummer kleiner: Bieten Sie in Zusammenarbeit mit Weiterbildungsmaßnahmen, Schulungen über Ihr Unternehmen, dessen Strategie und die Umsetzung des Belohnungsversprechens an, und zwar in einem eigenen Bereich im Intranet.

Kapitel 21

Der Erfolg der Internen Kommunikation wird systematisch kontrolliert

21.1 Bedeutung

Es ist erstaunlich: Führungskräfte verbringen rund 60 Prozent ihrer Zeit mit mündlicher Kommunikation; 70 bis 80 Prozent ihrer Arbeitszeit halten sie sich in Sitzungen auf. Dennoch ist die Interne Kommunikation schlecht. Die Hälfte aller Beschäftigten vergibt hier die Schulnote 3 oder schlechter - die Mitarbeiter ertrinken in Informationen und dürsten nach Wissen! Es kommt niemals darauf an, WIEVIEL Informationen gegeben werden, sondern dass die RICHTIGEN Informationen gegeben werden. Wer seine Mitarbeiter mit Informationen zuwirft, aber die für sie wichtigen Informationen unterschlägt, handelt nicht im Unternehmensinteresse.

Ein Großteil dieser Schwemme wäre zu vermeiden, denn sie ist hausgemacht: Verteiler für Gedrucktes wachsen, werden aber nicht geprüft. Botschaften gehen breit gestreut durch den Betrieb, ohne spezielle Informationswünsche zu befriedigen, elektronische Speicher sind verstopft mit Material, das keiner je liest. Was ist mit den zahllosen Workshops und Informationsdiensten, die ohne Rücksicht auf Adressaten ins Leben gerufen werden? Das Deutsche Institut für Betriebswirtschaft stellt fest: „Weit über 1000 Mitarbeiterzeitschriften mit einer jährlichen Gesamtauflage von etwa 15 Mio. Exemplaren erscheinen in Deutschland (...) Aber nur wenige sind ihr Geld wirklich wert. Der Großteil dieser Zeitungen in Deutschland erfüllt keinerlei unternehmensstrategische Kommunikationsziele. Die Chance als Führungsinstrument und als zentrales Organ der innerbetrieblichen Information wird weiterhin vertan. Stattdessen landen realitätsferne „Hochglanz-Jubelbroschüren" der Geschäftsführung und „Schülerzeitungen" der Mitarbeiter täglich tonnenweise ungelesen im Papierkorb."

Das ging früher schon nicht gut, aber heute kann sich das erst recht kein Unternehmen mehr leisten. Kommunikation hat im Unternehmen einen völlig neuen, zentralen Stellenwert bekommen. Sie ist ins Zentrum der Unternehmensführung gerückt und damit Grundlage des wirtschaftlichen Erfolges geworden. Nur solche Firmen überleben ohne Rückschläge, die ihre Kommunikation ebenso systematisch planen und organisieren wie die betriebswirtschaftlichen Entscheidungen.

Die Frage ist, welche Methoden und Instrumente es gibt, um den Erfolg der Internen Kommunikation zu bewerten? Und: Warum sollten Sie überhaupt den Erfolg messen, denn als Mitarbeiter treffen Sie ja unentwegt auf andere und hören deren Meinung? Zudem erhalten Sie Leserbriefe, kennen die Stimmung im Unternehmen ganz gut. Warum also diesen ganzen Aufwand? Ist das sinnvoll? Ja.

- → Die Meinungen aus dem Betriebsalltag sind unsystematisch und zufällig. Sie werden von Fall zu Fall und spontan vorgebracht;
- → Nur bestimmte Mitarbeitergruppen neigen dazu, ihre Meinung zu äußern - darunter die besonders unzufrieden oder die besonders aktiven, engagierten.
  Daraus lassen sich kaum Rückschlüsse auf die Gesamtbelegschaft ziehen - die

Einstellungen sind nicht repräsentativ.

→ Da nur Teilprobleme zur Sprache kommen, lässt sich nicht feststellen, welche anderen Faktoren für bestimmte Einstellungen ausschlaggebend sind.

In eine Befragung sollten daher möglichst alle Mitarbeiter einbezogen werden. Ist dies zu teuer oder zu aufwendig, können Vertreter aus Führungsmannschaft und Interessenvertretung sowie Vertreter der Angestellten, Arbeiter und Auszubildenden befragt werden. Die Anzahl der Befragten hängt von der Zeit, vom Geld und vom Willen nach Genauigkeit ab – denn je mehr Personen befragt werden, desto überzeugender ist das Ergebnis. Wichtig darüber hinaus: Die Anonymität der Befragten muss unbedingt gewährleistet werden. Davon kann sowohl die Zahl der Antworten abhängen als auch deren Qualität. Sichern Sie Anonymität zu! Häufig führen externe Berater diese Befragungen durch, um auch nur den Anschein eines Zweifels zu vermeiden.

Solche Studien müssen nicht teuer sein und können sogar selbst durchgeführt werden, wenn die Rahmenbedingungen stimmen. Zumindest sollte aber ein Experte (zum Beispiel ein Meinungsforscher) beratend hinzugezogen werden.

21.2 Fragebogen

Wo es um die Wirkungskontrolle der Internen Kommunikation geht, kommt vielfach die Leserumfrage per Standard-Fragebogen zum Zuge: Etwa 10 Prozent der Firmen führt eine durch.

Eine solche Leserumfrage fragt nach der Zufriedenheit über die Mitarbeiterzeitung. Sie soll Auskunft über Akzeptanz und Nutzung der Mitarbeiterzeitung geben. Hierzu wird in der Regel ein Fragebogen – manchmal auch schon per Computer – eingesetzt, den die Befragten ausfüllen, indem sie die zutreffenden Antworten ankreuzen.

Solche Umfragen mit vorgefertigten Fragebögen sind vergleichsweise einfach durchzuführen. Es gibt kaum Interpretationsspielraum bei den Antworten und die Ergebnisse sind untereinander und mit einer späteren Befragung vergleichbar.

Allerdings ermitteln schriftliche, standardisierte Fragebögen kaum neues Wissen: Es wird genau auf das geantwortet, was gefragt wird. Aspekte, die nicht im Fragebogen stehen, werden nicht erfasst. Auch besteht die Gefahr, dass Fragen schon eine Antwort vorgeben („Meinen Sie nicht auch, dass....?"). Bei der Zusammenstellung des Fragebogens sollte daher ein Fachmann (zum Beispiel ein Meinungsforscher) hinzugezogen werden.

1. Welche Quellen benutzen Sie häufig, selten oder nie, um Informationen über das Unternehmen zu erhalten? (Aus der nachfolgenden Liste bitte alle für Sie zutreffenden Informationsquellen ankreuzen)

- ☐ Mitarbeiterzeitung
- ☐ Eildienst
- ☐ Schwarzes Brett
- ☐ Informationsveranstaltungen
- ☐ Abteilungs- und Gruppenbesprechungen
- ☐ Geschäftsbericht
- ☐ Personal- und Sozialbericht
- ☐ Betriebsrat
- ☐ Vorgesetzte
- ☐ Kollegen
- ☐ Flugblätter
- ☐ Gerüchte
- ☐ Zeitungen, Zeitschriften
- ☐ Radio, Fernsehen
- ☐ Gewerkschaften
- ☐ Berufsverbände
- ☐ Nachbarn, Freunde, Bekannte
- ☐ Sonstiges (bitte angeben):

2. Bitte nennen Sie die fünf für Sie persönlich wichtigsten Informationsquellen über das Unternehmen:

1. ________________
2. ________________
3. ________________
4. ________________
5. ________________

3. Fühlen Sie sich durch die vom Unternehmen herausgegebenen Medien und die betriebsinternen Veranstaltungen über die für Sie wesentlichen Dinge im Unternehmen informiert?

fühle mich sehr gut informiert ——————► gar nicht informiert

☐ 1   ☐ 2   ☐ 3   ☐ 4   ☐ 5

4. Wie oft lesen Sie die Mitarbeiterzeitung?

- ☐ Alle 10 Ausgaben im Jahr
- ☐ Mehr als die Hälfte der Ausgaben im Jahr
- ☐ Weniger als die Hälfte der Ausgaben
- ☐ Ich lese die Mitarbeiterzeitung nie

5. Wenn Sie die Mitarbeiterzeitung lesen, wie gründlich lesen Sie sie?

- ☐ Lese alle Beiträge
- ☐ Lese einige Beiträge
- ☐ Blättere nur durch

6. Wenn Sie die Mitarbeiterzeitung nicht lesen, warum nicht?

7. Welche der nachfolgend genannten Eigenschaften treffen Ihrer Meinung nach insgesamt auf die Mitarbeiterzeitung zu?

	trifft gar nicht zu 1	trifft nicht zu 2	trifft teilweise zu 3	trifft zu 4	trifft voll zu 5
ansprechend					
informativ					
aktuell					
objektiv					
glaubhaft					
langweilig					
unterhaltsam					
verständlich					
einseitig					
überflüssig					
lebendig					
kritisch					
umfassend					

8. Wie beurteilen Sie den Umfang der Mitarbeiterzeitung?

- ☐ Zu viele Seiten
- ☐ Gerade richtig
- ☐ Zu wenig Seiten

9. Wie oft sollte die Mitarbeiterzeitung erscheinen?

- ☐ Öfter
- ☐ Wie bisher
- ☐ Nicht so oft

10. Sie finden nachfolgend eine Liste von Themen, über die regelmäßig berichtet wird. Bitte kreuzen Sie bei jedem Thema an, ob Sie es im allgemeinen regelmäßig, manchmal oder gar nicht lesen.

	regelmäßig	manchmal	gar nicht
Unternehmenspolitik (z.B. Wirtschaftliche Situation, Betriebsversammlungen)	☐	☐	☐
Standorte	☐	☐	☐
Aus der Unternehmenswelt	☐	☐	☐
Produkte und Projekte	☐	☐	☐
Betriebsleben (z.B. BKK, Rechtstipps)	☐	☐	☐
Reportagen (z.B. Abteilungsportraits)	☐	☐	☐
Im Gespräch (Interviews)	☐	☐	☐
Sport	☐	☐	☐
Personalien (z.B. Jubilare)	☐	☐	☐
Horoskop	☐	☐	☐
Kleinanzeigen	☐	☐	☐
Stellen	☐	☐	☐
Leserforum (Leserbriefe, Glossen)	☐	☐	☐
Beilagen	☐	☐	☐

11. Wenn die Zeitung gestrafft werden müßte, auf welche der Themen könnten Sie verzichten? (Mehrere Antworten möglich)

	Könnte verzichten	Könnte **nicht** verzichten
Unternehmenspolitik (z.B. Wirtschaftliche Situation, Betriebsversammlungen)	☐	☐
Standortmagazin	☐	☐
Aus der Unternehmenswelt	☐	☐
Produkte und Projekte	☐	☐
Betriebsleben (z.B. BKK, Betriebsarzt)	☐	☐
Reportagen (z.B. Abteilungsportraits)	☐	☐
Im Gespräch (Interviews)	☐	☐
Sport	☐	☐
Personalien (z.B. Jubilare)	☐	☐
Horoskop	☐	☐
Kleinanzeigen	☐	☐
Stellen	☐	☐
Leserforum (Leserbriefe, Glossen)	☐	☐
Beilagen	☐	☐

12. Über welche Themenbereiche sollte Ihrer Meinung nach häufiger berichtet werden?

1. ______
2. ______
3. ______

13. Geben Sie an, ob Sie folgenden Aussagen zustimmen oder nicht:

a) Zur Mitarbeiterzeitung greife ich in der Regel, sobald ich Sie erhalte.
- ☐ stimmt
- ☐ stimmt nicht

b) Auf die Mitarbeiterzeitung würde ich nur ungern verzichten.
- ☐ stimmt
- ☐ stimmt nicht

14. Es gibt verschiedene Gründe, die Mitarbeiterzeitung zu lesen. Welche treffen für Sie persönlich zu?

	trifft gar nicht zu 1	trifft nicht zu 2	trifft teilweise zu 3	trifft zu 4	trifft voll zu 5
...um über Unternehmenspolitik informiert zu sein					
...um mitreden zu können					
...um mich zu entspannen					
...um über das Unternehmen gut informiert zu sein					
...weil sie mir das Gefühl vermittelt, dazu zu gehören					
...um mein fachliches Wissen zu erweitern					

15. Auf welchem Weg erhalten Sie die Mitarbeiterzeitung?

- ☐ Zusammen mit der Lohn-/Gehaltsabrechnung
- ☐ Durch Auslage
- ☐ Mit der Post
- ☐ Gar nicht

16. Geben Sie Ihr Exemplar weiter?

- ☐ Ja, gebe weiter an (Mehrere Antworten möglich)
  - ☐ Familienangehörige
  - ☐ Kollegen
  - ☐ Sonstige
- ☐ Nein, gebe nicht weiter

17. Wie viele Personen lesen insgesamt Ihr Exemplar?

- ☐ Keine
- ☐ Eine Person
- ☐ Zwei Personen
- ☐ Drei Personen
- ☐ Vier Personen
- ☐ Mehr als vier Personen

18. Mit wem sprechen Sie über die Themen in der Mitarbeiterzeitung?

(Mehrere Antworten möglich)

- ☐ Mit Kollegen, Vorgesetzten
- ☐ Mit Familienangehörigen
- ☐ Mit Freunden, Bekannten
- ☐ Mit niemandem
- ☐ Lese die Zeitung nicht

19. Welche der folgenden Eigenschaften treffen speziell auf die optische Aufmachung (Gestaltung) der Mitarbeiterzeitung zu?

	trifft gar nicht zu 1	trifft nicht zu 2	trifft teilweise zu 3	trifft zu 4	trifft voll zu 5
ansprechend					
langweilig					
übersichtlich					
steif					
abwechslungsreich					
lebendig					
unübersichtlich					

20. In welcher Form sollte die Mitarbeiterzeitung Ihrer Meinung nach erscheinen, wie bisher oder in einer anderen Form?

Wie bisher bitte weiter mit Frage 22.
In einer anderen Form bitte weiter mit Frage 21 a.

21 a. Wenn die Mitarbeiterzeitung in einer anderen Form erscheinen sollte, dann: (Mehrere Antworten möglich)

☐ mehr Illustrationen (Fotos, Zeichnungen, Grafiken)
☐ weniger Illustrationen (Fotos, Zeichnungen, Grafiken)
☐ mehr Text
☐ weniger Text
☐ kürzere Artikel
☐ längere Artikel
☐ als Zeitung (wie z.B. die Frankfurter Rundschau, Süddeutsche Zeitung)
☐ als Magazin (wie z.B. Stern, Bunte)

21 b. Wie könnte man Ihrer Meinung nach die Mitarbeiterzeitung verbessern?

22. Statistische Angaben zur Person:

Geschlecht
- ☐ weiblich
- ☐ männlich

Alter
- ☐ bis 20 Jahre
- ☐ 21 - 30
- ☐ 31 - 40
- ☐ 41 - 50
- ☐ 51 - 60
- ☐ über 60

Welchen höchsten Schulabschluss haben Sie?
- ☐ Hauptschule ohne Lehre
- ☐ Hauptschule mit Lehre
- ☐ Mittelschule/Realschule
- ☐ Abitur
- ☐ Fachhochschul-/Hochschulabschluß

Wie lange sind Sie im Unternehmen beschäftigt?
- ☐ Weniger als 1 Jahr
- ☐ 1 - 5 Jahre
- ☐ 6 - 10 Jahre
- ☐ 11 - 15 Jahre
- ☐ 16 - 20 Jahre
- ☐ Länger als 20 Jahre
- ☐ Ehemaliger Mitarbeiter
- ☐ Bin nicht beschäftigt

Sie sind im Unternehmen beschäftigt als:
- ☐ Gewerblicher Mitarbeiter
- ☐ Angestellter
  - ☐ tariflich
  - ☐ außertariflich
- ☐ Leitender Angestellter
- ☐ Außendienstmitarbeiter
- ☐ Auszubildender
- ☐ Ehemaliger Mitarbeiter
- ☐ Sonstige (bitte nennen):

In welchem Bereich sind Sie beschäftigt?

Abb. 35 | Fragebogen für die Leserbefragung zur Mitarbeiterzeitung

21.3 Leitfadeninterviews

Häufig hat es in einem Unternehmen noch keine Befragung gegeben und die Verantwortlichen wissen nicht, welche Einstellung die Mitarbeiter zum Unternehmen, ihrem Arbeitsplatz und der Internen Kommunikation haben. In diesem Fall eignet sich ein Vorgehen, bei dem die Mitarbeiter weniger vorgegebene Fragen beantworten, sondern mehr selbst über diese Themenfelder reden. Dies kann in Interviews geschehen, in denen keine konkreten Fragen gestellt, sondern vielmehr Themen angesprochen werden, auf die der Befragten frei antworten soll. Die Befragten sollen also möglichst frei reden und alles ansprechen, was ihnen zum jeweiligen Thema einfällt.

Natürlich sind die Ergebnisse solcher Befragungen nicht repräsentativ. Aber wenn der Befragte frei von der Leber weg erzählen kann, was ihm zum Unternehmen einfällt, dann kann das doch äußerst informativ sein. Auf die Frage nach der Zukunft des Unternehmens kann jeder munter losplaudern, wogegen der schriftliche Fragebogen bestimmte, vorher formulierte Fragen in Zahlen erfasst und alles Sonstige ausblendet. Also: Maßgeblich ist hierbei, dass etwas gesagt wird und nicht wie häufig etwas gesagt wird.

Damit die Ergebnisse später vergleichbar sind und leichter ausgewertet werden können, wird meist ein Themenleitfaden erstellt, der nach und nach abgefragt wird, sobald der Befragte nichts mehr erzählt oder einen Aspekt ausgelassen hat.

Interviews ermitteln Wissen über ein wenig bekanntes Thema. Die Befragten können alles äußern, was ihnen zu dem Thema einfällt. Die Gefahr ist geringer, dass wichtige Aspekte eines Themas nicht zur Sprache kommen. Allerdings stellen Interviews hohe Anforderungen an den Frager und seine Fähigkeiten; der Interviewer kann starken Einfluss auf die Qualität der Ergebnisse haben. Die Befragung dauert relativ lange (manchmal eine Stunde und länger). Die Auswertung ist vergleichsweise aufwendig.

Sie sollten sich vor einer Befragung erst einmal Gedanken machen, was Sie mit der Umfrage bezwecken. Stellen Sie sich mindestens folgende zwei Fragen:

Wie lautet Ihr Ziel?

1. „Ich will erst einmal wissen, was beim Thema Interne Kommunikation überhaupt eine Rolle spielt." (Leitfadeninterviews)

2. „Ich weiß, was wichtig ist und will lieber wissen, wie viele Mitarbeiter bestimmten Aussagen zustimmen.“ (Standardisierter Fragebogen)

Wie gut sind die Kenntnisse?

1. „Ich weiß noch sehr wenig über die Einstellung meiner Mitarbeiter zum Unternehmen, zu ihrem Arbeitsplatz und der Internen Kommunikation und will erst einmal herausfinden, was dabei überhaupt eine Rolle für die Beteiligten spielt.“ (Persönliche Interviews)
2. „Ich weiß schon durch frühere Umfragen viel darüber, wie die Mitarbeiter zum Unternehmen, ihrem Arbeitsplatz und der Internen Kommunikation stehen. Jetzt will ich die Ergebnisse erneut prüfen und die Zahlen vergleichen.“ (Schriftlicher Fragebogen)

Fragen in einem Interview

Haben Sie sich für Interviews entschieden, sollten Sie Themen festlegen, die Sie ansprechen wollen. Dieser Themenkatalog oder Fragebogen ist Ihre Unterlage während des Interviews, der Mitarbeiter kann sich voll auf das Erzählen konzentrieren. Hier ein Vorschlag für einen Interviewfragebogen:

Einstiegsphase

- Hinweis auf die Anonymität des Befragten
- Name
- Interner oder externer Mitarbeiter?
- Seit wann arbeiten Sie für ....?
- In welcher Funktion/Abteilung/Bereich arbeiten Sie?
- Art der Beschäftigung?

Informationsangebot bei der Einstellung

- Welches Informationsmaterial stellte Ihnen die Firma zu Beginn ihrer Tätigkeit zur Verfügung?

Angaben zum Informationsbedarf

- Welche unternehmensspezifischen Themen interessieren Sie?

Angaben zur Deckung des Informationsbedarfes

- Welche Mitarbeitermedien nutzen Sie, um sich über die Themen, die Sie interessieren, zu informieren?
- Gibt es ein „generelles“ Medium, das Sie bevorzugen, oder hängt das vom jeweiligen Thema ab?
- Welche Darbietungsform der Mitarbeitermedien bevorzugen Sie? Warum?
- Genügt Ihrer Meinung nach die interne Information den Ansprüchen der Aktualität?
- In welchen Bereichen?
- Welche Mitarbeitermedien halten Sie für verbesserungswürdig?

Computer für Mitarbeiterinformation

- Wieviele Stunden arbeiten Sie täglich am Computer?
- Könnten Sie sich vorstellen, bestimmte interne Informationen über den Computer abzurufen?
- Wenn ja, welche?

Information von unten nach oben

- Wie findet sie statt?
- Wie wird sie bewertet?

Abb. 36 | Fragebogen für ein Interview

Bevor die eigentlichen Themen abgefragt werden, wird die persönliche Arbeitssituation des Befragten untersucht. Dazu dienen die Fragen nach der Länge der Betriebszugehörigkeit und der Funktion, in der der Befragte tätig ist.

Die Frage nach dem Informationsangebot bei der Einstellung des Befragten gibt ein etwas klareres Bild über die Entwicklung der Internen Informationen über eine bestimmte Zeitdauer hinweg. Sie dient ebenfalls zum Aufwärmen, um den Befragten an das Thema heranzuführen, aber nicht zu überfordern.

Fragen 3 und 4 zielen darauf ab, inwiefern die Mitarbeiter ihr Informationsbedürfnis gegenwärtig decken können und wie es verbessert werden kann. Frage 3 untersucht außerdem das persönliche Informationsinteresse.

Besteht ein Informationsbedarf und wie kommen die einzelnen Medien an? Die beiden Fragen nach den internen Medien skizzieren den aktuellen Zustand der Nutzung. Daran schließt sich die Frage nach dem gewünschten Zustand und der Aktualität der Informationen an: Sind die Befragten mit der Aktualität der Mitarbeitermedien zufrieden? Eine allgemeine Frage, was an den internen Medien verbesserungswürdig ist, schließt den Bereich der Mediennutzung und der Medienbewertung ab. Falls das Intranet und andere Medien noch nicht zum Repertoire der internen Kommunikation gehören, bietet sich auch die Frage an, ob im Unternehmen künftig der Computer dafür herangezogen werden soll. Die Frage kann die Bereitschaft für eine neue Form der Mitarbeitermedien sondieren.

Die Fragen 3, 4 und 5 sollten Aufschluss über Wünsche und Prioritäten zur Informationsübermittlung geben. Dabei wird überprüft, ob der Mitarbeiter zwar gut informiert sein möchte, sich aber in erster Linie passiv verhält. Ergänzend dazu untersucht Frage 6 den Wunsch von Mitarbeitern, aktiv an der internen (Ein-Wege-) Information beziehungsweise an einer Zwei-Wege-Kommunikation teilzunehmen.

21.4 Mitarbeiterbefragung

Dabei werden viele Themen rund um das Unternehmen angesprochen. Die Befragung untersucht Betriebsklima, Führungsverhalten, Arbeitsbedingungen, Arbeitszufriedenheit, die innerbetriebliche Zusammenarbeit und die interne Kommunikation. Meist wird sie durch die Personalabteilung durchgeführt.

Mitarbeiterbefragungen sind in den USA schon lange ein bewährtes Instrument der Unternehmensführung. Seit Mitte der 70er Jahre werden sie auch zunehmend in deutschen Unternehmen eingesetzt. Viele Beratungsunternehmen und Institute bieten bei Durchführung ihre Unterstützung an.

Am häufigsten wird zur Mitarbeiterbefragung ein standardisierter Fragebogen eingesetzt. Die Handhabung ist klar: Die Befragten antworten durch Ankreuzen der ihnen zutreffend erscheinenden Antworten.

Beispiel für einen Fragebogen zur Mitarbeiterbefragung

- Welches Ansehen hat Ihrer Meinung nach die HEBA in der Öffentlichkeit?
- Welches Ansehen hat Ihrer Meinung nach die HEBA bei der Belegschaft?
- Wenn Sie heute noch einmal zu entscheiden hätten, würden Sie dann wieder zur HEBA gehen?
- Was wäre bei dieser Entscheidung besonders wichtig?
- Gibt es etwas, das die Firma an den äußeren Bedingungen an Ihrem Arbeitsplatz verbessern sollte?
- Wie gefällt Ihnen Ihre Arbeit?
- Können Sie bei Ihrer Arbeit Ihr Wissen und Können einsetzen?
- Können Sie eigene Anregungen oder Verbesserungsvorschläge zu Ihrer Arbeit einbringen?
- Wie zufrieden sind Sie mit der Umsetzung Ihrer Anregungen oder Verbesserungsvorschläge?
- Haben Sie Erfolgserlebnisse durch Ihre Arbeit?
- Wie sind Sie selbst eingearbeitet worden, als Sie Ihren jetzigen Arbeitsplatz übernommen haben?
- Wenn Sie Ihre Leistungsfähigkeit betrachten, möchten Sie dann anspruchsvollere Aufgaben übernehmen?
- Wenn Sie Ihre Arbeitsbelastung betrachten, möchten Sie dann mehr oder weniger arbeiten?
- Welche Auswirkungen hat der technische Wandel in den letzten (ca. 5) Jahren auf Ihre Arbeit gehabt?
- Stört Sie etwas bei der Arbeit?
- Und was gefällt Ihnen besonders bei Ihrer Arbeit?
- Wie beurteilen Sie Ihre Bezüge (Entgelt, Gratifikation/Erfolgsbeteiligung) im Vergleich zu dem, was man über die Entgelte usw. bei anderen Firmen hört oder vermutet?

- Wie zufrieden sind Sie, wenn Sie Ihr Entgelt mit dem vermuteten Entgelt Ihrer unmittelbaren Kolleginnen und Kollegen vergleichen?
- Finden Sie, dass Ihre Arbeit leistungsgerecht bezahlt wird?
- Sind Sie mit den Sozial- und Nebenleistungen zufrieden, die neben dem Entgelt von der Firma gewährt werden?
- Welche Sozial- und Nebenleistungen sind für Sie besonders wichtig?
- Versteht Ihr unmittelbarer Vorgesetzter genügend von Ihrem eigenen Aufgabengebiet?
- Wie sorgt Ihr unmittelbarer Vorgesetzter für die Zusammenarbeit in seinem Verantwortungsbereich?
- Wie arbeitet Ihr unmittelbarer Vorgesetzter mit Ihnen zusammen?
- Informiert Ihr unmittelbarer Vorgesetzter Sie angemessen über Dinge, die Ihren Verantwortungsbereich betreffen?
- Bespricht Ihr unmittelbarer Vorgesetzter Ihre Aufgaben /Ziele ausreichend mit Ihnen?
- Beachtet Ihr unmittelbarer Vorgesetzter Ihre Meinung bei wichtigen Entscheidungen?
- Wenn Sie von Ihrem unmittelbaren Vorgesetzten für Ihre Arbeit eine Entscheidung benötigen, erhalten Sie diese Entscheidung rechtzeitig und ausreichend?
- Hilft Ihnen Ihr unmittelbarer Vorgesetzter, wenn es einmal Schwierigkeiten bei Ihrer Arbeit gibt?
- Setzt Ihr unmittelbarer Vorgesetzter sich im Rahmen seiner Möglichkeiten für Sie ein, wenn Sie mit einem persönlichen Anliegen zu ihm kommen?
- Erkennt Ihr unmittelbarer Vorgesetzter Ihre Leistungen an?
- Wie kritisiert Ihr unmittelbarer Vorgesetzter, wenn einmal ein Fehler passiert?
- Fördert das Führungsverhalten Ihres unmittelbaren Vorgesetzten Ihre Einsatzbereitschaft?
- Fühlen Sie sich von Ihrem unmittelbaren Vorgesetzten gerecht beurteilt?
- Wie beurteilen Sie das Führungsverhalten Ihres unmittelbaren Vorgesetzten?
- Fühlen Sie sich bei Ihren Aufgaben ausreichend „von oben" (von Ihren Vorgesetzten und der Unternehmensleitung) unterstützt?
- In welcher Hinsicht wünschen Sie sich von Ihren Vorgesetzten und der Unternehmensleitung mehr Unterstützung bei Ihren Aufgaben?
- Wie beurteilen Sie das Betriebsklima bei der HEBA insgesamt?
- Wie beurteilen Sie das Betriebsklima in der unmittelbaren Umgebung, in der Sie arbeiten?
- Wie sind im Großen und Ganzen Aufgaben und Kompetenzen Ihrer Einheit mit denen anderer Einheiten abgestimmt?
- Wie arbeiten die Kolleginnen und Kollegen Ihrer Einheit mit Ihnen zusammen?
- Wie beurteilen Sie die Zusammenarbeit zwischen Ihnen und den Kolleginnen und Kollegen aus anderen Einheiten?
- Fühlen Sie sich über die wesentlichen Dinge bei der HEBA rechtzeitig informiert?
- Fühlen Sie sich über die wesentlichen Dinge bei der HEBA ausreichend informiert?
- Worüber möchten Sie mehr wissen?

- Wissen Sie, welchem geschäftlichen Zweck Ihre Arbeit dient und welche Bedeutung Ihre Arbeit für die Unternehmensziele hat?
- Um sich über Ereignisse und Themen bei der HEBA zu informieren, gibt es verschiedene Möglichkeiten. Welche Informationsquellen sind für Sie die wichtigsten?
- Fühlen Sie sich ausreichend über die Weiterbildungsmöglichkeiten bei der HEBA informiert?
- Welche Weiterbildungsthemen sind für Ihre Aufgaben wichtig?
- Sind Sie mit den Möglichkeiten für Ihr berufliches Fortkommen zufrieden?
- Hindert Sie etwas an Ihrer beruflichen Entwicklung?
- Werden in Ihrer Einheit Frauen und Männer gleich behandelt?
- Falls Sie meinen, dass Frauen und Männer nicht gleich behandelt werden: Wodurch wird gegen den Gleichbehandlungsgrundsatz verstoßen?
- Sind Sie daran interessiert, Ihre derzeitige Tätigkeit in Teilzeit auszuüben?
- Glauben Sie, dass eine Teilzeittätigkeit berufliche Nachteile mit sich bringt?
- Halten Sie es für machbar, dass Ihr unmittelbarer Vorgesetzter seine Funktion mit einer anderen Person teilt und beide diese Funktion gemeinsam in Teilzeit ausführen?
- Glauben Sie, dass die Arbeitszeit in Ihrer Einheit flexibler gestaltet werden kann?
- Sind Sie persönlich an einem flexibleren Arbeitseinsatz auch außerhalb Ihrer gewohnten Arbeitszeit interessiert?
- Haben Sie Wünsche für die Regelung der Arbeitszeit?
- Wenn Sie einmal die Zukunftsaussichten des Gesamtunternehmens und die allgemeine wirtschaftliche Entwicklung beurteilen: Für wie sicher halten Sie dann Ihren Arbeitsplatz bei der HEBA?
- Die HEBA hat sich in den vergangenen drei Jahren erheblich gewandelt, um auch langfristig erfolgreich im Wettbewerb bestehen zu können. Hat sich diese Wandlung aus Ihrer persönlichen Sicht für die HEBA eher positiv oder eher negativ ausgewirkt?
- Die HEBA hat in den vergangenen drei Jahren durch Rationalisierung die Belegschaft erheblich reduziert. Haben Sie den Eindruck, dass die HEBA den Personalabbau sozialverträglich gestaltet hat?

Bitte geben Sie zu den folgenden Meinungen an, inwieweit Sie diesen zustimmen können.

☐ In unserer Einheit wird auf die Zusammenarbeit zwischen den Mitarbeitern mehr Wert gelegt als auf die Konkurrenz untereinander.
☐ In unserer Einheit setzt man viel Vertrauen in die Mitarbeiter.
☐ In unserer Einheit bemühen wir uns um Gemeinsinn und ein „Wir-Gefühl".
☐ In unserer Einheit traut sich niemand, etwas Neues vorzuschlagen und auszuprobieren.
☐ Bei der HEBA hat sich in den letzten 5 Jahren nichts zum Besseren verändert.
☐ Ich habe den Eindruck, dass bei der HEBA von den Mitarbeitern mehr Opfer gefordert werden, als aus wirtschaftlichen Gründen nötig ist.

- ☐ Die Führungskräfte bei der HEBA wissen über die Stimmung bei den Mitarbeitern und deren Meinungen recht gut Bescheid.
- ☐ In unserer Einheit herrschen Druck und Kontrolle vor.
- ☐ Wenn es in unserer Einheit Probleme gibt, dann wird sehr offen und konstruktiv darüber gesprochen.
- ☐ Ich habe den Eindruck, dass der Stil, wie Führungskräfte und Mitarbeiter miteinander umgehen, sich positiv verändert hat.
- ☐ Die Unternehmensführung nimmt bei ihren Entscheidungen keine Rücksicht auf die Interessen der Mitarbeiter.
- ☐ Die Stimmung in der Belegschaft wird inzwischen schon wieder deutlich besser.
- ☐ Wenn ich an andere Unternehmen unserer Branche denke, dann bin ich froh, bei der HEBA zu arbeiten.

Gibt es noch etwas, was Sie gerne ansprechen möchten?

Abb. 37 | Fragebogen für eine standardisierte Mitarbeiterbefragung

21.5 Implizite Wirkungsmessung

Kapitel 6.1 hat gezeigt, wie wichtig implizite Prozesse in der Internen Kommunikation sind: Den Großteil der Informationen verarbeiten die Mitarbeiter unbewusst. Wichtig für die Erfolgskontrolle der Wirkung ist daher, auch die impliziten Bedeutungen und Bewertungen der Mitarbeiter zu erfassen.

Herkömmliche Befragungen, die nur Bewusstes ansprechen, können das natürlich nicht leisten. In der Psychologie, neuerdings aber auch in der Marktforschung, werden deshalb Methoden und Instrumente angewandt, die die gedankliche Verarbeitung umlaufen. Hierfür gibt es zwei Ansätze: die Psychologie und die Kulturwissenschaften:

- → *Kulturwissenschaften:* Kulturanalysen legen die kulturellen Bedeutungen von Unternehmen, Produkten, Geschichten und Menschen offen. Kulturwissenschaftliche Verfahren machen die implizite Bedeutung aller Signale sichtbar, die das Unternehmen einsetzt – von der Sprache bis hin zur Typografie.
- → *Psychologie:* Tiefenpsychologische Verfahren legen die impliziten Bedeutungen und Belohnungen als Basis für die Quantifizierung offen.

Kapitel 11.2 hat bereits die Tiefenpsychologie beschrieben. Ein anderes Verfahren, um die gedankliche Kontrolle zu umgehen, ist der Implizite Assoziationstest, kurz IAT. In diesem Test müssen Auskunftspersonen Fragen beantworten, von denen sie nicht wissen, zu welchem Ergebnis sie führen. Sie kombinieren Aussagen, die erst als Ergebnis die gewünschte Auskunft über die tatsächlichen Einstellungen offenbaren. Sie können selbst einen solchen Test im Internet durchführen (https://implicit.harvard.edu/implicit/germany/) und zum Beispiel prüfen, wie Sie tatsächlich zu Themen wie Kooperation und den Umgang mit ihrem Wissen stehen.

Weitere Möglichkeiten, implizite Prozesse zu berücksichtigen, sind zum Beispiel Assoziationstests und Projektionstests: Im Assoziationstest wird die Auskunftsperson durch Reize angeregt, spontan mit Assoziationen, Zuordnungen und Meinungsäußerungen zu reagieren:

→ Im **Wortassoziationstest** soll der Mitarbeiter auf einen Begriff spontan reagieren: „Was fällt Ihnen spontan ein, wenn ich Ihnen folgende Begriffe nenne: ..." Hier könnten Sie jetzt Begriffe oder Projektnamen nennen.

→ Im **Satzergänzungstest** wird der Mitarbeiter gebeten, einen Satz zu vervollständigen, zum Beispiel: „Wenn es unser Unternehmen nicht gäbe, ...", „Bei uns habe ich immer das Gefühl, ..." oder „Leute, die unserem Unternehmen arbeiten...".

Projektionsverfahren

In Projektionsverfahren sollen die Mitarbeiter ihre eigenen Meinungen und Ansichten auf Dinge übertragen, weil sie die eigenen Ansichten nicht nennen können, wollen oder dürfen. Ein Beispiel sind Fragen wie: „Welches Tier wäre das Unternehmen?". Sie sollten anschließend erkunden, welche Bedeutung dieses Tier in dieser Kultur hat.

Weitere Beispiele:

→ **Bildererzähltest:** Bilder stellen Personen in bestimmten Situationen dar, die mit dem Unternehmen verbunden sind. Die Mitarbeiter sollen diese Bilder mit sinnvollen Texten versehen. Die Deutung der Bildergeschichten gibt einen Einblick in das Gefühlsleben, die Konflikte und Probleme der Person. Beispiel: „Denken Sie sich eine Geschichte zu folgendem Bild aus..."

→ **Zuordnungstests:** Die Auskunftsperson soll dem Unternehmen und seinen Produkten Bilder von Personentypen zuordnen, die dort arbeiten oder die die Produkte nutzen. Beispiel: „Welche dieser hier gezeigten Personen könnte Kunde unseres Unternehmens sein?"

→ **Ballontest:** Den Mitarbeitern werden karikaturähnliche Strichzeichnungen von Personen im Gespräch vorgelegt. Nur ein Teil des Dialogs ist vorgegeben – meist eine Aussage oder Behauptung einer Figur über das Unternehmen. Der Befragte soll die leere Sprechblase beziehungsweise die fehlenden Teile des Dialogs ausfüllen („Ich würde gern bei XY arbeiten, denn..."). Die Annahme ist, dass der Befragte seine eigene Meinung oder Vorurteile in die gezeigte Situation überträgt.

Assoziations- und Projektionsverfahren sind dazu geeignet, einen Teil der emotionalen und unbewussten Wirkungen zu erfassen. Sie sollten diese Verfahren aber zum einen durch andere Verfahren ergänzen; zum anderen sollten Sie die Durchführung in die Hände erfahrener Profis legen.

Fazit: Sie können zuerst die impliziten Prozesse, Bedeutungen und Belohnungen entschlüsseln, die mit Ihrem Unternehmen verbunden sind; danach könnten Sie diese Erkenntnisse mit impliziten Messverfahren quantifizieren, also in Zahlen erfassen. Sicher: Dies kann teuer werden, doch wird sich diese Investition auszahlen, denn sie verringern die Gefahr, dass Sie an Ihren Mitarbeitern vorbei kommunizieren.

21.6 Das Beispiel der HEBA AG

Das Beispiel des fiktiven Unternehmens HEBA soll zeigen, wie ein Unternehmen die interne Kommunikation bewerten und welche Konsequenzen es aus den Ergebnissen ziehen kann.

Die HEBA entschließt sich zu einem einen in seiner Firmengeschichte einzigartigen Wandel. Auslöser sind gravierende Veränderungen im Marktumfeld, wie zum Beispiel steigende gesetzlichen Auflagen sowie rasant steigende Kosten für Forschung und Entwicklung bei sinkenden jährlichen Wachstumsraten des Marktes. Vor dem Hintergrund dieser Veränderungen prüft der Vorstand der HEBA, wie das Unternehmen auch künftig wirtschaftlich erfolgreich tätig sein kann. Ergebnis: Von seinen ursprünglich fünf Arbeitsbereichen bietet allein einer gute Zukunftsaussichten. Der Vorstand entscheidet, sich auf dieses Geschäft zu konzentrieren.

Nach dem Abschluss der Konzentration verkündet der Vorstand die aktualisierte Unternehmensstrategie: die Konzentration auf drei Strategische Geschäftseinheiten. Das Geschäft soll weiter internationalisiert, Forschung und Entwicklung sollen ausgebaut werden und die Rentabilität des Unternehmens soll deutlich steigen.

In dieser Phase des Umbruchs hat das Unternehmen begonnen, seine interne und externe Unternehmenskommunikation systematisch zu analysieren und zu bewerten. Für die interne Kommunikation sollte vor allem beantwortet werden,

→ ob es einen Bedarf an Information und Kommunikation im Unternehmen gibt,
→ wie dieser Bedarf nach den Wünschen und Erwartungen der Mitarbeiter gedeckt werden kann (Inhalte und Medien),
→ ob sich hierbei unterschiedliche Bezugsgruppen ausmachen lassen, die sich hinsichtlich ihrer Wünsche und Erwartungen an den Kommunikationsprozess unterscheiden lassen,
→ wie die bisherige Kommunikation eingeschätzt wird,
→ welche Rolle die Funktion interne Kommunikation bei der Gestaltung und Entwicklung von Kommunikationsprozessen einnimmt.

Die Antworten auf diese Fragen sollten die internen Kommunikationsprozesse optimieren; zum anderen sollten die Ziele einer Kommunikationsstrategie für die nächsten 5 Jahre entwickelt werden.

Zur Datenerhebung wurden drei größere empirische Studien durchgeführt, die im Folgenden vorgestellt und deren Aussagefähigkeit diskutiert wird. Danach erfolgt eine zusammenfassende Darstellung zentraler Ergebnisse und den Konsequenzen aus den Studien, weil sich erst im Zusammenhang ein umfangreiches und differenziertes Bild der Kommunikationsprozesse im Unternehmen ergibt. Abschließend werden noch einige Beispiele der zahlreichen Einzeltests zu Maßnahmen vorgestellt.

Die Darstellungen konzentrieren sich beispielhaft auf Ergebnisse, die für das Verständnis des Themas interessant sind. Einzelergebnisse können beim Autor angefordert werden.

Leseranalyse

Als erste Studie fand eine Umfrage zur Mitarbeiterzeitung „HEBAblätter" statt – die letzte lag fast zehn Jahre zurück. Der für die Untersuchung konzipierte Fragebogen umfasste 31 Einzelfragen zu den Bereichen Mediennutzung und Informationsverhalten, die Einstellung zur Mitarbeiterzeitung, Verbesserungsvorschläge sowie sozialstatistische Angaben der Befragten.

Die Fragebögen wurden gemeinsam mit einem freigestempelten Rückumschlag der Mitarbeiterzeitung beigelegt und mit der Entgeltabrechnung verteilt. Sie erreichen damit jeden der rund 6.500 Mitarbeiter direkt und unaufgefordert am Arbeitsplatz. Darüber hinaus wurden sie an Pensionäre verteilt, die ebenfalls an der Befragung teilnehmen konnten, sowie an einige ausgewählte externe Interessenten (befreundete Firmen, Berufsverband etc.).

Der Rücklauf betrug 896 ausgefüllte Fragebögen, dies entspricht 6,8 Prozent der Grundgesamtheit (Mitarbeiter, Rentner, Tochtergesellschaften, Externe). Von den 896 Einsendern waren 559 Mitarbeiter, das entsprach zum Erhebungszeitpunkt 5,7 Prozent der Belegschaft (9728).

Das Ergebnis der Analyse sozialstatistischer Merkmale zeigt, dass sich unter den Personen, die den Fragebogen beantwortet haben, ein besonders hoher Anteil an Angestellten befindet, die überwiegend am Standort ansässig und besonders gut ausgebildete sind. Zudem sind überdurchschnittlich viele von ihnen länger als 10 Jahre im Unternehmen beschäftigt. Im Rücklauf waren die Auszubildenden und Gewerblichen stark unterrepräsentiert.

Einschätzung der Aussagefähigkeit der Studie

Die Leseranalyse ermittelte Daten auf meist vorgegebene (standardisierte) Fragen. Das Ergebnis erlaubte Rückschlüsse auf die Nutzung und Einschätzung der Mitarbeiterzeitung, wobei zugleich die Informationsquellen und die Kommunikation der Mitarbeiter untersucht wurden.

Folgende Einschränkungen in der Aussagefähigkeit der Studien sind aus heutiger Sicht festzustellen:

- → Die Aussagen stammen nur von einem Bruchteil der Gesamtbelegschaft und sind nicht ohne Weiteres auf alle Mitarbeiter übertragbar.
- → Der Befragtenkreis war auch dadurch begrenzt, dass nur Leser an der Befragung teilnahmen. Die ursprüngliche Absicht, durch einen Informationsstand im Foyer des Verwaltungsgebäudes auch Nichtleser zu einer Teilnahme zu bewegen, erfüllte sich nicht.
- → Vorgegebene Fragen bargen die Gefahr, dass Daten erhoben wurden, die im Rahmen der internen Kommunikation aus Mitarbeitersicht nicht relevant für die Einschätzung der Qualität des Kommunikationsprozesses sind; andererseits konnten wichtige Dimensionen aus Sicht der Mitarbeiter unberücksichtigt bleiben.
- → Die Leseranalyse untersuchte zwar die Mitarbeiterzeitung im Kontext der Medien der internen Kommunikation; jedoch waren keine Aussagen über Hintergründe, Ursachen und Motive für das Antwortverhalten möglich. Zum Beispiel konnte die Frage nicht beantwortet werden, warum ein Medium die wichtigste Informationsquelle für eine Mitarbeitergruppe ist, welche Quellen als Alternativen in Frage kommen und warum.
- → Die Leseranalyse berücksichtigte nur den Informationsfluss von oben nach unten – nicht umgekehrt. Gemessen wurde also nur, wie gut sich die Mitarbeiter informiert fühlten, nicht aber, wie gut oder schlecht die Kommunikation von den Mitarbeitern in Richtung Geschäftsleitung verläuft.
- → Der Fragebogen fragte zwar ab, wie wichtig Vorgesetzte als Informationsquelle sind und wie häufig diese Quelle genutzt wird. Dem Bereich der Führungsaufgabe Kommunikation wurde jedoch viel zu wenig Bedeutung beigemessen, wie sich in den Ergebnissen der zweiten Studie zeigen sollte.

Mitarbeiterbefragung

Zwei Jahre nach der Leseranalyse entschied der Vorstand, eine umfangreiche Mitarbeiterbefragung durchzuführen. Hintergrund war eine Diskussion zwischen Vorstand und Interessenvertretungen der Mitarbeiter (Betriebsrat, Sprecherausschuss) über das Betriebsklima. Zur Organisation und Durchführung wurde eine Projektorganisation (Lenkungsausschuss, Projektteam) unter der Leitung des Personalwesens eingerichtet und ein externer Berater unterstützend hinzugezogen.

Der gemeinsam entwickelte Fragebogen enthielt 67 Fragen zu Betriebsklima, Führungsverhalten, Arbeitsbedingungen, Arbeitszufriedenheit, innerbetriebliche Zusammenarbeit und Kommunikation, Service- und Kundenorientierung, Images etc. Die Verteilung erfolgte mit den Entgeltabrechnungen an jeden Arbeitsplatz.

Von knapp 10.000 befragten Mitarbeitern gingen über 7.300 Fragebogen zur Auswertung beim externen Berater ein – der Rücklauf betrug also 73 Prozent.

Einschätzung der Aussagefähigkeit der Studie

Die Ergebnisse der Mitarbeiterbefragung bestätigten und ergänzten die Leseranalyse:

- → Die Mitarbeiterbefragung erreichte die gesamte Belegschaft. Es konnten repräsentative Daten gewonnen werden, die aussagefähig für die gesamte Belegschaft waren.
- → Es zeigte sich, dass in den Bereichen mit gleichen Fragen die Ergebnisse der Mitarbeiterbefragung mit denen der Leseranalyse nahezu übereinstimmten (zum Beispiel Nutzung der Medien, subjektive Einschätzung über die eigene Informiertheit). Gravierende Abweichungen gab es nicht.
- → Information und Kommunikation im Unternehmen wurden breit thematisiert und in den Zusammenhang mit Führungsverhalten, Betriebsklima, Arbeitsbedingungen etc. gestellt.
- → In die Mitarbeiterbefragung wurde zusätzlich zum Informationsfluss von oben nach unten auch der Informationsfluss von unten nach oben untersucht.
- → Jedoch gab es auch hier Fragen, die durch die Anlage der Studie offen bleiben mussten.
- → Wie die Leseranalyse arbeitete auch die Mitarbeiterbefragung mit geschlossenen Fragen, sodass tiefergehende Erkenntnisse nicht möglich waren.
- → Die Befragung brachte keine Aussagen über Zusammenhänge, zum Beispiel über die Bedeutung von Kommunikation und Arbeitsalltag im Kontext.
- → Auch hier bestand die Gefahr, dass durch meist vorgegebene Fragen relevante Bereiche vernachlässigt wurden.

Wie ernst dieser Einwand genommen werden muss, zeigte die Resonanz auf die offenen Fragen (ohne Antwortvorgaben): Die Mitarbeiter drückten Einschätzungen, Wünsche und Erwartungen in 400.000 Wörtern und rund 520 Seiten Text aus. Offensichtlich bestand ein großes Bedürfnis, sich außerhalb der vorgegebenen Fragen zu den angesprochenen Themen zu äußern.

Als Konsequenz entschied sich die Unternehmenskommunikation für eine weitere Studie mit einem offenen Ansatz. Diese Befragung sollte noch stärker den subjektiven Bezugsrahmen der Befragten und damit Ursachen und Motivationen zum Nutzungsverhalten und über Änderungswünsche zur Kommunikation ermitteln. Hierzu einige Erläuterungen:

Leitfadengestützte Interviews

Das Ziel qualitativer Forschung liegt im Erkennen, Beschreiben und Verstehen psychologischer und soziologischer Zusammenhänge, nicht aber in deren quantitativer Messung. Sie zielt auf eine möglichst vollständige Erfassung und Interpretation problemrelevanter Themen ab, um Einblick in die verschiedenen Problemdimensionen aus Sicht der Untersuchungsperson zu erlangen. Hierzu bedient sie sich solcher Methoden, die dem individuellen und subjektiven Ausdruck der Befragten einen möglichst großen Spielraum gewähren.

Die auf diese Weise erhobenen Informationen weisen meist nicht die Beschaffenheit auf, die Voraussetzung für eine statistische Auswertung wären – dies ist auch nicht beabsichtigt. Vielmehr sollen die Daten das Typische eines Falles erkennen lassen. Auswahlkriterium ist also nicht generell eine bestimmte Zahl zu untersuchender Fälle (und die damit verknüpfte Methodik), sondern der für die vorliegende Frage relevante Fall. Damit sind repräsentative Ergebnisse und die damit verbundene Zufallsauswahl zwar nicht grundsätzlich ausgeschlossen, sie stellen jedoch keine notwendige Bedingung für die Stichproben-Auswahl dar. Der Anspruch einer ganzheitlichen und problemorientierten Erfassung von Informationen steht also über dem Anspruch einer repräsentativen Untersuchung und dem damit verbundenen einengenden und standardisierten Vorgehen.

Für ein solches Vorgehen wurden insgesamt 30 Mitarbeiter durch eine geschichtete Zufallsstichprobe ausgewählt – jeweils 10 gewerbliche Mitarbeiter, 10 Tarifangestellte und 10 Leitende Angestellte. Aufgrund eines technischen Problems verringerte sich die Zahl der ausgewerteten Interviews auf 28 (9 Gewerbliche, 9 Leitende Angestellte und 10 Tarifliche).

Das Leitfadengespräch untersuchte folgende Dimensionen:

- Bedarf der Mitarbeiter an Information
- Deckung des Informationsbedarfes
- Aktualität der Information
- Interesse an Computer zur Mitarbeiterinformation
- Präferenz für bestimmte Informationsmedien und dessen Ursache
- Bewertung des Informationsflusses von unten nach oben

Da es sich bei dieser Erhebungsmethode um ein offenes Gespräch handelte, hing es vom Interviewten ab, welchen Verlauf das Gespräch nahm.

Einschätzung der Aussagefähigkeit der Studie

Das offene Vorgehen in den Interviews erlaubte ergänzend zu den beiden zuvor durchgeführten Studien auch Aussagen über den subjektiven Bezugsrahmen der Befragten und damit über Ursachen und Motivationen für ein Nutzungsverhalten oder Änderungswünsche (Entgeltgruppe, Arbeitssituation, subjektive Erwartungen etc.). Dabei ergaben sich wichtige Untersuchungsbereiche auf, deren Häufigkeitsverteilungen in einer späteren Untersuchung analysiert werden können.

Zusammenfassender Überblick

Hier ein Überblick über die Instrumente und einige Kriterien der Aussagefähigkeit:

	Leseranalyse	Mitarbeiterbefragung	Leitfadengestützte Interviews
Ziel	Bekannte Dimensionen prozentual bestimmen	Bekannte Dimensionen prozentual bestimmen	Dimensionen aufzeigen und beschreiben
Voraussetzung	Hypothesen testend	Hypothesen testend	Subjektiven Relevanzbereich erkennen
Wissensstand	Hoch	Hoch	Niedrig
Stichprobe	Groß	Groß	Klein
Fragetechnik	Strukturiert	Strukturiert	Offen
Anforderungen an den Interviewer	Niedrig	Niedrig	Hoch
Interviewereinfluss	Nicht möglich	Nicht möglich	Groß
Beeinflussung durch Dritte (Kollegen, Vorgesetzter etc.)	Möglich	Möglich	Kaum möglich
Auswertungsaufwand	Niedrig	Niedrig	Hoch
Repräsentativität	Nein, obwohl angestrebt	Ja	Nein (nicht angestrebt)
Einbeziehung relevanter Bezugsgruppen	Nur Leser	Ja	Ja (Quoten)
Medien der internen Kommunikation im Kontext anderer Quellen	Ja	Ja	Ja
Rücklauf/ Ausfälle	Schwer zu steuern	Schwer zu steuern	Gut zu steuern

Abb. 38 | Instrumente und deren Aussagekraft

Ergebnisse der Studien

Die Ergebnisse der Studien zeigen, dass es Wünsche und Erwartungen an die Kommunikation gibt, die sich durch die gesamte Belegschaft ziehen. Darüber hinaus lassen sich Bezugsgruppen im Unternehmen ausmachen, die zur Gestaltung des Kommunikationsprozesses (Informationsbedarf, Mediennutzung, Einschätzung der Medien) ganz unterschiedliche Vorstellungen haben.
Hier einige Beispiele:

Alle Mitarbeiter

→ Generell haben alle Mitarbeitergruppen einen Bedarf an Information und Kommunikation. Die bisherige Information und Kommunikation wird meist nur als befriedigend eingeschätzt. Alle Gruppen erwarten eine aktuellere Information, die prozessorientiert und nicht ergebnisorientiert vermittelt wird. Die Mitarbeiter möchten stärker in Veränderungsprozesse einbezogen werden und sie glauben, dass die Führungskräfte zu wenig über die Stimmung der Mitarbeiter wissen.

→ Mit dem gegenwärtigen Zustand der Themenbesetzung und der Ausführlichkeit der Information zeigen sich knapp 10 Prozent der Mitarbeiter zufrieden, über 90 Prozent wünschen sich Veränderungen: Sie wollen zum einen mehr Informationen über den eigenen Arbeitsplatz (zum Beispiel Veränderungen aufgrund der neuen Unternehmensstrategie), zum anderen wollen sie mehr über das Unternehmen, seinen Aufbau und seine Entwicklung wissen.

→ In der Einschätzung der Mitarbeiter rangiert der Vorgesetzte als Informationsquelle ganz oben. Je besser der Vorgesetzte seine Führungsaufgabe wahrnimmt, desto höher ist insgesamt die Zufriedenheit der Mitarbeiter mit der betrieblichen Information und Kommunikation. Andererseits gilt: Je weniger der Vorgesetzte diese Aufgabe aus Sicht der Mitarbeiter erfüllt, desto stärker sinkt die Zufriedenheit und desto stärker greifen die Mitarbeiter auf alternative Informationsquellen zurück. Die Angebote der Internen Kommunikation gehören dazu.

→ Bei der Deckung des Informationsbedarfs spielen auch Gespräche mit Kollegen, Freunden und Bekannten eine große Rolle, vor allem bei den Führungskräften. Dies birgt die Gefahr von Gerüchten und Fehlinformationen, der die Unternehmenskommunikation durch eine aktuelle, ausführliche und glaubwürdige Kommunikationspolitik gentgegentreten kann.

→ Im Allgemeinen wünschen sich die Mitarbeiter schriftliches Informationsmaterial zu interessanten Themen sowie das Angebot eines anschließenden Gesprächs, um offene Fragen zu klären oder Optionen zu diskutieren (Podiumsdiskussionen, Informationsveranstaltungen, Abteilungsmeetings). Davon wollen sie aber nicht unbedingt Gebrauch machen – es reicht das Angebot aus. Der Wunsch nach einem „Dialog", wie derzeit ständig von Theoretikern und Praktikern gefordert, ist nicht von vornherein vorhanden, sondern vom Thema abhängig.

→ Die Mitarbeiter wollen nicht selbst aktiv werden, sondern Kommunikation soll initiiert und gesteuert werden. Das aktive Gestalten von Kommunikation wird also mit Zustimmung der Mitarbeiter den Führungskräften und der Kommunikationsfunktion überlassen.

→ Beispiele für Ergebnisse zu einzelnen Medien: Die Leser der Mitarbeiterzeitung fordern mehr „Kontroverses“ und vermissen meinungsäußernde und meinungsbildende journalistische Stilformen wie Kommentare oder Glossen. Die befragten Mitarbeiter wollen mehr „Mitarbeiternähe“ und „Dialog mit dem Mitarbeiter“ sowie ein „Forum“. Der Computer als Informationsmedium stößt auf Interesse, wenn ein breiter Zugang für alle Mitarbeiter gewährleistet ist.

Mitarbeitergruppen

- Die Zufriedenheit mit Information und Kommunikation – gemeint sind rechtzeitige und ausreichende Information sowie der Informationsfluss von unten nach oben – differiert in den Bezugsgruppen: Die Unzufriedenheit ist in den niedrigen Tarif-Entgeltgruppen am größten, bei den Führungskräften am geringsten, während sie in den oberen Tarifgruppen im Mittelfeld liegen.
- *Führungskräfte und Leitende Angestellte:* Die Medien der Internen Kommunikation gelten wegen fehlender Aktualität häufig als unzureichend. Die Leitenden Angestellten wünschen sich mehr Gedankenaustausch mit dem Vorstand in informellen Gesprächskreisen, da ihrer Erfahrung nach dort „wirklich Substanzielles“ zur Sprache kommt. Hier zeigen sich erneut auf die begrenzten Gestaltungsmöglichkeiten der Unternehmenskommunikation: Nicht an sie direkt, sondern an den Vorstand wenden sich die Führungskräfte mit ihren Verbesserungswünschen.
- *Außendienst:* Die Vorgesetzten spielen auch beim Außendienst eine wichtige Rolle. Durch sie fühlen sich die Mitarbeiter zu 80 Prozent immer oder meistens informiert.
- *Mitarbeiter in der Forschung:* Die Befragten beurteilen die Kommunikation in diesem Bereich recht positiv. Die Forschung verfügt arbeitsbedingt über ein enges Geflecht an Diskussions- und Austauschmöglichkeiten und ist meist sehr gut mit externen Informationsmedien verknüpft (Kongresse, Datenbanken, Fachzeitschriften, Pressespiegel).
- *Tarifangestellte* neigen eher zu formalen Informationsquellen der Unternehmenskommunikation. Hier scheint also das größte Wirkungspotenzial für die Interne Kommunikation zu liegen. Ihre Bewertung der Information und Kommunikation bewegt sich zwischen den Urteilen der Führungskräfte und der Gewerblichen. Generell besteht Interesse am Computer als Informationsmedium, wenn Schulung und breiter Zugang gewährleistet ist.
- *Gewerbliche:* Die unteren Entgeltgruppen sind am wenigsten zufrieden mit der Information und Kommunikation. Sie zeigen vergleichsweise die höchste Unzufriedenheit mit dem Vorgesetzen als Informationsquelle und weisen ihm auf diesem Feld die geringste Bedeutung zu. Stattdessen nutzen die gewerblichen Mitarbeiter am häufigsten die schriftlichen Medien der Unternehmenskommunikation; gleichwohl werden diese Produkte eher kritisch eingeschätzt. Anders ausgedrückt: Die intensivsten Leser der Mitarbeiterzeitung stehen ihr am kritischsten gegenüber. Aktuelle Informationen durch die Firmenleitung (der Eil-Informationsdienst „Schon gehört?“) werden durchweg positiv beurteilt. Innerhalb der gewerblichen Mitarbeiter fühlen sich die Beschäftigten im *Schichtdienst* und in der Zentrale weniger gut informiert als ihre Kollegen. Generell äußern

die gewerblichen Mitarbeiter Angst vor der „Zwei-Klassen-Gesellschaft". Der fehlende Zugang zum Computer gilt als Informationshindernis.

Konsequenzen

Welche wesentlichen Konsequenzen haben sich aus diesen Ergebnissen für die Entwicklung der internen Kommunikation ergeben?

- → Die Belegschaft besteht aus Mitarbeitergruppen, die sich in der Einschätzung der Kommunikation unterscheiden. Auch ihre Wünsche und Erwartungen in der Frage, wie denn die Interne Kommunikation gestaltet werden soll, sind unterschiedlich.Die Mitarbeiter wollen gleichwohl nicht selbst aktiv werden, sondern die Kommunikation soll gestaltet, also initiiert und gesteuert werden.
- → Hier muss allerdings differenziert werden: Die Gestaltung von Kommunikation ist vor *allem* eine Aufgabe der Führungskräfte. Sie sollen – und nur sie können – über arbeitsplatzbezogene Inhalte informieren, zum Beispiel über die Auswirkungen der Firmenstrategie. Als eigenständige Aufgabe kann die Interne Kommunikationsfunktion unternehmensrelevante Themen übernehmen. Die Vertreter der Internen Kommunikation sollten zudem aufgrund ihrer Qualifikation die Führungskräfte bei der Wahrnehmung ihrer Kommunikationsaufgaben strategisch beraten und operativ Instrumente zur Verfügung stellen.
- → Ziele wie die „Verbesserung des Betriebsklimas" oder die „Steigerung von Motivation und Leistung" sind keine eigenständigen Kommunikationsaufgaben: Diese Ziele müssen im Zusammenhang mit dem Führungsverhalten, der Entgeltpolitik, der Weiterbildung und anderen Faktoren gesehen werden, auf welche die Kommunikationsabteilung selbst nur begrenzt oder gar keinen Einfluss hat. Auch wenn es darum geht, das Bewusstsein der Führungskräfte für die Bedeutung der Kommunikation zu sensibilisieren, können nur Oberziele formuliert werden, weil Fortschritte nur im Zusammenspiel mit anderen Unternehmensbereichen werden können (Personalabteilung, Weiterbildungs-, und Kommunikationsabteilung).
- → Eigenständige Kommunikationsaufgaben sind die Weiterentwicklung der Bekanntheit, das Vermitteln von Informationen und das Steuern von Meinungen. Auch hier muss sorgfältig geprüft und systematisch geplant werden, was die Führungskräfte und was die Funktion „Interne Kommunikation" dazu beitragen können.

Weitere Beispiele:

- → Die Interne Kommunikation arbeitet daran, Informationen *aktueller* anzubieten. Dies geschieht vor allem über das Intranet und Internet, die in den letzten Jahren konzernweit aufgebaut wurden. Jedoch wird dabei sehr behutsam vorgegangen, da die Mehrheit der Belegschaft aus gewerblichen Mitarbeitern besteht, die derzeit (noch) keinen Zugang zu elektronischen Medien haben.
- → Die Bezugsgruppen werden *ausführlicher* und *stärker prozessorientiert* statt ergebnisorientiert informiert. Hierzu müssen organisatorische (z.B. Führungskräfte)

und technische (z.B. Intranet) Ressourcen geschaffen werden.

→ Die Medien der Internen Kommunikation werden zunehmend differenziert eingesetzt. Das bedeutet, dass nicht alle Inhalte auf die gleiche Weise präsentiert werden. Vielmehr wird es künftig zum Beispiel so sein, dass aktuelle Informationen in einem Eildienst bekannt gemacht und ausführlicher im Intranet dargestellt werden. Die Mitarbeiterzeitung bietet Hintergrundinformationen an.
In vielen Einzelmaßnahmen gibt es Änderungen. So stellt die Firmenzeitung stärker die Mitarbeiter in den Mittelpunkt der Berichterstattung, etwa in Abteilungsporträts und Berichten über Freizeitaktivitäten. Die Redaktion berücksichtigt stärker Meinungsartikel wie zum Beispiel Streitgespräche. Die grundsätzlich positive Einstellung zum Computer als Informations- und Kommunikationsmedium hat im Unternehmen zum Ausbau des Intranets geführt.
Hier, wie auch sonst werden kontinuierlich Studien zur Bewertung einzelner Medien durchgeführt. Zwei Beispiele:

→ *Intranet:* Vor dem Start des Intranets wurde eine Kurzumfrage durchgeführt. Ergebnis: Die Befragten wünschten sich ein Intranet und hatten auch klare Vostellungen davon, was es bieten soll. Mittlerweile finden immer wieder Interviews mit unterschiedlichen Nutzergruppen statt, die die kontinuierlichen Rückmeldemöglichkeiten im Intranet ergänzen sollen.

→ *Magazin zur Unternehmensstrategie:* Ein Pretest sollte herausfinden, ob es einen Bedarf an einer schriftlichen Informationsbroschüre zur aktualisierten Strategie gibt, und wenn ja, welche Wünsche und Erwartungen die Mitarbeiter damit verbinden.
Als Alternative war ein Faltblatt mit kurzen Kommunikationsinhalten in der Diskussion, das vielleicht eher geeignet sein könnte als ein ausführliches Magazin. Eine Kurzumfrage in unterschiedlichen Mitarbeitergruppen ergab: Bis auf eine Ausnahme wünschten sich alle 15 Befragten ein ausführliches „Magazin" mit anschaulichen Beispielen. Ein Jahr später wurde eine Beurteilung des neuen Magazins eingeholt. Ergebnis: Etwa ein Drittel hatte die Broschüre nicht gelesen oder bewertete sie negativ. Zwei Drittel der Belegschaft äußerte sich positiv bis sehr positiv über dieses Medium. Die Maßnahme wurde damit als erfolgreich eingestuft, obwohl vorab keine quantifizierten Zielvorgaben festgelegt worden waren. Nach 6 Monaten erschien das zweite „Strategie-Magazin" mit Informationen über den aktuellen Stand der Strategieumsetzung.

Fazit und Ausblick

Die Analyse und Bewertung von Kommunikationsprozessen hat sich mittlerweile zum Standard in der Unternehmenskommunikation entwickelt. Die gewonnenen empirischen Daten sind in den letzten Jahren vielfältig verwendet worden:

→ Sie haben über die Fortsetzung oder Einstellung einer Maßnahme entschieden.

→ Sie konnten die Durchführung praktisch verbessern wie im Fall der Mitarbeiterzeitung.

→ Sie bewirken das Hinzufügen oder Aufgeben spezifischer Teile oder Techniken. So wird zu wichtigen Themen generell schriftliches Informationsmaterial zur Verfügung gestellt und mit einem Gesprächsangebot gekoppelt.

→ Die Ergebnisse fließen in die Entwicklung neuer Instrumente ein wie im Fall des Intranets.
→ Sie haben zu einer Neuverteilung der Ressourcen unter konkurrierenden PR-Aktionen geführt wie im Fall der Entscheidung zugunsten eines Strategie-Magazins anstatt eines Faltblattes.
→ Die gewonnenen empirischen Daten ermöglichen das Formulieren quantifizierbarer Ziele für eine anschließende Bewertung.
→ Und: Die Daten erleichtern die Kommunikationsarbeit der Führungskräfte.

Noch einige Anmerkungen zum Für und Wider empirischer Forschungen: Die erwähnten Studien werden in der Regel von externen Dienstleistern (Institute, Berater, Studenten) durchgeführt, der Auftraggeber ist zuständig für Konzeption, Koordination und Kommunikation im Unternehmen. Diese Arbeitsteilung sorgt dafür, dass Ressourcen (Zeit, Geld, Know-how) möglichst gezielt organisiert und eingesetzt werden. Die Ergebnisse der Studien haben eindeutig gezeigt, dass es sinnvoll ist, diese Ressourcen für die Evaluation aufzuwenden.

Die Evaluation wird soweit möglich als fester Bestandteil in die Projektetats eingeplant. Steht kein Geld (zum Beispiel keine Kostenstelle) zur Verfügung, wird versucht, eine Evaluation mit Bordmitteln durchzuführen nach dem Motto: So sorgfältig wie möglich, so aufwendig wie nötig.

In jedem Fall hat die Erfolgskontrolle dazu beigetragen, Fehlentscheidungen zu verringern. Ressourcen können in die tatsächlichen Kommunikationsprobleme investiert werden. Darüber hinaus hat das Unternehmen im vorliegenden Beispiel eine zuverlässige Basis für die Entwicklung innerbetrieblicher Kommunikationsprozesse geschaffen.

Kapitel 22

Interne Kommunikation hält Gesetze ein

Gastbeitrag von Norbert Deutschmann

Zur internen Kommunikation ist ein Unternehmen rechtlich verpflichtet. Unternehmensleitungen und Führungskräfte kommen dieser Verpflichtung häufig nicht ausreichend genug nach. Leider wissen sie über ihre Verpflichtungen zu wenig Bescheid. Verstöße gegen die Pflichten können als Ornungswidrigkeit geahndet werden. Unkenntnis darüber wirkt sich zumindest rufschädigend aus. Einige der nachfolgend dargestellten Pflichten zur Kommunikation mögen für viele Unternehmensleitungen beziehungsweise Führungskräfte selbstverständlich sein. Um ein Gesamtbild zu entwickeln, sind diese Anforderungen ebenfalls dargestellt.

Tipps aus der Praxis sollen den Umgang mit den Verpflichtungen zur Kommunikation erleichtern und ihre Wirksamkeit erhöhen.

Rechtliche Verpflichtungen zur Internen Kommunikation

Eine Verpflichtung zur Internen Kommunikation in der Privatwirtschaft besteht gegenüber einzelnen Arbeitnehmern beziehungsweise allen Arbeitnehmern und dem Betriebsrat bei verschiedenen Anlässen.

Diese Pflicht ist umfassend im Betriebsverfassungsgesetz geregelt. Weitere Regelungen sind im Arbeitsschutzgesetz zu finden. Für den Öffentlichen Dienst und Tendenzbetriebe beziehungsweise Religionsgemeinschaften gelten andere Bestimmungen.

Bei welchen Anlässen besteht die Verpflichtung zur Internen Kommunikation?

Kommunikation mit den Arbeitnehmern

- Unterrichtung über Aufgabe, Verantwortung, Art der Tätigkeit, Einordnung in den Arbeitsablauf (§ 81 Abs. 1 Betriebsverfassungsgesetz)
- Unterrichtung über Unfall- und Gesundheitsgefahren und deren Abwendung vor Beginn der Beschäftigung (§ 81 Abs. 1 Betriebsverfassungsgesetz sowie § 12 Arbeitsschutzgesetz)
- Rechtzeitige Unterrichtung über Veränderungen im Arbeitsbereich (§ 81 Abs. 2 Betriebsverfassungsgesetz)
- Betriebe ohne Betriebsrat: Arbeitnehmer sind zu allen Maßnahmen zu hören, die Auswirkungen auf Sicherheit und Gesundheit haben können (§ 81 Abs. 3 Betriebsverfassungsgesetz)
- Unterrichtung über vorgesehene Maßnahmen und Auswirkungen auf den Arbeitsplatz, die Arbeitsumgebung sowie Inhalt und Art der Tätigkeit (§ 81 Abs. 4 Betriebsverfassungsgesetz)
- Erörterung über Anpassung der beruflichen Kenntnisse und Fähigkeiten, sofern sie in Folge von Veränderungen nicht mehr ausreichen (§ 81 Abs. 4 Betriebsverfassungsgesetz)
- Anhörung in betrieblichen Angelegenheiten, die inzelne Personen betreffen (§ 82 Abs. 1 Betriebsverfassungsgesetz)
- Befassen mit Vorschlägen für die Gestaltung des Arbeitsplatzes und des Arbeitsablaufs (§ 82 Abs. 1 Betriebsverfassungsgesetz sowie § 17 Abs. 1 Arbeitsschutzgesetz)

- Erläuterung der Berechnung und Zusammensetzung des Arbeitsentgeltes auf Wunsch (§ 82 Abs. 2 Betriebsverfassungsgesetz)
- Erörterung der Leistungsbeurteilung und Möglichkeit der beruflichen Entwicklung im Betrieb auf Wunsch (§ 82 Abs. 2 Betriebsverfassungsgesetz)
- Befassen mit Beschwerden des Arbeitnehmers, sofern er sich vom Arbeitgeber oder von Arbeitnehmern ungerecht behandelt oder sonst beeinträchtigt fühlt (§ 84 Betriebsverfassungsgesetz sowie § 17 Abs.2 Arbeitsschutzgesetz)
- Unterrichtung über die wirtschaftliche Lage und Entwicklung des Unternehmens pro Kalendervierteljahr, schriftlich bei über 1000 Arbeitnehmern, mündlich bei mehr als 20 Arbeitnehmern; auch bei noch kleineren Betrieben besteht quasi eine Nebenpflicht des Arbeitgebers zur Unterrichtung im angemessenen Umfang (§ 110 Betriebsverfassungsgesetz)
- Jährlicher Bericht in einer Betriebsversammlung über das Personal- und Sozialwesen, die wirtschaftliche Lage und Entwicklung des Betriebs sowie über den betrieblichen Umweltschutz; dies setzt einen Betriebsrat voraus (§ 43 Abs. 2 Betriebsverfassungsgesetz)

Diese Verpflichtungen zur Kommunikation bestehen weithin auch in betriebsratslosen und nicht betriebsratsfähigen Betrieben. Die Kommunikation findet während der Arbeitszeit statt und nicht in den Ruhepausen, die der freien Verfügung und dem Erholungszweck dienen müssen. Der Arbeitgeber beziehungsweise die Unternehmensleitung muss nicht selbst unterrichten, sondern kann diese Aufgabe je nach Organisation des Betriebs an zuständige Personen, wie zum Beispiel Meister oder Abteilungsleiter delegieren. Bei Erörterungen, Anhörungen oder Beschwerden ist der Arbeitnehmer berechtigt, ein Mitglied des Betriebsrates hinzuzuziehen.

Kommunikation mit dem Betriebsrat

- Der Arbeitgeber hat ohne Aufforderung alle Informationen zu geben, die der Betriebsrat zur Erfüllung seiner allgemeinen Aufgaben braucht. Zu diesen Aufgaben gehören im Wesentlichen die Überwachung der zu Gunsten der Arbeinehmer geltenden Gesetze und Regelungen, die Durchsetzung der Gleichstellung von Mann und Frau, die Vereinbarkeit von Familie und Beruf, die Eingliederung Schwerbehinderter und sonstiger schutzbedürftiger Personen, die Beschäftigung älterer Arbeitnehmer, die Integration ausländischer Arbeitnehmer und generell die Förderung der Beschäftigung im Betrieb sowie Maßnahmen des Arbeitsschutzes und des betrieblichen Umweltschutzes (§ 80 Abs.1 u. 2 Betriebsverfassungsgesetz).
- Der Arbeitgeber hat über die Planung von Neu-, Um- und Erweiterungsbauten, technischen Anlagen, Arbeitsverfahren und -abläufen oder der Arbeitsplätze rechtzeitig unter Vorlage der erforderlichen Unterlagen zu unterrichten. Rechtzeitig bedeutet, dass noch Einfluss auf die Planung genommen werden kann (§ 90 Betriebsverfassungsgesetz).
- Der Arbeitgeber hat über die Personalplanung, insbesondere über den Personalbedarf sowie daraus folgende Maßnahmen, rechtzeitig und umfassend zu unterrichten (§ 92 Betriebsverfassungsgesetz).

- → Die Unternehmensleitung hat bei mehr als 100 beschäftigten Arbeitnehmern rechtzeitig und umfassend über die wirtschaftlichen Angelegenheiten des Unternehmens unter Vorlage der erforderlichen Unterlagen zu informieren (§ 106 Betriebsverfassungsgesetz).
- → Die Unternehmensleitung hat bei mehr als 20 beschäftigten Arbeitnehmern über geplante Betriebsänderungen, die wesentliche Nachteile für die Belegschaft oder erhebliche Teile davon zur Folge haben können, rechtzeitig und umfassend zu unterrichten (§ 111 Betriebsverfassungsgesetz).

Literaturhinweise

Um genauer einschätzen zu können, bei welchen Anlässen und in welchem Umfang die Verpflichtungen zur Kommunikation bestehen, sind die Kommentare zum Betriebsverfassungsgesetz hilfreich. Je nach Anspruch und Erfordernissen kann zwischen einem Basiskommentar und Standardkommentaren gewählt werden. Mehr Nähe zu den Arbeitnehmern haben die Kommentare aus dem Bund-Verlag.

- ▷ Basiskommentar Betriebsverfassungsgesetz / Klebe, Ratayczak, Heilmann et al./ Bund-Verlag / Preis 32 €
- ▷ Betriebsverfassungsgesetz – Kommentar für die Praxis / Däubler, Kittner, Klebe / Bund-Verlag / Preis 98 €
- ▷ Betriebsverfassungsgesetz – Handkommentar / Fitting, Kaiser, Heither et al. Verlag Franz Vahlen / Preis 72 €

Tipps aus der Praxis der Internen Kommunikation

Die gesetzlichen Verpflichtungen der Unternehmensleitung und der Führungskräfte zur Internen Kommunikation, ergänzt durch die Rechtsprechung, sind allgemein gehalten und müssen für die Anwendung im Betrieb oder Unternehmen konkretisiert werden. Diese Anwendung wird von den jeweiligen betrieblichen Bedingungen und den handelnden Menschen bestimmt. Dennoch gibt es Erfahrungen aus betrieblicher Praxis, die bei der Handhabung der Internen Kommunikation helfen können.

Tipps für die Kommunikation mit Arbeitnehmern

- → Bei der Kommunikation mit größeren Mitarbeitergruppen und mehreren Teams sollten Multiplikatoren eingesetzt werden, die von den Mitarbeitern bestimmt werden. Diese Personen sorgen für den Austausch der Botschaften von und an die Mitarbeiter. Multiplikatoren können gewerkschaftliche Vertrauensleute oder betriebliche Vertrauensleute sein. Wenn ein Betriebsrat vorhanden ist, sollte dies zum Beispiel. durch eine Vereinbarung mit ihm abgestimmt werden.
- → Wenn über eine Infokaskade – über mehrere Ebenen hinweg – informiert wird, sollte ab und zu überprüft werden, ob die Informationen ankommen und nicht zu viel weggefiltert wird. Ein Rundgang vor Ort und einige Gespräche mit Mitarbeitern können schnell darüber Aufschluss geben.
- → Bei brisanten Themen sollte man sich nicht darauf verlassen, dass Botschaften originalgetreu weitergegeben werden. Hier hilf nur der O-Ton, sodass man in

solchen Fällen am besten selber in Mitarbeiterversammlungen erscheint.

- → Sich regelmäßig an der Basis sehen lassen und im Gespräch dafür interessieren, „was der Mitarbeiter denkt", stärkt die Akzeptanz der Führungskraft. Hierbei kommt es mehr auf die Nachhaltigkeit als die Häufigkeit an. Ansagen wie „meine Tür steht immer für Sie offen" werden von Mitarbeitern nicht sehr ernst genommen. Sie sind auch wegen häufiger Abwesenheit der Vorgesetzten durch Besprechungen und Dienstreisen nicht realistisch.
- → Wenn sich im Unternehmen wichtige Bedingungen für den Mitarbeiter ändern, ist die Transparenz besonders wichtig: Wann was passiert und wann Entscheidungen fallen, muss deutlich gemacht werden, auch wenn die Entscheidungen noch als vertraulich gelten oder noch gar nicht getroffen sind. Wer auf Transparenz des Prozesses bei den Mitarbeitern verzichtet, riskiert Gerüchte, unnötige Ängste bei Mitarbeitern und Reibungsverluste, weil im Mittelpunkt des Berufsalltags der „Flurfunk" und nicht die eigentliche Arbeit steht.
- → Führungskräfte, vor allem neue, kündigen oft eine bessere Kommunikation an, ohne zu bedenken, dass sie Erwartungen wecken, die sie einlösen müssen. Nur versprechen, was man mit Sicherheit schaffen kann! Ausbauen kann man die Kommunikation immer.
- → Bei Informationsveranstaltungen müssen sich Präsentationen am Adressaten orientieren. Foliensätze, die für Entscheidungen im Management gefertigt wurden, eignen sich nicht 1 zu 1 bei Mitarbeiterversammlungen. Vorbildung, Sprache und Training der Beschäftigten müssen berücksichtigt werden. Nur dann erreichen Botschaften und Informationen der Führungskräfte auch die Mitarbeiter.
- → Mitarbeiterbefragungen sind ein gutes Mittel, um den Pulsschlag der Mitarbeiter kennen zu lernen. Die Bereitschaft der Mitarbeiter, sich ernsthaft an solchen Maßnahmen zu beteiligen, hängt von der Glaubwürdigkeit des Vorhabens ab. Es gilt für die Führung, nicht zu viel zu versprechen, sich vom „Gegenwind aus dem Mitarbeiterkreis" nicht abschrecken zu lassen und Verbesserungswünsche der Mitarbeiter auch wirklich umzusetzen. Der Betriebsrat sollte daran in jeder Phase beteiligt werden. Damit wird auch die Teilnahmebereitschaft gefördert.

Tipps für die Kommunikation mit dem Betriebsrat

- → Um nicht im Übermaß Papier und Daten zu versenden, ist es sinnvoll, mit dem Betriebsrat abzusprechen, über welche Sachverhalte der er regelmäßig informiert werden möchte. Diese Absprachen sollten jährlich angepasst werden.
- → Frühzeitige, vertrauliche Informationen über Absichten bei Veränderungen geben dem Betriebsrat eine Orientierung. Damit kann er beim Aufkommen wilder Gerüchte in der Belegschaft beruhigend entgegensteuern.
- → Der Aufbau einer Vertrauensebene, zum Beispiel durch regelmäßige Gespräche im kleinen Kreis, spart Kräfte und kann in Krisensituationen für Stabilität und Sicherheit sorgen. Auch Lösungen lassen sich in einem solchen Klima leichter finden.
- → Als neue Führungskraft sollte man alsbald Kontakte zum Betriebsrat herstellen

und das Interesse an einem Meinungsaustausch signalisieren. Auf diese Weise werden Barrieren gar nicht erst errichtet und die künftige Zusammenarbeit bei allen Projekten funktioniert besser.

→ Wer die Rolle der Betriebsräte ernst nimmt, bekommt einen Verhandlungspartner, der auch unter den Mitarbeitern eine Akzeptanz für gemeinsam getroffene Kompromisse schaffen kann. Betriebsräte haben meist mehr Dienstjahre und damit mehr Erfahrungen im Arbeitsalltag und haben eine Antenne für „Taschenspielertricks".

→ Bei Mitarbeiterbefragungen sollte der Betriebsrat nicht nur aus formalen Gründen eingebunden werden. Der Betriebsrat sollte gehört werden und helfen dürfen, und zwar sowohl bei der Art der Befragung als auch bei der Werbung unter den Mitarbeitern sowie bei der Umsetzung. Wenn Mitarbeiterberfragungen zu einem sinnvollen Ergebnis führen sollen, braucht man den Betriebsrat als Unterstützer.

Kapitel 23

Wie Interne Kommunikation in der Praxis gelingen kann

Gastbeitrag von Manuela Stier, Stier Communications AG, Zürich

Mitarbeiter werden zu Mitunternehmern

Von außen betrachtet, genießt die integrierte Unternehmenskommunikation einen hohen Stellenwert in vielen Unternehmungen. Geht man der Sache aber auf den Grund, sieht man, dass hinter der Wertschätzung oft nur Lippenbekenntnisse und Luftblasen stecken. Was genau sind nun die wesentlichen Funktionen und Vorteile einer strategisch geplanten Unternehmenskommunikation?

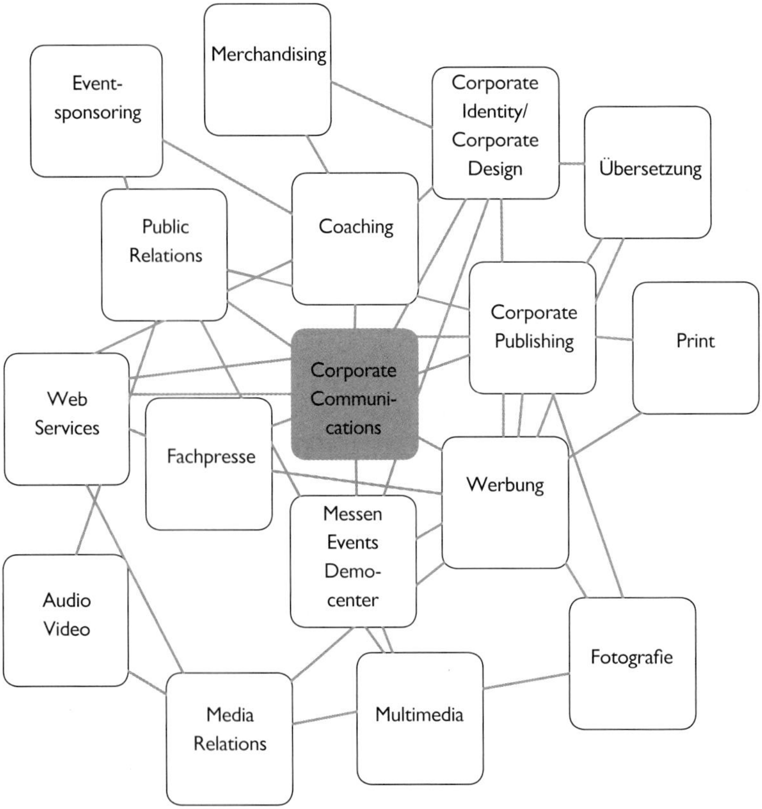

Abb. 39 | Integrierte Unternehmenskommunikation heißt, zu wissen, wer was wo und wann kommuniziert. Doch die Komplexität wird durch unzählige Kommunikationsmedien immer undurchsichtiger.

Wie sieht dies in der Praxis aus?

In dem hier beschriebenen Unternehmen wird die Bedeutung der internen Kommunikation als Bestandteil der integrierten Unternehmenskommunikation auf oberster Unternehmensleitung als hoch eingestuft. Entsprechend umfangreich sind die Kommunikationsaktivitäten, die bei der Abteilung Corporate Communications gebündelt sind.

Die zentrale Aufgabe der Abteilung Corporate Communications, im Organigramm direkt dem CEO unterstellt, ist es, dem Unternehmen ein Gesicht zu geben und es rund um den Globus für alle Bezugsgruppen – Mitarbeitende, Kunden, Lieferanten – gleichermaßen erlebbar zu machen. Daraus ergibt sich für die Corporate Communications eine Doppelfunktion: Zum einen sind sie als das „Gewissen" des Unternehmens dafür zuständig, dass der visuelle Auftritt wie zum Beispiel das Logo den definierten Vorgaben entspricht. Anderseits sind sie Dienstleister, die den einzelnen Bereichen (Personalabteilung, Verkaufsabteilung, Marketingabteilung, Management usw.) und Ländergesellschaften eine Vielzahl an Möglichkeiten anbieten, wie sie in ihrem Verantwortungsgebiet am Markt auftreten können. Weitere wichtige Aufgaben sind: die Generierung von Plattformen mit Mitarbeitenden und Kunden und die Herstellung einer guten Präsenz insbesondere in den Fachmedien. Aufgrund dieser klaren Vorgaben werden dann länderspezifische, der Kultur entsprechende Unterlagen und Schulungen generiert.

Als Corporate Communications-Abteilung muss man die Einhaltung von Vorschriften anmahnen und gewinnt dadurch nicht immer Freunde.

Wer mit der Corporate-Communications-Abteilung Kontakt hat, erlebt sie meist in der Rolle als Dienstleister. Sie stellen den einzelnen Bereichen und Ländergesellschaften das Kommunikations-Know-how zur Verfügung und versuchen zu helfen. Gerade dadurch ist die Akzeptanz in den vergangen Jahren stetig gewachsen ist. Und was die andere Rolle betrifft: Das Logo ist der formale Ausdruck für all das, wofür das Unternehmen steht. Und im Corporate Design wird festgehalten, wie sich das Unternehmen nach aussen und innen präsentieren. Es ist für das Unternehmen enorm wichtig, dass sein gesamter Auftritt stimmig ist und dass es so wahrgenommen wird, wie es wahrgenommen werden möchte. Wenn beispielsweise ein Kunde das Unternehmen am Sitz einer Ländergesellschaft oder am Hauptsitz oder an einer Messe besucht, sollte ihm stets ein einheitliches Bild vermittelt werden. Und wenn er von einem Mitarbeiter eine schriftliche Einladung zu einer Veranstaltung bekommt, wenn er die Website besucht oder das Kundenmagazin aufschlägt, dann sollte ihm ebenfalls ein stimmiges und einheitliches Bild dargeboten werden.

Bei mehr als zwanzig Ländergesellschaften ist es nicht immer einfach, einen einheitlichen Unternehmensauftritt zu gestalten. Dies bedeutet, dass die Corporate-Communications-Abteilung auf die Zusammenarbeit mit den Tochterfirmen angewiesen ist.

Es ist somit wichtig, dass eine sehr gute Zusammenarbeit mit den einzelnen Ländergesellschaften gepflegt wird. Was die Aufgabenverteilung betrifft: Die Corporate- Communications-Abteilung setzt die Leitplanken, wenn es um das Erscheinungsbild geht. Es wird klar definiert, innerhalb welcher Grenzen sich konkrete Entwicklungen zu bewegen haben. Welche Kommunikationsmaßnahmen vor Ort umgesetzt werden, entscheiden jeweils die einzelnen Gesellschaften. Natürlich kommt es in der Praxis immer wieder vor, dass dort Lösungen erarbeitet werden, die zwar dem lokalen

Empfinden entsprechen, mit dem Auftritt des Konzerns insgesamt aber nur schwer vereinbar sind. In diesen Fällen muss man bisweilen auch klipp und klar sagen, dass bestimmte Dinge nicht umgesetzt werden dürfen. Grundsätzlich muss die CC jedoch zu überzeugen versuchen und konkrete Alternativen ins Spiel bringen. Oft finden sich auch Lösungen, in die sich lokale Elemente durchaus einbauen lassen, und fast immer sind die Leute vor Ort froh über die Unterstützung. Die Verantwortlichen in den Ländern müssen es immer wieder gesagt bekommen, dass sie fragen und ihre Lösungen der Corporate-Communications-Abteilung rechtzeitig zeigen sollen, damit sie beurteilen kann, ob es geht, beziehungsweise was anders gemacht werden muss. Auch deshalb gibt es in den einzelnen Ländergesellschaften sogenannte Korrespondenten, die den Kontakt mit der Zentrale erleichtern können.

Was bewirken Korrespondenten in den Ländergesellschaften?

Dies wurde von den „großen" Medien abgekupfert. In jeder Gesellschaft gibt es einen Mitarbeitenden, der oder die die Corporate-Communications-Abteilung unterstützt. Das ist quasi der firmeninterne Auslandskorrespondent. Meist handelt es sich dabei um jemanden aus der Personalabteilung oder aus dem Backoffice. Über diesen Kanal können kommunikationsrelevante Dinge in die jeweilige Gesellschaft übertragen werden, doch vor allem wird dieser Kanal genutzt, um lokale Infos zu erhalten in die Zentrale zu transportieren.

Für die Mitarbeitenden können auf diese Weise Kurzmitteilungen, Statements für Umfragen, Neueintritte, Jubiläen und so weiter erstellt werden. Die Korrespondenten sprechen die Sprache vor Ort, sie kennen die jeweilige Kultur und sind nah an den anderen Beschäftigten und an den Kunden in ihrem Land. Diese lokale Verankerung ist von unschätzbarem Wert, gerade um einen einheitlichen Auftritt zu garantieren und die Unternehmenswerte für jeden spürbar werden zu lassen.

Und wie weckt, beziehungsweise pflegt man ein durchgängiges Wir-Gefühl bei Mitarbeitenden, die aus unterschiedlichsten Kulturkreisen stammen?

Seien Sie sich bewusst, dass jeder Mitarbeitender in seiner mehr oder weniger kleinen Welt, die ihn direkt umgibt, lebt und denkt. Das kann eine Abteilung sein, ein Bereich oder eine Ländergesellschaft. Dieser unmittelbare Erlebnisbereich kann durch die Corporate-Communications-Abteilung nur begrenzt beeinflusst werden, zum Beispiel indem sie dafür sorgt, dass ein Democenter eingerichtet wird oder dass die Arbeitskleidung der Techniker in jedem Land gleich aussieht. Wichtiger sind jedoch die Bezugspunkte, die die Corporate-Communications-Abteilung den Mitarbeitenden gibt und die außerhalb des Kreises liegen, in dem sie sich bewegen. Diese Bezugspunkte, die über gemeinsame Plattformen wie ein Mitarbeitermagazin oder das Intranet gesetzt werden, müssen allerdings verständlich sein. Würden beispielsweise die Unternehmenswerte einfach nur in einem Flyer kurz aufgezählt, blieben sie wohl recht abstrakt.

Deshalb wird mit dem Mitarbeitermagazin versucht, jeweils einen der Werte aufzugreifen und näher zu beleuchten. Zum Beispiel indem wir Beschäftigte fragen, was sie unter Innovation verstehen. Dabei sollte jedoch nicht vergessen werden: Das Wir-Gefühl, um das es bei alledem geht, wird maßgeblich durch das Verhalten der unmittelbaren Vorgesetzten, also durch die Qualität der Führungskommunikation beeinflusst. In Firmenzeitungen ist der Einfluss dagegen begrenzt, doch sollte deshalb die Verantwortung nicht nach oben, also an die Vorgesetzten abgeschoben werden. Auch ist auch falsch, Unternehmenskommunikation und Führungskommunikation kategorisch zu trennen. Wichtig ist vielmehr, dass man sich gegenseitig unterstützt.

Ein konkretes Beispiel:
Wenn der Chef einer neuen Ländergesellschaft seinen Mitarbeitenden den „Unternehmensspirit" näher bringen möchte, kann ihm die Corporate-Communications-Abteilung verschiedene Tools geben, zum Beispiel ein Video, das an einer der letzten Messen aufgenommen wurde.

Ein anderes Beispiel:
Wenn die Geschäftsleitung am Hauptstandort die Mitarbeitenden direkt über den Geschäftsgang informieren möchte, dann ist es die Corporate Communications-Abteilung, die ein sogenanntes Mitarbeiterfrühstück logistisch organisieren kann. Anderseits können die Vorgesetzten in der Linie die Corporate-Communications-Abteilung ebenfalls unterstützen.

Auch hier ein Beispiel:
Wenn für die Durchführung einer Anwenderreportage bei einem der Kunden Support vom zuständigen Verkäufer der Niederlassung vor Ort benötigt wird und der Vorgesetzte das Vorhaben explizit unterstützt, dann erleichtert dies die Arbeit der Corporat-Communications-Abteilung.

Nach den wirtschaftlich fetten Jahren müssen derzeit gerade auch Maschinenbauer den Gürtel enger schnallen. Welche Bedeutung fällt in solchen Zeiten der Internen Kommunikation zu?

Ganz generell gesprochen: eine sehr große. In anspruchsvollen Zeiten, wie sie derzeit erlebt werden, ist die Unsicherheit in der Belegschaft natürlich sehr groß.

Wie geht's weiter?
Ist mein Job sicher?
Wenn ja, wie lange?

Das sind die Fragen, die sich der Einzelne stellt. Wenn ein Unternehmen in einer solchen Phase seine Kommunikationsaktivitäten zurückschraubt, verstärkt es diese Unsicherheit. Wenn der Mensch keine Informationen hat, beginnt er zu spekulieren. Anderseits, wenn ein Unternehmen offen und zeitnah informiert, wird Unsicherheit reduziert. Das gilt im übertragenen Sinne auch für die Kommunikation gegenüber den Bezugsgruppen, die sich außerhalb des Unternehmens befinden, hier in erster Linie den Kunden und Lieferanten. Für die Gruppenleitung muss die Interne Kommunikation von strategischer Bedeutung sein.

Warum sparen Unternehmen in der Krise zuerst bei der Mitarbeiterkommunikation?

Jede und jeder im Unternehmen soll erleben, wofür die Firma steht; ein Mitarbeitermagazin macht die Marke erlebbar, verleiht ihr ein Gesicht. Doch wenn wir die Wirtschaftssituation der letzten Jahre betrachten, dann haben die Regierungen einiger Länder die Neigung zu protektionistischen Maßnahmen wiederbelebt. Sie wollen ihre Märkte abschotten, was die Krise allerdings verschärfen würde – das ist belegbar. Nicht der Kampf jeder gegen jeden ist in einer solchen Situation gefragt, sondern gemeinsames, koordiniertes Handeln. Das lässt sich auch auf ein Unternehmen übertragen: Je besser es gelingt, gemeinsam und koordiniert zu handeln, desto kraftvoller wird das Unternehmen wirtschaftlich schwierige Zeiten überwinden. Das Mitarbeitermagazin ist ein wichtiges Tool, um die einzelnen Geschäftsbereiche zu einem Großen und Ganzen zu verbinden und um das Wirken des einzelnen Mitarbeitenden in einen Gesamtzusammenhang zu stellen. Nicht zuletzt deshalb ist das Mitarbeitermagazin unverzichtbar. Wie es inhaltlich ausgestaltet wird, ist eine andere Frage. Grundsätzlich sollte man stets bestrebt sein, das Magazin weiter zu verbessern.

Sinneswandel in der Unternehmensführung

Es ist noch nicht so lange her, dass die Kommunikation als „Nebengeschäft" des Verkaufs galt und Werbemaßnahmen als Insellösungen konzipiert wurden. Inzwischen ist ein Sinneswandel eingetreten. Heute wird die Kommunikation als zentrales Führungsmittel angesehen und nach einer festgelegten Strategie ständig den aktuellen Gegebenheiten (Bsp. Veränderung des Nutzerverhaltens durch das Web 2.0) angepasst. Dafür jedoch, ist es unumgänglich, ein zentrales Kompetenzzentrum aufzubauen, das auf der obersten Stufe möglichst als Mitglied der Geschäftsleitung angesiedelt und mit Weisungsrecht und Globalbudget versehen ist. Durch die vielfältigen Kommunikationskanäle braucht es neben Generalisten auch Spezialisten für die Integration der einzelnen Teilbereiche in der Kommunikation.

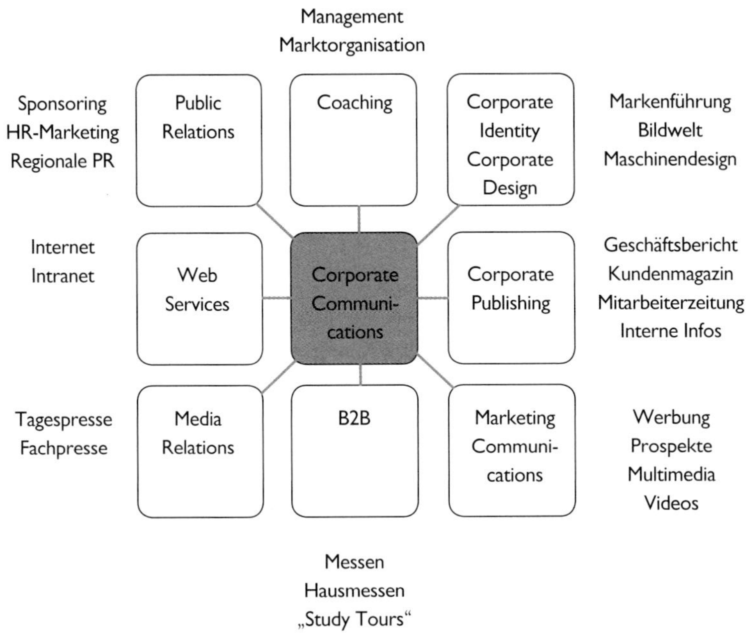

Abb. 40 | Integrierte Unternehmenskommunikation – Klare Strukturen vereinfachen die Transparenz in der Kommunikation.

Manuela Stier ist seit 1995 Inhaberin der Stier Communications AG (www.stier.ch). Als Verlegerin und Chefredakteurin des Wirtschaftsmagazins (www.wirtschaftsmagazin.ch) engagiert sie sich aktiv für die Verankerung des Unternehmertums durch Unternehmen, Wissenschaft und Schulen in der breiten Öffentlichkeit.

Anhang

Erfolgsfaktoren, Studien, Literatur, Register

A. Erfolgsfaktoren für gelungene interne Kommunikation

- Interne Kommunikation gibt Orientierung: Was ist stabil? Was ändert sich?
- Sie erklärt aktiv, statt passiv zu verteidigen.
- Sie stellt Verständnis zwischen den Kommunikationspartnern sicher. Dabei hat das persönliche Gespräch herausragende Bedeutung.
- Interne Kommunikation hält die Mitarbeiter auf dem Laufenden (Prozesskommunikation statt Ergebniskommunikation).
- Sie bezieht die Kommunikationspartner in die Gestaltung der Kommunikation in Form und Inhalt ein.
- Sie ist stimmig, also widerspruchsfrei.
- Sie erfolgt systematische und dauerhaft. Der Kommunikationsprozess wird aufmerksam verfolgt und flexibel angepasst.
- Sie stärkt die Kommunikationskultur: Kommunikation ist ein Wert!
- Die Geschäftsleitung gibt ein klares Bekenntnis zur Internen Kommunikation ab. Sie ist selbst Vorbild.
- Kommunikation ist Sache aller im Unternehmen, also der Führungskräfte, der Mitarbeiter und der Interessenvertretungen. Ein Kommunikationsfachmann bringt Wissen und Erfahrung in den Kommunikationsprozess ein.
- Grundsätzlich gilt, dass die eigenen Mitarbeiter und deren Interessenvertreter wichtige Informationen über das Unternehmen immer vor den externen Bezugsgruppen erhalten.
- Verbindliche Richtlinien und Führungsgrundsätze für Kommunikation sind formuliert, an die sich alle halten müssen und die einklagbar sind.
- Kommunikationsziele sind Bestandteil von Mitarbeitergesprächen und Gesprächen der Führungskräfte.
- Mitarbeiterkommunikation ist auf die Anforderungen der Situation sowie die Wünsche und Bedürfnisse der Beteiligten zugeschnitten. Das schließt Standardrezepte aus.
- Kommunikation ist so früh wie möglich Thema von Gremien, Prozessen und Entscheidungen. Wo möglich und sinnvoll, sind Kommunikationskonzepte Bestandteil jeder Vorstandsvorlage. Jedes Ressort, jedes Gremium hat einen Kommunikationsverantwortlichen, der entscheidet, ob, was und wie kommuniziert wird.
- Unangenehme Themen werden früh angesprochen. Fühlen sich die Verantwortlichen dem nicht gewachsen, schalten sie einen externen Berater beziehungsweise Trainer ein.
- Sämtliche Errungenschaften werden zum Standard, nur so werden sie zur Selbstverständlichkeit und damit Teil der Unternehmenskultur.

B. Studien

BBDO Consulting: Interne Markenbildung. Düsseldorf 2005.

Capgemini Consulting: Change Management-Studie 2008. Business Transformation - Veränderungen erfolgreich gestalten. Internet: http://www.de.capgemini.com/m/de/tl/Change_Management-Studie_2008.pdf

Gallup Organization: Engagement Index 2004 (im Internet: www.gallup.de)

C. Literatur

Ambady, N./Rosenthal, R.: Half a Minute: Predicting Teacher Evaluations From Thin Slices of Nonverbal Behavior and Physical Attractiveness. Journal of Personality and Social Psychology, 64, 1993, pp 431-441.

Bargh, J.A./Chen, M./Burrows, L.: Direct effects of trait construct and stereotype activation on action. In: Journal of Personality and Social Psychology, 71, 1996, 2, pp 230–244.

Bauer, J.: Warum ich fühle, was du fühlst. Intuitive Kommunikation und das Geheimnis der Spiegelneuronen. 4. Auflage. Hamburg 2005.

Bazil, V./Piwinger, M.: Der Ton macht die Musik – Über die Funktion der Stimme in der Kommunikation. In: Bentele, G./Piwinger, M./Schönborn, G. (Hrsg.): Kommunikationsmanagement. Neuwied/Kriftel 2001 ff. (Losebl.). Art. Nr. 128. München 2005.

Berne, E.: Spiele der Erwachsenen, Psychologie der menschlichen Beziehungen. 11. Auflage. Hamburg 2002.

Berne, E.: Was sagen Sie, nachdem Sie Guten Tag gesagt haben? 19. Auflage. Frankfurt/Main 2004.

Bischof, N.: Das Rätsel Ödipus. Die biologischen Wurzeln des Urkonfliktes von Intimität und Autonomie. München 1995.

Bolt, N.: Haare. Köln 2001.

Calvert, G. A./Campbell, R./Brammer, M. J.: Evidence from functional magnetic resonance imaging of crossmodal binding in the human heteromodal cortex. Current Biology, 10, 2000, pp 649-657.

Campbell, J.: Der Heros in tausend Gestalten. Frankfurt 1999.

Conniff, R.: Was für ein Affentheater. Wie tierische Verhaltensweisen unseren Büroalltag bestimmen. Frankfurt 2006.

Damasio, A.: Descartes' Irrtum. Fühlen, Denken und das menschliche Gehirn. Berlin 2004.

Damasio, A.: Ich fühle, also bin ich. Die Entschlüsselung des Bewusstseins. 4. Auflage. München 2003.

Denning, S.: The Leader's guide to storytelling. Mastering the art and discipline of business narrative. San Francisco 2005.

Denning, S.: The Secret Language of Leadership. How leaders inspire action through narrative. San Francisco 2007.

Dimberg, U./Petterson, M.: Facial reactions to happy and angry facial expressions: evidence for right hemispheric dominance. Psychophysiology 37, 2000, pp. 693-696

Dimberg, U./Thunberg, M./Elmehed, K.: Unconscious facial reactions to emotional facial expressions. Psychological Science 11, 2000, pp. 86-89.

Dimberg, U./Thunberg, M./Grunedal, S.: Facial reactions to emotional stimuli: automatically controlled emotional responses. Cognition and Emotion 16, 2002, pp. 449-471.

Dion, K./Berscheid, E./Walster, E.: What Is Beautiful Is Good. Journal of Personality and Social Psychology, 24.3, 1972, pp 285-290.

Doppler, K. und Lautenburg, C.: Change Management. Frankfurt/New York 1994.

Dörfel, L. (Hrsg.): Instrumente und Techniken der internen Kommunikation: Trends, Nutzen und Wirklichkeit. Berlin 2008.

Edelman, G.M./Tononi, G./Kuhlmann-Krieg, U.: Gehirn und Geist. Wie aus Materie Bewusstsein entsteht. München 2002.

Eisenberger, N.I./Lieberman, M.D./Williams, K.D. : Does Rejection Hurt? An fMRI Study of Social Exclusion. In: Science, Bd. 302, 2003, pp 290-292.

Ekman, P.: Gefühle lesen. Wie Sie Emotionen erkennen und richtig interpretieren. Heidelberg 2007.

Elger, C.: Neuroleadership. Erkenntnisse der Hirnforschung für die Führung von Mitarbeitern. München 2009.

Faust, T.: Storytelling. Mit Geschichten Abstraktes zum Leben erwecken. In: Bentele, G./Piwinger, M./Schönborn, G. (Hrsg.): Kommunikationsmanagement. Loseblattsammlung. 28. Aktualisierungslieferung. Köln 2006.

Felser, G./ Kaupp, P.: Bin ich so wie du mich siehst? Die Psychologie der Partnerwahrnehmung. München 1999.

Flume, P./Hirschfeld, K./Hoffmann, C.: Unternehmenstheater in der Praxis. Wiesbaden 2001.

Fog, K./Budtz, C./Yakaboylu, B.: Storytelling. Branding in Practice. Berlin 2004.

Fog, K.: Storytelling, Berlin 2004.

Fourier, S.: Drei Oscars für den Chef. Drehbuch für erfolgreiche Führungskräfte. Berlin 2006.

Frenzel, K./Müller, M./Sottong, H.: Storytelling. Hanser 2004.

Frey, S.: Die Macht des Bildes. Der Einfluss der non-verbalen Kommunikation auf Kultur und Politik. 2. Auflage. Bern u.a. 2005.

Fuchs, W.: Storytelling: Wie hirngerechte Marketing-Geschichten aussehen. In: Häusel, Hans-Georg (Hrsg.) (2007): Neuromarketing. Erkenntnisse der Hirnforschung für Markenführung, Werbung und Verkauf. Planegg/München 2007, S. 125-140.

Fuchs, W.T.: Die Macht guter Geschichten. Mit Erkenntnissen der Hirnforschung schwierige Patientengespräche führen. Vortrag am 18. Mai 2006 in Aarberg

Fuchs, W.T.: Tausend und eine Macht. Marketing und moderne Hirnforschung. Zürich 2005.

Führmann, U./Schmidbauer, K.: Wie kommt System in die interne Kommunikation? Ein Wegweiser für die Praxis. Berlin 2008.

Galbraith. J.K.: Anatomie der Macht. München 1987.

Geißlinger, H./Raab, S.: Strategische Inszenierung. Story Dealing für Marketing und Management. Heidelberg 2007.

Gesing, F.: Kreativ schreiben. Handwerk und Techniken des Erzählens. Köln 2004.

Gigerenzer, G.: Bauchentscheidungen. Die Intelligenz des Unbewussten und die Macht der Intuition. Münchn 2007.

Guber, P.: Die Macht von Geschichten. In: Harvard Business manager. Ausgabe März 2008, S. 93-107.

Hamermesh, D.S./Biddle, J.E.: Beauty and the Labor Market, in: The American Economic Review 84, 1994, pp. 1174-1194.

Hassebrauck, M./Küpper, B.: Warum wir aufeinander fliegen. Die Gesetze der Partnerwahl. Reinbek 2002.

Häusel, H.-G. (Hrsg.): Neuromarketing. Erkenntnisse der Hirnforschung für Markenführung, Werbung und Verkauf. Planegg/München 2007.

Häusel, H.-G.: Brain Script. Warum Kunden kaufen. Planegg/München 2004.

Hebb, D.O.: The Organisation of Behaviour. New York 1949.

Herbst, D.: Charisma ist keine Lampe – Wie Kollegen, Mitarbeiter, Vorgesetzte auf uns wirken und warum. Wiesbaden 2008.

Herbst, D.: Corporate Identity. 3. Auflage. Berlin 2006.

Herbst, D.: Internationale Werbung und PR. Berlin 2008.

Herbst, D.: Praxishandbuch Unternehmenskommunikation. Berlin 2003.

Herbst, D.: Storytelling. Konstanz 2008.

Hutchison, W.D./Davis, K.D./Lozano, A.M./Tasker, R.R./Dostrovsky, J.O.: Pain-related neurons in the human cingulated cortex. Nature Neuroscience 2, 2001, pp. 403-405.

Hüther, G.: Biologie der Angst. Wie aus Stress Gefühle werden. Göttingen 1997.

Iacoboni, M.: Woher wir wissen, was andere denken und fühlen. Die neue Wissenschaft der Spiegelneuronen. München 2008.

Kampe, K. et al.: Reward value of attractiveness and gaze. In: Nature. Band 413. p 589.

Karmasin, H.: Produkte als Botschaften. Konsumenten, Marken und Produktstrategien. Landsberg 2007.

Kast, B.: Die Liebe und wie sich Leidenschaft erklärt. Frankfurt 2006.

Klöfer, F. (Hrsg.): Erfolgreich durch interne Kommunikation. Mitarbeiter besser informieren, motivieren, aktivieren. Neuwied/Kriftel 2001.

Knieper, T./Müller, Marion G. (Hrsg.): Authentizität und Inszenierung von Bilderwelten. Köln 2003.

LeDoux, J. E.: Das Netz der Gefühle. Wie Emotionen entstehen. München 2001.

Lewin K.: Field Theory in Social Science. New York 1951.

Libet, B.: Mind Time. Wie das Gehirn Bewusstsein produziert. Frankfurt/Main 2007.

Mikunda, C.: Der verbotene Ort oder die inszenierte Verführung. Unwiderstehliches Marketing durch strategische Dramaturgie. Düsseldorf 1996.

Mikunda, C.: Marketing spüren. Willkommen am Dritten Ort. Frankfurt/Wien 2002.

Mobius, M./Rosenblat, T.S.: Why beauty matters. American Economic Review, 2006, vol. 96, issue 1, pp. 222-235.

Mohr, N.: Kommunikation und organisatorischer Wandel. Wiesbaden 2002.

Neuberger, O./Kompa, A.: Wir, die Firma. Der Kult um die Unternehmenskultur. Weinheim/Basel 1987.

North, K.: Wissensorientierte Unternehmensführung. Wertschöpfung durch Wissen. Wiesbaden 1998.

Paivio, A.: Imagery and Verbal Processes. New York u.a. 1971.

Paivio, A.: Perceptual comparisons through the mind's eye. Memory and Cognition, 3, 1075, pp. 635-647

Piwinger, M./Rosumek, L.: Attraktivität als kommunikativer Werttreiber. Auch Kommunikation braucht Sex-Appeal. In: Piwinger, M. (Hrsg.): Kommunikationsmanagement. Loseblattsammlung. März 2006.

Pöppel, E.: Zum Entscheiden geboren. Hirnforschung für Manager. München 2008.

Pricken, M.: Visuelle Kreativität. Kreativitätstechniken für neue Bilderwelten in Werbung, 3D-Animation & Computer-Games. Mainz 2003.

Renz, U.: Schönheit. Eine Wissenschaft für sich. Berlin 2006.

Rizzolati, G./Sinigaglia, C.: Empathie und Spiegelneurone. Die biologische Basis des Mitgefühls. Frankfurt/Main 2008.

Roth, G.: Das Gehirn und seine Wirklichkeit. Kognitive Neurobiologie und ihre philosophischen Konsequenzen. Frankfurt 1996.

Roth, G.: Fühlen, Denken, Handeln. Wie das Gehirn unser Verhalten steuert. Frankfurt 2001.

Roth, G.: Persönlichkeit, Entscheidung und Verhalten. Warum es so schwierig ist, sich und andere zu ändern. 4. Auflage. Stuttgart 2008.

Roth, G.: Warum ist Einsicht schwer zu vermitteln und schwer zu befolgen? Neue Erkenntnisse aus der Hirnforschung und den Kognitionswissenschaften, Vortrag im Niedersächsischen Landtag am 25.01.2000 (im Internet: http://pweb.de.uu.net/pr-marzluf.hb/rothvor.html)

Schacter, D.: Aussetzer. Wie wir vergessen und uns erinnern. Bergisch-Gladbach 2005.

Schacter, D.: Wir sind Erinnerung. Gedächtnis und Persönlichkeit. Reinbek 2001.

Scheier, C./Held, D.: Was Marken erfolgreich macht. Neuropsychologie in der Markenführung. Planegg/München 2007.

Scheier, C./Held, D.: Wie Werbung wirkt. Planegg/München 2006.

Schick, S.: Interne Unternehmenskommunikation. 4. Auflage. Stuttgart 2010.

Schmeh, K.: David gegen Goliath. Frankfurt/Main 2004.

Schreyögg, G./Dabitz, R.: Unternehmenstheater. Wiesbaden 1999.

Schreyögg, G./Koch, J.: Knowledge Management and Narratives. Berlin 2005.

Schulz von Thun, F.: Miteinander reden 1-3. Hamburg 2008.

Schulz, D.: Lokal als Bühne. Die Dramaturgie des Genusses. Düsseldorf 2000.

Schwarz, F.: Muster im Kopf. Warum wir denken, was wir denken. Hamburg 2006.

Scott-Morgan, P, Arthur D. Little.: Die heimlichen Spielregeln. Die Macht der ungeschriebenen Gesetze im Unternehmen. Frankfurt/New York 1994.

Simon, F.B.: Gemeinsam sind wir blöd?! Die Intelligenz von Unternehmen, Managern und Märkten. Heidelberg 2004.

Simoudis, G.: Storytising – Über die Kraft narrativer Markenkommunikation. In: Gaiser, B./Linxweiler, R./Brucker, V. (Hrsg.) (2005): Praxisorientierte Markenführung, neue Strategien, innovative Instrumente und aktuelle Fallstudien. Wiesbaden. 2005, S. 529-543.

Simoudis, G.: Storytising. Geschichten als Instrument erfolgreicher Markenführung. Groß-Umstadt 2004.

Singer, T./Seymour, B./O'Doherty, J./Kaube, H./Dolan, R.J./Frith, C.D.: Empathy for pain involves the affective but the sensory components of pain. Science 202, 2004, pp. 1157-1162.

Spitzer, M.: Lernen. Gehirnforschung und die Schule des Lebens. Heidelberg 2002.

Sprenger, R.: Das Prinzip Selbstverantwortung. 12. Auflage. Frankfurt/New York 2007.

Sprenger, R.: Mythos Motivation, Frankfurt/New York 2002.

Storch, M.: Das Geheimnis kluger Entscheidungen. München 2005.

Storch, M.: Embodiment. Die Wechselwirkung von Körper und Psyche verstehen und nutzen. Bern 2006.

Storch, M.: Mein Ich-Gewicht: Wie das Unbewusste hilft, das richtige Gewicht zu finden. München 2009.

Storch, M.: Rauchpause. Wie das Unbewusste dabei hilft, das Rauchen zu vergessen. Bern 2009.

Storch, M.: Selbstmanagement ressourcenorientiert. 3. korrigierte Auflage. Bern 2005.

Wilson, T.: Gestatten, mein Name ist Ich. Das adaptive Unbewusste – eine psychologische Entdeckungsgreise. München 2007.

Zaltman, G.: How Customers Think: Essential Insights into the Mind of the Market. Harvard 2003.

Zerfaß, A./Sandhu, S.: Interaktive Kommunikation, Social Web und Open Innovation: Herausforderungen und Wirkungen im Unternehmenskontext. In: Zerfaß, A., Welker, M., Schmidt, J. (Hrsg.): Kommunikation, Partizipation und Wirkungen im Social Web. Band 2, Köln 2008.

D. Register

A

B

C

D

E

F

G

H

I

K

V

W

Z

Instrumente und Techniken der Internen Kommunikation: Instrumente zielgerichtet einsetzten, Dialoge erfolgreich managen – Band 2

Durch den Einfluss digitaler Medien bieten sich der Internen Kommunikation heute erweiterte Möglichkeiten. Um diesem Wandel Rechnung zu tragen, ist nun der 2. Band dieses Buches erschienen, der sowohl klassische als auch neue interne Kommunikationskanäle sowie neue Möglichkeiten des Medienmixes in den Fokus nimmt. Praktiker aus Unternehmen und Kommunikationsexperten aus Agenturen stellen Instrumente vor, die sich in der täglichen Arbeit bewährt haben.
scm | Seiten: 350 | erschienen: 2014 |
ISBN: 978-3-940543-33-2 | Preis: 29.90 Euro

Trendmonitor Interne Kommunikation 2013 – Potentiale und Entwicklungen des Berufsstands

Wie sieht der „state of the art" der Interne Kommunikation in Deutschland aus? Welche Funktion füllen interne Kommunikatoren im eigenen Unternehmen aus, welche Ziele und Aufgaben haben sie? Wird Social Media in der Internen Kommunikation bereits genutzt? Fragen, auf die Kommunikationsverantwortliche unterschiedlichster Unternehmen und Organisationen im Rahmen der Studie der SCM in Kooperation mit der DPRG bereits zum dritten Mal geantwortet haben.
scm | Seiten: 60 | erschienen: 2014 |
ISBN: 978-3-940543-37-0 | Preis: 39.95 Euro

Interne Kommunikation: Die Kraft entsteht im Maschinenraum

Dass der Dialog zwischen dem Management und den Mitarbeitern das „Wir"-Gefühl stärkt und sich positiv auf die Motivation auswirkt, ist offenkundig. Doch die Umsetzung dieser Ziele ist anspruchsvoll. Die Autoren dieses Sammelbands beleuchten die gegenwärtigen Entwicklungen der Internen Kommunikation aus unterschiedlichen Blickwinkeln und geben Aufschluss über erfolgreiche Mitarbeiterkommunikation.
scm | Seiten: 332 | erschienen: 2007 |
ISBN: 978-3-940543-00-4 | Preis: 26.90 Euro

Führungskommunikation. Dialoge: Kommunikation im Wandel – Wandel in der Kommunikation

Führungskommunikation soll authentisch sein, nicht ungeschliffen, ungefiltert oder unbedacht. Professionell verhalten können sich Authentizität und Respekt in der Führungskommunikation ergänzen. Das müssen sie auch, denn die Anforderungen sind groß: Demografische Entwicklungen, Distance Leadership, große Veränderungsvorhaben etc.. Fach- und Praxisexperten weisen hierfür neue Wege durch den Strom der Kommunikation.
scm | Seiten: 209 | erschienen: 2009|
ISBN: 978-3-940543-05-9 | Preis: 39.90 Euro